식품가공저장학

원리와 응용

김우정 · 차보숙 · 이수용 공저

Food Processing & Preservation

Principle And Application

머리말 Preface

식품의 저장과 가공기술은 인간이 지구상에 존재하기 시작하면서 다른 어떤 분야보다 가장 먼저 발달하게 된 기술일 것이다. 인간은 생존을 위해 채집하거나 사냥한 식품을 되도록이면 오래 저장하고 섭취할 때 맛을 좋게 하는 기술을 발전시킨 것이다. 이러한 원시적 식품의 저장과 가공 기술은 과학의 발달과 함께 보다 위생적이면서 품질을 유지하고 향상하는 과학적이고 체계적인 방법으로 발전하여 오늘에 이르렀다.

식품의 원료는 저장 중 여러 요인에 의해 변질된다. 이 책에서는 변질의 요인을 설명하고 변질의 억제 방법을 요약하였다. 또한 식품원료를 가공하여 영양적 품질의 손실을 적게 하면서 관능적 품질을 향상하고 건강에 유익한 방법을 제시하고자 하였다.

식품의 저장과 가공기술은 식품에 물리적, 화학적 처리를 하고 미생물의 살균 또는 이용 그리고 공기의 조성을 달리하거나 방사선 조사를 한다. 이러한 처리는 사용 목적에 따라 가공이나 저장만을 위한 경우가 있는 반면 가공과 저장목적을 함께 하는 경우가 있다. 그리하여 책의 내용을 가공, 가공·저장, 저장의 세 분야로 나누었다. 그러나 일부 방법은 목적이 다를 수 있지만 처리가 유사하여 같은 분야에 넣었는데, 냉장과 냉동이 그러하다. 식품의 원료는 농산물, 축산물, 수산물로 하였다.

가공식품은 가능한 한 우리나라에서 가공되는 제품들을 중심으로 하였으며 가공공정은 단위조작별로 설명하였다. 인용된 자료들은 국내 그리고 외국의 관련서적과 자료를 참고하여 정리하였다. 또한 사용된 용어는 한국식품과학회에서 발행한 '식품과학 용어사전(2006)'에 준하여 표기하는 것을 원칙으로 하였다. 그 밖의 용어는 지금까지 통용되어오던 용어와 다른 학회에서 발간한 용어사전을 참고 하였다.

책의 내용에 미흡한 부분이 적지 않으리라 생각되어 많은 분들의 충고와 지적이 있기를 바라면서 앞으로 보완하는 노력을 할 것이다. 이 책의 출판을 위해 애써주신 도서출판 효일의 김홍용 회장님과 편집과 수정에 힘써주신 모든 분들께 감사드린다.

2011년 1월
저자일동

차례 Contents

Chapter 3_식품의 가공 · 저장 방법

Chapter 4_식품의 저장

Chapter 5_ 곡류의 가공

Chapter 7_과일 · 채소류의 가공

Chapter 8_축산식품의 가공

CHAPTER 1

식품가공과 저장의 기초적 이론

식품은 원료를 수확, 채집, 도살한 후 신선한 상태로 섭취하거나 저장한 뒤 가공 또는 조리하여 섭취한다. 식품원료는 수분함량이 높고 영양성분이 많아 저장 중 미생물, 효소, 화학반응에 의한 변질과 부패가 쉽게 일어나고 더욱이 미생물에 의한 변패는 식품의 변질뿐만 아니라 병원성 미생물에 의하여 우리의 건강을 해치게 된다.

인류는 아주 오래전부터 생존을 위해 식품의 저장과 가공을 위해 노력해왔고 경험을 통해 여러 방법들을 터득하고 사용하게 되었다. 그중 중요한 방법들은 불을 이용하여 식품을 가열하는 방법, 차가운 공기를 갖고 있는 동굴에 저장하는 방법, 그리고 햇볕에 식품을 건조시키는 것이었으며, 그 다음이 산이나 알코올을 이용해 발효시키고 소금에 절이는 방법들이었다. 이러한 방법들이 발전하여 오늘날의 건조, 가열, 냉장, 냉동, 절임, 발효, 방사선조사 등 저장방법과 분쇄, 혼합, 분리, 농축, 추출 등 가공방법들이 되었다.

식품의 저장과 가공 방법들은 명확히 구분하기 어려운 경우가 있다. 저장 목적으로 개발된 방법들이 가공 효과를 갖기도 하고 가공을 목적으로 개발한 방법들이 저장 효과를 높인 경우도 있다. 그래서 가공 또는 저장만을 위한 방법 외에 저장과 가공효과를 함께 높이는 방법들도 있다. 예를 들면 쌀이나 밀 등 곡류의 건조는 저장성 향상을 위한 방법이지만, 고기나 어류의 건조는 저장효과 외에 맛을 좋게 하는 가공효과도 있는 것이다. 산 발효나 알코올발효, 염장, 당절임방법도 그러하다.

01 식품가공 및 저장의 효과와 품질요소

1-1 가공과 저장의 효과

식품의 원료가 되는 생물체는 어느 생명체와 같이 태초에 탄산가스(CO_2)와 산소(O_2), 질소(N_2), 물(H_2O)이 빛과 여러 종류의 energy가 관여한 화학반응에 의하여 유기물이 생성되고 동식물과 미생물의 생명체로 발전되어 온 것으로 알려져 있다.

이 생명체들은 생명이 다했을 때 생명체의 생성과정과는 반대되는 분해과정을 거쳐 다시 무기물로 분해되는 자연적 과정을 밟게 된다. 생화학적 분해과정은 그 중 한 예로 산화와 환원반응을 통하여 유기물을 좀 더 작은 유기물로 그리고 아주 간단한 무기물로 분해시킨다.

우리가 섭취하는 식품 원료는 식물, 동물, 수산물로 되어 있다. 이들 원료는 자연 상태에 놓아두면 변질되거나 부패되어 섭취할 수 없게 된다. 그리하여 식품의 변질을 억제하거나 방지하여 보다 오랫동안 섭취할 수 있는 저장 기술이 필요하다. 식품저장의 정의는 '식품을 자연 상태에 놓아두었을 때의 품질유지 기간보다 더 오래 유지하기 위한 물리, 화학적 처리'라고 할 수 있다. 즉 식품의 변질과 부패를 억제 또는 방지하여 건전한 식품을 공급하는 것이다. 저장식품에는 미생물 번식에 근거를 두었을 때 수년간 보존이 가능한 보존식품(preserved products)과 6개월 정도 이하의 보존이 가능한 반보존식품(semi-preserved products)으로 나누고 있다. 식품원료를 다양한 방법으로 처리하는 저장 및 가공의 효과는 다음과 같다.

▶ 식품저장

① 저장성 및 유통기한을 연장한다.
② 연중 식량공급을 원활히 한다.
③ 영양성분의 손실과 관능적 특성의 변화를 최대한 억제한다.
④ 식품의 변질과 부패를 억제한다.
⑤ 저장과 운반을 용이하게 한다.

▶ 식품가공

① 식품의 영양적 및 관능적 특성의 향상 시킨다.
② 식품의 안정성과 기능성을 향상시킨다.
③ 섭취하기에 부적합한 물질과 독성물질을 제거한다.
④ 식물자원의 용도를 다양하게 하고 부산물을 재활용한다.

⑤ 직접 소비될 수 없는 식품을 이용하게 한다.
⑥ 새로운 식품을 개발한다(조직화식품, 젤화식품 등).
⑦ 식품 고유의 관능적 특성을 바꾸어준다.

1-2 식품의 품질요소

우리가 식품을 구입하여 섭취하려 할 때 식품의 선택은 여러 요인에 의하여 영향을 받는다. 크게는 문화적, 경제적, 종교적 영향이 있고 작게는 개인의 건강상태, 성별, 연령, 배고픔과 포만감의 정도, 섭취시간, 심리적 상태 등의 개인적 요인에 의해 영향을 받는다.

문화적인 면에서는 식문화가 가장 영향을 주는 것으로 전통적으로 오랫동안 섭취해오던 식품들, 조리방법, 섭취하는 방법들이 있다. 우리나라에서는 주식인 쌀밥, 김치와 장류 등 발효식품이 식문화에 중요한 자리를 잡고 있으며 서양에서는 밀을 이용한 빵류와 다양한 육류가공품(햄, 베이컨 등)이 그러하다. 경제적인 면에서는 개인별 소득이 영향을 주어 소득이 높을수록 맛과 영양소, 위생상태를 중요시한다. 종교적인 면에서는 선호하는 식품재료와 금기시하는 식품재료가 있다. 유태교의 코셔식품(kosher food)은 율법에 적합한 식품이며 불교에서는 육류식품을 금기시하는 것이 좋은 예이다.

개인별로는 건강상태가 영향을 많이 주지만 식품에 대한 기호도가 개인별로 다르고 영양 상태에 따라 식품의 선택에 차이가 있다. 우리나라의 경우 경제적으로 어려웠던 1960년 이전에는 같은 가격으로 구입할 수 있는 식품의 양에 관심이 많았지만 경제가 발전하여 개인소득이 증가하면서 식품의 위생적, 영양적인 면을 중시하게 되었고 그 후 맛이 식품의 선택에 영향을 많이 주게 되었다. 최근에는 만성질환 예방과 관련 있는 기능성 식품에 대한 관심이 높아지고 있다.

그러므로 식품의 품질을 분류하면 크게 영양적 특성, 안전성, 기능성, 관능적 특성으로 나눌 수 있으며, 그 외의 특성으로는 양적 요소와 간편성이 있다. 이러한 식품의 특성을 식품의 품질요소라 하며 이를 정리하면 다음과 같다.

▶ 식품의 품질요소

① 영양적 특성

- 일반성분(수분, 단백질, 지방질, 탄수화물, 회분)
- 미량성분(무기성분, 비타민)
- 영양저해인자(트립신 억제제 등)

② 관능적 특성

- 맛, 냄새, 색, 텍스처 특성 및 기호도, 선호도
- 관능적 성분(맛 성분, 휘발성 성분, 천연 색소)

③ 안전성

- 미생물(병원성 미생물, 부패미생물), 농약, 중금속, 독성성분

④ 기능성

- 만성질환(암, 고혈압, 심혈관계질환, 당뇨병 등) 예방에 활성을 갖고 있는 생리활성물질

⑤ 기타 특성

- 양적 요소(무게, 부피, 수율, 침전물 등)
- 간편성(섭취 및 조리, 운반 및 저장)

이들 품질요소 중 영양적 특성 및 안전성 요소와 양적 요소는 물리적, 화학적, 미생물학적 방법으로 분석할 수 있는 것들이어서 식품가공과 저장 중 측정하여 관리가 가능하다. 그러나 관능적 특성은 인간의 감각기관에 의한 관능검사로 평가되는 것이어서 신빙성이 낮을 뿐만 아니라 정확도도 다른 분석방법보다는 크게 낮다.

관능적 요소에 의해 결정되는 관능적 품질은 식품에 대한 소비자의 기호성과 깊은 관계가 있으며 제품의 시장가치에 큰 영향을 준다. 영양소의 양과 영양저해인자는 식품의 영양적 가치에 영향을 주며 유해물질과 병원성 미생물의 존재는 건강을 해치는 위생적인 면에서 중요하다. 또한 병원성은 아니나 식품의 변질을

일으키는 미생물은 제품의 유통기간(품질수명) 결정에 가장 큰 요인이 된다. 양적요소 중 수율은 사용한 원료에 대한 제조한 제품의 수량이어서 식품회사의 이윤과 관계가 있다.

식품에 대한 소비자들의 요구는 계속 변하고 있다. 최근 조사된 소비자들의 가공식품에 대한 요구를 요약하면 다음과 같다.

① 조리시간의 단축 - 마이크로파 가열기구 사용, 동결제품 사용
② 자연식품 선호 - 최소한의 가공처리 및 첨가제 사용
③ 건강식품 선호 - 저지방, 저당, 저염식품
④ 영양성분 강화 - 비타민, mineral, 식이섬유소 등
⑤ 기능성 강화 - 만성질환 예방효과가 있는 재료 사용

02 식품의 주요특성, 변질, 가공원리

식품가공제품을 생산하기 위하여 원료의 선별에서부터 포장에 이르기까지 처리하는 하나하나의 과정을 단위조작(unit operation)이라 한다. 그러므로 가공제품은 한 개의 단위조작이 아니라 여러 개의 단위조작을 순차적으로 진행시키는 종합적 처리에 의해 생산된다. 이때 관여하는 방법과 사용하는 기계, 처리조건에 따라 제품의 수율, 영양적 및 관능적 특성, 그리고 저장성이 결정된다. 또한 단위조작의 수는 최종제품의 형태와 특성에 따라 큰 차이가 있다. **그림 1-1**은 가공제품의 제조를 위하여 사용된 단위조작의 한 예이다.

식품가공과 저장에 사용하는 단위조작의 영향은 크게 식품의 저장성, 영양적 특성, 관능적 특성이라 할 수 있다. 그 영향은 단위조작의 처리방법과 조건에 따라 어느 정도 차이가 있다. 그리고 각 단위조작을 위해 처리하는 방법들은 물질수지와 에너지 수지(balance) 그리고 식품의 수분활성도를 고려해야 한다. 물질수지는 제품 또는 어느 성분의 수율과 관련이 있으며 에너지 수지는 사용하는 에

너지의 효율과 관계가 있다. 수분활성도는 식품의 저장성과 관계가 있다. 식품의 저장성은 저장 중 호흡 등 생물학적 활동, 미생물의 번식, 효소반응과 화학적 반응 등에 의해 영향을 받는다. 식품을 가공 또는 저장할 때 고려해야 할 일반적 사항은 다음과 같다.

① 식품의 특성: 영양적 특성, 관능적 특성
② 식품의 변질: 생물학적 변질, 미생물에 의한 변질, 화학적 변질, 물리적 변질
③ 기본 원리: 물질 수지, 에너지 수지, 수분활성도, 열의 이동

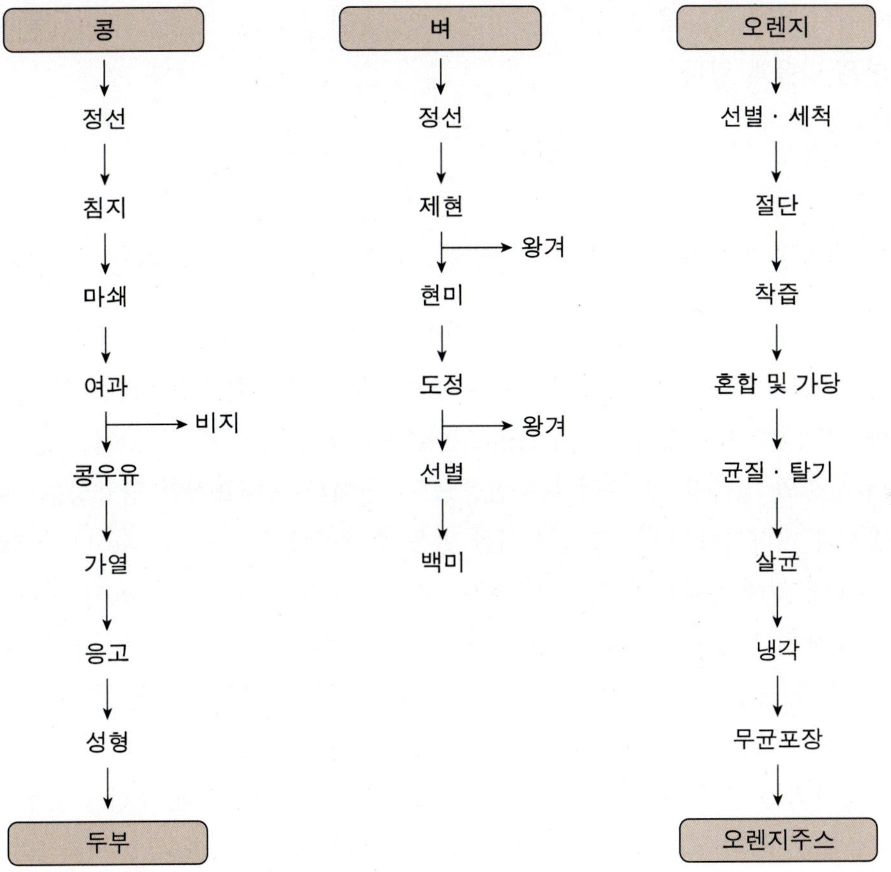

그림 1-1 가공식품 제조 단위조작 예

2-1 식품의 주요특성

1) 영양적 특성

여러 단위조작 중 과도한 열처리가 관여하지 않은 단위조작은 영양적 품질(nutritional quality)에는 큰 영향을 주지 않는다. 그 좋은 예가 혼합, 세척, 선별, 냉동, 냉장, 냉동농축, 냉동건조, 방사선조사 등이다. 그러나 단위조작 중에서도 박피, 여과, 추출과 같이 어떤 부위나 성분을 제거하거나 분리하는 과정이 있을 경우에는 영양소의 손실이 있다. 또한 데치기나 냉동식품 해동의 경우 불가피하게 수용성 성분의 손실이 있을 수 있다. 단위 조작 중 영양소의 손실을 주는 요인은 다음과 같다.

① 수용성 성분의 손실
② 가열처리에 의한 영양소 파괴
③ 화학적 반응에 의한 손실(산화반응, 효소반응, 마이야르 반응 등)

수용성 성분의 손실은 세척이나 데치기 과정 중의 용출과 냉동식품의 경우 해동 시 흘러나오는 드립(drip)에 의한 유실이 있다. 가열에 의한 영양소의 파괴는 열에 불안정한 비타민과 아미노산이 있다. 여러 화학반응 중 자동산화반응은 식품이 산소와 접촉할 때 분해되는 반응으로, 산화되는 대표적인 영양성분으로는 지방산과 비타민이 있다. 효소에 의한 반응 중 지방질은 peroxidase 나 lipoxygenase에 의해 분해되며 단백질은 단백질 분해효소에 의해 peptide나 아미노산으로 분해된다. 마이야르(maillard reaction) 반응은 아미노기(아미노산)와 카복실기(당)가 반응하여 아미노산과 당의 손실이 있을 수 있다. 가공 중 비타민은 산화반응과 열에 대한 안정성에 따라 손실 정도가 다르다(**표 1-1**).

가열처리는 영양소의 손실을 일으키기도 하지만 가열에 의해 소화율이 향상되며 트립신 억제제(trypsin inhibitor)와 같은 영양저해물질(anti-nutritional compounds)을 불활성화시키는 유익한 면도 있다. 전분의 호화와 단백질의 응고는 소화율을 향상시킨 좋은 예이다.

표 1-1 비타민의 안정성

<table>
<tr><th>A</th><th>D</th><th>E</th><th>K</th><th>C</th><th>B complex,
pantothenic acid</th></tr>
<tr><td>UV 및 공기에 의해 파괴됨</td><td>UV에 의해 증가됨</td><td>산패된 지방에 의해 파괴됨</td><td>매우 안정</td><td>공기, 효소, UV, 철, 구리에 의해 파괴됨</td><td>-</td></tr>
<tr><td colspan="4" rowspan="2">열에 안정하여 열처리 공정에 의해 영향을 받지 않음</td><td>열에 불안정</td><td>열에 매우 안정</td></tr>
<tr><td colspan="2">알칼리에 불안정, 산에는 안정</td></tr>
</table>

2) 관능적 특성

식품의 관능적 특성은 식품을 섭취할 때 즐거움을 주는 가장 중요한 품질특성이라 할 수 있다. 관능적 특성으로는 맛과 냄새, 텍스처와 점도, 색과 형태 등이 있다. 이들 특성은 소비자의 기호도에 큰 영향을 준다. 관능적 특성과 관계가 있는 액상식품의 점도, 고체식품의 텍스처 특성은 액체식품의 균질화와 혼합, 고체식품의 마쇄, 절단, 박피 등의 단위조작에서 참고해야 할 식품의 물리적 성질이다. 또한 식품의 색은 과채류(토마토, 사과, 오렌지, 포도 등)의 숙성도를 판정하는 주요 지표로 선별과정에서 사용되는 광학적 성질이며 섭취할 때의 식욕을 돋우어주는 효과도 있다.

(1) 향미 특성

식품의 맛과 냄새는 텍스처 특성과 함께 기호도에 영향을 주는 중요한 관능적 특성이다. 맛 성분은 혀의 미각세포에 자극을 주어 단맛, 신맛, 짠맛, 쓴맛 등 기본 맛과 복합적 맛을 느끼게 하는 물질로 우리가 감지할 수 있는 최저 농도인 한계값(threshold)은 물질에 따라 큰 차이가 있다. 냄새를 주는 물질은 휘발성으로, 코의 후각세포에서 감지하는 농도(한계값)에 많은 차이가 있다(**표 1-2**).

이들 향미물질은 농도와 함량비율에 따라 다양한 식품 고유의 맛을 창출하여 입맛을 즐겁게 한다. 일반적으로 향미물질 중 비휘발성인 맛 성분은 가공에 의해 큰 영향을 받지 않으나 휘발성 냄새 물질은 가열과정 중 휘발되어 손실될 수 있다.

휘발성 향미물질은 가열처리에 의해 손실되기도 하지만 새로운 휘발성 물질이 생성되기도 한다. 식품가공 중 향미물질과 관련된 대표적 화학반응은 마이야르 반응, 단백질의 효소적 분해(된장과 간장), 지방질의 산화와 효소에 의한 가수분해(지방질의 산패취), 볶음 등 가열처리에 의한 화학적 분해반응 등이 있다. 이러한 반응들은 수많은 휘발성 물질들을 생성시켜 식품의 향미를 더욱 좋게 하기도 하고 불쾌한 냄새(off-flavor)를 발생시키기도 한다.

표 1-2 향미 성분의 감지한계값(detection threshold)

성분	맛 또는 냄새	한계값
맛성분		
Hydrochloric acid	Sour	0.0009N
Citric acid	Sour	0.0016N
Lactic acid	Sour	0.0023N
Sodium chloride	Salty	0.01M
Potassium chloride	Bitter/Salty	0.017M
Sucrose	Sweet	0.01M
Glucose	Sweet	0.08M
Sodium saccharine	Sweet	0.000023M
Quinine sulphate	Bitter	0.000008M
Caffeine	Bitter	0.0007M
냄새성분		
Citral	Lemon	0.000003mg/l
Limonene	Lemon	0.1mg/l
Butyric acid	Rancid butter	0.009mg/l
Benzaldehyde	Bitter almond	0.003mg/l
Ethyl acetate	Fruity	0.0036mg/l
Hydrogen sulphide	Rotten eggs	0.00018mg/l
Amyl acetate	Banana oil	0.039mg/l
Ethyl mercaptan	Rotten cabbage	0.00000066mg/l

(Cardello, 1998)

(2) 텍스처와 점도

텍스처(texture)와 점도(viscosity)는 식품을 씹거나 마실 때 느끼는 관능적 특성으로 식품에 힘을 가했을 때 일어나는 물리적 특성이다. 텍스처 특성은 고체성 식품에 힘을 가했을 때 변형되고 파괴되는 특성이며, 점도는 액체식품에 힘을 가했을 때의 흐름 특성이다. 텍스처(단단함, 탄력성, 부서짐성, 응집성 등)는 식품의 수분과 지방질, 섬유소와 전분질, 단백질 등 구성성분의 종류와 양에 의해 영향을 받는다. 또한 텍스처 특성은 가공 또는 저장 중 이들 성분의 분해와 조성의 변화로 특성이 변한다.

점도는 액체에 용해되어 있는 수용성 성분(당, 다당류, 단백질)의 농도에 영향을 받는다. 가공과 저장 중 가열에 의한 전분의 호화 및 가수분해, 효소와 산에 의한 펙틴질(pectic substances)의 분해, 단백질의 가수분해 및 변성도 점도를 변화시킨다.

(3) 색

색은 식품의 신선도와 숙성도에 관계가 있어 식품을 선택할 때 관여하며 섭취할 때 식욕을 돋우어주는 역할을 한다. 안토시아닌, 플라보노이드, 카로티노이드, 엽록소, 마이오글로빈 등 천연색소는 가열처리나 pH, 산화, 빛에 의해 변한다. 이러한 천연색소의 변화는 식품의 상품가치를 저하시킨다. 일부 주요 천연색소의 안정성은 **표 1-3**에 정리되어 있다.

표 1-3 식품의 천연색소

천연색소	식품원료	기름 또는 물 용해성	안정성			
			열	빛	산소	pH 변화
Anthocyanins	Fruits	water soluble	High	High	High	Low
Betalaines	Beetroot	water soluble	Moderate	High	High	High
Caramel	Heated sugar	water soluble	High	High	High	High
Carotenes	Leaves	oil soluble	Moderate to low	Low	Low	High
Chlorophylls	Leaves	water soluble	High	High	High	Low
Oxymyoglobin	Animals	water soluble	Low	-	High	Low
Polyphenols	Tea leaf	water soluble	High	High	High	High
Quinones	Roots, Bark	water soluble	High	Moderate	-	Moderate
Xanthophylls	Fruits	water soluble	Moderate	High	High	Low

(Coultate, 1984)

식품에 가열처리하는 단위조작에서 당과 아미노산 간의 반응인 마이야르 반응과 당만이 관여하는 캐러멜 반응(caramelization)은 고체와 액체식품에 갈색을 주는 반응으로 일반적으로 좋지 않은 결과를 주지만(우유, 주스 등) 빵류와 튀김류, 스넥류 제품에서는 좋은 색을 준다.

2-2 식품의 변질

식품을 자연 상태로 놓아두었을 때 여러 원인에 의해 부패되거나 변질된다. 변질되는 속도로 식품을 분류하면 **표 1-4**와 같다.

표 1-4 변질기간에 따른 식품의 분류

변질속도	변질기간	수분함량	식품
빠른 변질식품	1~7일	높음	신선한 육류, 어류, 가금류, 호흡속도가 빠른 채소(상추, 시금치, 배추 등)와 호흡 급상승 과일(딸기, 바나나 등), 우유와 발효유
중간 변질식품	1주~7, 8주	중간~높음	근채류(감자, 고구마, 당근), 사과, 배, 마늘, 고추
장기 저장식품	1년 이상	낮음	건조곡류, 두류, 견과류

식품의 변질 또는 부패는 크게 두 가지 요인에 의해 이루어진다. 하나는 식품의 물리적, 기계적 변화이고 하나는 화학적, 생물학적, 미생물학적 변화이다.

물리적 변화(mechanical change)는 과실의 타박상, 곤충이나 벌레에 의한 상처, 채소류의 절단이나 꺾임 등으로 위생적으로는 큰 해를 주지는 않으나 조직과 색에 영향을 주어 상품적 가치를 저하시킨다. 육류의 경우 도살 후 고기를 잘못 절단할 때의 근육 수축도 이에 해당한다.

식품의 자연적 성분조성은 그 생물체의 생화학적 평형상태를 유지하기 위한 것으로 식물과 동물 간의 차이뿐만 아니라 품종과 종류에 따라 그 조성에 큰 차이가 있다. 이러한 자연적 성분조성에 화학적, 미생물학적 변화가 있을 때에는 식품품질에 영향을 주어 시장가치(market value)를 저하시킬 뿐 아니라 건강에 해를 줄 수도 있다.

생물학적 변화는 과채류, 육류, 어패류 등 모든 식품의 저장 중 일어난다. 특히 과채류는 호흡작용에 따라 변하고 산소가 부족한 경우 비정상적인 호흡을 하여 품질을 크게 저하시킨다.

식품의 변질요인은 다음과 같으며 이 중 수확 후 과일채소류의 가장 큰 변질요인인 호흡작용을 좀 더 자세히 설명하고자 한다.

① 물리적 변질 - 과일의 타박상, 채소의 절단, 꺾임, 곤충이나 벌레에 의한 상처, 탈습 및 흡습
② 화학적 변질 - 비효소적 화학반응, 효소적 반응
③ 미생물의 번식 - 곰팡이, 효모, 세균
④ 호흡작용 - 산소호흡작용(정상적 호흡작용), 무산소호흡작용(비정상적 호흡작용)
⑤ 기타 - 오염, 발아, 육류의 근육단축, 냉동화상(freezer burn)

1) 호흡에 의한 변질

과일채소류와 같이 수확 후에도 호흡작용을 계속하고 있는 호흡식품(respiring foods)은 산소는 흡수하고 탄산가스와 물을 배출하며 호흡열을 발생한다. 이 과정에서 미성숙 과일과 채소는 숙성되고 과숙된다. 호흡속도는 과일채소류의 종류에 따라 큰 차이가 있다. 호흡속도를 일정한 시간 동안 발생하는 열량으로 표시할 때 과채류 식품을 분류하면 **표 1-5**와 같다.

과채류 1ton을 4.5℃에서 24시간 저장할 때 발생하는 발열량이 10,000Btu (1Btu = 1,054J = 252cal) 이상인 것은 호흡속도가 빠른 과채류이고 2,000Btu 이하인 것은 호흡속도가 낮은 과채류이다. 호흡속도는 과채류의 품질감소와 관계가 있다. 호흡속도는 수확 후 저장 중 일정한 것이 아니라 숙성과 과숙과정을 거치면서 변한다. 호흡속도가 거의 일정하게 조금씩 감소하는 호흡을 호흡점감형(non-climacteric) 호흡이라 하고, 호흡속도가 감소하였다가 빠르게 증가하여 최고점에 도달하였다가 감소하는 호흡급상승형(climacteric) 호흡이 있다. 호흡

급상승형에서는 호흡량 최대점(climacteric maximum) 도달하였을 때 숙성이 가장 잘되어 있고 그 후 감소하면서 과숙현상을 보인다. 그러므로 호흡급상승형 과일에서는 최고점 이전의 기간을 후숙과정, 그 이후의 과정을 과숙 또는 부패기간이라 한다(**그림 1-2**).

표 1-5 과일채소류의 호흡속도에 따른 분류

(1톤을 4.5℃에서 24시간 저장할 때 발생하는 열량 기준)

Rapid (>10,000Btu)	Moderately Rapid (5000~10,000Btu)	Moderately Slow (2000~5,000 Btu)	Slow (<2000Btu)
Asparagus	Beans, lima	Apple(yellow)	Apples
Beans(green)	Brussels sprouts	Beets	Cabbage
Broccoli	Lettuce, leaf	Carrots	Grapefruit
Corn, sweet	Raspberries	Cauliflower	Grapes
Okra	Spinach	Celery	Lemons
Peas(green)	Strawberries	Cherries(sour)	Onions, mature
		Lettuce, head	Oranges
		Potatoes, sweet	Peaches
			Plums
			Tomatoes

(Hardenburg and Lutz, 1971)

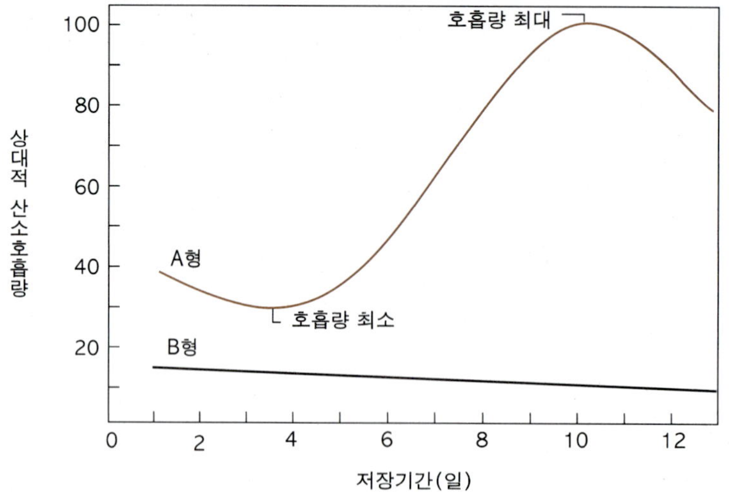

그림 1-2 과일채소류의 호흡속도(A형: 호흡급상승형, B형: 호흡점감형)

표 1-6은 과일채소류의 수확 후 호흡속도에 따른 분류로서 채소류는 일반적으로 호흡점감형을, 과일류는 호흡급상승형과 점감형을 갖고 있음을 볼 수 있다. 이러한 호흡속도 차이는 과일과 채소류의 수확시기를 결정하는 데 영향을 준다. 호흡급상승형 과일과 채소는 덜 숙성된 상태에서 수확하고 호흡점감형 과일채소류는 숙성되었을 때 수확하는 것이 적당하다. 미숙성 과일은 저장기간 중 숙성될 수 있는 과일이어야 한다. 특히 숙성되었을 때 조직이 연한 과일(바나나, 아보카도)은 숙성된 상태에서의 기간이 매우 짧으므로 판매할 때까지의 유통기간을 참고하여 덜 익은 상태로 수확한다.

표 1-6 호흡속도에 따른 과일채소류의 분류

Climacteric	Non-climacteric
Apple, Apricot, Avocado Banana, Mango, Orange Papaya, Peach, Pear Plum, Tomato	Cherry, Cucumber, Grape Grapefruit, Lemon, Melon Pineapple, Strawberry

또한 어떤 과일(감귤류, 사과 등)은 오래 저장하였을 경우 당분과 비타민 등의 영양성분을 감소시키고 맛과 냄새가 변하여 이취(off-flavor)가 발생하며 과일채소류의 색상을 어둡게 하는 생화학적 변화(biochemical change)가 일어난다. 이취는 식품 원래의 맛이 아닌 이상한 맛으로 상한 기름 냄새(rancid), 금속성 냄새(metalic), 얼얼한 냄새(pungent)가 발생되는데 이러한 변화는 주로 효소반응에 의한 것으로 지방질의 산화, 단백질의 분해, 당의 분해 및 유기산의 생성 등으로 불쾌한 맛을 준다.

식품의 생화학적 변화는 다음과 같다.

① 색상의 변화 – 갈색화, 엷어짐, 어두워짐
② 향미의 변화 – 단맛의 감소, 신맛의 증가, 이취 생성
③ 텍스처의 변화 – 조직의 연화, 점성이 변함

2) 미생물에 의한 변질

식품의 변질 및 부패에 가장 큰 영향을 주는 것으로 세균(bacteria), 효모(yeast), 곰팡이(mold)가 관여한다. 이들 미생물들은 번식 속도가 빨라 식품의 성분을 분해시켜 화학적, 물리적 특성을 변하게 하지만 어떤 미생물은 새로운 물질을 생산하기도 한다. 따라서 식품의 저장 측면에서는 미생물의 번식을 반드시 억제하거나 살균해야 한다.

그러나 식품가공에서 미생물에 의한 변화를 발효로 이용하는 것은 흥미 있는 일이다. 즉 미생물에 의한 변화는 우리가 식품을 섭취하는 데 좋지 않은 결과를 줄때에는 식품의 변질과 부패가 되고, 좋은 결과를 줄 때에는 발효라고 한다. 생선류나 육류의 변질, 부패가 전자에 해당되고 김치의 발효, 술이나 식초의 발효는 후자의 경우가 된다.

식품의 저장에서는 화학적 변질, 효소에 의한 변질, 미생물에 의한 변질을 억제하는데 역점을 두고 있다.

2-3 식품가공 원리

1) 수분활성도

(1) 수분활성도의 정의

미생물 번식과 효소 및 화학적 반응에 의해 일어나는 식품의 변질은 수분함량에 크게 영향을 받는다. 식품의 수분함량은 건량기준(dry-weight basis)과 습량기준(wet-weight basis)으로 표시할 수 있다. 건량기준은 가공에서 많이 사용하고 있으며 습량기준은 식품의 영양성분을 표시할 때 자주 사용하고 있다.

$$\text{건량기준 수분함량} = \frac{\text{수분 무게(g)}}{\text{고형분 무게(g)}}$$

$$습량기준\ 수분함량(\%) = \frac{수분\ 무게}{식품\ 무게} \times 100$$

$$= \frac{수분\ 무게}{(수분+고형분)\ 무게(g)}$$

식품의 수분함량은 식품의 변질에 가장 중요한 영향인자이지만 식품의 저장 중 안정성을 예측하는 데에는 부족하다. 즉 어떤 식품은 낮은 수분함량에서도 변질이 쉽게 일어나 불안정한 반면(땅콩기름은 수분함량이 0.6% 이상이 되면 변질됨) 어떤 식품은 높은 수분함량에서도 안정하기 때문이다.

이렇게 식품 간에 안정성에 큰 차이가 있는 것은, 미생물번식이나 효소, 화학반응에 이용될 수 있는 유효수분함량(available moisture content)이 차이가 있기 때문이다. 같은 수분함량이라도 유효수분의 함량이 차이가 있는 것은 주로 식품의 성분들 간에 흡수력과 보수력이 차이가 있기 때문이다. 이러한 면에서 식품의 유효수분함량을 표시하는 것이 수분활성도(water activity, A_w)이다. 수분함량이 높을수록 수분활성도는 증가하지만 직선관계를 갖고 있지는 않다. 수분활성도는 식품의 수증기압과 평형을 이루는 상대습도인 평형상대습도(eguilibrium relative humidity, ERH, %)를 100으로 나눈 값으로 표시하기도 한다. 평형상대습도는 식품을 저장하였을 때 흡습이나 탈습이 없는 상대습도로 이를 측정하는 방법은 수분활성도 측정에 사용한다.

수분활성도(A_w)는 어떤 임의의 온도에서 순수한 물의 포화수증기압에 대한 식품수증기압의 비율이라고 정의한다.

$$A_w = \frac{P}{P_o} = ERP/100$$

P = 식품의 수증기압

P_o = 같은 온도에서 순수한 물의 수증기압

(2) 식품저장과의 관계

주요 식품의 수분함량과 수분활성도는 **표 1-7**과 같고, 수분활성도와 식품의 안정성과의 관계는 **그림 1-3**과 같다.

효소활성도(enzymatic activity)는 수분활성도가 0.3 이하일 때 크게 낮아지고 0.15 부근에서는 효소활성도가 거의 없음을 볼 수 있다. 그 이유는 낮은 수분활성도에서 기질의 이동이 거의 일어날 수 없어 효소반응이 일어나지 않기 때문이다. 반면 화학적 반응은 좀 더 복잡한 관계를 갖는다. 화학반응 중 지방질의 산화와 마이야르 반응은 서로 다른 경향을 보이고 있다. 마이야르 반응(maillard reaction)은 수분활성도가 0.6 부근을 정점으로 가장 높았다가 그 이상이나 그 이하에서는 감소하고 있다. 이러한 경향은 낮은 수분활성도에서 기질의 이동이 어려워지기 때문이며 높은 수분활성도, 즉 수분함량이 많아질 때에는 반응기질의 농도가 낮아지기 때문이다.

표 1-7 일반식품의 수분함량과 수분활성도

식품	수분함량(%)	수분활성도	포장의 필요성
Ice(0℃)	100	1.00	탈습방지를 위한 포장 필요
Fresh meat	70	0.985	
Bread	40	0.96	
Ice(-10℃)	100	0.91	
Marmalade	35	0.86	
Ice(-20℃)	100	0.82	
Wheat flour	14.5	0.72	최소한의 포장 및 포장 불필요
Ice(-50℃)	100	0.62	
Raisins	27	0.60	
Macaroni	10	0.45	
Cocoa powder		0.40	흡습방지를 위한 포장 필요
Boiled sweets	3.0	0.30	
Biscuits	5.0	0.20	
Dired milk	3.5	0.11	
Potato crisps	1.5	0.08	

(Troller and Christian, 1978, Brendorfer et al., 1985)

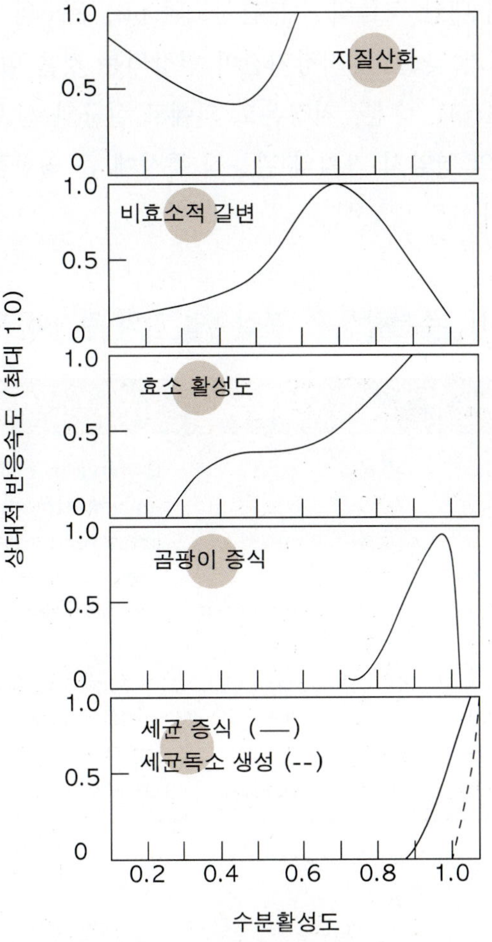

그림 1-3 수분활성도가 식품의 미생물학적, 효소적, 화학적 변화에 미치는 영향 (Karel, 1975)

이에 반하여 지방질의 산화는 A_w = 0.3~0.4 범위에서 가장 낮은 반응을 보이고 그 이상이나 그 이하에서는 증가함을 보여주고 있다. 최소 범위의 수분활성도보다 낮은 수분활성도에서는 수분함량이 적어 지방질이 산소와 접촉할 수 있는 기회가 증가되기 때문이며, 그 이상의 수분활성도에서 산화반응이 높아지는 것은 식품에 있는 산화촉매물질(금속)이 용해되고 반응표면이 증가하기 때문이다.

수분활성도는 식품의 수분함량, 식품의 온도, 수용성 고형물의 양에 영향을 받는다. 식품의 저장성에 대한 식품의 수분활성도와 pH, 온도의 영향을 비교한 것으로 pH와 수분활성도가 낮을 땐 저장기간이 연장되는 것을 알 수 있다. 그러므로 식품의 특성에 따라 pH, 수분, 저장온도 외에도 살균과 산소의 양 등을 종합적으로 조절하면 식품의 영양적 가치와 관능적 특성에 큰 영향을 주지 않는 저장 방법을 제시할 수 있다.

표 1-8 식품의 pH, 수분활성도, 품질수명 간의 관계와 저장조건

식품	pH	A_w	품질수명	저장조건
Fresh meat	>4.5	>0.95	days	Preserve by chilling
Cooked meat	>4.5	0.95	weeks	Ambient storage when packaged
Dry sausage	>4.5	<0.90	months	Preserved by salt and low A_w
Fresh vegetables	>4.5	>0.95	weeks	'Stable' while respiring
Pickles	<4.5	0.90	months	Low pH maintained by packaging
Bread	>4.5	>0.95	days	
Fruit cake	>4.5	<0.90	weeks	Preserved by heat and low A_w
Milk	>4.5	>0.95	days	Preserved by chilling
Yoghurt	>4.5	<0.95	weeks	Preserved by low pH and chilling
Dried milk	>4.5	<0.90	months	Preserved by low A_w

(Fellow, 2000)

(3) 미생물의 영향

수분활성도(A_w)에 따른 미생물의 증식은 일반적으로 세균은 A_w = 0.9 이하에서, 효모는 A_w = 0.8 이하에서, 곰팡이는 A_w = 0.7 이하에서 증식이 억제되고 A_w = 0.6 이하에서는 거의 모든 미생물의 증식이 정지된다. 수분활성도의 미생물 억제작용은 다음 인자에 의해 영향을 받는다.

① 식품의 수분함량
② 영양성분의 양
③ pH
④ 온도

⑤ 산소의 양

⑥ 천연 또는 인공방부제

이러한 조건에 의해 영향을 받기 때문에 수분활성도의 미생물 증식 한계 범위는 식품에 따라 다르다. **그림 1-4**는 수분활성도 단계별로 억제되는 미생물들과 관련 식품들을 정리한 것이다. 수분활성도가 A_w = 1 또는 이에 근접한 식품은 우유나 고기와 같은 상하기 쉬운 식품들이며 잼, 살라미(salami), 숙성된 치즈와 같이 설탕함량이 높거나 소금함량이 높은 식품은 수분활성도가 낮아 효모가 자라지 않는다(A_w = 0.85 정도). 수분활성도가 가장 낮은 식품들은 전지분유, 건조채소, 옥수수 플레이크(flake) 들로 수분활성도가 0.2~0.25의 범위를 갖고 있다.

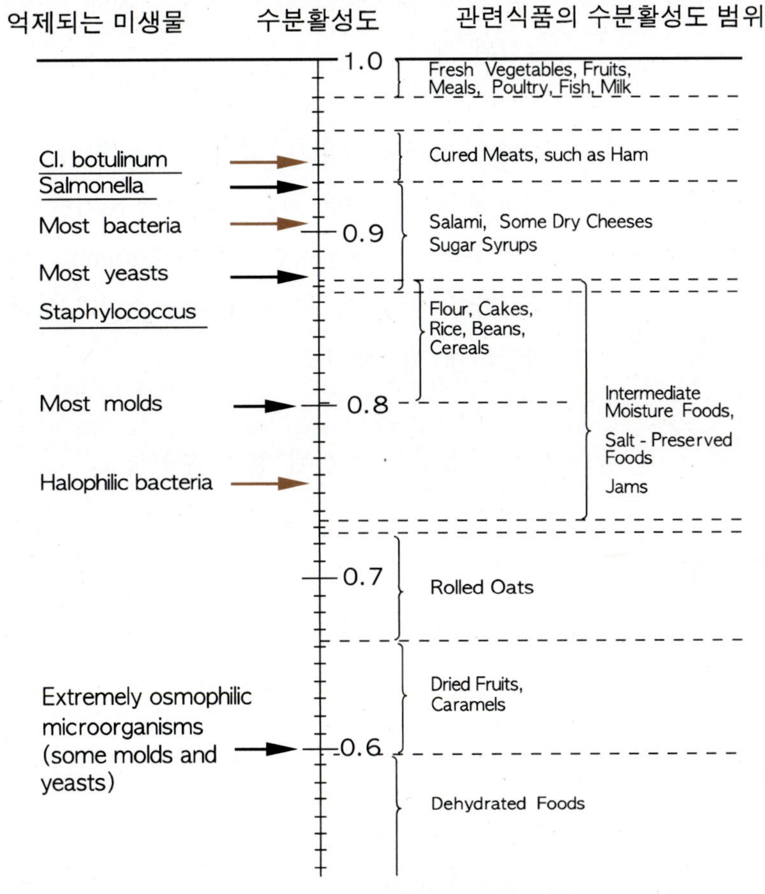

그림 1-4 미생물 증식 억제와 관련 식품의 수분활성도 범위

2) 물질 수지와 에너지 수지

(1) 물질 수지

식품의 가공 중 물질의 이동은 에너지 이동과 함께 대단히 중요하다. 물질 이동은 추출, 여과, 원심분리(콩우유, 과채류 주스, 향신료 추출 등) 등 단위공정에서 어떤 성분이나 제품의 수율과 관계가 있으며 증발, 건조, 농축, 튀김, 굽기 등의 단위조작에서는 최종제품의 수분함량과 관계가 있다. 물질의 이동을 계산하는 방법을 물질수지(mass balance 또는 material balance)라 하며 다음과 같이 계산할 수 있다.

들어간 원료의 양 = 생산된 양 + 부산물의 양 + 기계 장치에 축적된 양
+ 손실된 양

일반적으로 어떤 단위조작에서 기계장치(용기, 파이프, 가열장치, 여과기, 추출기 등)에 축적되는 양과 기타 손실되는 양은 가공을 시작한 초기단계에서 발생하는 것으로 초기단계 이후의 가공 중에는 일정한 정상상태(steady state)가 되므로 이들 양을 무시하여 계산한다. 이를 정상상태의 물질 수지라 하며, 이때의 물질 수지는 다음과 같이 간단하게 계산된다.

들어간 원료의 양 = 생산된 양 + 부산물

(2) 에너지 수지

에너지 수지(energy balance)는 어떤 단위조작에 들어간 에너지의 양과 나온 에너지의 양을 다루는 것으로 다음과 같이 계산되며 사용한 에너지 효율과 에너지 비용 절감 시에 중요하다.

들어간 에너지의 양 = 제품의 에너지 + 부산물의 에너지 + 축적된 에너지
+ 손실된 에너지

여기에서도 가열 단위조작 초기에는 기계장치에 축적되는 열에너지와 주위에 손실되는 에너지가 있다. 그러나 손실되는 에너지의 양을 최소한으로 하여 무시하고 공정이 진행되면서 축적된 에너지가 일정하다고 가정할 때 이 상태를 정상상태라 한다. 정상상태에서의 에너지 수지는 다음과 같이 정리할 수 있다.

들어간 에너지 양 = 제품의 에너지 + 부산물의 에너지

가열공정에서 나오는 에너지는 에너지 사용으로 온도가 높아진 제품과 부산물 외에 증발이 있을 경우에는 증발된 수분의 에너지가 포함된다.

2-4 가열살균

1) 가열살균의 원리

높은 온도에서의 미생물 살균은 주로 미생물에 있는 단백질의 변성(denaturation)에 의한다. 단백질이 변성됨으로써 미생물의 효소가 불활성화되고 효소가 조절하는 대사활동이 정지되기 때문이다. 가열에 의한 살균 속도는 일차반응(frist order reaction)으로 계산될 수 있으며 이때 미생물은 대수함수적으로 감소한다(**그림 1-5**). 가열살균곡선(death rate curve)에서 미생물 수를 90% 감소시키는 데(1/10을 감소하는) 필요한 시간(분)을 D값(D value, decimal reduction time)이라 한다. D값이 클 때는 미생물의 열저항성이 높다고 할 수 있다.

식품에 존재하는 미생물을 살균시키는 데는 두 가지 문제점을 고려하여야 한다. 첫째는 식품에 존재하는 초기 미생물의 수가 많거나 열저항성이 높으면 미생물을 안전수준까지 살균시키는 데 필요한 시간이 증가한다. 둘째는 살균이 대수함수적으로 진행되기 때문에 미생물을 완전히 사멸시키기 위해서는 살균시간이 무한대에서만 가능하다는 것이다(대수함수에서는 0이라는 개념이 없음).

식품의 초기 미생물 수는 식품에 대한 살균조건(온도와 시간)을 설정한 다음 살균하기 때문에 원료의 위생적 관리와 세척 등으로 초기 미생물 수를 일정한 수준 이하로 유지해야 한다. 살균시간에 관해서는 정해진 최종 미생물의 수준까지 살

균하는 상업적 살균(commercial sterilization)을 시행하고 있다.

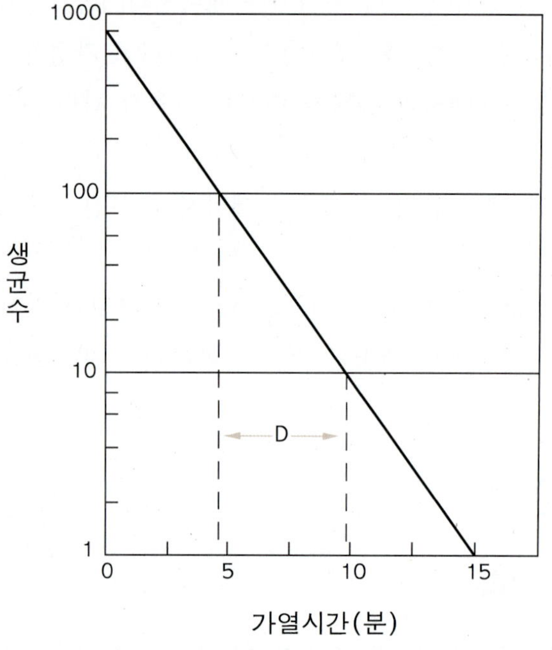

그림 1-5 가열살균시간에 따른 미생물의 가열살균곡선

미생물의 살균은 온도의존성이다. 즉 온도가 높을수록 살균속도는 증가한다(D값의 감소). 이 관계를 정리한 것이 **그림 1-6**의 가열치사시간곡선(thermal death time curve, TDT cruve)이다. 이 곡선에서 D값은 온도가 높아지면서 대수함수적으로 감소하고 있음을 보여준다. 이때 D값을 1/10으로 감소시키는 데 필요한 온도를 z값이라 한다.

그러므로 D값과 z값은 미생물의 열저항성과 온도의존성을 보여주는 중요한 값이다(그림의 z값은 10.5℃임).

미생물의 열저항성은 다음 여러 요인에 의해 영향을 받는다.

(1) 미생물의 형태

미생물의 종류에 따라 열저항성에 많은 차이가 있으며 특히 포자 형성균은 열저항성이 높다.

(2) 배양조건(incubation condition)

포자생성균의 포자생성이 높은 온도에서 생성된 것은 낮은 온도에서 생성된 것보다 열저항성이 높다.

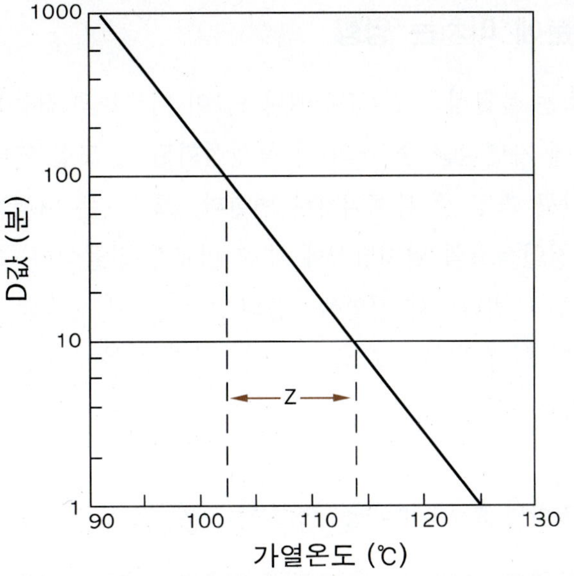

그림 1-6 가열치사시간(thermal death time)곡선

(3) 식품의 특성

① pH

병원균과 변질균(spoilage bacteria)은 중성 pH에서 열저항성이 높다. 효모와 곰팡이는 산성에서 적응력이 높지만 세균의 포자보다는 열저항성이 낮다.

② 수분활성도

식품의 수분활성도가 낮을 경우 열저항성이 낮으며 가열 시 건열(dry heat)보다는 습열(moist heat)의 살균 효과가 높다.

③ 성분조성

단백질과 지방질, 당의 농도가 높을 때 저항성을 증가시키지만 식품에 사용되는 낮은 소금농도는 영향이 거의 없다.

2) 효소와 성분에 미치는 영향

대부분의 효소는 불활성화되는 D값이나 z값이 미생물의 값들과 비슷한 범위를 갖고 있기 때문에 가열살균 중 거의 다 불활성화된다. 또한 열에 불안정한 여러 성분들은 가열살균 과정 중 분해되거나 변한다. **표 1-9**는 미생물과 효소뿐만 아니라 비타민과 천연색소의 열저항성에 대해 비교한 값들이다. Carotenoid 외에는 전반적으로 주요 비타민과 천연색소들의 D값이 미생물들의 D값보다 높아 열에 대한 안정성이 미생물이나 효소보다 높고 가열에 의한 이들 성분의 손실량은 상대적으로 낮음을 알 수 있다.

표 1-9 열저항성 효소와 미생물, 영양성분, 관능적 성분 간의 열저항성 비교

성분 및 미생물	식품	pH	z (℃)	D_{121} (min)	온도범위 (℃)
Thiamin	Carrot puree	5.9	25	158	109~149
Thiamin	Pea puree	Natural	27	247	121~138
Thiamin	Lamb puree	6.2	25	120	109~149
Lysine	Soybean meal	-	21	786	100~127
Chlorophyll a	Spinach	6.5	51	13.0	127~149
Chlorophyll b	Spinach	5.5	79	14.7	127~149
Anthocyanin	Grape juice	Natural	23.2	17.8	20~121
Betanine	Beetroot juice	5.0	58.9	46.6	50~100
Carotenoids	Paprika	Natural	18.9	0.038	52~65
Peroxidase	Peas	Natural	37.2	3.0	110~138
Peroxidase	Various	-	28~44	-	-
Clostridium botulinum spores(type A+B)	Various	>4.5	5.5~10	0.1~0.3	104
Bacillus stereothermophilus	Various	>4.5	7~12	4.0~5.0	110+

(Taira et al., 1966, Esselen and Anderson, 1956)

CHAPTER 2

식품의 가공

식품가공과 저장을 위하여 사용하는 여러 단위조작들은 가공과 저장의 효과가 있는 처리도 있다. 이들 단위조작들을 명확히 구분하기는 어려우나 처리를 할 때 주된 목적에 따라 구분하면 다음과 같다.

- 가공을 위한 단위조작: 세척, 선별, 박피, 분쇄, 혼합, 분리, 추출, 막분리, 증발, 증류, 압출성형
- 저장을 위한 단위조작: 저온살균, 고온살균, 초고온살균, 냉장, 냉동, 방사선조사, 데치기
- 가공과 저장을 위한 단위조작: 건조, 데치기, 냉동건조, 냉동농축, 발효

가공을 위한 단위조작 중 압출성형은 가열압출 시 수분의 증발로 저장효과가 있지만 제품의 텍스처 특성 향상이 주목적이다. 저장을 위한 방법 중 고온살균은 육류나 어류통조림의 경우 맛의 향상효과가 있고, 냉동방법에서 아이스크림은 기호성을 향상시킨 우유의 가공제품이다. 발효는 알코올이나 산발효로 저장성의 향상 및 관능적 특성을 향상시킨다. 이러한 관점에서 식품의 가공만을 위하거나 가공을 주목적으로 한 단위조작의 원리와 방법을 설명하면 다음과 같다.

01 세척 및 선별

1-1 세척

세척(cleaning)은 식품원료의 오염물질을 제거하는 단위조작으로 연속된 가공공정에 적합한 원료를 만드는 가장 기초적인 공정이다. 세척과정은 금속물질, 무기물, 잎이나 줄기, 잡초, 살충제, 미생물 등의 제거가 주로 이루어지지만 섭취하기에 불편한 과실류의 표피, 마른 잎이나 변색된 채소류의 겉부분, 생선과 육류의 껍질 제거도 포함된다. 가공 초기에 이러한 불순물과 오염물질을 제거해주면 다음과 같은 효과가 있다.

- 폐기물의 발생량을 줄여 준다.
- 제품변질에 의한 유통기한의 단축을 방지한다.
- 살균과정이 필요할 경우 살균 조건을 완화하는 효과가 있다.

세척과정은 물을 사용하는 젖은세척(wet cleaning)과 공기나 자석을 사용하는 마른세척(dry cleaning)으로 크게 나눌 수 있다.

(1) 젖은세척

곡류나 과채류를 수확하고 난 뒤 뿌리나 줄기, 열매 부위에 묻은 흙이나 농약, 제초제 등을 제거하고자 할 때에는 물을 사용한 젖은세척(wet cleaning)이 효과적이고 조직에 손상을 주지 않는다. 이때 세제(detergents)를 첨가하거나 물의 온도를 따뜻하게 하면 더욱 효과적일 수 있다. 그러나 더운 물을 사용할 때에는 오염된 미생물이 번식할 수 있으므로 주의하여야 한다. 물의 사용량은 최소한으로 하여 물 사용 비용과 폐수처리 비용을 절약하여야 한다.

(2) 마른세척

마른세척(dry cleaning)은 크기가 작고 단단하거나 수분함량이 낮은 원료(곡류, 두류, 견과류)를 세척한 후 건조하여 저장할 때 이 방법을 택한다.

마른세척을 위한 장치는 젖은세척의 장치보다 저렴하고 세척 중 화학적 변화나 미생물에 의한 변질이 적게 일어난다. 그러나 마른세척 과정 중 먼지가 많이 발생되므로 먼지를 제거하는 관리가 별도로 필요하다. 마른세척은 공기의 흐름(바람)을 이용한 기송식 분리, 자석을 이용한 자석식 분리, 체를 사용한 체 분리가 있다. 기송식 분리는 물질의 비중 차이에 따라 분리하게 되는데 바람의 속도를 적절히 조절하여 작은 돌이나 마른 잎, 줄기 파편을 분리한다. 철 등의 금속물질은 자석을 이용하여 제거한다.

1-2 선별

원료의 선별(sorting)은 가공 후 제품의 균일성을 유지하기 위하여 무게, 크기, 모양, 색 등의 물리적 특성에 따라 분류하는 과정이다. 원료의 선별은 세척과 함께 가공과정 중 가장 먼저 하는 작업이다.

(1) 형태와 크기 선별

식품원료의 형태와 크기는 가공을 할 때의 가공 적성과 함께 신선한 상태로 판매할 때 상품가치에 영향을 준다. 껍질을 벗길 때(박피 과정)는 감자나 마늘의 비교적 균일한 크기가 중요하며 곧은 모양의 오이 형태는 포장할 때 중요하다. 방울토마토나 사과, 배, 달걀도 크기와 형태에 따라 포장하게 된다. 크기나 형태에 따라 선별하는 기계장치는 그림과 같이 belt-roller 선별기(**그림 2-1**)가 있으며 땅콩과 같이 작은 것들은 multideck flat bed screen 선별기(**그림 2-2**)를 사용하여 진동시키면서 선별한다. 설탕가루 등 더 작은 것들은 체를 사용하여 선별한다.

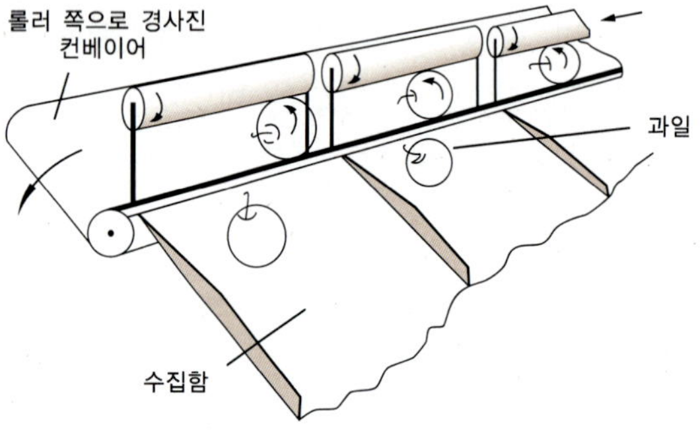

그림 2-1 Belt-roller 선별기

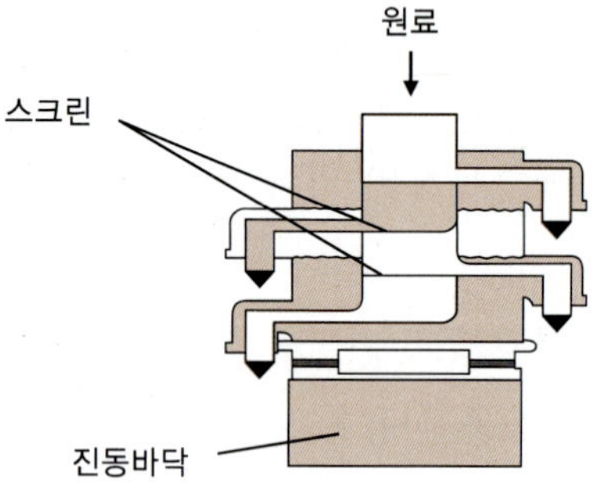

그림 2-2 Multideck flat bed screen 선별기

(2) 색 선별

과일류의 색 선별은 눈으로 구별하는 수작업을 아직도 하고 있지만 수작업에

는 훈련된 사람을 위한 작업공간이 많이 필요하다. 현재 개발된 색 선별기(color sorter)는 정확성이 뛰어나고 많은 양의 처리(10~16ton/시간)가 가능하며 운영비가 저렴한 장점이 있다. 이 선별기는 감자의 검은 반점 식별부터 쌀(착색립 제거), 완두콩, 당근, 과일 등의 색 선별까지 광범위하게 사용되고 있다. 색 선별기는 **그림 2-3**과 같이 원료투입구에서 컨베이어 벨트를 타고 원료가 내려오면서 한 개씩 색측정기(photodetector)를 통과할 때 표면의 색도와 명도에 따라 선별하게 된다.

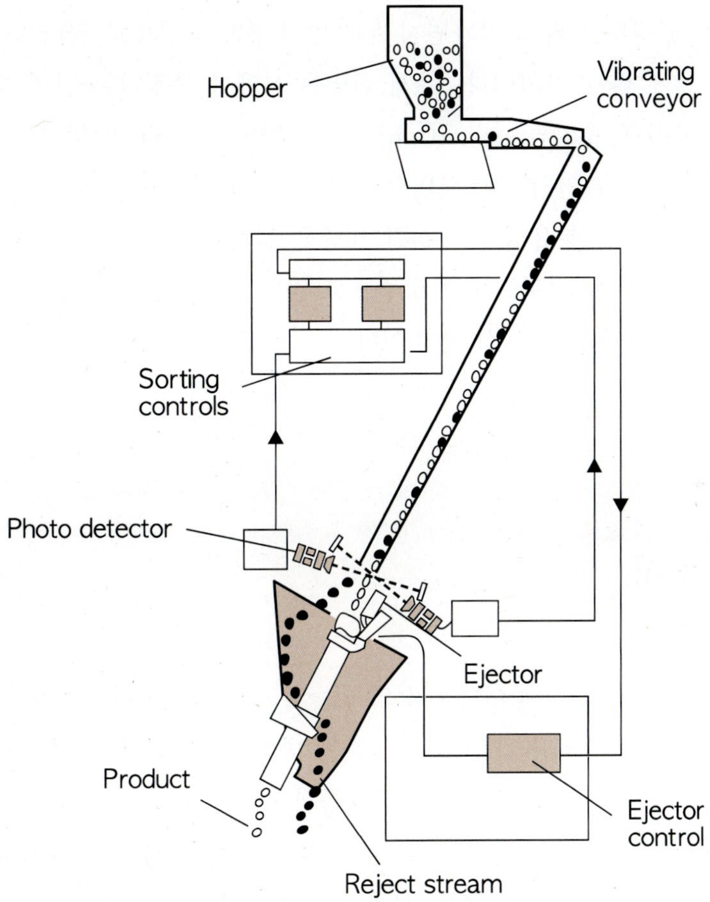

그림 2-3 색 선별기

색은 적색, 녹색, 황색이 측정되며 측정된 값은 마이크로 컴퓨터에서 빠르게 계산된다. 이미 설정된 값에 따라 불합격된 것은 배출기에 의해 자동적으로 제거되고 합격된 것만 모아지도록 한 장치이다.

(3) 무게 선별

식품의 무게 선별(weight sorting)은 식품을 하나씩 측정하여 무게의 등급별로 선정하는 것으로 달걀이나 과실 등에 사용하고 있다. 달걀의 경우 시간당 12,000개가 선별되며 6~9개의 무게등급 선별이 가능하다. 이 경우 달걀은 컨베이어(conveyor) 벨트를 타고 나가면서 무거운 것부터 등급별로 골라내어 가벼운 등급은 끝에 남게 하는 장치이다. 무게 선별은 무게를 측정하는 방법 외에 비중과 밀도를 이용하는 흡인법(aspiration)과 부유법(flotation)이 있다. 곡류나 은행, 잣 등 견과류는 흡인법으로 선별하고 완두나 리마콩(lima bean) 등 두류는 부유법으로 선별한다. 부유법은 일정한 비중을 갖는 소금물에 완두콩이나 리마콩을 넣어 떠있는 것을 거두어내는 방법으로 밀도가 높거나 전분이 많고 과숙한 두류는 가라앉는 성질을 이용한 원리이다.

02 박피

박피는 도살 후 가축의 가죽이나 생선의 비늘과 표피를 제거하는 박피(skinning)와 과일이나 채소류의 표피(껍질)를 제거하는 박피(peeling)로 나눌 수 있다. 도체와 생선의 박피는 도체의 위쪽 또는 아래쪽의 표피를 기계에 물려 잡아당겨 제거하고 있으며 정어리, 상어 등의 박피는 어박피기로 껍질을 당기면서 제거한다. 과일과 채소류는 병조림이나 통조림 제품 제조를 위해 박피하고 있으며 마늘, 당근, 밤은 그대로 섭취하기 위하여 박피하고 있다. 과일채소류의 박피는 여러 방법들이 개발되어 있으므로 좀 더 자세히 설명하면 다음과 같다.

① 순간 증기 박피
② 칼 사용 박피
③ 연삭식 박피
④ 알카리수 박피
⑤ 화염 박피

2-1 순간 증기 박피(flash steam peeling)

감자나 고구마, 당근 등 근채류와 같은 표피 조직을 갖고 있는 채소류는 증기를 쏘였을 때 표피가 쉽게 제거된다. 순간 증기 박피는 식품을 고압솥에 넣고 4~6rpm(rpm은 1분당 회전수)으로 서서히 회전시키면서 고압(15×10^5pa, 1기압은 1.01×10^5pa)의 증기를 15~30초 정도 짧은 시간 동안 쏘이는 방법이다. 이렇게 가열하면 표면은 빠르게 가열되어 유연해지면서 벗겨지지만(순간 박피) 내부 조직은 열전달이 되지 않아 익지 않은 신선한 상태를 유지하게 된다. 박피 후 식품의 표면은 찬물을 분무시켜 남아있는 표피를 씻어낸다. 이 박피 방법은 다음과 같은 장점이 있어 근채류나 그와 유사한 식품원료를 박피하는 데 널리 사용되고 있다.

① 물 사용량이 적음.
② 식용부위의 조직 손실을 최소한으로 함.
③ 박피 후의 형태가 좋고 제거된 표피의 폐기물 부피가 적음.
④ 자동화가 가능함.

2-2 칼 사용 박피(knife peeling)

칼날을 고정해 놓고 식품을 회전시키면서 표피를 벗겨내는 경우와 고정한 식품에 칼날을 회전시키면서 박피하는 방법이 있다. 칼 사용 박피는 표피조직이 비교적 두껍고 쉽게 벗겨질 수 있는 오렌지와 같은 감귤류에 적당하며 과육 손실이 비교적 적은 장점이 있다.

2-3 연삭식 박피(abrasion peeling)

식품을 금강사(carborundum, 탄화규소) 롤러에 넣거나 내면을 금강사로 깐 통에 넣고 회전시키면서 표피를 긁어 제거하는 방법이다. 이 방법은 장치 비용과 에너지 소비가 적고 상온에서 할 수 있어 열에 의한 식품 손상이 적으며 박피 후의 형태가 좋은 장점이 있다. 그러나 원료의 손실이 많고(약 25%까지) 물을 많이 사용하는 단점이 있다.

2-4 알칼리 박피(caustic peeling, lye peeling)

100~120℃로 가열한 1~2%의 묽은 NaOH(lye라 함) 용액에 식품을 통과시키는 방법이다. 그렇게 하면 표피가 유연해져서 잘 벗겨지게 되는데 유연해진 표피는 고압의 물을 분무시켜 제거한다. 이 방법은 원료 손실이 적은(약 17%) 장점이 있어 근채류에 유용하게 사용되어 왔지만 표피의 색이 변하는 경우가 있으며 물 사용량이 많고 박피 후 NaOH로 중화해야 하는 단점이 있다.

2-5 화염 박피(flame peeling)

양파의 표피를 제거하기 위하여 개발된 것이다. 양파를 컨베이어 벨트에 올려놓고 회전시키면서 1,000℃의 회화로에 통과시키면 표면의 껍질과 뿌리털이 타서 없어지고 약간 그슬린 표피는 고압의 물을 분사하여 제거한다. 이때 원료의 손실은 약 9%로 매우 적다.

03 분쇄 및 마쇄

여러 형태의 가공제품을 제조하거나 건조 또는 추출할 때 원료의 크기를 줄여야 할 필요가 생긴다. 원료의 크기 조절은 식품의 가공단계에서 중요한 단위조작 중 하나로 절단, 분쇄, 압축, 충격 등 기계적 힘을 가하여 그 크기를 가공에 적합하도록 작게 한다. 식품의 크기 줄임(size reduction)은 다음과 같은 가공 효과가 있다.

① 단위 부피 또는 무게당 표면적을 증가시킨다.
② 표면적의 증가는 건조속도, 가열속도, 냉각속도, 추출수율을 향상시킨다.
③ 분쇄 후의 입자크기를 일정한 범위로 선별(체 거르기)함으로써 가공 조건을 일정하게 조정할 수 있다.
④ 혼합하는 여러 원료의 입자크기를 비슷하게 하면 혼합을 더욱 철저히 할 수 있다.

크기를 더 작게 하여 분말화하면 가공을 용이하게 해주고 가공제품의 텍스처 특성을 향상시켜 주지만 경우에 따라서는 화학적 변화를 쉽게 일어나게 해줄 뿐만 아니라 수분함량이 많을 때에는 미생물 번식이 빨라지는 단점이 있다.

식품원료의 크기를 줄이는 방법은 그 크기에 따라 고체는 절단, 얇게 자름, 잘게 썲, 조분쇄, 마쇄가 있고 액체는 유화, 균질화가 있다.

3-1 고체식품

고체식품의 크기를 줄일 때 관여하는 힘은 압축(compression), 충격(impact), 전단(shear) 등 3가지의 힘이다. 여기에서 전단은 고체인 경우 한 부위에 힘을 주면 밀려나는 변형현상이고, 반고체인 반죽은 비빌 때, 액체는 저을 때 일어나는 현상이다. 압축력은 부서지기 쉬운 식품을 분쇄할 때 주로 관여하며 이때 충격력이 함께 작용하기도 한다. 일반적으로 분쇄할 때에는 한 가지 힘보다 압축과 충격 그리고 전단의 힘이 관여하게 되는데 식품의 특성에 따라 주로 관여하는 힘이 달라진다. 과거에 절구에 곡류를 넣고 빻은 것은 이 세 가지 힘이 모두 관여하는 대표적인 예이고 맷돌 돌리는 것은 전단력과 압축력이 주로 작용한다.

식품의 수분함량은 분쇄에 큰 영향을 미친다. 밀이나 쌀 등 건조된 곡류를 분쇄할 때 물에 잠시 담근 후 수분이 조직에 골고루 퍼지게 한 다음 분쇄하면 입자의 크기가 더 균일하게 된다. 콩의 경우는 충분히 수화시킨 다음 마쇄하면 조직이 유연하게 되면서 더욱더 미세한 입자로 분쇄할 수 있다.

식품을 절단하거나 분쇄할 때의 방법 선택은 식품의 조직 특성이 관여한다. 과채류, 육류와 같이 섬유상일 때에는 절단기와 같이 전단력을 주로 이용한 장치로 크기를 작게 하고, 곡류, 두류, 설탕과 같이 미립자상(particulate)일 때에는 충격과 압축력을 주로 사용한 기계로 분쇄한다.

1) 섬유상 식품

섬유상 식품을 절단하거나 분쇄하는 기계로는 다음의 4가지가 있다.

① 얇게 자르는 것
② 마름모꼴로 절단(dicing)하는 것
③ 가늘게 절단(shredding)하는 것
④ 걸쭉하게 가는 것

얇게 자르는 기계는 비교적 단단한 과일채소류(사과, 오이, 토마토 등)나 삼겹살 등 생고기, 치즈, 생선육, 샌드위치 빵 등을 얇게 자를 때 사용한다. 마름모꼴로 절단하는 기계는 과일과 채소류 일부와 냉동육을 입방체로 자를 때 사용하는 것으로 먼저 길게 자른 다음 입방체가 되도록 한 번 더 절단하는 기계이다(**그림 2-4**).

식품 원료를 걸쭉하게 마쇄(pulping)하는 기계는 과실이나 채소에서 주스를 짜낼 때 사용하는 것으로 압착과 전단력이 관여한다. 마쇄 후 높은 압력을 이용하여 체를 통과시키면 주스와 찌꺼기가 분리된다.

장치로는 고속으로 회전하는 칼날을 사용하는 혼합기(blender), 롤러압축기(roller press), 스크루 압축기(screw press)가 있으며 가정에서 사용하는 혼합기로는 믹서기, 스크루 압축기는 녹즙기가 대표적인 예다.

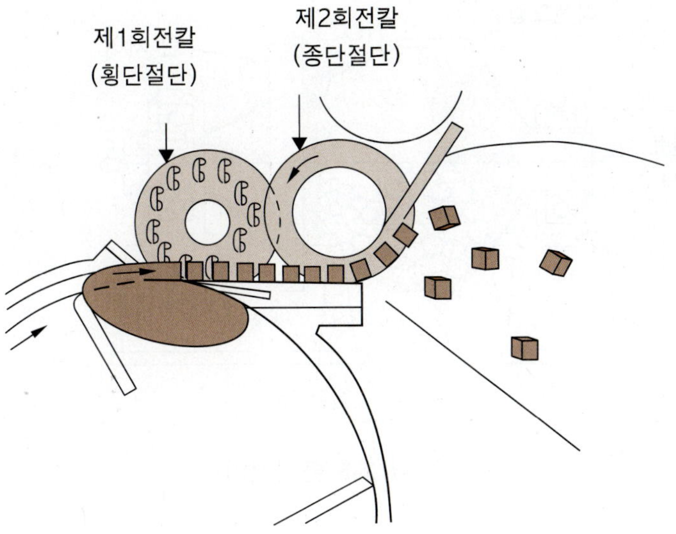

그림 2-4 과일 다이싱기(dicing equipment)

2) 건조식품

식품원료의 분쇄방법은 식품의 조직 특성과 용도, 분쇄 후 입자의 크기, 파쇄의 용이도 등에 따라 여러 종류의 분쇄기가 개발되어 있다. 특히 분쇄할 때 마찰에 의한 온도의 상승은 구성성분과 물리적 성질에 영향을 주므로 분쇄 방법을 선택할 때 특히 주의해야 한다. 식품가공에서 사용하는 분쇄기는 다음과 같다.

(1) 볼분쇄기(ball mill)

볼밀은 원통형 수평회전기 안에 2.5~15cm 직경의 크기가 다른 스테인리스 볼 또는 자기로 만든 볼을 넣고 천천히 회전시키는 장치이다. 이 안에 들어간 건조식품 원료는 볼들이 부딪히는 충격력(impact force)에 의하여 미세한 분말로 마쇄된다. 이때 식품원료가 점착성이 높아서 볼 표면에 분쇄된 식품 일부가 붙게 되는 경우에는 볼 대신 각이 있는 로드(rod)를 사용하는 로드분쇄기를 사용한다(**그림 2-5**).

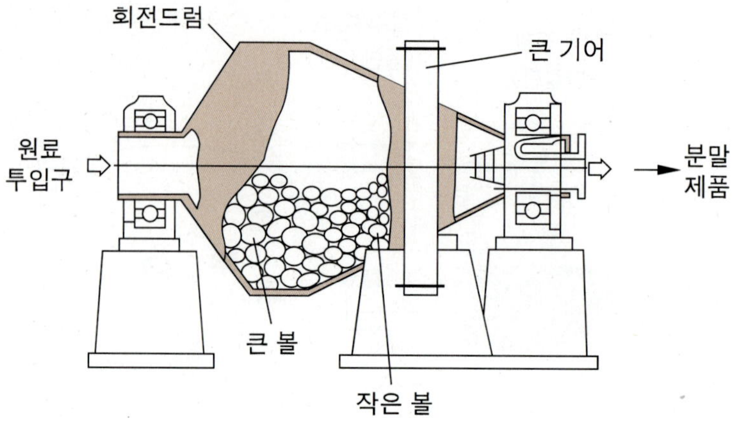

그림 2-5 볼분쇄기

(2) 디스크분쇄기(disc mill)

디스크밀은 우리나라 맷돌과 비슷한 형태로 디스크 면에 기하학적으로 잘 배열된 돌출부위를 갖게 하여 빠르게 회전시키면서 식품을 마쇄하는 장치이다(**그림 2-6**). 분쇄는 전단력에 의하여 이루어지며 종류로는 단일 디스크분쇄기(single-disc mill)와 디스크 두 개를 사용한 이중 디스크분쇄기(double-disc mill)가 있다.

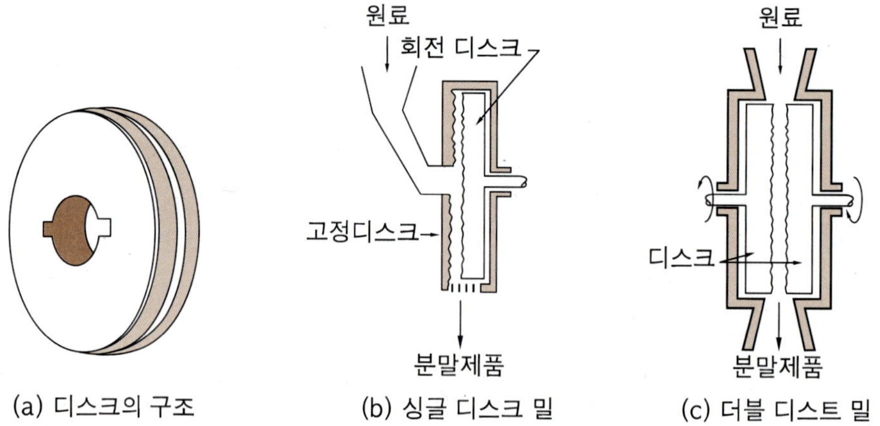

그림 2-6 디스크분쇄기

(3) 해머분쇄기(hammer mill)

해머밀은 수평형 원통 안에 해머 모양의 강철 막대를 고속으로 회전시키면서 내부 표면에 충격을 주어 식품 원료를 부수는 기계 장치이다(**그림 2-7**a). 분쇄는 전단력과 충격력을 주로 관여하며 분쇄가 진행되면서 충분히 분쇄된 것은 해머밀 밑부분에 있는 체를 통해 나온다. 주로 향신료나 설탕 등을 입자 형태로 분쇄할 때 사용한다.

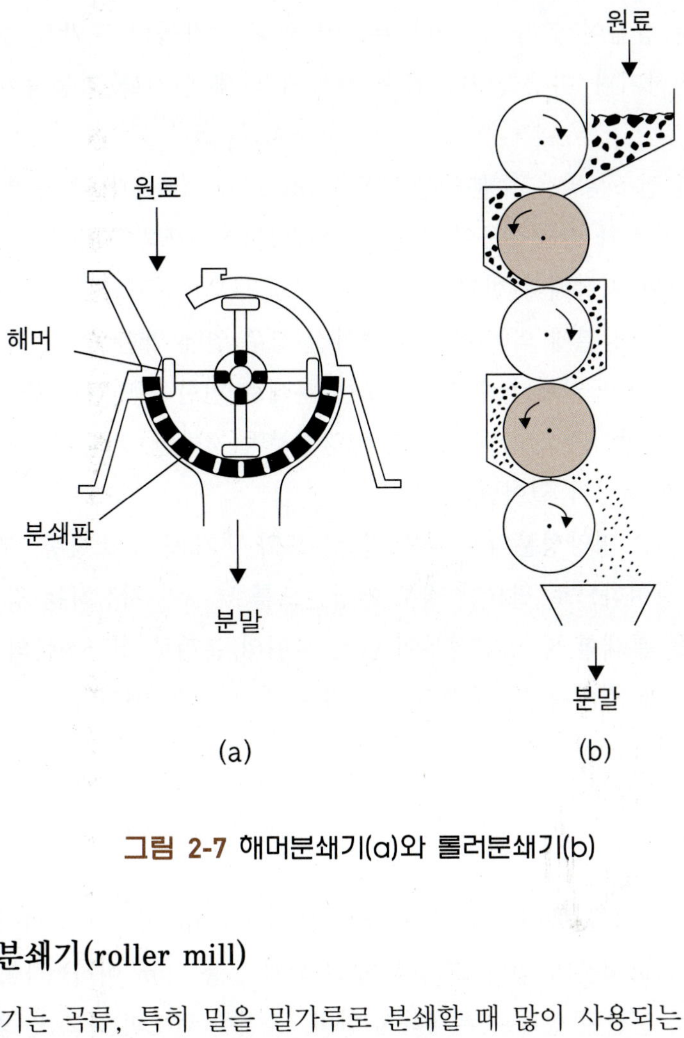

그림 2-7 해머분쇄기(a)와 롤러분쇄기(b)

(4) 롤러분쇄기(roller mill)

이 분쇄기는 곡류, 특히 밀을 밀가루로 분쇄할 때 많이 사용되는 분쇄기로 지름이 같은 2개 이상의 강철 롤러가 반대 방향으로 회전하면서 식품원료를 분쇄하는 장치이다(**그림 2-7**b). 이때 식품원료는 주로 압축력(compression force)에 의해 분쇄되며 전단력도 관여한다. 롤러 간의 틈 크기가 분쇄된 입자의 크기를 좌우한다.

3) 식품에 미치는 영향

원료의 분말화는 혼합을 용이하게 하고 열전달에 좋은 영향을 주며(가열속도나 냉각속도를 빠르게 함), 제품을 만들었을 때 제품의 텍스처를 보다 쉽게 조절할 수 있는 장점이 있다. 그러나 분쇄에 의해 입자들의 표면적 증가로 산화에 의해 변질하거나 미생물이나 효소 작용에 의해 변질할 가능성이 높아지는 단점이 있다.

식품원료의 건조분말은 수분활성도(A_w, water activity)가 낮아 몇 달간 저장은 가능하나 효소와 산화작용이 있을 수 있으므로 별도의 저장방법(냉장, 냉동 등)을 함께 하여 저장해야 한다.

분쇄과정 중 마찰열에 의해 온도가 높아질 경우 열에 약한 성분, 특히 향미 성분의 손실과 변화가 일어날 수 있다. 또한 분쇄로 인한 표면적의 증가로 산소와의 접촉 기회가 많아져 산화에 민감한 영양성분들(지방산, 카로티노이드, vit C, thiamin 등)의 손실이 일어난다.

분말의 저장 중 영양성분의 손실은 저장온도와 대기 중 산소함량, 분말의 수분함량이 주로 관여하므로 필요할 경우 저장온도를 낮추어 저장하는 경우도 있다. 건조된 원료를 분쇄할 때 영양성분이 많은 부위의 분리로 영양성분의 손실을 초래하기도 하는데 쌀이나 밀 등에서 씨눈의 분리가 좋은 예이다.

3-2 액체식품

액체식품의 크기를 줄이는 데에는 균질화(homogenization) 방법이 있다. 균질화는 액체나 고형분의 입자 크기를 아주 작게(보통 2μm 이하) 하여 표면적을 크게 증가시켜 분산된 상태로 존재하게 하며, 균일한 점도와 유화 안정성을 갖게 한다.

균질화는 물과 기름과 같이 혼합되지 않는 액체를 에멀전(emulsion) 상태로 바꾸어주는 유화(emulsification)와 함께 액체식품을 섭취할 때 촉감을 좋게 한다. 마요네즈와 아이스크림은 유화현상을 이용한 제품이며 균질화된 우유(homogenized milk)는 유화와 균질화를 함께 일으킨 제품이다.

1) 균질기

균질기(homogenizer)로는 고속혼합기, 고압균질기, 콜로이드밀, 초음파균질기가 있다.

(1) 고속혼합기(high speed mixer)

고속혼합기는 점도가 비교적 낮은 액체나 고형분이 용해되어 있는 액체를 빠르게 혼합시키는 혼합기(400~1,500rpm, rpm = 1분당 회전수)로, 고속으로 회전하는 터빈이나 프로펠러의 전단작용에 의한 장치이다. 농축액을 희석시킬 때나 시럽과 같은 액상 첨가물을 어떤 용액에 혼합할 때 사용한다.

(2) 고압균질기(high pressure homogenizer)

고압균질기는 고압펌프(100~700×10^5Pa)를 이용하여 액체를 작은 구멍(0.3mm)을 통해 고속으로 분출시키면서 입자를 아주 작게 하는 장치이다. 분출속도는 80~150m/초로, 분출될 때 강한 전단력이 발생되면서 액체 입자들이 서로 충돌하여 충격력(impact force)으로 아주 작게 분쇄된다. 고압균질기는 살균 전 우유의 균질화, 살라드크림, 동결 전 아이스크림, 조미용 소스 제조에 사용된다(**그림 2-8**).

(3) 콜로이드밀(colloid mill)

콜로이드밀은 정지된 것과 고속으로 회전(3,000~15,000rpm)하는 두 개의 원판으로 구성되어 있다. 원판 간의 간격이 대단히 좁아(0.05~1.3mm) 원판 사이에 들어간 액체는 강한 전단력에 의해 미세한 입자로 깨지게 된다. 회전속도와 원판간의 간격을 조절할 수 있으며 점도가 낮은 식품부터 높은 식품(땅콩버터, 고기소스 등)에 사용될 수 있다.

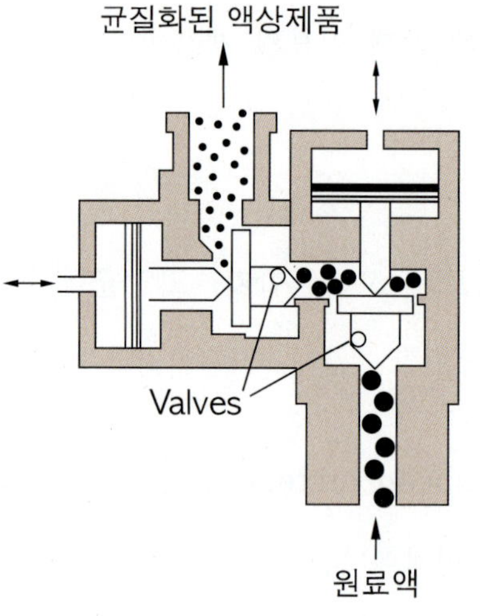

그림 2-8 고압균질기

2) 식품에 미치는 영향

① 점도와 텍스처

액상이나 반액체성(semi-liquid) 식품은 섭취할 때 부드러운 촉감이 중요한 특성이다. 그래서 식품에 유화제나 안정화제(stabilizer)를 첨가하거나 균질화하여 관능적 특성을 향상시켜 준다. 균질화시킨 우유의 경우 지방의 입자 크기를 4μm에서 1μm로 줄여 마실 때 좀 더 부드러운 촉감을 준다.

② 색과 향미, 영양가

균질화는 우유에서와 같이 색에 영향을 주는 경우가 있다. 그 이유는 균질화로 지극히 작아진 지방구와 고형분의 입자 수 증가로 빛의 반사와 분산이 더욱 많이 일어나 뿌옇게 되기 때문이다. 향미성분도 균질화 과정을 통해 더욱 분산되면서 혀의 미각세포와 접촉이 많아지기 때문에 향미가 향상되는 효과가 있다. 유화와 균질화는 영양성분에 직접적인 영향을 주지는 않으나 산소와 접촉 증가로 천연 색소나 향미성분, 비타민의 산화가 촉진될 수 있다.

04 혼합과 성형

두 가지 이상의 원료를 균일하게 잘 섞는 공정을 혼합(mixing 또는 blending)이라 한다. 혼합은 원료의 배합, 가공 후의 맛과 관계가 있는 것으로 저장성에는 관계가 없다. 좋은 예로 밀가루의 반죽 특성을 향상시키기 위한 여러 부재료의 혼합, 초콜릿이나 아이스크림의 제조 시 여러 향미성분의 혼합 등이 있다. 성형은 점도가 높은 반고체 식품이나 반죽 형태의 식품을 성형틀에 넣고 형태와 크기를 갖게 하는 과정으로, 일반적으로 혼합공정 후 이루어진다. 빵, 과자류, 스넥, 두부 등의 성형은 성형틀에서 이루어지고 압출성형(extrusion)도 성형의 기능을 갖고 있다.

4-1 혼합

1) 고체원료

고체원료의 혼합은 액체식품과는 달리 혼합이 완전히 이루어지지 않는다. 고체원료를 혼합할 때에는 혼합물의 물리적 특성과 가공 중 물성의 변화 및 최종 제품의 관능적 특성 등을 고려하여 혼합비율이 설정된다. 혼합에 영향을 주는 인자는 다음과 같다.

① 혼합 원료의 입자크기, 형태, 밀도
② 수분함량과 섞일 때의 흐름 특성
③ 뭉치는 성질 정도

일반적으로 입자크기나 형태, 밀도 등이 비슷할 때 혼합이 잘 이루어지지만 수분함량에 차이가 있거나 뭉치는 성질이 있을 때에는 혼합이 잘 안된다. 혼합할 때에는 혼합시간과 교반속도 등 혼합조건을 조절해야 한다.

2) 액체 원료

(1) 저점도와 중간 점도 액체 혼합

액체원료 중 점도가 낮은 저점도 액체의 혼합을 위해서는 프로펠러혼합기(propeller mixer)를 많이 사용하고 있다. 혼합이 잘 이루어지기 위해서는 **그림 2-9**와 같이 장애판(baffle)을 설치하면 액체에 가해지는 세로 방향과 가로 방향의 속도가 크게 증가하면서 혼합기 내부에 난류(turbulence)가 유지되어 빠르게 움직이는 부위와 느리게 움직이는 부위가 공존한다. 장애판의 설치는 유체의 회전속도가 일정하게 되는 것을 방해하는 것으로 난류가 형성되는 것을 돕는다. 교반을 위한 교반날개는 **그림 2-10**과 같이 flat blade형, vaned disc형, propeller형이 있다.

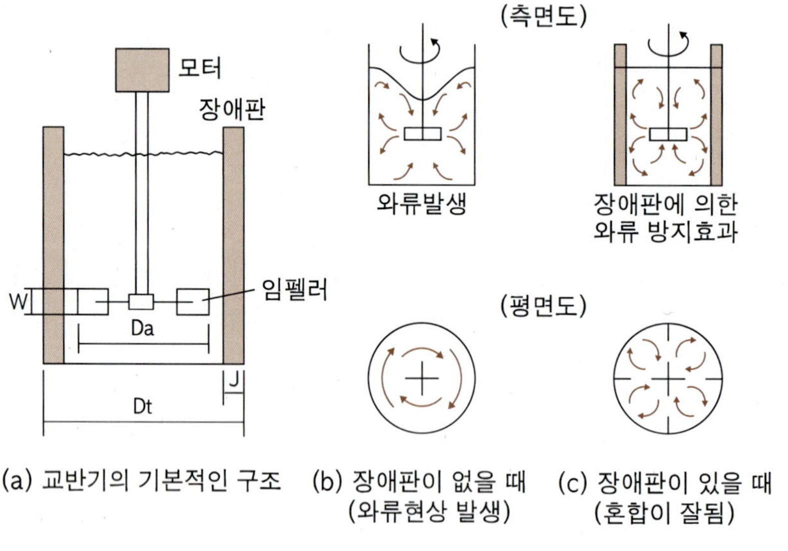

그림 2-9 교반기의 구조 및 장애판의 효과

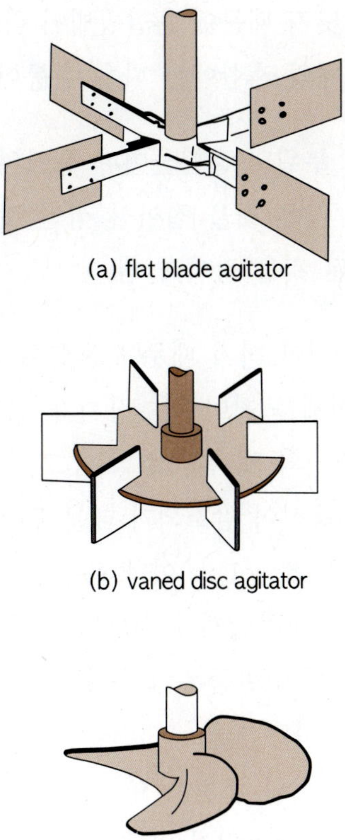

(a) flat blade agitator

(b) vaned disc agitator

(c) propeller agitator

그림 2-10 교반날개의 종류

중간 점도의 액체 혼합을 위해서는 다음 교반기들을 사용한다.

① 패들 교반기(paddle agitator): 주걱 모양의 회전날개로 회전시킴.
② 임펠러 교반기(impeller agitator): 2개 이상의 회전날개를 가짐.
③ 터빈 교반기(turbine agitator): 4개 이상의 회전날개를 가짐.
④ 프로펠러 교반기(propeller agitator): 2개 이상의 짧은 회전날개를 가짐.

(2) 고점도 액체와 페이스트

고점도의 액체나 페이스트(paste), 반죽(dough)과 같은 액체성 반고체의 경우는 유동성(흐름성)이 상당히 낮기 때문에 혼합방법이 다르고 많은 에너지가 필요하다. 고점도와 액체성 반고체의 혼합에는 다음 운동이 관여한다.

- 치댐(kneading) - 다른 부위의 혼합물이나 용기의 벽에 치댐.
- 접음(folding) - 섞이지 않은 것을 접어서 섞인 것과 혼합.
- 전단(shearing) - 반죽된 것을 잡아 늘림.

이러한 혼합 운동이 수반되어야 하기 때문에 혼합이 잘 이루어지게 하기 위해서는 교반날개가 혼합용기 전체를 저어주는 장치가 고안되어야 한다.

소스(sauce)류의 경우 교반기와 접촉한 소스는 교반속도 만큼 움직이나 교반기에서 떨어질수록 빠르게 유동성이 감소되기 때문에 전체를 균일하게 움직이게 하는 장치가 필요하다. 초콜릿(chocolate)이나 옥수수 분말 반죽은 혼합 중 점도가 더욱 증가하는 경향이 있어 반죽날개가 손상될 수 있기 때문에 Z형 반죽기나 다단계 패들교환기를 사용한다. 빵반죽은 접음과 늘림을 반복하는 이중 샤프트 혼합기(twin-shaft mixer)를 사용한다.

고점도 액체나 반죽, 페이스트의 혼합은 이들의 물리적 성질과 혼합되는 양, 생산속도에 따라 다양한 기계가 개발되어 있다. 대표적 기계 일부를 소개하면 다음과 같다.

① 다단계 패들 교반기(multiple paddle agitator)

2~3단계의 패들을 엇갈리게(역회전) 회전하여 교반 효과를 높인다(예; anchor and gate agitator). 이중벽이 있어 가열이 가능하며 가열할 때에는 식품이 벽에 붙지 않게 해주는 긁는 날을 설치하여 회전한다(**그림 2-11**).

② Z형 반죽기(Z-blade mixer)

sigma-blade mixer라고도 하는 것으로 두 개의 날개가 맞물리게 붙여놓아 Z자(또는 sigma) 형태를 서로 엇갈리게 회전시킨다. 두 개의 날개 사이에서 강한 전단력이 발생한다(**그림 2-12**).

③ 행성궤도 혼합기(planetary mixer)

여러 개의 회전날개가 회전할 때 행성궤도와 같이 움직이도록 기하학적으로 잘 디자인하여 혼합통 내부를 골고루 혼합시키는 장치이다. 혼합기는 전단(shearing)과 치댐(kneading) 효과를 준다.

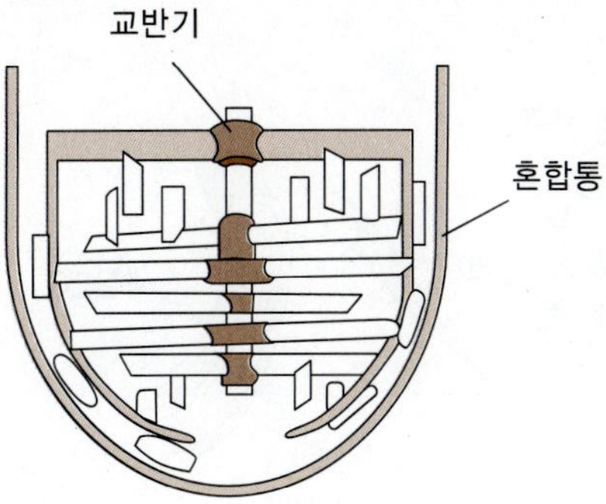

그림 2-11 Anchor-and-gate 교반기

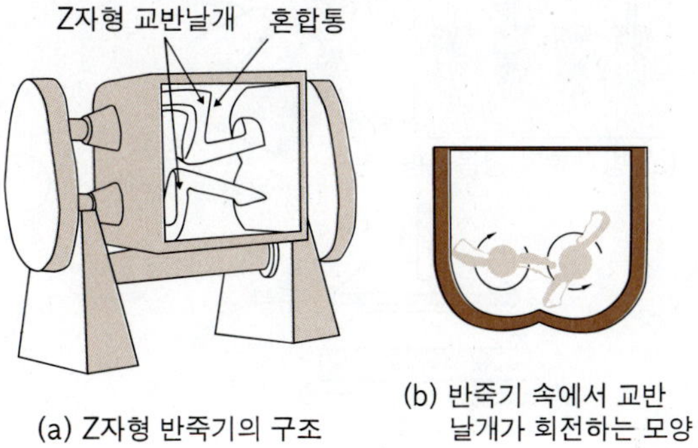

그림 2-12 Z형 반죽기

3) 식품에 미치는 영향

식품의 혼합은 영양소나 저장성에는 영향이 없다. 그러나 혼합과정 중 성분 간의 접촉으로 화학적 반응이 일어날 수 있고 혼합 중 열이 발생될 때에는 반응이 촉진된다. 혼합은 혼합물의 신장성, 탄력성, 점탄성 등의 물리적 성질과 관능적 특성을 향상시켜주며 무엇보다 혼합물의 균일성을 증가시켜주는 장점이 있다.

4-2 성형

성형은 가공제품의 모양을 일정하게 해주는 조작으로 일정한 모양의 틀을 이용하는 주조성형(casting, molding), 식품반죽을 일정한 모양의 표면을 가진 롤러(roller) 사이로 통과시켜 세절, 압인하는 압연성형(sheeting, pressing), 칼날, 톱날 등의 절단 기구를 사용하여 일정한 크기와 모양으로 만드는 절단성형,

분말을 응집시켜 과립형태로 만드는 과립성형(agglomeration, granulating), 압출성형기를 이용하는 압출성형(extrusion, chapter 2, 9 참조) 등이 있다.

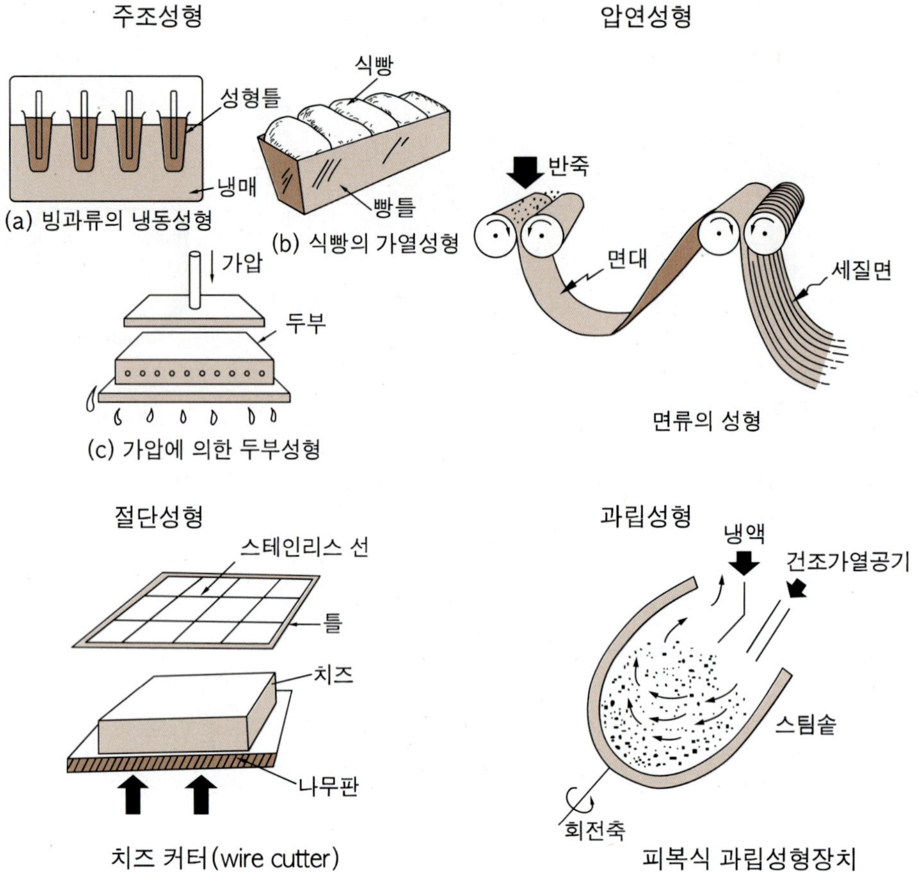

그림 2-13 가공식품의 성형방법

성형의 예로서 비스킷(biscuit)은 반죽을 롤러를 사용하여 일정한 두께의 판으로 형성시킨 다음 일정한 형태로 찍어내거나 철사 룰(wire cutter)로 잘라내고, 과자류는 과자 한 개씩 성형 틀에 향료와 당액이 섞인 페이스트를 정확히 넣어주고 가열한 다음 다 구워진 과자는 냉각시켜 빼낸다.

05 분리

식품에는 유익한 물질과 불리한 물질이 있다. 영양소와 기능성 성분이 건강에 유익한 물질이고 펙틴, 알긴산, 한천 등은 식품의 물리적 특성을 좋게 하는 유익한 성분이며 향미성분은 식품의 맛을 좋게 하는 성분이다. 그러나 식품이 함유한 유해물질이나 오염물질, 불필요한 물질(포도주나 과일주스의 혼탁물질 등)은 분리(separation)하여 제거시킨다. 유익한 물질이나 유해물질의 분리방법에는 크게 여과와 원심분리, 추출, 막분리 방법이 있다.

5-1 여과

1) 원리

여과(filtration)는 여과막을 이용하여 불용성 물질을 제거하는 방법으로 통과된 것을 여과액(filtrate)이라 하고 통과 안 된 물질은 여과케이크(또는 거름케이크, filter cake)라 한다. 여과 방법은 여과 압력에 따라 상압여과, 가압여과, 진공여과가 있다. 여과는 포도주, 맥주, 주스 등 액체식품을 맑게 할 때 사용된다.

2) 여과 방법

(1) 상압여과(atmospheric filter)

철망(40~90 mesh)을 사용하여 회전이나 진동시켜 여과한다. 전분유에서 전분 분리, 과즙에서 주스 분리, 당액의 분리에 이용한다. 미세한 물질을 여과시킬 때에는 여과 속도가 느리고 여과막이 막히는 어려움이 있다. 이럴 때에는 규조토, 활성탄, 산성백토와 같은 여과보조제를 사용하여 여과막이 막히지 않도록 하고 있다.

(2) 가압여과(pressure filter)

여과 시 압력을 높인 가압여과로는 판형가압 여과기(plate and frame filter press)가 대표적인 장치이다(**그림 2-14**). 이 장치는 여과포나 여과지가 수직의 여과판에 붙여져 여과원액이 펌프에 의해 고압으로 통과하게 된다. 여과액은 각각의 여과판 밑에 모이게 되며 여과케이크는 여과포 사이에 쌓이게 된다. 여과가 진행되는 동안 여과케이크의 막힘 현상이 있을 때에는 여과 진행방향의 반대방향으로 물을 역류시켜 여과케이크를 제거하고 여과를 다시 시작한다.

이 방법은 비교적 여과비용이 저렴하고 관리가 수월하여 많이 사용하고 있는 방법으로 과일 주스나 사이다의 여과에 사용하고 있으나 여과시간이 오래 걸리고 연속작업을 할 수 없는 단점이 있다.

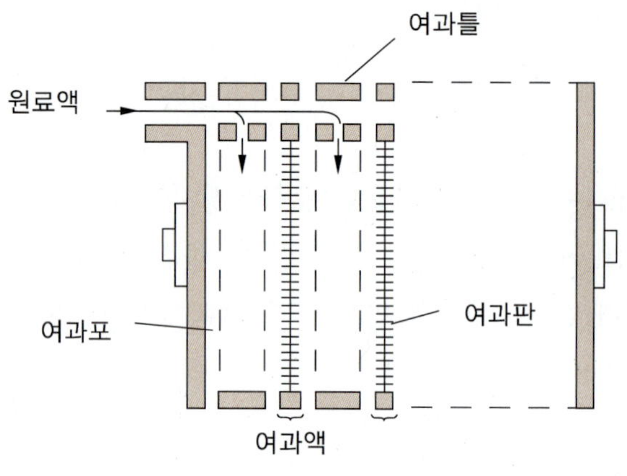

그림 2-14 판형 가압 여과기

(3) 진공여과(vacuum filter)

진공여과는 여과케이크의 제거가 쉽게 이루어지기 때문에 연속작업이 가능하며 여과효율이 높은 장점이 있다. 대표적 기계로는 회전식 드럼 여과기(rotary drum filter)가 있다(**그림 2-15**).

이 여과기의 원리는 반원형 원통에 여과원액을 채우고 원통형의 드럼을 넣어 회전시키면서 여과액을 드럼내부로 흡입하는 것이다. 드럼 표면에는 여과포나 여과지로 덮고 드럼 내부는 진공상태를 유지시킨다. 드럼 표면에 쌓인 여과케이크는 물을 분무시켜 남아있는 액을 흡입시킨 다음 긁는 칼(scraper)로 여과케이크를 쉽게 제거한다.

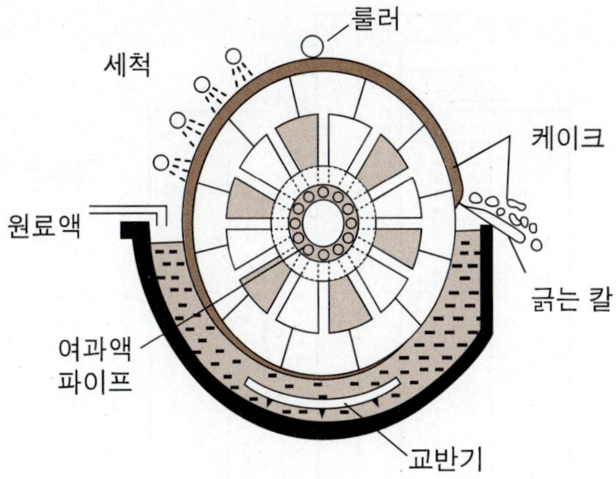

그림 2-15 회전식 드럼 여과기

5-2 원심분리

1) 원리

원심분리(centrifugation)는 회전에 의해 발생되는 원심력을 이용한 것으로, 식품에서 혼합되지 않는 액체(immiscible liquid)를 분리할 때와 액상혼합물에서 액체나 고체를 분리할 때 사용한다. 원심력(centrifugal force)의 크기는 회전반경과 속도에 의하여 영향을 받으며 원심력에 의해 밀도가 높은 것은 원심 분리기 내에서 바깥쪽으로, 밀도가 낮은 것은 안쪽으로 이동하게 된다.

2) 원심분리 방법

(1) 액체-액체 원심분리

가장 간단한 방법은 수직의 실린더를 15,000~50,000rpm(회전수/분) 회전 시키는 tubular bowl centrifuge(**그림 2-16**)이다. 분리하고자 하는 원액은 원심분리기 밑에서 계속 올려 보내 분리하므로 연속작업이 가능하다. 이 방법은 우유에서의 크림 제거와 식물성 기름이나 커피추출물, 과일주스를 맑게 할 때 사용한다.

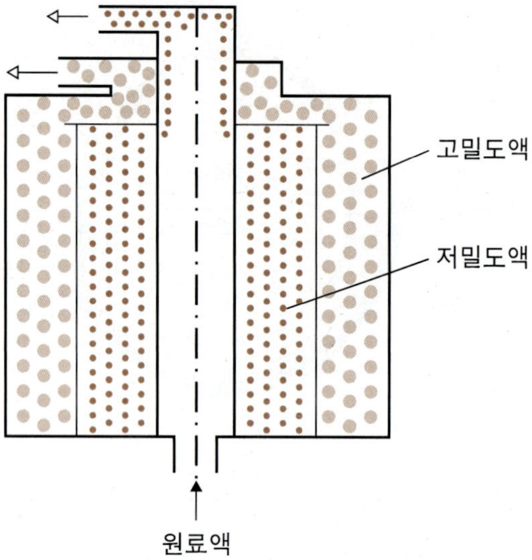

그림 2-16 Tubular bowl centrifuge

(2) 고체-액체 원심분리

액체에서 고체성 물질을 분리할 때 고체성 물질을 제거하는 경우와 수분을 분리해 제거하고 고형분의 농도를 증가시키는 경우가 있다. 일반적으로 고체성 물질을 제거시킬 때에는 고형분 농도가 낮을 경우(3% 이하)로 분리된 고형분 케이크를 자동적으로 배출 한다. 이를 위한 기계는 원심청정기(centrifugal clarifier)가 있으며, 과즙이나 기름의 원액을 분리하는데 사용한다.

수분을 제거하여 고형분 농도를 증가시켜주는 때는 액체원액의 고형분 농도가 높은 경우(5~70% 범위)로 컨베이어 형태의 컨베이어볼 원심분리기(conveyor bowl centrifuge)가 있다(**그림 2-17**). 이 기계는 원통형 볼(bowl) 형태를 가진 것이며, 저속(25rpm)으로 회전하면서 분자량이 높은 고형분을 볼의 끝 부위에 모이게 하고 수분은 자동적으로 분리해 제거하는 장치이다. 동물성 또는 식물성 단백질의 분리에 사용한다.

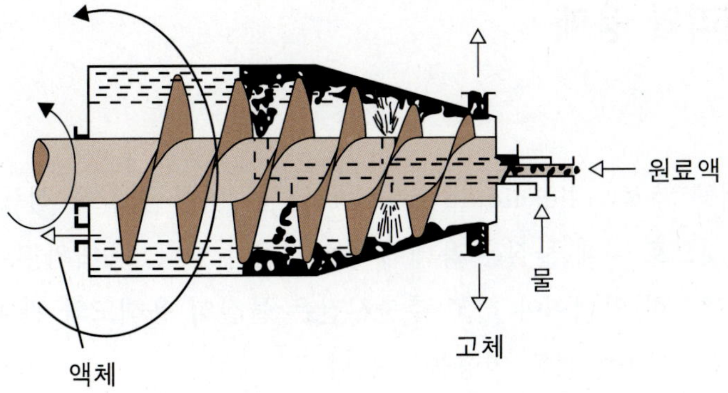

그림 2-17 컨베이어볼 원심분리기

06 추출

추출(extraction)은 물이나 유기용매를 사용하여 식품에 존재하는 유용한 물질을 분리하는 것으로 다음과 같은 물질을 분리할 때 사용한다.

- 기름종자(유량종자, oilseed)나 견과류에서 식용유를 추출
- 향미물질과 정유 성분의 추출
- 커피의 추출
- 커피나 차에서 카페인 성분의 제거

어떤 성분을 추출한 추출액은 용매를 제거한 다음 정제(식용유의 경우) 또는 농축하여 이용한다. 추출은 상온에서 이루어지는 것이 보통이지만 추출속도를 높이기 위하여 추출온도를 높이기도 한다. 추출용매로는 물, 유기용매(알코올 등), 초임계 탄산가스(supercritical carbon dioxide)가 있다.

6-1 원리와 용매

1) 원리

고체-액체 추출(solid-liquid extraction)은 어떤 물질을 식품에서 추출하여 분리하는 것으로 이때 물질은 용매에 용해되어야 한다. 용매의 양은 물질을 용해시키기에 충분한 양이어야 하고 추출시간은 물질의 용해도와 관계가 있다. 추출효율은 다음 조건에 의해 영향을 받는다.

① 추출온도 - 높은 추출온도는 물질의 용해도를 높여주고 추출속도를 빠르게 하여 준다. 그러나 100℃ 이상의 추출은 성분에 화학적 변화를 주고 불필요한 물질이 용해될 수 있어 추출온도는 100℃ 이하로 제한하고 있다.

② 원료의 표면적 - 원료의 크기를 가능한 한 얇게 하거나 작게 하면 표면적이 증가되어 추출속도를 빠르게 하여 준다.

③ 용매의 점도 - 용매의 점도는 식품원료의 침투속도와 관계가 있으므로 물질의 용해도가 좋으면서 점도가 낮은 것이 좋다.

④ 용매의 흐름속도 - 추출이 진행되면서 원료의 표면에 경계막(boundary layer)이 생겨 추출을 방해하므로 교반시켜 경계막을 제거하여 준다.

2) 추출용매

추출에 사용하는 용매는 원료와 추출하고자 하는 물질에 따라 다르다. 현재 사용하고 있는 용매와 추출온도는 **표 2-1**과 같다.

극성이 높은 용매인 물은 커피나 차, 사탕무를 추출할 때 사용하며 저렴하고 사용에 안전한 장점이 있다. 헥산(hexane)이나 사이클로헥산(cyclohexane)은 극성이 낮은 용매로 콩, 면실, 유채, 해바라기씨 등 기름종자와 땅콩의 기름을 추출할 때 사용한다.

초임계 탄산가스는 커피나 차에서 카페인을 제거하기 위해서 사용되고 있으며 맥주 제조 시 첨가하는 호프(hop)나 향신료에서 향미물질을 추출하는 데에도 최근 사용하고 있다. 물로 추출하는 것은 높은 온도에서도 안전하나 헥산 등 유기용매는 조심해야 하며 초임계 탄산가스는 액상을 유지해야 하기 때문에 높은 압력을 견딜 수 있는 고가의 장치가 필요하다.

표 2-1 식품성분의 추출에 사용하는 용매

식품	용매	온도(℃)
Decaffeinated coffee	Supercritical carbon dioxide water or methylene chloride	30~50(CO_2)
Fish livers, meat byproducts	Acetone or ethyl ether	30~50
Hop extract	Supercritical carbon dioxide	< 100~180
Instant coffee	Water	70~90
Instant tea	water	N/A
Olive oil	Carbon disulphide	63~70(hexane)
Seed, bean and nut oils	Hexane, heptane or cyclohexane	90~99(heptane) 71~85(cyclohexane)
Sugar beet	Water	55~85

(Brennan et al., 1990, Clarke, 1990)

6-2 추출방법

추출기(extractor)의 종류는 단식추출기, 다중추출기, 연속추출기가 있다.

1) 단식추출기(single-stage extractor)

단식추출기는 밀폐된 탱크에 원료를 넣고 가열한 용매를 위에 넣어 용매와 잘 섞이게 한 다음 밑에서 추출액을 회수하는 방법으로 이 추출기는 가격이나 운영비가 저렴한 장점이 있지만 다른 추출기보다 용매를 많이 사용하는 단점이 있다(그림 2-18a). 다중추출기(multiple-stage extractor)는 많게는 15개 정도의 탱크를 서로 연결한 장치(그림 2-18b)로, 첫 번째 탱크에서 추출한 용매를 다음 탱크에 보내 원료를 계속 추출하게 하는 장치이다. 추출이 효율적으로 이루어질 수 있으며 용매 사용량이 비교적 적고 추출물질의 농도가 높은 것이 장점이나 장치의 비용이 높은 것이 단점이다.

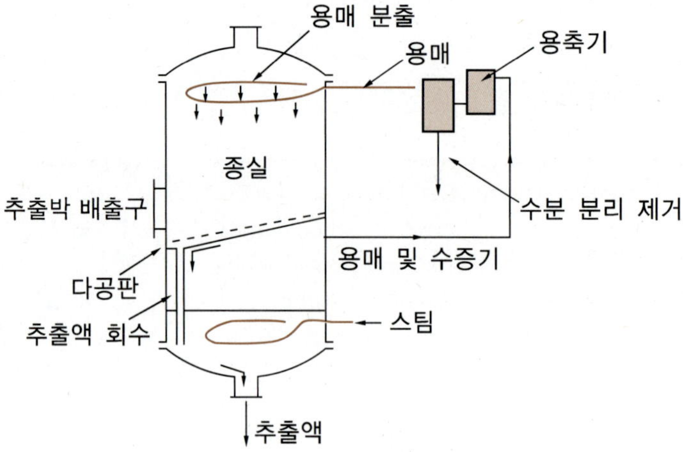

(a) 단식 추출기

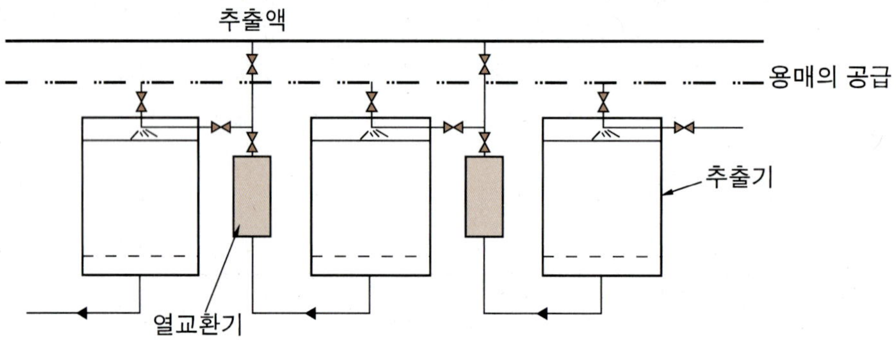

(b) 다중 추출기

그림 2-18 단식추출기와 다중추출기

2) 연속추출기(continuous extractor)

연속추출기는 2개 수직형의 원통모양 추출탑으로 되어 있다(**그림 2-19**). 작은 구멍이 나 있는 여러 개의 통에 원료를 넣고 도르래를 이용해 위로 보내면 위에서 용매가 내려오면서 추출하는 장치이다(**그림 2-19**). 1차 추출한 용매는 다시 2차 추출탑 위로 보내져 내려오면서 새로운 원료가 담긴 통을 통과하는 것으로, 이렇게 할 경우 농도가 높은 추출액을 얻을 수 있고 추출시간이 절약되며 용매 사용량이 비교적 적은 장치이다.

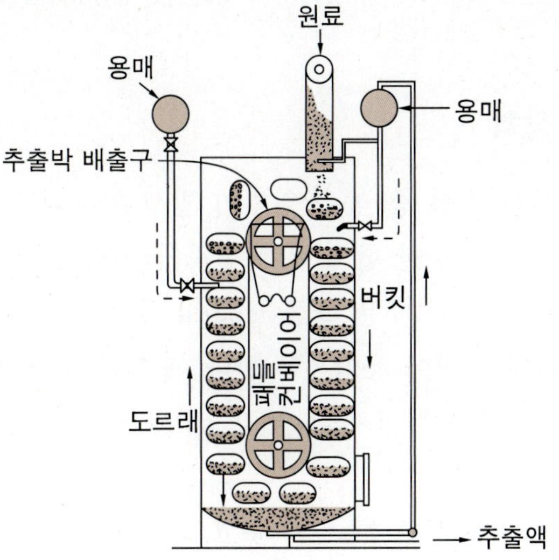

그림 2-19 버킷식 연속추출기

07 막 분리 및 농축

7-1 원리와 재료

1) 원리

막(membrane)을 이용한 분리는 액체에 용해되어 있거나 분산되어 있는 물질을 분자량 크기나 입자 크기별로 반투막을 이용하여 선택적으로 분리하는 막이용 기술(membrane technology)이다. 막의 구멍 크기에 따라 분자량이 작은 것은 100 정도에서 큰 것은 500,000 정도까지 분리할 수 있으며 수분을 제거하여 용해되어 있는 물질을 더욱 농축할 수 있다. 대표적 막 분리의 종류로는 막의 구멍크기(pore size)에 따라 마이크로 여과(MF, microfiltration), 한외여과(UF, ultrafiltration), 나노여과(NF, nanofiltration)로 나누어지며, 압력을 가하여 역방향의 분리(삼투와 반대방향으로 용매가 이동하는 현상으로 농도가 높은 것을 더 높게 함)를 일으키는 역삼투압(RO, reverse osmosis)이 있다.

2) 막의 재료와 장치

막의 재료는 막 분리 과정 중 높은 압력이 발생하게 되므로 높은 압력을 견딜 수 있어야 하고 막은 가능한 한 넓은 표면적의 구조를 갖고 있어야 한다. 막을 지탱해주고 형태를 유지해주는 모듈(module)은 압력변화와 액체의 이동에도 손상이 없어야 하며 세척이 용이해야 한다. 모듈의 종류에는 튜브형태와 판형(板)이 있다. 튜브형태 모듈의 좋은 예로 spiral cartridge membrane(**그림 2-20**)이 있다.

튜브형태의 모듈은 액체의 흐름속도가 좋고 막의 막힘 현상이 적은 장점이 있다. 판형은 가압 여과막과 같은 구조로 여러 개의 막이 겹겹이 배열되도록 한 것이다. 이 배열은 일정한 공간에 더 많은 막의 표면적을 갖게 하며 막의 교체가 수월하다.

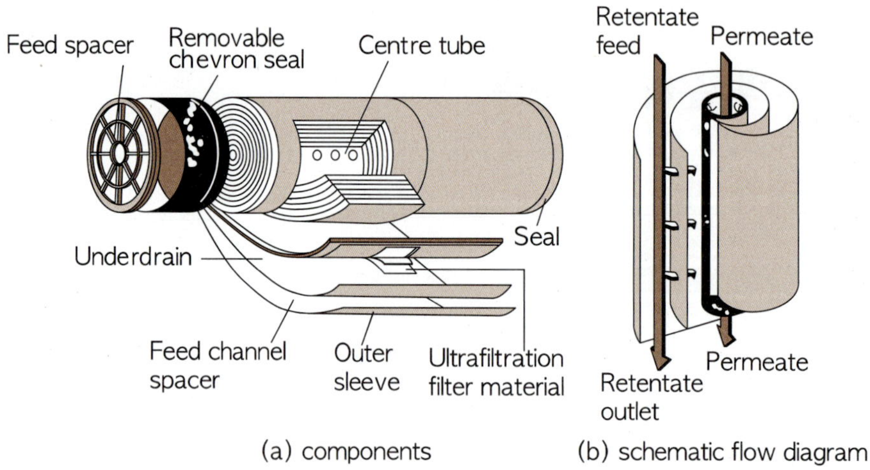

그림 2-20 Spiral cartridge membrane

막분리에서 가장 중요한 것은 막의 재료이다. 막의 재료는 미세한 다공성 구조(microporous structure)를 형성할 수 있어야 한다. 막에 사용되는 재료는 cellulose acetate, polyvinyl chloride 등 polymer와 ceramic 재료가 있다. 이들 재료는 분리하는 액체의 pH, 온도, 고형분의 특성 그리고 막 분리 시스템의 압력을 고려하여 선택한다.

7-2 막 분리의 종류

(1) 마이크로 여과(microfiltration, MF)

마이크로 여과는 분자량 범위가 100,000~500,000이고 크기가 0.1~2μm인 비교적 큰 물질을 분리한다. 액체에 분산되어 있는 콜로이드(colloid), 지방질, 단백질, 세균을 분리할 수 있다. 막 분리에서는 한외여과(UF)나 나노여과(NF)를 시행하기 전에 하는 예비여과로도 사용한다(**그림 2-21**).

(2) 한외여과(ultrafiltration, UF)

한외여과는 20,000~100,000 범위의 분자량 또는 크기가 0.01~0.1μm의 물질을 분리할 수 있다. 그러나 이 범위는 사용하는 막의 형태와 재료에 따라 차이가 있어 나노여과나 마이크로 여과범위와 겹치기도 한다(**그림 2-21**).

한외여과는 어떤 물질을 분리하여 농축하는 경우와 제거하는 경우로 광범위하게 사용되고 있다(펙틴, 단백질, 효소, 미생물 등). 식품산업에서 한외여과의 대표적 이용은 유가공에서 우유나 유청(whey)의 농축과 lactose의 제거에 이용되고 있다. 그 밖에 생맥주에서 세균을 여과하여 제거할 때 사용한다.

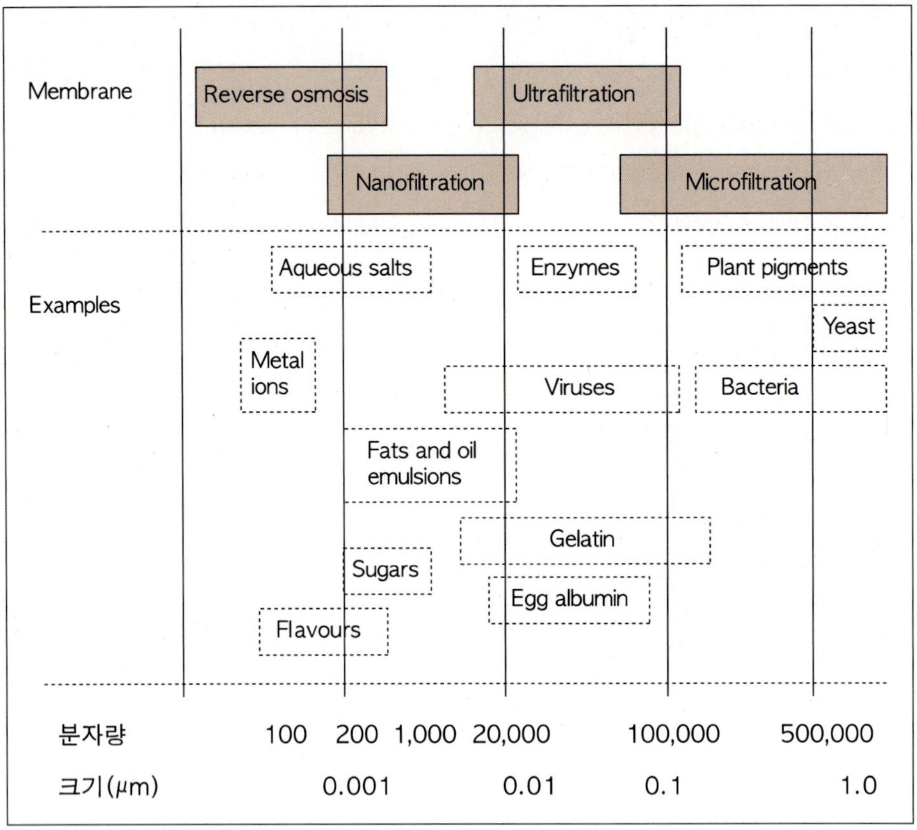

그림 2-21 막 분리 종류별 분리할 수 있는 분자량과 입자의 크기

(3) 나노여과(nanofiltration, NF)

나노여과는 한외여과보다 더 작은 분자량의 물질을 분리할 수 있는 방법으로 분자량이 300~1,000까지 가능하다. 나노여과는 포도당 등 단당류를 분리할 뿐만 아니라 소금과 같은 저분자량 물질도 반 정도 제거할 수 있는 능력을 갖고 있다.

(4) 역삼투압(reverse osmosis, RO)

일반적으로 고형분의 농도가 높은 용액(C_1)과 낮은 용액(C_2)이 **그림 2-22**와 같이 반투막(semipermeable membrane)에 의해 나누어져 있을 때 낮은 삼투압의 용매(물)는 삼투압이 높은 용액 쪽으로 이동하여 높은 농도의 용액은 희석된다. 역삼투압은 삼투압에 의한 수분이동을 반대로 일으킨 것이다. 높은 농도의 용액(C_1)에 삼투압 차이보다 더 높은 압력을 가하여 용액(C_1)의 수분이 낮은 농도의 용액(C_2)으로 반투막을 통하여 빠져나오게 하는 것이다(**그림 2-22**).

역삼투압은 단당류, 당, 향미물질의 용액에서 수분을 제거하여 더욱더 농축하고자 할 때 사용하며 바닷물에서 소금 등 염물질을 제거해 식수를 만들 때 사용한다. 방향물질 용액에서는 농축향료를 제조할 때 사용한다. 역삼투에서 가해지는 힘은 일반적으로 100기압 이상이므로 고압에 견딜 수 있는 장치가 필요하다.

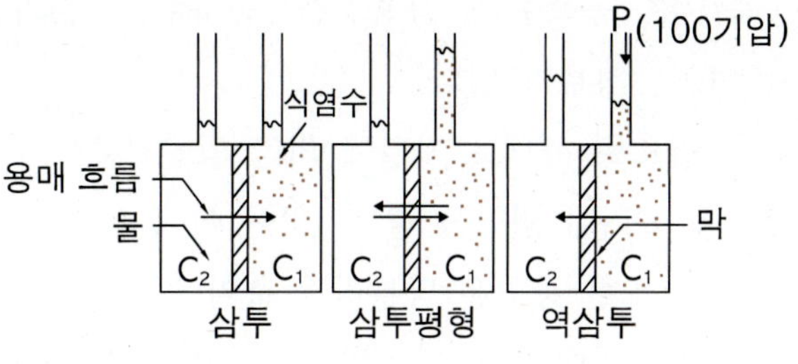

그림 2-22 역삼투의 원리

7-3 식품에 미치는 영향

막 이용 분리 및 농축 방법은 어떤 성분을 분리하여 제거하거나 농축하는 데 사용한다. 분리방법에 따라 관능적 특성을 향상할 수 있고(주스의 청정, 향미성분의 회수) 영양성분이나 기능성 성분을 분리하여 이용하기도 한다. 일반적으로 가열과정 없이 농축을 할 수 있기 때문에 영양소의 손실이나 변화는 거의 없다. 그러므로 막 분리에 의한 농축은 가열농축방법에 비교할 때 천연상태의 영양적, 관능적 특성을 유지하는 데 유리하다. 그러나 막 분리 농축에서 막을 통과한 통과액(permeate)을 제거시킬 경우 분자량이 낮은 영양소들은 손실될 우려가 있다.

08 증발과 증류

8-1 증발

증발(evaporation)은 액체식품에서 수분의 일부를 증기로 제거하는 단위조작으로, 고체나 액체식품에서 대부분의 수분을 제거하는 건조와 다르다. 증발은 액체식품의 고형분 농도를 증가할 뿐만 아니라 수분활성도(water activity)를 어느 정도 감소하여 저장성을 향상하는 효과도 있다. 증발 농축은 농축액상 제품으로 제조하는 경우(농축우유, 농축주스, 농축소스, 농축수프 등)와 건조나 동결, 살균의 전처리로 농축하는 경우가 있다.

증발은 많은 열을 필요로 하므로 가열에 의한 영양성분이나 향미성분의 변화가 농축제품의 품질에 불리한 영향을 줄 수 있어 이 경우 가열을 최소화하는 방법이 강구되어야 한다. 또한 증발은 막분리 농축이나 동결농축(freeze concentration)보다 에너지 사용량이 훨씬 더 많지만(약 10배 정도) 더 높은 농도로 농축할 수 있다는 면에서 다른 농축방법들보다 유리하다(**표 2-2**).

표 2-2 농축방법들의 에너지 효율과 가능한 최대 농축 농도의 비교

농축 방법	최대 농축 농도(%)
Ultrafiltration	28
Reverse osmosis	30
Freeze concentration	40
Evaporation	
Triple effect without aroma recovery	80
Triple effect with aroma recovery	80

(Thijssen, 1974)

1) 원리

증발을 위해 스팀을 사용할 경우 액체식품은 스팀에서 전달되는 현열(느낌열, sensible heat)에 의해 끓는점까지 상승하게 되고 끓는점에서는 증발잠열(latent heat of evaporation)에 의해 수분이 수증기로 증발된다. 여기서 현열이란 식품을 가열할 때 상전이(phase transition) 없이 온도를 증가시키는 열량이다. 따라서 증발을 위해 필요한 총열량은 현열 + 증발잠열이라 하겠다. 증발속도는 일정한 무게의 액체식품에서 시간당 증발되는 수분의 양(g H_2O/시간)으로 계산된다.

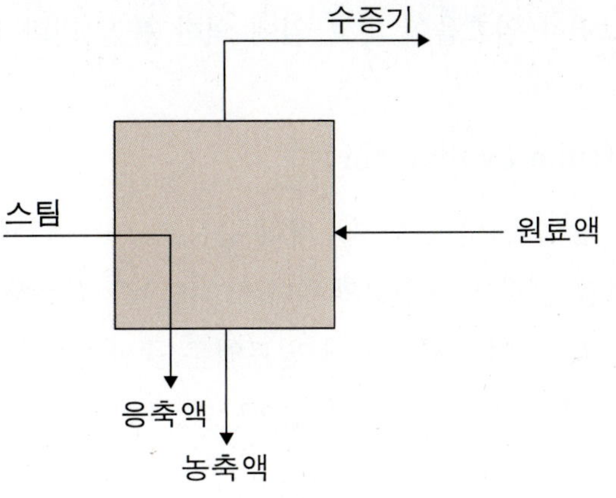

그림 2-23 증발 원리

2) 증발기의 종류

증발에 의한 수분 제거는 높은 온도에서 휘발되는 수분과 휘발되지 않는 고형분 간의 휘발성 차이에 의한다. 증발과정 중 식품의 성분변화는 가능한 최소한으로 유지하는 것이 좋다. 증발기는 스팀의 열을 식품에 전달하는 열교환장치, 증발된 수증기를 분리시키는 장치, 사용한 스팀을 제거하는 장치로 구성되어 있다. 증발기를 선정할 때 고려해야 할 사항은 다음과 같다.

① 증발속도(증발된 물의 무게/시간)
② 증발 후 최종 고형분의 농도
③ 농축하고자 하는 고형분의 열에 대한 민감도
④ 휘발된 성분의 회수 여부
⑤ 증발기의 가격 및 운전비용

(1) 솥증발기(pan evaporator)

반구형의 솥을 사용하는 것으로 솥 밑을 직접 가열하거나 이중솥으로 하여 그사이에 스팀을 통과시켜 가열한다. 솥 내부에 저어주는 교반기를 사용하여 내부 표면에 눌어붙은 현상을 줄여준다. 이 증발장치는 가장 간단한 것으로 값이 싸고 사용이 편리하다. 그러나 열효율이 낮고 열에 의한 품질 변화가 많은 단점이 있다.

(2) 튜브증발기(tube evaporator)

튜브증발기는 그림 2-24와 같이 두 개의 층으로 나누어 아래의 층에는 스팀튜브를 수직으로 배열한 것으로 원료액은 튜브 표면과 접촉하면서 가열되고 증발시키는 장치로 열교환율이 높다. 이때 원료액은 증발기에 보내지기 전에 끓는점 근처까지 예열시키면 증발이 더 빨리 일어난다.

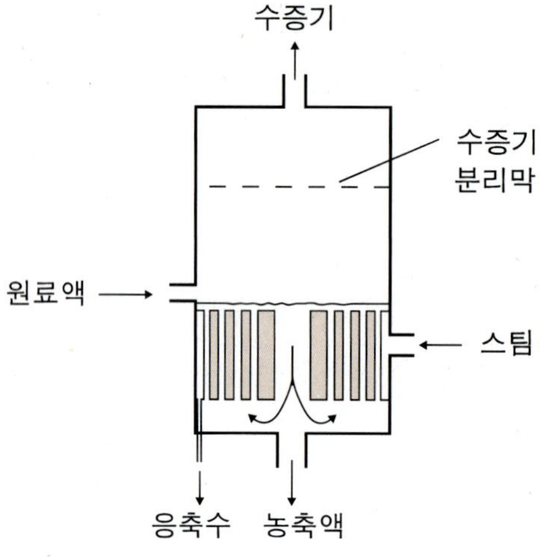

그림 2-24 수직형 튜브증발기

(3) 박막증발기(film evaporator)

박막증발기는 튜브 내부에 얇은 막을 형성해 흘러가게 하면서 수분을 증발시키는 장치이다. 상승막(climbing film)증발기와 하강막(falling film)증발기가 있다. 상승막증발기는 우유와 같이 점도가 낮은 액체 원료를 열교환 튜브 안에서 위로 올라가게 하면서 튜브 밖의 스팀으로 가열하면 튜브 안에서는 수증기가 발생하면서 엷은 막이 형성된다(**그림 2-25**). 이와 반대로 과실주스와 같이 점도가 비교적 높은 액체원료는 위에서 아래로 내려 보내 엷은 막을 튜브 안쪽 면에 형성시키면서 가열하는 것이 하강막증발기이다. 이들 박막증발기는 열교환속도가 빠르고 열효율이 높으며 튜브 통과속도가 빨라 증발을 5~30초로 마칠 수 있는 장점이 있어 현재 많이 사용되고 있다.

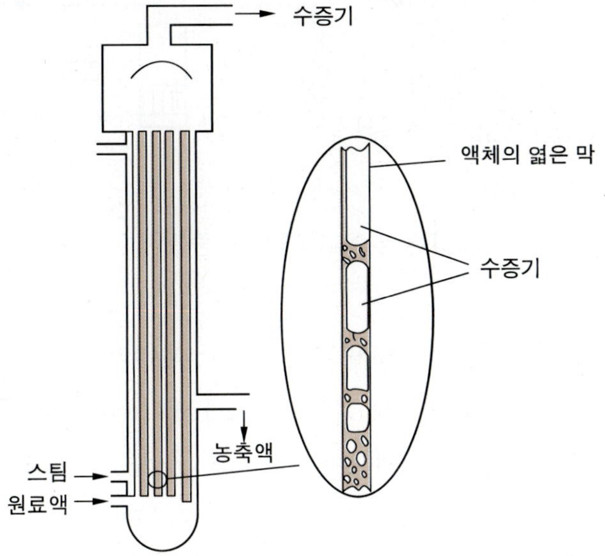

그림 2-25 상승막증발기

(4) 다중효용 증발기(multiple effect evaporator)

수직튜브 증발기 한 개를 사용하는 대신 여러 개를 사용하여 열효율을 최대한으로 증가시킨 증발기이다. 이 장치는 수증기의 숨은열(잠열)을 이용하는 방법으로 첫 번째 증발기에서 제거되는 수증기가 응축할 때 발생하는 숨은열을 두 번째 증발기의 열원으로 사용하고, 두 번째 수증기의 숨은열을 세 번째의 열원으로 사용하는 방식이다.

이 증발기는 스팀과 원료액의 주입방향이 같은 병행류(parallel flow)와 반대로 한 역류(countercurrent flow)가 있다. 병행류는 농축 마지막 단계의 온도가 비교적 낮아 제품의 열변성이 낮으며 증발효율도 낮고, 역류는 증발효율은 높으나 마지막 단계의 온도가 높아 열변성이 높은 단점이 있다.

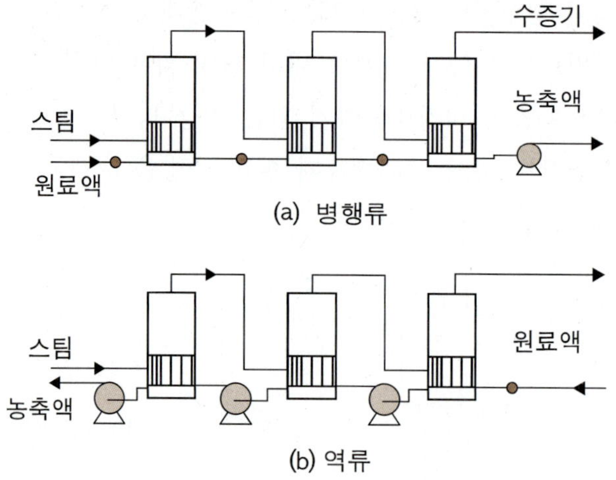

그림 2-26 다중효용 증발기

(5) 교반형 박막증발기(agitated thin film evaporator)

이 증발기는 증발기 내부에 길이가 긴 회전날개가 있어 회전하면서 스팀으로 가열한 증발기 내부에 원료용액의 엷은 막(0.25~1.25mm)을 형성해주는 장치이다(**그림 2-27**). 이렇게 하면 원료액의 열전달이 빠르게 일어나 증발속도가 빠르고 내부 벽에 눌어붙는 현상을 방지해주는 효과가 있다. 원료액이 통과하는 시간은 최종 농축농도에 따라 1~100초의 시간이 걸린다.

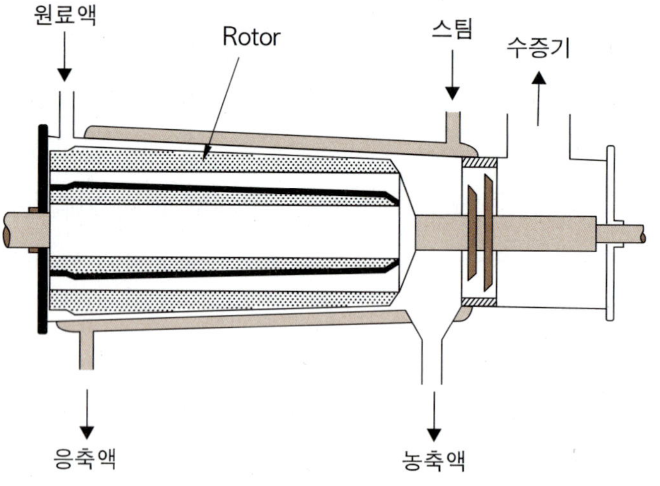

그림 2-27 교반형 박막증발기

(6) 진공농축기(vacuum concentrator)

진공농축기는 낮은 온도(예로 0.2기압에서는 60℃)에서 증발이 가능하기 때문에 성분의 변화를 크게 감소시킬 수 있는 장점이 있다. 그러나 휘발성 성분은 수분의 증발과 함께 손실되어 일반 대기압에서의 증발기와 손실량이 비슷하다. 진공건조기는 토마토 페이스트를 20~50%까지 농축하는 데 사용하고 있으며 간단한 정치식 진공농축기는 **그림 2-28**과 같다.

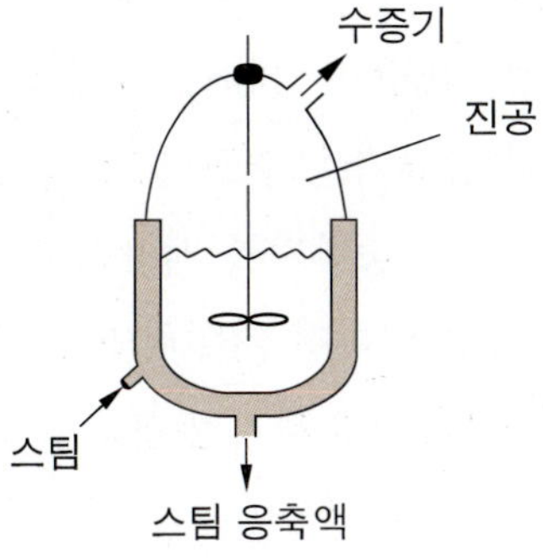

그림 2-28 정치식 진공농축기

3) 식품에 미치는 영향

(1) 휘발성 물질의 손실

물의 끓는점보다 낮은 온도에서 휘발성인 방향물질(aroma compounds)은 증발과정 중 손실된다. 그러므로 농축 과실주스나 향신료의 농축액과 같은 제품에서는 향미특성이 저하될 수 있다. 그러나 휘발성 물질이 불쾌한 경우는 오히려 농축제품의 맛을 좋게 하는 효과가 있다(코코아나 우유농축제품).

(2) 색과 영양소의 변화

일반적으로 액체식품은 농축되면서 색이 어두워지며 열이 많이 관여할 경우 마이야르반응(maillard browning)이 일어나 어두운 갈색으로 변하기도 한다. 농축온도가 낮고 농축시간이 짧으면 영양소의 변화는 거의 없으나 이와 반대의 경우에는 일부 비타민(특히 Vit B와 Vit C)이 감소한다.

8-2 증류

1) 원리와 이용

증류(distillation)는 휘발성 성분이 함유되어 있는 액체식품에서 이들 성분의 휘발도의 차이를 이용하여 휘발성분을 분리하는 기술이다. 증류할 때 휘발성이 높은 물질이 먼저 분리되고 휘발성이 낮은 것은 밑에 남게 되는데 휘발되어 분리된 것을 증류액(distillate)이라 한다.

증류장치로는 회분식 증류기(batch distillation)와 연속식 증류기(continuous distillation)가 있다. 회분식 증류기는 위스키 등 증류주 제조에 아직도 사용하고 있지만 그 외에는 대부분 연속식 증류기를 사용하고 있다. 연속식 증류기는 원료 용액을 수직의 증류관에 계속 주입하여 가열하면 휘발성 물질은 증류관 상부에서 분리되고 나머지는 관 하부에서 분리 제거된다(**그림 2-29**). 이러한 증류원리는 화학공업에서 많이 사용하고 있는데 식품에서는 증류주의 제조 외에 맥주나 커피, 과실주스의 향미물질을 회수하여 저알콜 포도주나 맥주, 카페인 제거 커피, 농축 과일주스 제품에 첨가하고 있으며 불쾌한 휘발성 물질의 제거에도 사용하고 있다.

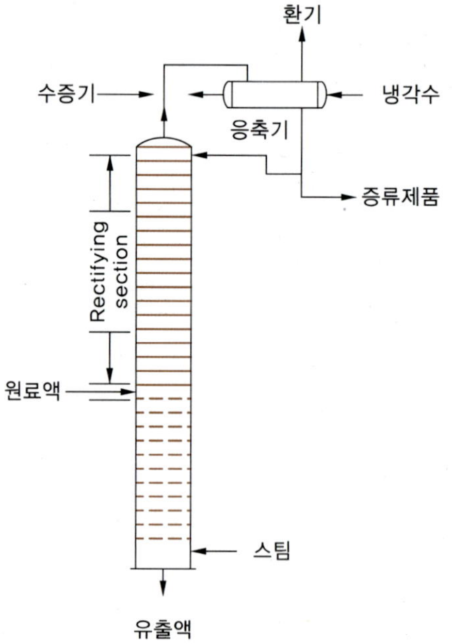

그림 2-29 연속식 증류기

09 압출성형

압출성형(extrusion)은 혼합, 반죽, 압축, 익힘(cooking), 전단, 압출, 성형 등 여러 단위조작이 단시간(1~2분)에 압출성형기 안에서 일어나는 식품가공기술이다. 압출성형에 사용되는 기계의 종류는 가열 여부에 따라 가열처리가 없는 냉압출 성형기(cold extruder)와 가열처리가 있는 가열압출성형기(extruder-cooker)가 있고, 압출성형기의 스크루(screw)의 수에 따라 단축압출성형기(single-screw extruder)와 이축압출성형기(twin-screw extruder)가 있다. 식품의 압출성형은 다음과 같은 장점이 있으며 압출성형기의 종류, 제품의 수분함량, 다이의 형태에 따라 다양한 가공제품의 생산이 가능하다(**표 2-3**).

표 2-3 압출성형 가공식품

제품의 종류	가공식품
Cereal-based products	Expanded snack foods RTE and puffed breakfast cereals Soup and beverage based, instant drinks Pre-gelatinised and modified starches, dextrins Pasta products Pre-cooked composite flours
Sugar-based products	Chewing gum Toffee, caramel, peanut brittle Fruit gums
Protein-based products	Texturised vegetable protein(TVP) Semi-moist and expanded pet foods and animal feeds and protein supplements Sausage products, frankfurters, hot dogs Surimi Caseinates Processed cheese

① 다목적성

원료와 기계의 조작조건, 다이(사출구, die)를 바꿔줘서 다른 방법으로는 쉽게 이룰 수 없는 다양한 제품의 생산이 가능하다.

② 저비용, 고생산성, 자동화

일반적인 익힘 및 성형방법보다 가공비가 저렴하고 자동화로 생산성이 높다.

③ 성분의 변화가 적음

높은 온도에서 짧은 시간 동안 가공하여 열에 민감한 성분의 변화를 최소화할 수 있다.

④ 저장성이 높음

효소의 불활성화, 미생물의 살균, 낮은 수분활성도로 저장성이 높다.

⑤ 폐수가 없음

압출성형은 낮은 수분함량의 가공방법이기 때문에 사용 중 폐수가 발생되지 않아 폐수처리나 환경오염문제가 없다.

9-1 원리

압출성형은 그 과정 중 혼합, 반죽 및 치댐, 익힘, 전단이 거의 동시에 일어나서 식품에 많은 물리화학적 변화를 준다. 그중 중요한 변화는 다음과 같다.

① 전분의 수화, 팽윤, 호화
② 단백질의 변성
③ 효소의 불활성화 및 미생물의 살균
④ 향미의 변화 및 갈색화
⑤ 혼합물의 균질화 및 조직화

압출성형과정은 압출성형기(압출기, extruder)에 들어간 원료가 스크루에 의해 수평의 통(barrel) 끝부분으로 이동하면서 부피가 압축되고 치댐 운동으로 반고체 가소성(semi-solid plasticity) 혼합물이 된다.

이 과정 중 혼합물은 마찰에 의해 온도가 상승하지만 가열 장치가 있을 때에는 더욱 빠르게 100℃ 이상 상승하여 익힘(cooking)현상이 있다. 혼합물이 더 나아가면서 통의 크기는 더욱 좁아지고 압력과 전단력은 더욱 증가한다. 최종적으로 익혀지고 치대진 혼합물이 다이(사출구, die)를 통하여 밖으로 나오는데 이때 높은 압력의 혼합물이 대기압에 의해 빠져나오면서 팽창 되고 수분이 증발된다. 식품의 형태는 다이의 형태에 따라 둥근 모양, 별 모양, 막대 모양 등으로 다양한 형태를 갖는다.

9-2 압출성형 방법

압출성형기는 스크루의 수에 따라 단축압출성형기(일축압출성형기)와 이축압출성형기로 나누고 가열 여부에 따라 냉압출성형기와 가열압출성형기로 나눈다.

(1) 단축압출성형기(single-screw extruder)

그림 2-30에서 보는 바와 같이 1개의 원통형 스크루가 있어 압출성형기 통 안에서 회전하게 된다. 회전할 때 스크루의 직경, 길이, 회전속도, 압출기 내부 벽의 간격이 원료의 물리화학적 변화에 영향을 준다. 원료의 혼합물이 다이에서 압출되기 직전의 압력은 점도가 낮은 것은 20×10^5Pa(1기압 = 1.03×10^5Pa), 높은 것은 170×10^5Pa까지의 높은 압력이 쌓이게 된다. 스크루에 의한 혼합 과정 중의 가열은 스팀이나 전기가열장치를 사용한다.

(2) 이축압출성형기(twin-screw extruder)

두 개의 스크루를 사용하는 압출성형기로 스크루가 서로 잘 맞물리게 하여 회전시키면서 원료를 앞으로 나아가게 하는 기계이다. 이축압출성형기는 단축압출성형기에 비해 제품의 제조속도 조절이 용이하고 수분(65%까지), 설탕(40%까지), 지방질 함량(20%까지)이 높은 원료의 가공이 가능하다(단축압출성형기는 수분 30%, 설탕 10%, 지방질 4%까지 제한됨). 다만 기계의 가격이 높은 것이 단점이다.

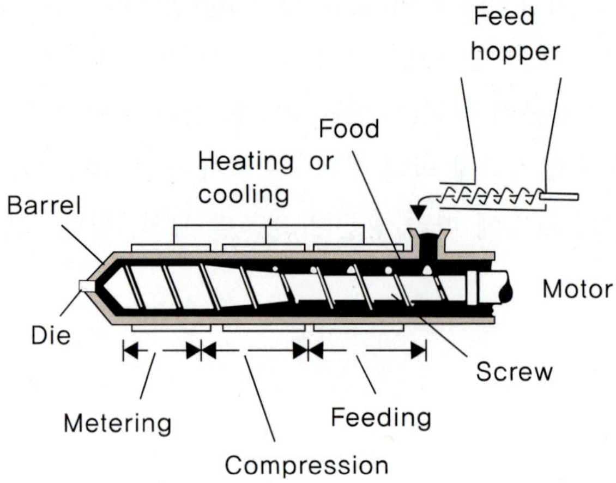

그림 2-30 단축압출성형기

(3) 냉압출성형기

스크루를 낮은 속도(100rpm 정도)로 회전하고, 비교적 낮은 압력(5.5~60×10^5Pa)과 낮은 온도(20~65℃)에서 진행한다. 내부표면을 매끄럽게 하여 혼합과 치댐 과정에서 마찰이 적게 일어나는 원리를 갖고 있다. 이것을 이용한 제품으로는 반죽을 압축시킨 파스타(pasta)가 많고 핫도그(hot dog), 부드러운 조직의 과자류가 제조된다.

(4) 가열압출성형기

높은 압력(40~170×10^5Pa)과 높은 온도(110~180℃)에서 진행하여 팽창된 제품을 생산할 때 사용한다. 압출기 내에서 높은 온도와 고압상태에 있던 식품혼합물은 다이를 통하여 대기압 상태로 나오면서 순간적으로 조직이 팽창될 때 공기가 조직 안에 남아 있어 가벼운 저밀도제품이 생산된다. 이를 이용한 제품으로는 스낵류, 바삭바삭한 빵류, 아침시리얼 등이 있다.

9-3 식품에 미치는 영향

압출성형은 식품의 텍스처 특성에 많은 변화를 주어 다양한 특성을 갖게 한다(소시지나 핫도그의 부드러운 조직제품부터 팽화된 과자류의 특성까지). 식품의 색이나 향미에는 큰 영향을 주지는 않으나 팽화로 인해 제품색이 옅어질 수 있고 가열했던 식품은 압출될 때 일부 휘발성 향미성분이 손실된다. 그러므로 스낵류나 일부 과자류는 다이(die)를 통과한 제품에 향미물질 혼합액을 분무시켜 맛을 다양하게 하고 있다.

전분이나 단백질, 지방질 등의 영양소에는 손실을 주지 않으나 일부 비타민에는 손실이 있다. 냉압출성형에서는 비타민 손실이 거의 없지만 가열압출성형기에서 가열을 심하게 하였을 경우 비타민 C와 β-carotene이 50%까지 손실된다는 보고가 있지만 그 외의 비타민은 거의 유지되는 것으로 알려져 있다.

CHAPTER 3

식품의 가공 · 저장 방법

식품의 가공과 저장을 위하여 처리하는 여러 방법 중에는 가공과 저장의 효과가 함께 있는 방법들이 있다. 식품의 건조, 데치기, 굽기, 튀김 등이 그러하다. 이들 단위조작들은 식품에 따라 저장성 향상을 주목적으로 하는 경우와 가공효과를 더 중요시한 경우가 있다. 건조과일이나 마른오징어, 인스턴트 커피는 건조식품으로 저장성이 뛰어나지만 맛을 좋게 하거나 섭취 시 편리성을 높인 가공제품이며 곡류의 건조는 저장성 향상만을 위한 처리이다. 빵과 과자는 식품의 맛과 텍스처를 좋게 한 가공식품이나 저장효과가 크게 향상된 식품이다. 젓갈류, 식초에 절인 채소류, 당에 절인 식품들은 맛의 향상과 저장성을 함께한 제품들이다.

이 단위조작은 가공만을 위한 세척이나 박피, 제분, 혼합, 분리 등의 단위조작과는 다르고 저장만을 위한 냉장, 기체 조절저장, 방사선 조사와 같은 단위조작과는 처리효과에 차이가 있다. 이 장에서는 가공과 저장의 효과가 있는 가공·저장 단위조작에 관하여 설명한다.

01 건조

식품의 건조(drying)는 가열과 함께 인류가 터득한 가장 오래된 저장기술 중 하나이다. 사냥한 고기나, 생선, 수확한 농작물을 햇볕에 말리면 오랫동안 부패하지 않고 섭취할 수 있다는 것을 알게 된 것이다. 그 뒤 기술이 발달되면서 과학적으로 건조하는 방법이 개발되어 왔다. 식품 건조의 정의는 식품에 열을 가해 식품에 존재하는 대부분의 수분을 증발시켜 제거하는 단위조작(unit operation)이다. 식품의 수분제거에서 가열 건조는 막 분리나 증발, 농축과 같이 식품의 수분을 일부만 제거하는 방법과는 차이가 있다.

식품의 건조효과는 다음과 같다.

① 대부분의 수분을 제거함으로써 수분활성도(water activity)를 낮추어 저장

수명(shelf life)을 연장시킨다.

② 부피와 무게를 줄여 운송과 저장비용을 절감한다.

③ 어떤 건조식품은 섭취 시의 편리성과 맛을 향상시킨다.

④ 건조제품을 가공제품의 원료로 사용할 경우 첨가를 용이하게 한다.

이들 효과 중 ①은 저장성 향상의 효과가 있으나 ②, ③, ④는 식품가공의 효과라고 할 수 있다. 식품의 건조는 이러한 장점이 있지만 건조시의 가열은 다음과 같은 단점도 있다.

① 고유의 맛과 텍스처를 변화시킨다(특히 과실 및 채소류).

② 영양가를 저하시킨다.

③ 미생물이나 효소의 불활성화(inactivation)가 충분하지 않을 경우 저장 중 수분의 흡수로 미생물 또는 효소에 의한 변질이 빠르게 일어날 수 있다.

대표적인 건조식품으로는 커피, 분말우유, 건조과일, 건조육, 수산물의 건조제품 등이 있고 첨가제로 사용하는 건조제품은 달걀분말, 설탕, 포도당, 당류분말, 향신료, 천연색소 등이 있다.

1-1 원리 및 방법

식품의 건조 속도는 건조조건(온도, 압력, 공기의 수분함량, 열풍의 방향과 속도), 식품의 특성(구성 성분과 조직 특성), 건조방법에 따라 영향을 받는다. 건조방법은 크게 건조기를 사용한 인공건조(artificial drying)와 자연조건에서 말리는 천일건조(sun drying)가 있으며 인공건조에는 가열건조와 냉동건조가 있다.

일반적으로 인공건조에는 가열건조가 주로 사용되며 냉동건조는 조직의 복원성과 향미가 특히 중요한 특성일 때 사용한다(chapter 3, 3-1 참조). 가열건조는 열풍건조와 가열판을 이용한 가열판 건조가 있다. 가열건조 시의 압력조건에 따라 상압에서의 상압건조, 낮은 압력에서의 진공건조, 높은 압력에서의 가압건조가 있다.

1) 건조 중 건조속도의 변화

식품이 건조기 내에서 건조될 때 식품은 증발온도에 도달하게 되고 수분은 표면에서 증발하여 건조된다. 건조과정 중 건조속도가 변하게 되는데 건조속도는 속도가 일정한 항률건조기간과 건조속도가 점차 감소하는 감률건조기간으로 나누어진다.

전분과 당이 많은 식품은 식품표면에서의 빠른 증발로 표면이 굳어지는 표면경화(case hardening)현상이 일어난다. 이로 인해 내부의 수분이 표면으로 이동하는 확산(diffusion)이 방해되어 내부 건조가 잘 안 일어나게 된다.

(1) 항률건조기간(constant drying-rate period)

항률건조기간에서는 식품의 표면온도가 증발 온도에 도달하게 되면 표면의 수분이 증발하면서 내부의 수분도 같은 속도로 표면에 이동하게 되고 표면은 젖은 상태를 유지하면서 건조가 진행된다. 이 기간은 **그림 3-1**에서 B-C 기간으로 건조속도가 일정한 시간이다. 항률건조기간은 임계수분함량(critical moisture content)에 도달할 때까지(**그림 3-1**의 C) 진행된다. 이때 식품 표면온도는 수분의 증발온도와 같다.

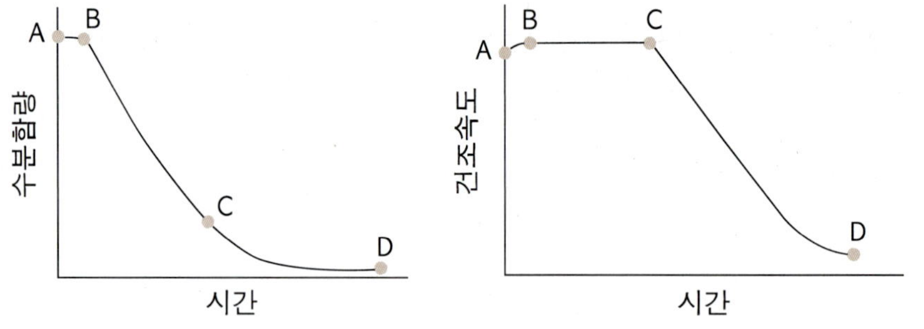

그림 3-1 건조 중 건조시간, 수분함량, 건조속도의 관계

(2) 감률건조기간

임계수분함량에 도달한 후 식품은 점차 건조속도가 감소하게 되는데 이 기간

을 감률건조기간(falling drying-rate period)이라 한다. 감률기간에서 건조는 내부수분의 확산에 의해 이루어진다. 이때에는 표면에서의 건조속도가 확산속도보다 더 빠르기 때문에 건조한 층은 표면에서 점진적으로 내부로 이동하게 된다. 그리하여 건조된 층은 수분의 증발 온도가 아닌 건조기의 높은 건조온도에 도달하게 되며 이때 열에 의한 성분의 변화가 일어나게 된다. 이 기간의 건조는 건조속도가 0에 도달할 때까지 진행된다.

전체적으로 항률건조기간보다 감률건조기간이 더 길며 건조제품의 조직 특성인 텍스처는 주로 감률건조기간에 변한다. 조직 특성을 중요시하는 건조제품(건조채소, 건조과일)은 감률건조기간에서 건조가 너무 빠르게 진행되지 않도록 주의해야 한다.

2) 가열건조

(1) 열풍건조(hot air drying)

열풍건조를 효과적으로 하기 위한 가열공기의 조건은 다음과 같다.

① 온도와 상대습도

열풍에 의한 건조는 식품 표면의 수증기압과 공기의 수증기압 간의 차이를 이용한 것이다. 일반적으로 공기의 수증기압이 낮을수록 그리고 온도가 높을수록 건조속도가 빠르며 공기의 이동이 빠르면 식품 표면에 접촉하는 마른 공기의 양이 많아져 건조속도가 증가한다.

공기의 수분함량은 절대수분함량(absolute humidity), 즉 공기 중 수분의 함량(kg H_2O/kg air)으로 표시하거나 포화수증기압에 대한 공기의 수증기압 비율을 백분율(%)로 계산한 상대습도(relative humidity, RH)로 표시한다.

상대습도는 같은 절대수분함량이라도 온도가 높으면 상대습도가 낮아지고 온도가 낮으면 상대습도가 높아진다. 그 이유는 포화되어 있는 공기의 수분함량은 온도가 높을수록 많아져 상대습도는 상대적으로 낮게 계산되기 때문이다.

그러므로 식품의 건조속도를 빠르게 하기 위해 가능한 한 높은 온도와 낮은 절대수분함량(또는 낮은 상대습도)을 가진 공기를 사용해야 한다.

② 열풍속도

열풍건조 중 수분을 흡수한 젖은 공기는 얇은 피막상태로 식품 표면을 덮게 된다. 피막(boundary film)의 공기는 식품 표면의 수증기압과 평형상태를 이루게 되어 더이상의 증발을 정지시킨다. 그러므로 피막을 제거하면 뜨거운 건조공기가 식품과 접촉하게 되어 건조속도를 높이게 된다(**그림 3-2**).

③ 식품의 특성

열풍건조의 건조속도는 앞에 설명한 열풍의 온도와 상대습도, 열풍의 속도 외에 식품의 성분과 조직특성, 크기와 형태가 영향을 준다.

- 식품의 성분 조성: 당, 소금, 전분 등은 흡수력이 높아 건조를 지연시킨다.
- 식품의 조직 특성: 섬유상 식품(채소류, 육류)은 수분이동이 비교적 빨리 진행되어 건조속도가 빠르다.
- 식품의 크기와 형태: 식품의 크기가 작고 두께가 얇을수록 단위무게 당 표면적이 넓어져 건조속도가 빠르다.

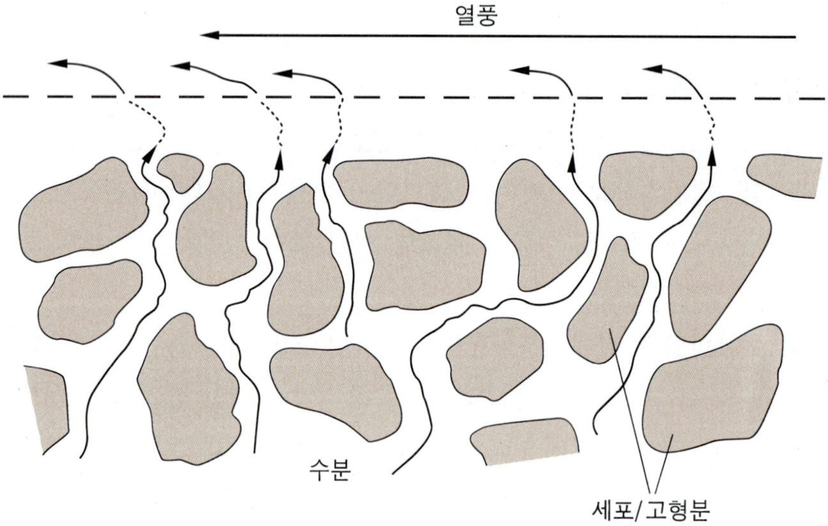

그림 3-2 식품 건조 중 수분의 이동

(2) 가열판 건조(heated plate drying)

열풍건조나 천일건조는 식품에의 열전달이 대류(convection)에 의해 이루어져 수분을 증발시키는 데 반하여 가열판(heated plate)을 사용한 건조는 식품을 가열판에 접촉시켜 열이 전도(conduction)에 의해 전달된다. 가열판 건조는 열풍건조와 비교할 때 다음과 같은 장점이 있다.

① 많은 부피의 공기를 가열시킬 필요가 없으므로 열효율이 2~3배 좋다.
② 식품이 공기와 접촉하는 기회가 적어 산화에 의한 성분의 변질을 감소해 준다.

가열된 강철판을 사용하여 식품을 건조하는 방법으로 고형분 함량이 높은 죽 형태의 슬러리(slurry)식품을 강철판에 가능한 한 얇게 발라 가열하여, 짧은 시간 내에 증발시키는 방법이다. 이 방법을 이용한 건조기는 드럼건조기(drum drier)가 대표적이며, 이를 이용한 제품으로는 스낵제품과 분말이유식 등이 있다.

3) 천일건조(sun drying)

천일건조는 가장 오래된 건조방법으로 태양에너지와 낮은 상대습도의 공기를 이용한 것이며 곡류, 육류, 과일채소류, 어패류, 해조류 등 거의 모든 식품을 건조하는 데 사용하고 있다. 이 방법은 시설비가 들지 않고 숙련된 기술자가 필요 없어 비용이 저렴하지만 건조시간이 길고 건조 중 오염이 될 수 있으며 위생적인 처리가 힘든 단점이 있다.

건조 과정은 낮에는 태양에너지와 낮은 상대습도로 건조속도가 비교적 빠르지만 저녁에는 온도가 낮아지고 습도가 높아져서 느려진다. 한밤을 지나면서 내부 수분의 확산작용으로 표면층과 내부의 수분 분포가 균일하게 된다. 그리하여 천일건조로 건조된 식품의 조직이 균일하게 되는 장점이 있어 일반식품뿐만 아니라 홍삼과 같은 고가의 제품도 천일건조를 하고 있다.

1-2 건조기의 종류

1) 열풍건조기

(1) 컨베이어건조기(conveyor drier)

연속식 건조기로 길이가 20m 이상이고 넓이가 3m 정도 되는 대형 건조기이다(그림 3-3). 열풍은 처음에는 아래에서 위 방향으로 불어주었다가 건조를 거의 마친 상태에서는 위에서 아래 방향으로 불어주어 건조된 식품이 바람에 의해 날아가는 것을 방지해준다. 이 건조기의 크기를 줄여주기 위한 2~3단계의 컨베이어건조기도 있다. 컨베이어건조기는 식품을 대량건조할 때 사용되며 일반적으로 수분함량이 10~15% 되게 건조한다. 수분함량을 더 줄여야 할 때에는 빈건조기(bin drier) 등 다른 건조기로 6% 이하가 되게 최종 건조한다.

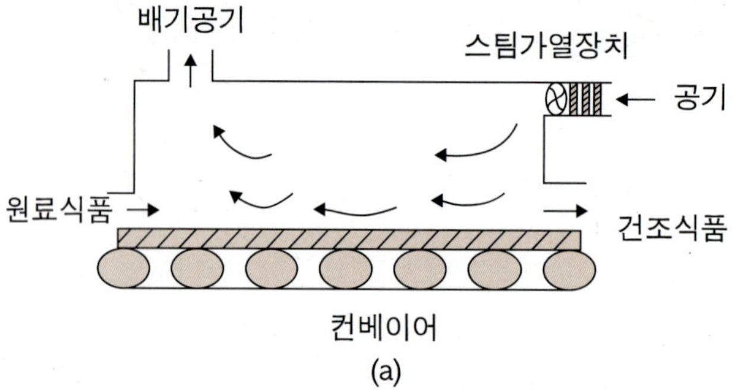

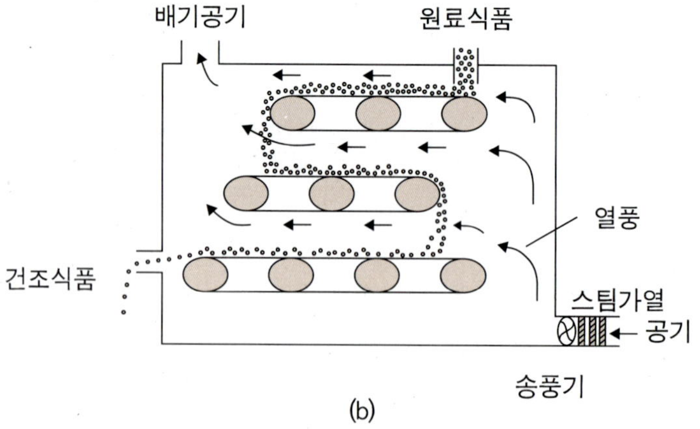

그림 3-3 컨베이어건조기(a)와 다단계 컨베이어건조기(b)

(2) 빈건조기(bin drier)

원통형이나 직사각형 모양을 갖고 있으며 식품을 선반 위에 널어놓고 열풍을 바닥에서 위로 낮은 속도(1.6km/시간)로 불어넣는 장치이다. 이 건조기는 값이 싸고 장치가 간단하며 많은 양을 처리할 수 있는 장점이 있다. 일반적으로 1차 건조를 마친 중간건조식품(수분함량 15% 내외)을 마지막으로 건조(수분함량 3~6%)하는 데 주로 사용한다.

(3) 유동층건조기(fluidized bed drier)

부유식(浮游式) 건조기라고도 하는 것으로 건조기 내에 강한 열풍을 아래에서 위로 균일하게 불어넣어 건조시킬 식품이 건조기 내부를 부유하게 하여 건조한다. 이렇게 할 경우 식품은 열풍과 최대한 접촉하게 되어 건조속도가 빨라지며 식품이 균등하게 건조되는 장점이 있다. 열풍의 속도는 식품의 비중과 크기에 따라 다르다(완두콩의 경우 30km/시간). 쌀, 보리, 옥수수, 완두콩 등 곡류건조에 적당하다.

(4) 회전건조기(rotary drier)

로터리건조기라고도 하는데 원통형 장치를 약 5도 기울여 회전시키면서 식품을 위에서 내려보내 열풍으로 건조하는 기계이다. 열풍은 식품과 같은 방향(병류) 또는 반대 방향(역류)으로 불어넣으며 원통의 길이와 각도로 건조시간을 조절한다. 이 건조기는 건조 시 서로 달라붙는 식품을 건조하는 데 효과적이며 건조 속도가 빠르다.

(5) 분무건조기(spray drier)

분무건조는 액체식품을 건조하는 데 가장 중요한 방법이다. 처음 이 방법이 개발된 데에는 건조우유 제조와 관계가 있다. 분무건조의 원리는 어느 정도 농축시킨 액체식품(수분함량 40~60%)을 분무기로 안개처럼 미세한 방울로 분무건조기 위에서 내려보낸다. 이때 분무기 내부의 온도를 150~300℃ 범위로 유지하도록 열풍을 위에서(병류식) 또는 아래에서(역류식) 불어넣어 짧은 시간에 수분을 증발시키는 방법이다. 건조시간은 미세한 액체방울이 떨어지는 시간인 1~10초로 분무건조기의 크기에 따라 다르다. 따라서 원료의 수분함량, 분무입자의 크기와 낙하시간, 열풍의 온도와 습도가 분무건조에 영향을 준다.

분무건조기(**그림 3-4**)의 분무장치는 원심분무기(centrifugal atomizer)와 노즐식 분무기(nozzle atomizer)가 있다. 원심분무기는 농축액체를 2,000~20,000rpm(1분당 회전수)로 빠르게 회전하는 디스크에 떨어뜨려 직경 50~60μm의 안개방울로 만들어주는 장치이다. 노즐식 분무기는 액체를 $7 \sim 20 \times 10^5$Pa(7~20기압)의 높은 압력하에서 작은 구멍에 통과시켜 안개처럼 분산되게 하는 장치이다. 분무건조된 분말은 건조기 밑에서 받는다. **그림 3-4**의 사이클론(cyclone)장치는 열풍과 함께 배출되는 미세분말을 회수하는 장치로 미세분말은 분무건조된 제품에 돌려보내 준다.

분무건조기를 사용한 제품에는 우유분말, 달걀분말, 인스턴트 커피, 코코아, 차, 아이스크림 혼합원료, 분리 콩단백질, 우유 카제인, 치즈분말, 과일주스분말 등 다양하다.

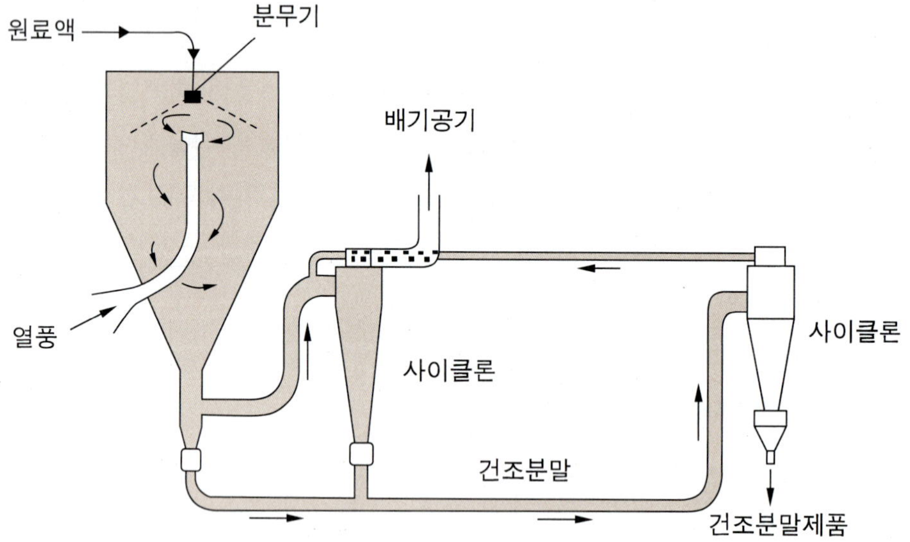

그림 3-4 분무건조기

2) 드럼 건조기(drum drier)

드럼건조기는 가열판을 이용한 건조기로 **그림 3-5**와 같이 원통형 강철드럼 내부를 고압의 스팀으로 120~170℃ 정도로 가열하여 천천히 회전시키는 장치이다. 드럼 표면은 매끄러운 스테인리스 강철판으로 되어 있고 액상원료를 강철판 표면에 얇게 붙도록 뿌려주거나 드럼 일부을 식품에 담그면서 지나가게 한다. 원료의 건조는 드럼이 한 바퀴 회전하기 전에 마치도록 하고 건조된 것은 긁는 날로 긁어 회수한다. 건조시간은 드럼의 회전속도에 따라 다르나 20초~3분 정도로 분무건조기를 제외하면 건조기 중 가장 빠른 건조장치이다. 드럼건조는 액체식품의 수분함량이 낮을수록, 피막이 얇을수록, 드럼 표면의 온도가 높을수록 건조가 빨리된다.

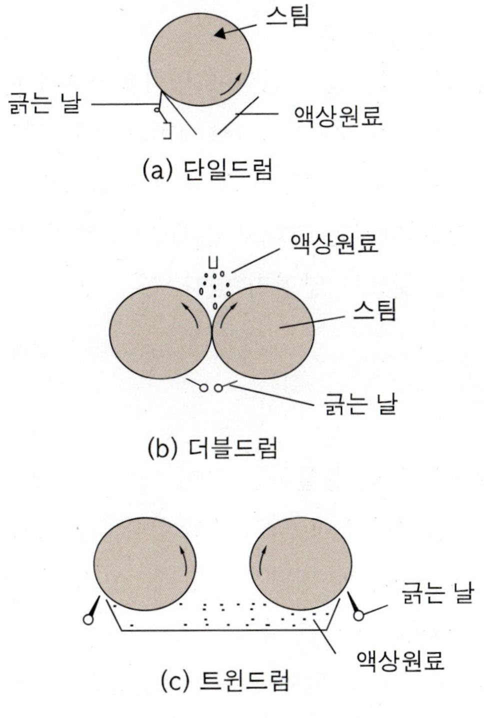

그림 3-5 드럼 건조기

드럼건조기의 종류는 드럼을 한 개 사용하는 단일드럼(single drum)과 두 개를 사용하는 더블드럼(double drum), 트윈드럼(twin drum)이 있으며 이 중 단일드럼이 유지하기 쉬워 더 많이 사용되고 있다. 드럼건조기는 건조속도와 열효율이 높으며 입자크기가 커서 분무건조 하기 어려운 슬러리(slurrly)건조에 적합하다.

그러나 드럼건조기는 높은 온도의 고압스팀을 지탱할 수 있어야 하기 때문에 비싸고, 높은 온도를 사용하므로 열에 민감한 성분은 분무건조보다 더 변질될 수 있다. 드럼건조기에 의해 가공되는 식품으로는 감자 플레이크, 조미료분말, 마쇄한 건조과일 등이 있다.

1-3 식품에 미치는 영향

1) 영양성분

수용성 비타민 중 Vit C는 열과 산화에 민감하기 때문에 건조방법에 따라 손실되는 양에 많은 차이가 있으며(15~55%) thiamin도 열에 민감하여 과일을 건조시킬 때 55%까지 손실된다. 그러나 그 밖의 수용성 비타민은 큰 영향을 받지 않는다. 지용성 비타민도 대부분 그대로 존재한다. 단백질의 경우 영양가나 소화율에 변화가 거의 없는 것으로 알려져 있다.

2) 향미와 색

식품의 건조 중에는 수분만 증발하는 것이 아니라 휘발성 성분도 함께 증발하기 때문에 대부분의 건조식품은 향미가 감소한다. 향미성분의 손실은 성분의 용해도와 건조온도 및 건조시간에 영향을 받는다. 그러므로 향미가 주요품질인 향신료나 과일분말은 가능한 한 낮은 온도에서 또는 짧게 건조하는 것이 좋다. 또한 건조 중 산소와의 접촉으로 일어나는 산화반응은 휘발성 향미물질과 불포화지방산을 산화시켜 불쾌한 냄새를 준다.

식품의 색은 건조 중 여러 원인에 의해 탈색되거나 변화된다. 색 성분의 변화가 없다고 하더라도 건조로 인해 식품 표면의 구조가 변하여 빛의 반사가 분산되기 때문에 눈으로 느끼는 색상에 변화가 있다. 과일이나 채소류에서는 천연색소인 카로티노이드(carotenoid)와 클로로필(chlorophyll)이 산화되어 변색되고 가열에 의한 마이야르(Maillard)반응으로 갈색화현상이 일어난다.

3) 텍스처

고체식품의 텍스처 특성은 매우 중요한 품질요소이다. 가열은 식품의 조직세포와 구성물질의 기하학적 배열에 영향을 줄 뿐만 아니라 전분의 호화와 단백질의 변성을 일으키고, 건조에 의한 수분손실은 조직특성에 변화를 준다. 이러한 변화는 결과적으로 먹을 때의 단단함, 탄력성, 씹힘성 등 관능적 텍스처 특성에 영향을 준다.

건조식품의 텍스처 특성을 즐길 때에는(아침시리얼, 건조과일, 스낵제품 등) 오히려 좋은 결과를 주는 경우이지만 물을 첨가하여 섭취할 경우는 천연의 텍스처 특성과 차이가 있어 불리한 경우가 많다. 특히 채소류의 경우 수분의 재흡수가 서서히 진행될 뿐만 아니라 흡수가 완료된 상태에서도 원래의 텍스처 특징을 갖기 힘들다. 인스턴트 커피는 향기와 용해성이 중요한 품질이 되기 때문에 향미 유지와 빠른 흡수가 일어나도록 분무건조시켜 제조한 제품이다. 일반적으로 높은 온도에서의 빠른 건조는 텍스처에 더 큰 영향을 주어 조직의 균일성을 잃게 한다.

02 데치기

데치기(blanching)는 효소를 불활성화하는 가열처리이기 때문에 저장방법이라 할 수 있지만 가공과정 중 전처리(pretreatment)로서의 단위조작 역할도 있어 가공방법이라고도 할 수 있다.

가공을 위한 경우에는 과일이나 채소류의 통조림 제조, 건조 또는 냉동 전에 데치기를 하면 효소를 불활성화하여 가공 중 효소에 의한 변질과 미생물 수를 감소시켜 주는 효과가 있다. 데치기는 일반적으로 세척 후에 하지만 세척과 함께 하는 경우도 있다.

저장을 위한 경우에는 대부분의 채소를 데치기 하여 저장하면 데치기를 하지 않은 것보다 품질유지가 훨씬 우수하다. 데치기를 하지 않고 냉동이나 건조시켜 저장하면 효소의 작용으로 색, 향미 등 관능적 품질과 영양적 품질변화가 데치기를 한 경우보다 현저히 크다.

2-1 원리

냉동이나 건조하여 채소나 과일을 저장하는 것은 효소를 불활성하는 데 충분하지 않아 저장 중 효소의 작용으로 품질이 저하된다. 데치기는 70~100℃에서 단시간(1~5분) 가열하는 방법이어서 열에 강한 효소는 불활성화되지 않을 가능성이 있다. 채소는 효소의 불활성화를 열에 저항성이 큰 catalase와 peroxidase를 기준 효소로 하여 데치기 정도를 측정하고 있다.

데치기의 효과는 다음과 같다.

① 효소를 불활성화한다.
② 초기의 미생물 수를 감소시킨다.
③ 조직을 유연하게 한다.
④ 밀도를 높이고 부피를 줄여준다.

데치기의 가열정도는 살균을 위한 가열처리보다 훨씬 낮은 가열이지만 채소류의 표면 미생물 수를 감소시키는 데에도 효과적이다. 데치기에 의한 미생물 수 감소는 총 미생물 수의 약 50%로 채소류의 가공제품을 가열살균시킬 때 초기 미생물 수가 적어져 살균조건(살균온도와 시간)을 완화시킬 수 있는 효과가 있다. 데치기는 또한 채소류의 조직을 유연하게 하고 조직 간의 공기를 제거시켜 통조림이나 냉동채소를 가공할 때 부피를 줄여주는 효과도 있다.

효과적인 데치기 요령은 다음과 같다.

① 식품온도를 정해진 데치기 온도까지 가능한 한 빠르게 도달하도록 한다.

② 데치기 온도에서 일정한 시간을 유지시킨다.

③ 가열을 마친 식품은 상온으로 빠르게 냉각시킨다.

데치기 시간은 채소의 형태와 크기, 데치기 온도, 가열방법에 의해 영향을 받는다. 식품공업에서 사용하는 채소류의 일반적 데치기 조건은 **표 3-1**과 같다.

표 3-1 냉동 전 채소류의 데치기 시간

채소류	데치기 시간(100℃)
Asparagus	2~4분
Green bean	1~4분
Beats	3~5분
Brocolli	2~3분
Corn	2~3분
Pea	1~1.5분
Spinach	1.5분

(Atkinson and Strachan, 1951)

2-2 데치기 방법

데치기 방법으로는 스팀을 통과시키는 방법(스팀 데치기)과 열탕을 통과시키는 방법(열탕 데치기)이 있다. 데치기 할 때 고려해야 할 사항은 데친 후의 채소의 양(수율)과 수용성 물질의 손실이다.

열탕 데치기는 뜨거운 물에 담가야 하기 때문에 수용성 성분의 손실이 많지만 물의 흡수가 많이 일어나 수율은 높아진다. 반면 스팀 데치기는 수용성 성분이나 영양소의 영양분 손실은 훨씬 적지만 수분의 흡수가 적어 수율은 열탕 데치기보다 적다. 데친 후 냉각할 때 냉수를 사용하는 방법과 찬 공기를 불어넣어 냉각하는 방법이 있다.

1) 스팀 데치기(steam blanching)

채소를 컨베이어 벨트 위에 올려놓고 약 15m 길이와 1~1.5m 넓이의 터널을 통과시키면서 데치기를 한다(**그림 3-6**a). 이때 터널 안은 대기압의 스팀으로 차 있고 통과시간은 원료에 따라 다르지만 약 3분이 소요된다. 데치기를 마친 채소에는 찬물을 분사하여 냉각한다.

스팀 데치기는 수용성 물질의 손실이 적고, 폐수와 폐기물량이 적은 장점이 있지만 데치기가 균일하게 일어나지 않고 지나친 가열로 효소를 불활성화하는 경우가 많다.

2) 열탕 데치기(hot water blanching)

열탕 데치기 장치는 여러 종류가 개발되어 있는데 그중 하나가 **그림 3-6**의 (b)에 보여준 연속식 역류 데치기 장치이다. 채소원료는 70~100℃의 열탕 안에서 정해진 시간 동안 가열한 뒤 냉각시킨다. 이때 사용된 뜨거운 물은 여과시킨 뒤 채소를 예열시키는 데 사용하면 열효율을 더욱 높일 수 있다.

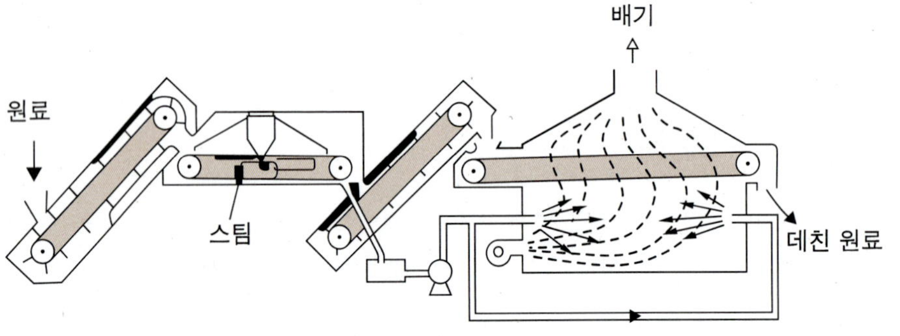

(a) 스팀 데치기

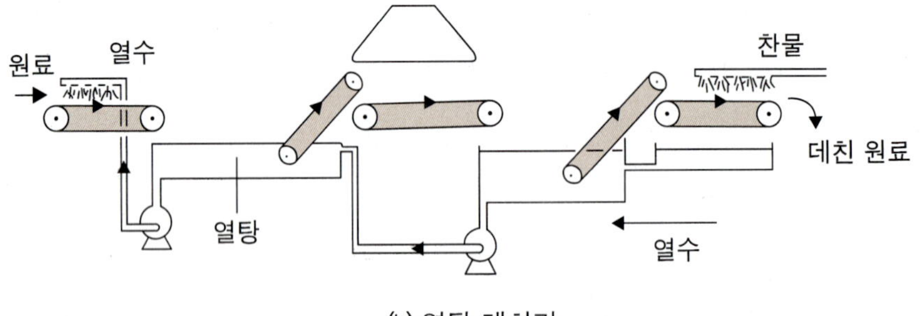

(b) 열탕 데치기

그림 3-6 데치기 장치

열탕 데치기는 장치비용이 저렴하고 에너지효율이 스팀 데치기보다 좋으나 물 사용량이 많고 내열성 세균의 오염 가능성이 있다.

2-3 식품에 미치는 영향

데치기의 가열 정도는 가열살균보다 크게 낮아 영양소나 관능적 특성의 변화는 비교적 적다.

1) 영양성분

데치기 과정 중 일부 수용성 영양성분과 천연색소는 물에 용출되어 손실되며, 열과 산화에 의해 얼마간 변질된다(그림 3-7). 수용성 비타민 등 영양소의 손실 정도는 데치기 전 절단과 세척 등 전처리, 데치기 및 냉각방법, 데치기 온도와 시간, 물의 사용량에 따라 차이가 있다. 온도와 시간은 온도가 높고 시간이 짧을수록 영양소의 손실량이 적다.

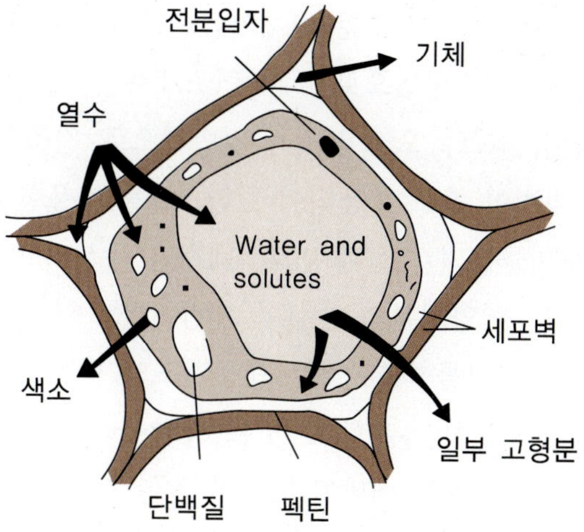

그림 3-7 데치기가 세포에 미치는 영향

2) 향미와 색소, 텍스처

데치기에 의한 향미의 변화는 크지 않으나 데치기가 충분히 이루어지지 않았을 경우에는 건조나 냉동 후 저장하였을 때 이취(이상한 냄새)가 발생하는 경우가 있다. 색소는 chlorophyll이 변화되어 신선한 녹색이 변질될 수 있고 절단시킨 사과나 감자에서 갈변현상이 일어난다. 이 경우 사과나 감자를 2% 정도의 소금물에 담근 후 데치기를 하면 갈변현상을 많이 줄일 수 있다.

텍스처 특성은 데치기에 의해 조직이 유연해진다. 조직의 유연성은 통조림이나 병조림 등 용기에 담을 때 도움을 주지만 유연성이 지나칠 경우는 열탕에 $CaCl_2$을 1~2% 정도 첨가하면 어느 정도 방지할 수 있다. 이는 수용성 펙틴을 불용성 펙틴인 펙틴칼슘염으로 전환시켜 어느 정도 단단함을 유지해주기 때문이다.

03 냉동건조와 냉동농축

식품의 건조와 농축은 식품의 수분을 제거함으로써 수분활성도(A_w)를 낮추어 저장성을 향상시켜주는 저장방법으로 일부 건조제품은 기호성이 향상되어 가공효과도 있다(건조과일, 육포, 오징어 등). 일반적으로 건조와 농축은 가열하여 수분을 증발시키는 방법이 주로 사용되어 왔다. 열을 이용한 증발방법은 경제적이긴 하나 휘발성 향미물질의 손실과 변색, 텍스처 특성의 변화 등 관능적 특성의 변화와 열에 민감한 영양성분의 손실이 단점이다.

이러한 면에서 가열 처리를 하지 않는 냉동건조와 냉동농축은 식품의 관능적 특성과 영양적 품질을 최대한 유지할 수 있는 방법이라 할 수 있다. 그러나 냉동건조와 냉동농축은 냉동을 위한 에너지 비용이 높은 것이 단점이다. 더욱이 냉동건조에서는 건조과정 중 높은 진공도를 유지해야 하는 추가비용이 필요하며 건조시간이 열풍건조보다 오래 걸리는 단점이 있다. 냉동건조는 향미와 텍스처가 중요한 특성일 때 사용되고 있다(커피, 허브, 향신료, 과일주스, 고기, 새우, 김치, 파, 양송이 등).

냉동농축은 냉동건조만큼 많이 사용되는 방법은 아니지만 냉동건조의 전단계로 커피 추출액을 냉동농축하고 있으며 농축포도주, 농축식초, 농축과일주스 등의 제조에 사용되고 있다.

3-1 냉동건조

냉동건조(또는 동결건조, freeze drying)는 식품을 동결시킨 다음 승화(sublimation)에 의해 수분을 제거하는 방법이다. 냉동건조는 열풍건조와 비교할 때 다음과 같은 장단점이 있다.

▶ 장점

① 열풍건조 온도보다 훨씬 낮은 온도에서 건조한다.
② 향미와 색에 영향 없다.
③ 영양성분이 보존된다.
④ 흡수 복원성(rehydration)이 좋고 수축되지 않는다.

▶ 단점

① 냉동과 진공을 위한 기계 및 장치가 필요하다.
② 건조시간이 오래 걸리고 비용이 높다(최대 4배 정도).

1) 원리

(1) 냉동

냉동건조(동결건조)는 식품의 냉동과 승화에 의한 2단계의 수분제거 과정에 의해 이루어진다. 냉동은 고체식품의 경우 크기와 두께를 작게 하여 급속냉동으로 얼음크기를 미세하게 하고, 액체식품은 얼음을 격자 모양으로 얼린다. 격자 형태의 얼림은 고체식품의 경우와 같이 조직을 유지할 필요가 없으므로 격자 형태를 갖게 하면 조직 내에서 승화된 수분이 쉽게 빠져나오기 때문이다.

(2) 건조

얼음은 4.58 torr(610.5Pa, 1기압은 101.3 × 10^3Pa) 이하의 진공 상태에서 가열되면 액체로 되지 않고 승화(sublimation)되어 기체상의 증기로 된다. 이때 얼음표면의 온도가 0℃이고 압력이 4.58 torr인 점을 기체, 액체, 고체가 함께 존재하는 3중점(triple point)이라 하며 승화는 3중점 이하에서 이루어진다. 3중점 이상의 조건에서는 얼음이 물로 된 다음 증기로 된다(**그림 3-8**). 같은 온도(0℃)에서 압력을 4.58 torr 이하로 낮출 경우 승화가 더 빠르게 진행된다. 식품에 존재하는 얼음 형태의 수분은 식품 표면부터 승화되어 수증기로 제거된다.

승화과정에 의해 형성된 건조층은 냉동식품 내부로 들어가면서 수분은 계속 제거된다. 이때 승화에 필요한 열은 승화잠열(latent heat of sublimation)이라 하는데 복사열이나 가열판 또는 마이크로파(microwave)를 사용하여 가열시키면 승화시간을 단축시킬 수 있다.

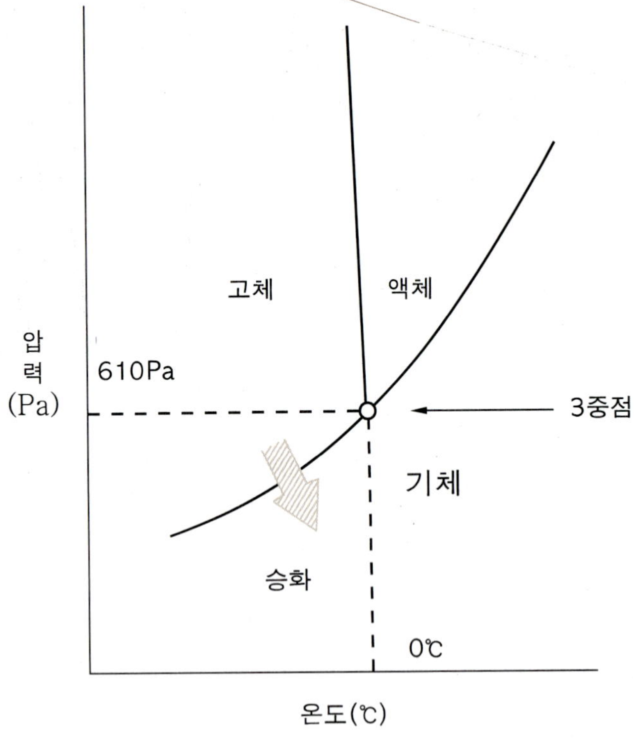

그림 3-8 승화과정과 물의 상변화

그림 3-9는 쇠고기를 냉동건조시킬 때의 중심온도 변화이다. 가열판으로 밑면만을 가열시키는 접촉식 냉동건조 방법으로 43℃에서 가열할 경우(A) 냉동건조가 완료되려면(수분함량 6%) 약 12시간 걸린다. 가열온도를 좀 더 올리면(B) 건조시간이 약간 단축되는 정도이지만 마이크로파로 가열하면(C) 냉동건조시간이 크게 단축되는 것을 보여주고 있다.

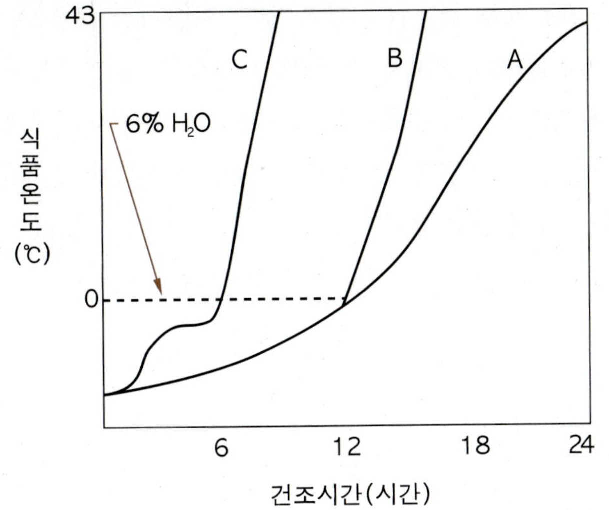

그림 3-9 쇠고기의 냉동 건조 중 온도의 변화

일반적으로 냉동 건조에서는 승화에 의해 약 15%의 수분함량까지 건조시킨 다음 증발건조로 약 2%까지 건조하여 건조비용과 건조시간을 줄이고 있다. 또한 냉동건조 시의 가열은 단백질의 변성과 다른 화학반응을 방지하기 위하여 식품의 표면 온도를 40~60℃로 제한하고 있다. 진공도는 0.1torr(13Pa) 정도까지 낮추고 있으며 식품 내부의 냉동층 온도는 어는점 근처까지 올리고 있다. 과일주스나 커피추출액은 냉동시킨 후 얼음을 작게 부숴서 냉동건조 시간을 단축시키고 있다.

마이크로파로 가열할 때에는 건조층보다 냉동층(얼음층)에서 열이 발생되므로 식품의 두께나 건조층의 두께에 영향을 받지 않는 장점이 있다. 그러나 마이크로파의 조절이 어렵기 때문에 식품이 과열될 수 있고 얼음을 녹일 수 있어 상업적 이용을 위한 연구가 더 필요한 실정이다.

2) 냉동건조기의 종류

냉동건조기(freeze drier)는 크게 진공실, 가열기, 응축기로 되어 있다. 진공실에는 냉동식품을 담는 쟁반이 여러 개 있으며, 가열기는 승화잠열을 주는 장치이고, 응축기는 승화된 수증기를 응축시켜 제거하는 장치이다.

냉동건조기에는 정치식(bateh type)과 연속식(continuous type)이 있다. 정치식 냉동건조기는 건조기에 냉동된 식품을 넣고 진공시킨 다음 처음에는 비교적 높은 온도에서 가열하다가 건조가 진행되면서 서서히 온도를 감소시킨다. 건조 초기는 물론 전체 기간 중 식품 표면의 온도는 60℃ 이하이어야 한다. 연속식 냉동건조기는 냉동된 식품을 담은 건조쟁반이 냉동건조기에 들어갈 때나 나올 때 진공을 유지하는 잠금장치를 통과하게 된다. 들어간 식품쟁반은 정해진 온도와 진공도하에서 일정시간을 서서히 이동하면서 건조하게 된다.

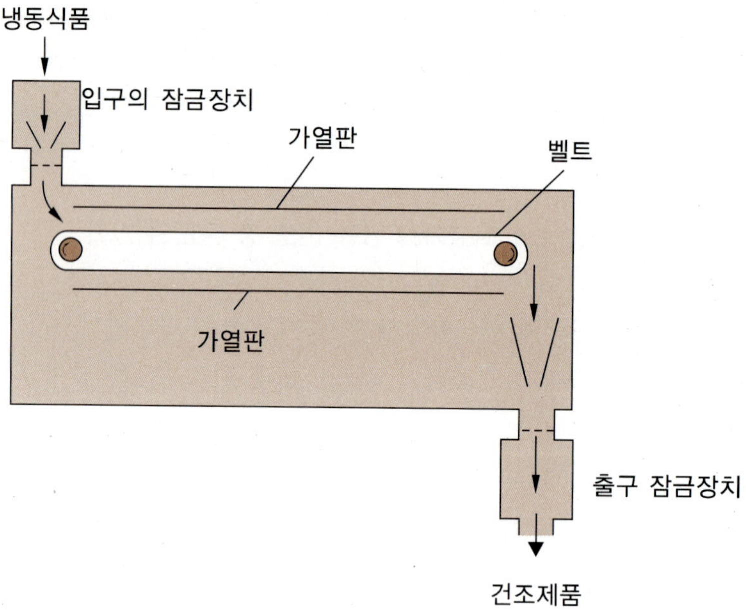

그림 3-10 연속식 냉동건조기

(1) 접촉냉동건조기(contact freeze dryer)

이 장치는 정치식으로 냉동식품을 쟁반에 담고 가열판 위에 얹어놓아 가열하면서 건조한다(**그림 3-11**a). 이 경우 열이 전도(conduction)에 의해 밑면에서 전달되기 때문에 상층부위와 하층부위의 건조속도에 차이가 있고, 다른 방법보다 건조가 서서히 진행된다. 그러나 접촉냉동건조기는 다른 방법보다 한 번에 많은 양을 건조할 수 있는 장점이 있다.

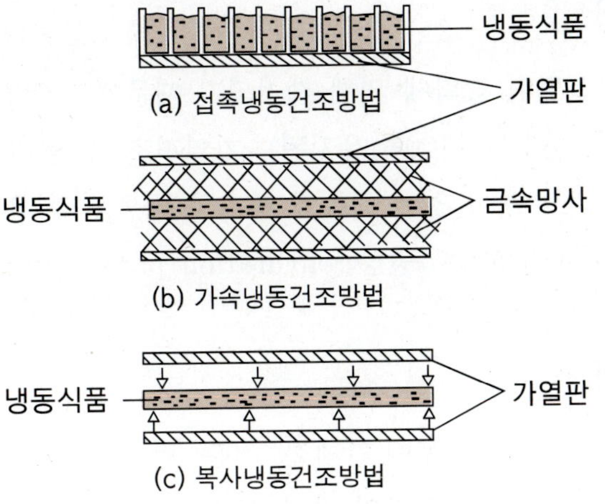

그림 3-11 냉동건조방법

(2) 가속냉동건조기(accelerated freeze dryer)

이 장치는 2개의 가열판 사이에 냉동식품을 넣고 가열하는 장치이다. 가열판과 식품 사이에는 얇은 금속 망사가 있어 열전달을 빠르게 하여 주고 접촉식보다 승화에 의해 발생되는 수증기가 식품 표면에서 쉽게 제거되는 장점이 있어 건조시간을 단축해준다(**그림 3-11**b).

(3) 복사냉동건조기(radiation freege dryer)

복사 가열판에서 발생되는 적외선을 이용하는 방법으로(**그림 3-11**c) 냉동식품을 얇은 쟁반에 담아 적외선으로 가열하면 접촉식보다 더 균일한 가열을 할 수 있고 건조속도를 일정하게 유지할 수 있는 장점이 있다. 또한 식품이 가열판과 접촉할 필요가 없으므로 평평한 쟁반을 사용하지 않아도 된다.

3) 식품에 미치는 영향

냉동건조의 큰 장점은 다음과 같으며 적절한 포장을 하면 냉동건조제품의 유통기한은 1년 이상이 가능하다.

(1) 관능적 특성

식품에 있는 수분만이 승화에 의해 제거되기 때문에 가열건조와 같은 향미성분의 손실이 거의 없다(80~100% 유지됨). 가열건조 시 일어날 수 있는 표면경화 현상이나 조직의 수축이 없어 식품의 텍스처 특성을 잘 유지해준다. 또한 건조제품은 다공성이어서 흡수복원성(rehydration property)이 좋다(**그림 3-12**).

(2) 영양적 특성

낮은 온도에서 건조되기 때문에 단백질, 전분, 탄수화물에의 영향은 아주 적지만 다공성 조직으로 조직 내 산소의 양이 많아져 지방질의 산화가 촉진될 수 있다. 그러므로 지방질이 많은 냉동건조제품은 진공포장이나 질소 충전 포장을 하여야 한다. 비타민의 경우 비타민 A, C, thiamin은 어느 정도의 손실이 있지만 그 외의 비타민은 손실되는 것이 거의 없다. 전반적으로 냉동건조는 다른 건조방법보다 영양적 품질을 잘 유지한다고 할 수 있다.

그림 3-12 냉동건조식품의 다공성 조직

3-2 냉동농축

냉동농축(freeze concentration)은 액체식품의 수분 일부를 냉동시켜 결정화(얼음)한 다음 그 결정을 제거하여 농축하는 방법이다. 식품의 건조나 농축에서 성분의 변화나 손실 없이 수분만을 제거하는 방법이 가장 이상적이라면, 냉동농축은 냉동건조와 함께 가장 이상적인 방법에 근접한 방법이라고 할 수 있다. 냉동농축은 물의 어는점 내외에서 진행되기 때문에 휘발성 향미물질의 유지가 큰 장점이라 할 수 있다. 그러나 이 방법은 기계와 운영비가 다른 농축방법보다 비싸고 농축되는 제품의 농도가 증발농축보다는 낮으며(막 분리 농축보다는 높음) 생산성이 낮은 것이 단점이다. 그러므로 이 방법은 향미가 가장 중요한 품질 요소인 고가의 액체식품을 농축할 때 사용되고 있다.

1) 원리

액체식품은 물과 알코올 등의 용매에 여러 가지 성분이 용해되어 있는 복잡한 용액이다. 이러한 용액을 한 가지 용매(물)에 한 가지 성분만이 용해되었다고 가정하면 이원혼합물(binary mixture)이 되어 좀더 간단히 냉동농축 과정을 검토할 수 있다.

그림 3-13은 냉동농축 과정 중 이원혼합물의 상(phase)변화를 간단히 보여주는 것이다. 용액이 냉각되면서 어는점(동결온도)에 도달하게 되면($T_A \rightarrow T_{A'}$) 순수한 물의 얼음결정이 보이기 시작한다. 여기에서 용액의 동결온도($T_{A'}$)는 순수한 물만의 동결온도(T_f)보다 낮다. 어는점에서 고형분 농도와 온도는 W_A, $T_{A'}$ 이다. 냉각이 더 진행되면서($T_{A'} \rightarrow T_B$) 얼음결정은 더 분리되고 고형분은 더 농축된다($W_A \rightarrow W_B$). 이때 용액이 농축되면서 어는점이 계속 감소하게 된다. 이 농축과정이 더 진행되어 농도가 W_E에 도달하게 되면 얼음결정은 순수한 물만의 결정이 아니라 고형분과 함께 결정화된다. 이때의 농도와 온도(W_E, T_E)를 공융점(eutectic point)라 하며 W_E를 공융농도, T_E 를 공융온도라 한다. 공융온도 이하로 온도가 내려가면 고형분의 손실이 발생되기 때문에 냉동농축은 공융점에 도달하기 전에 중지해야 한다. 상업적 냉동농축은 고형분의 손실을 막기 위하여 공융점 이전

$(W_A,\ T_B)$에서 마치고 있다.

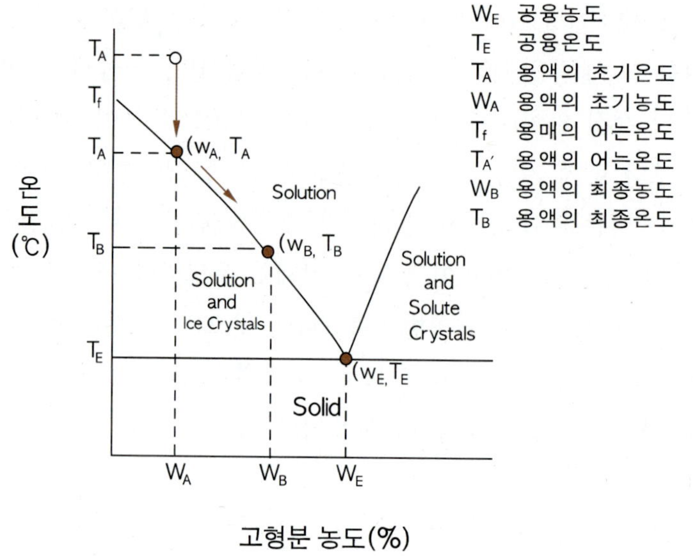

그림 3-13 이원 혼합물의 냉동농축 과정 중 상변화

식품에는 여러 가지 성분이 혼합되어 있기 때문에 각 성분마다 공융점에 도달하는 농도가 다를 수 있다. 일반적으로 냉동농축을 위한 초기의 고형분 농도는 5~20%이고 이루고자 하는 최종농도는 35~50%로 하고 있다. 예를 들면 최종농도를 40%라고 할 때 커피농축추출액은 -4.4℃에서, 오렌지농축액은 -6.7℃에서, 사과농축주스는 -7.8℃에서 농축을 마친다.

2) 방법

(1) 냉동

냉동농축의 기본과정은 냉동과 얼음의 제거로, 냉동농축기는 얼음 형성 장치와 얼음을 제거하는 분리기로 구성되어 있다.

냉동농축에서 얼음결정을 형성시킬 때 얼음의 크기를 가능한 한 크게 하여 농축액이 얼음결정에 혼입되는 양을 줄여주어야 한다. 얼음 크기를 크게 하는 방법으로는 냉동시킬 때 주걱 형태의 교반장치로 서서히 교반하면서 결정화시키면 작은 결정들이 뭉치면서 크기가 커진다.

액체식품의 냉동방법은 **그림 3-14**와 같이 기본적으로 세 가지 방법이 있다. 이때 냉각제와 접촉하는 표면에 순수한 물의 얼음이 형성되면서 얼지 않은 액체에는 고형분이 농축된다. **그림 3-14**의 (a)는 냉각조에 액체식품이 들어있는 튜브를 넣고 액체를 서서히 교반하면 얼음이 점차적으로 형성되면서 농축된 액은 윗면에 모이게 된다. **그림 3-14**의 (b)는 (a)와는 반대로 냉각튜브를 교반하고 있는 통에 넣으면 냉각튜브 밖의 표면에 얼음이 형성되면서 액체식품은 농축된다. 세 번째 방법인 **그림 3-14**의 (c)는 액체식품이 들어있는 통의 이중벽에 냉각제를 순환시키면 식품과 접촉한 표면에 얼음이 형성되어 액체식품은 농축된다. 이러한 냉동방법을 그대로 식품가공에 사용하지는 않으나 이 원리를 이용하고 있다.

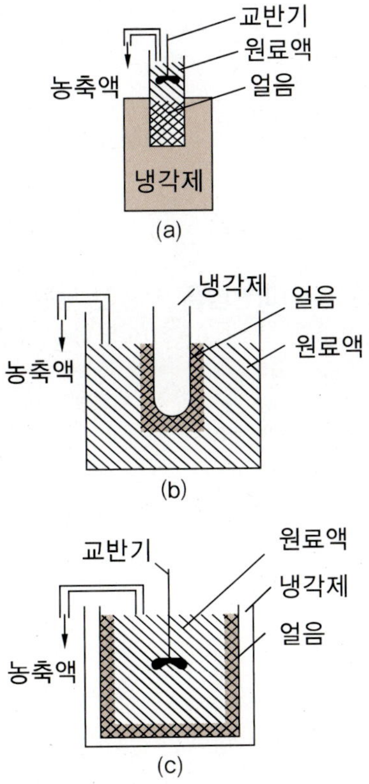

그림 3-14 냉동농축을 위한 냉동방법

(2) 얼음의 분리 제거

형성된 얼음의 분리와 제거방법으로는 원심분리방법과 여과방법이 있다. 이 중 원심분리방법이 더 많이 사용되고 있지만 원심분리 후 분리된 얼음결정의 표면에 농축액이 남아있을 수 있어 원심분리를 빠르게 해야 하는(1000rpm 이상) 어려움이 있다. 여과방법을 사용한 얼음의 분리 및 제거 공정은 **그림 3-15**와 같다.

여과방법이나 원심분리법은 모두 얼음 녹인 물 일부를 얼음세척에 사용한 다음 재결정화시키고 분리하여 고형분의 손실을 최소한으로 하고 있다.

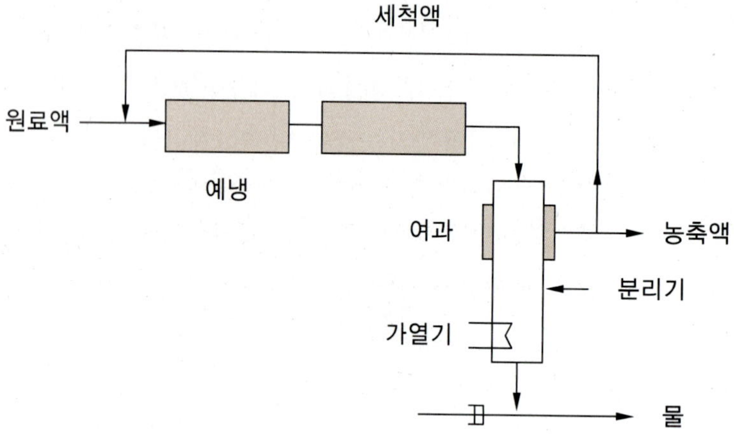

그림 3-15 여과방법을 사용한 냉동농축장치

CHAPTER 4

식품의 저장

식품의 저장방법은 식품에 변질과 부패를 발생시키는 원인을 억제하거나 방지하는 처리이다. 저장을 주목적으로 하는 방법으로는 절임, 가열처리, 냉장 및 냉동, 건조, 방사선 조사, 기체조절(CA)저장 등 여러 방법이 있다.

01 절임

절임방법은 식품을 소금이나 당, 유기산 용액에 담가 절여서 저장기간을 연장하는 방법이다. 절임의 효과는 미생물의 살균 및 번식 억제, 효소 활성의 억제, 수분활성도의 감소에 의한다.

식품의 절임은 저장이 주목적이지만 절임 시 향신료와 식용색소의 첨가로 맛과 색, 텍스처 등 관능적 특성을 향상시킨 가공제품이 제조되고 있다. 절임을 이용한 식품으로는 채소류, 과일류, 육류, 해조류, 어패류 등 광범위한 절임식품이 있다.

1-1 소금절임

1) 원리 및 이용

소금절임(염장, salting)은 식품이 소금과 접촉하면서 삼투압 차이로 소금은 식품내부로 침투하게 되고 식품의 수분은 밖으로 빠져나오게 된다. 이때 수용성 성분도 수분과 함께 용출하게 된다. 이러한 변화는 소금용액과 식품 내부의 삼투압이 평형에 도달할 때까지 계속된다. 저장을 위한 소금의 효과는 완전히 밝혀지지 않았지만 다음 세 가지에 의하여 미생물 발육이 정지된다고 알려져 있다.

① 삼투압에 의한 미생물의 번식 저해
② 간접 탈수효과에 의한 수분활성도의 감소
③ 일부 단백질 분해효소의 불활성화로 미생물 대사활동 방해

이 중 소금의 높은 삼투압에 의한 미생물의 가사상태(osmoanabiosis)로의 전환이 가장 큰 원인이다. 소금절임을 이용한 식품은 채소류, 육류, 어류, 해조류 등 다양하지만 과일류는 짠맛이 과일 맛에 적당하지 않아 거의 사용하지 않고 있다.

소금물의 삼투압은 **표 4-1**과 같이 같은 농도의 설탕용액보다 5~8배 높다. 또한 소금은 높은 흡습성을 갖고 있어 간접적 탈수 작용을 한다. 탈수효과에 의한 수분활성도의 감소효과는 **표 4-2**와 같으며 일반세균(bacteria)을 억제하는 0.9에 도달하는 농도는 16%이다.

표 4-1 소금과 설탕용액의 삼투압 비교

농도(%)	삼투압(KPa, 20℃)		
	설탕	sodium nitrate	소금
1	69	432	598
5	392	1,670	2,750
20	1,960		11,770
60	15,100		

(Jay, 1978)

표 4-2 소금용액의 수분활성도

소금용액 농도(%)	수분활성도
10	0.94 - *Cl. botulinum*, salmonella 억제
16	0.90 - common bacteria 억제
22	0.86 - staphylococci and common yeasts 억제

(Jay, 1978)

소금 농도에 대한 미생물의 저항성은 미생물의 내염성에 따라 차이가 있다. 대장균은 8~9%에서, 부패균은 10~12%에서, 보툴린(botulin, 보툴리누스독소)을 생성하는 *Cl. botulium*은 3~6%에서 생육이 저해된다. 일반적으로 일반미생물과 효모의 번식저해는 식품이 비산성일 때 20% 농도에서 이루어진다. 비호염성 미생물(non-halophilic)은 2% 이하에서, 약호염성(slightly halophilic) 미생물은 2~5%에서, 고호염성(highly halophilic) 미생물은 5~20%에서 억제된다.

미생물의 내염성은 소금농도뿐만 아니라 식품의 수분함량, 온도, 산도에 따라 영향을 받는다. 냉장온도에서 수분함량이 적고 산도가 높을 경우(또는 낮은 pH)에는 그렇지 않은 경우에 비하여 미생물의 번식을 억제시키는 소금농도가 낮다.

소금절임의 저장효과는 식품의 소금농도에 따라 다르다. 절임식품의 소금농도가 높을 때에는 장기저장이 가능하나 농도가 낮을 때에는 저장기간이 비교적 짧다. 소금절임의 이용방법은 다음과 같다.

① 높은 농도로 소금절임을 한 다음 최종제품에 적합하도록 탈염할 경우(단무지 절임, 배추 절임, 청어 절임)
② 고농도의 소금절임식품을 그대로 섭취하거나 다른 식품에 첨가하여 짠맛을 조절할 경우(젓갈류)
③ 낮은 농도로 소금절임 하여 소비자의 기호에 적합하도록 할 경우(간고등어, 훈제고기, 일부 젓갈류, 장절임 채소)

최근 가정에서 냉장고 보유가 일반화되면서 소금절임이 저장 목적뿐만 아니라 기호도 향상 방법으로 사용되고 있어 낮은 농도로 절이는 경향이 높아지고 있다.

2) 식염의 종류

식염의 종류는 천일염(sun dried salt), 암염(rock salt), 정제염(refined salt)이 있으며 식염을 가공하여 죽염과 조미염 등 다양한 제품이 제조되고 있다. 천일염은 바닷물을 건조하여 제조한 것으로 소금(NaCl)이 주성분이지만 칼슘(Ca), 마그네슘(Mg), 칼륨(K) 등 여러 종류의 염이 혼합되어 있다. 따라서 천일염의 맛은 독특하여 가정에서도 절임식품 제조 시 천일염을 선호하는 경향이 있다. 그러나 유의해야 할 것은 이들 염성분 외에 건강에 해로울 수 있는 다른 무기물의 존재이다.

암염은 지각의 변동으로 바닷물이 지표면에서 증발되어 굳어진 것으로 오랜 시간 지나면서 스스로 정제되어 소금의 순도가 99%인 것도 있다. 정제염(정제소금)은 암염을 정제하여 그 순도가 99.5% 이상인 백색의 결정체 분말이다. 순수한 짠맛을 갖고 있고 이상한 냄새나 맛이 없는 것이 특징이다. 정제염은 그 순수한 짠맛으로 인해 식탁에서 주로 사용되어 식탁염(table salt)이라고도 한다.

3) 절임방법

(1) 채소 절임

과일채소류(fruits and vegetables) 중 과일의 소금절임은 짠맛이 적합하지 않아 대부분 채소류의 절임에 사용되고 있다. 김치를 제조할 때 배추 절임의 경우 배추의 탈수작용으로, 배추 조직을 부드럽게 하고 부패균의 번식을 억제하는 효과가 있다. 절임 시 탈수 속도를 높이기 위하여 절임액의 소금농도를 높이거나(염수법) 소금을 뿌려(건염법) 절이고 절임 후 흐르는 물에 담가 적당한 농도(2~4%)가 되게 소금을 제거한다. 이러한 채소의 발효 전 절임은 배추김치 외에 오이지와 양배추를 발효시킨 서양의 sauerkraut가 있다.

(2) 육류 절임

육류의 소금절임은 고기의 표면에 소금을 뿌려주는 건염법(dry salting)과 소금물에 담그는 염수법(brine salting), 소금물을 조직 내에 주사하는 염수주사법(brine injection method)이 있다. 대표적인 소금절임 육류제품은 햄과 베이컨이 있다. 햄의 경우 건염법과 염수주사법이 주로 사용되며 절임 시 발색제인 나이트레이트(nitrate, NO_3^-)와 나이트라이트(nitrite, NO_2^-)를 소금과 함께 첨가하면 절임고기의 색은 밝은 적색이 된다.

(3) 어류 절임

어류의 절임은 절임 후의 용도에 따라 소금의 농도를 조절한다. 고농도 염장어류는 소금농도가 25% 정도 되게 절인 것으로 미생물에 의한 부패가 일어나지 않아 장기간 저장이 가능하다. 그러나 절임과정 중 소금용액에 용해되는 물질의 손실이 있고 대단히 짜기 때문에 탈염해야 하는 어려움이 있다.

중간 농도 염장어류는 소금농도가 약 15% 정도인 것이고 낮은 농도의 염장어류는 6~10%가 되게 한 것이다. 이들은 식탁에서 다른 음식과 함께 직접 섭취 가능한 것으로 일부 젓갈류와 간고등어가 있다.

1-2 당절임

식품의 당 농도가 크게 높아질 경우 미생물의 번식이 억제되어 저장성이 크게 향상된다. 당절임은 당의 높은 흡수성 및 탈수작용에 의한 수분활성도의 감소와 높은 삼투압에 의해 미생물의 번식이 억제되어 저장성이 크게 향상된다. 이를 위해 필요한 설탕의 농도는 포화농도에 근접한 또는 그 이상의 농도가 필요하며, 높은 농도의 당을 사용한다는 면에서 소금절임과 다르다. 그 이유는 삼투압이 소금의 삼투압보다 7~8배 약하기 때문이다(**표 4-3**). 그러나 당의 단맛은 높은 농도에서도 그대로 섭취할 수 있는 장점이 있어 당절임은 주로 과일류에 이용되고 있으며 일부 채소류와 약용식물(당근, 인삼 등)도 당절임을 하고 있다.

당절임에 사용되는 당은 포도당, 과당 등 단당류와 설탕, 맥아당 등 이당류가 주로 사용되며, 삼투압은 분자량이 적은 단당류가 이당류보다 높다.

표 4-3 설탕용액의 삼투압(KPa)

5%	20%	60%
400	1,960	15,100

일반적으로 고농도 당제품인 잼(jam)에서는 당 농도가 60~65%일 때, 꿀은 75~80%일 때 저장에 안전하다. 식품 저장에 안전한 당의 농도는 당의 종류와 제품의 산도(또는 pH)에 의해 영향을 받는다.

당의 용해도는 온도가 높아질수록 크게 증가한다. 설탕의 경우 용해도는 15℃

에서 197%, 40℃에서 240%, 60℃에서 290%, 100℃에서 490%이다. 일부 당절임 식품 표면에서 당 결정이 보이는 것은 높은 온도에서 당절임을 한 후 상온으로 낮아졌을 때 포화되고 남은 당이 결정화되어 형성된 것이다.

영양성분에 대한 당절임의 영향은 절임할 때 수분이 밖으로 용출되기 때문에 일부 수용성 영양소의 손실이 있을 수 있지만 영양소 변화는 거의 없는 것으로 알려져 있다. 잼이나 젤 형성을 위한 가열과정은 가열시간이 짧고 당의 항산화효과(antioxidative effect)로 비타민 C 등 비타민의 손실은 매우 적다.

1-3 산절임

부패균을 포함한 대부분의 일반 세균은 pH 4.0~4.3 이하에서 번식이 억제된다. 그러나 효모나 곰팡이 그리고 내산성 세균(acidophilic bacteria)은 pH 2 이하에서도 자라며 어떤 내산성 미생물은 유기산을 소모하여 산성조건을 완화한다. *Cl. botulinum*은 pH 4.5 이하에서는 번식하지 않아 보툴리누스 중독(botulism)의 위험은 없지만 저장 중 pH가 4.5 이상으로 높아질 경우 다시 번식할 가능성이 있으므로 주의해야 한다.

유기산의 미생물 번식저해 효과는 당의 농도가 높을 때(10~40%) 그 효과가 증가한다. 저장성 향상을 위해 사용하는 유기산은 초산(acetic acid) 젖산(lactic acid), 구연산(citric acid), 주석산(tartaric acid), 사과산(malic acid)이 있으며 항균력의 순서는 초산 〉 젖산 〉 구연산 〉 주석산 · 사과산이다.

산절임 방법에는 유기산만을 첨가한 용액에 절임, 유기산에 보존료를 첨가한 용액에 절임, 그리고 유기산 용액에 향료를 섞어 맛을 향상시킨 용액에 절임이 있다.

유기산만을 첨가한 경우에는 산의 농도를 높여야 하기 때문에 신맛이 너무 강하다. 농도를 낮출 필요가 있을 경우에는 벤조산(benzoic acid, 안식향산이라고도 함)과 같은 보존료를 첨가하거나 겨자유와 같은 향신료 추출액을 첨가하여 저장효과를 높여주고 있다. 또한 유기산 용액에 포도주나 향료를 섞어 생선이나 고기를 절여 맛을 높인 매리네이트 담금법(marinating)이 있는데 이 경우 저장성이 높지 않아 소금절임이나 훈연방법을 함께 사용하여 저장효과를 높여 주고 있다.

1) 과채류

과일의 산절임에 사용하는 유기산은 과일이 함유하고 있는 유기산과 차이가 있을 수 있어 맛이 변할 수 있기 때문에 과일의 산절임은 많이 하고 있지 않다. 그러나 절임액에 향료를 섞어 적절히 맛을 조절하면 과일류의 유기산과 작용하여 저장성을 높일 수 있다.

채소류의 산절임은 맛을 좋게 하므로 보다 광범위하게 이용되고 있다. 채소 절임에 사용되는 식초의 농도는 상당히 낮으므로 보존료를 첨가하거나 가열살균 또는 냉장해서 저장성을 향상시키고 있다. 채소의 대표적 산절임 식품은 피클(pickle)형태의 제품으로 오이, 양파, 버섯, 양배추 등이 있다.

2) 어류와 육류

식초에 여러 향신료와 소금(3~5%)을 혼합한 용액에 어류를 넣고 낮은 온도(10~15℃)에서 3~5일 절인 매리네이드(marinade) 제품은 인기 있는 어류의 산절임 식품이다. 이 제품은 저장성이 높지는 않으나 맛과 색이 좋아 냉장 유통하여 저장기간을 연장하고 있다. 산절임 어류는 그대로 섭취하기도 하지만, 가열하여 섭취하기도 하며 훈제제품 생산을 위한 전처리로도 사용한다. 산절임 육류는 거의 없지만, 소시지의 경우 향신료를 첨가한 식초용액에 절임한 제품이 있다.

02 방사선 조사

식품에 방사선을 처리하는 기술을 식품 조사(food irradiation)라 하고 방사선을 조사한 식품을 조사식품(irradiated food)이라고 하고 있다. 식품의 저장성 향상을 위해 사용하는 방사선(radiation)은 엑스선(X-ray), 감마선(gamma-radiation), 전자선(electron beam)이 있으며 이 중 감마선을 주로 식품에 사용하고 있다.

2-1 원리

방사선 조사에 사용되는 감마선은 파장이 짧은 Co^{60}과 Cs^{137}이 있으며 이 중 물질을 투과하는 힘(투과력)이 강하고 반감기가 짧은 Co^{60}을 주로 사용하고 있다. 미생물의 살균효과는 식품 내부에의 방사선 침투력과 식품에 흡수된 양에 의해 좌우된다. 방사선 조사에 따른 식품 온도의 상승은 미약하여 효소의 불활성화에는 영향이 거의 없다. 방사선 조사는 미생물의 핵산 구조에 변화를 일으켜 유전인자인 DNA에 영향을 주는 것이어서, 방사선 조사에 의한 살균은 가열살균과 같이 빠르게 일어나는 것이 아니라 서서히 일어난다. 방사선 조사량의 표시는 식품이 흡수한 에너지(흡수선량)를 나타내는 단위로 과거에는 라드(rad)를 사용했으나 현재는 그레이(gray)를 사용하고 있다.

1그레이(gray, Gy) - 식품 1kg에 흡수된 1 joul의 방사선 에너지양(1J/kg)

1kGy = 1,000Gy

1라드(rad) - 식품 1kg에 흡수된 1 joul의 방사선 에너지양

1Gy = 100rad

1980년 개최된 FAO, WHO, IAEA 등 UN의 3기관 합동 전문가위원회에서 감마선 조사기술을 물리적 처리방법으로 공식적으로 인정하면서 "총 평균흡수선량이 10kGy 이하의 방사선을 조사한 식품은 독성학적, 영양학적 및 미생물학적 안전성에 문제가 없다."라고 결론을 내린 바 있다. 그리하여 식품의 안전한 방사선 조사량은 현재 10kGy 이하로 되어 있으며 그 이상 조사할 경우 필요성과 안전성을 확인받아야 한다. 그 이유는 10kGy 이상일 때 식품에 미치는 2차적인 영향을

고려해야 하기 때문이다.

식품조사의 효과는 다음과 같다.

① 발아 억제: 저선량(0.003~0.15kGy)을 조사하면 감자, 마늘, 양파 등의 발아나 발근을 억제한다.
② 성숙 지연: 어떤 과일류나 채소류에 방사선(0.5~1.0kGy)을 조사하면 성숙이 지연되고 품질수명을 연장할 수 있다. 바나나는 2주간, 망고는 1주간 연장된다.
③ 살충: 0.1~1.0kGy의 방사선을 조사하면 곡식이나 과일의 해충이나 축육에 기생하고 있는 기생충을 구제할 수 있다.
④ 미생물의 살균: 대부분의 식품 부패균은 5kGy 이하의 선량에서 사멸하고 *Salmonella*나 *Campylobacter* 등 무포자 식중독균은 1~7kGy에서 살균할 수 있다.

2-2 살균에 영향 주는 요인

방사선 조사에 의한 미생물 살균에 영향을 주는 요인은 방사선에 대한 미생물의 저항력, 단위부피당 미생물의 수, 미생물의 환경조건, 다른 살균방법의 사용 여부이다.

1) 방사선에 대한 미생물의 저항력

살균을 위한 방사선의 최소 조사량을 설정 시 가장 영향을 주는 요인은 미생물의 저항력이다. 일반적으로 세균은 그람음성균(대장균, *Salmonella*, *Enterobacter* 등)이 약하며 그람양성균은 저항력이 비교적 약하다. 그람음성균은 보통 5kGy 이하에서 살균되지만 그람양성균은 9kGy 정도에서 살균된다.

곰팡이나 효모는 방사선에 약하여 곰팡이는 2~5kGy에서, 효모는 0.3~2kGy에서 사멸된다.

표 4-4 식품에 존재하는 미생물 90% 사멸시키는데 필요한 방사선 조사량

미생물	D_{10} (kGy)
Escherichia coli G-	0.10~0.5
Salmonella sp. G-	0.2~1.3
Pseudomonas sp. G-	0.03~0.06
Flavobacterium sp. G-	0.06
Staphylococcus aureus G+	0.1~0.7
Streptococcus faecium G+	2.8
Micrococcus sp. G+	4.0~5.0
Lactobacillus sp. G+	1.2
Lactobacillus plantarum G+	0.08
Clostridium botulinum G+	1.2~3.4
Clostridium sporogenes G+	1.6~2.2
Clostridium Welchii G+	1.2~3.7
Saccharomyces cerevisae	0.5
Candida sp.	0.4
Viruses	1.7~1.3

(Karel 등, 1975)

세균의 포자(spore)는 대단히 강하여 pH 4.5 이상에서는 40~50kGy, 그 이하의 pH에서는 25~30kGy에서 사멸되어 식품의 pH 정도에 크게 영향을 받는다. 우리가 항상 주의해야 하는 식품 독생성균인 *Clostridium botulinum*은 방사선에 강하여 10kGy까지 필요한 경우가 있다(식품의 pH에 따라 다름).

2) 초기 미생물의 수

방사선 조사로 미생물을 안전한 수준으로 살균시키는 데는 초기의 미생물 수(단위부피당 미생물 수 또는 농도)가 중요하다. **그림 4-1**은 이 관계를 보여주는 것으로 미생물 수는 조사량이 증가하면서 대수함수적으로 감소하고 있음을 알 수 있다. 기울기에서 미생물 수를 90% 살균시키는 방사선 조사량인 D_{10}값을 계산한다(가열살균에서의 D값과 개념이 같음). 따라서 초기의 미생물수가 많으면 미생물을 안전한 수준으로 살균시켜야 하는 방사선 조사량은 많아진다(**그림 4-1**).

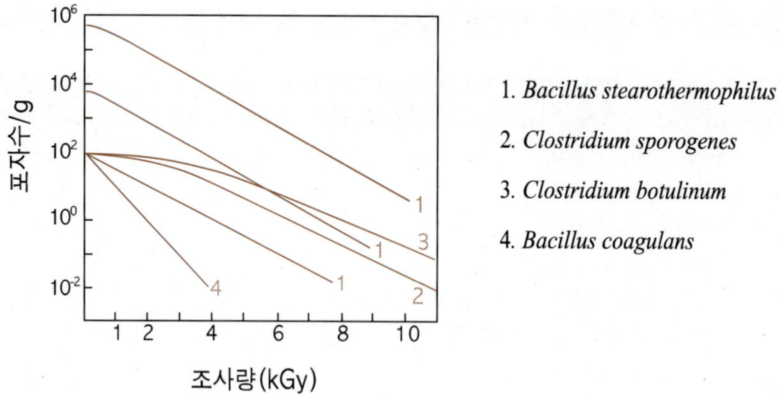

그림 4-1 방사선 조사에 대한 포자 형성균의 열저항성과 초기 미생물의 영향

3) 미생물의 환경조건

방사선 조사에 대한 미생물의 저항력은 실험실 조건보다 다양한 조건을 가진 식품에서 더 강하다. 예를 들면 *Cl. botulinum*은 pH만 조절한 완충액에 있을 때보다 닭고기에 존재할 때 12% 정도 D_{10}값이 증가하며 달걀노른자에 있는 *Salmonella typhimurium*은 완충액에 있을 때보다 300% 증가한다. 일반적으로 고기에 존재하는 세균은 저항력이 약 2배 증가하는 것으로 알려져 있다. 이는 식품의 여러 특성(점도, 흡수성, pH)이 방사선에 대한 미생물의 저항성을 높여주기 때문이다. 또한 식품이 냉동상태이면 미생물의 저항성이 증가되어 D_{10}값이 약 2배 높아진다.

2-3 효소의 불활성화

방사선 조사에 의한 효소의 불활성화는 살균만큼 효과적이지 못하다. 그 이유는 방사선 조사에 의한 열 발생이 작아 가열에 의한 효소의 불활성화에는 충분하지 않기 때문이다. 그러므로 산화환원효소에 의한 식품성분의 변질 또는 손실을 방지하고자 한다면 가열처리를 먼저 하여 효소를 불활성화하는 것이 필요하다(**그림 4-2**).

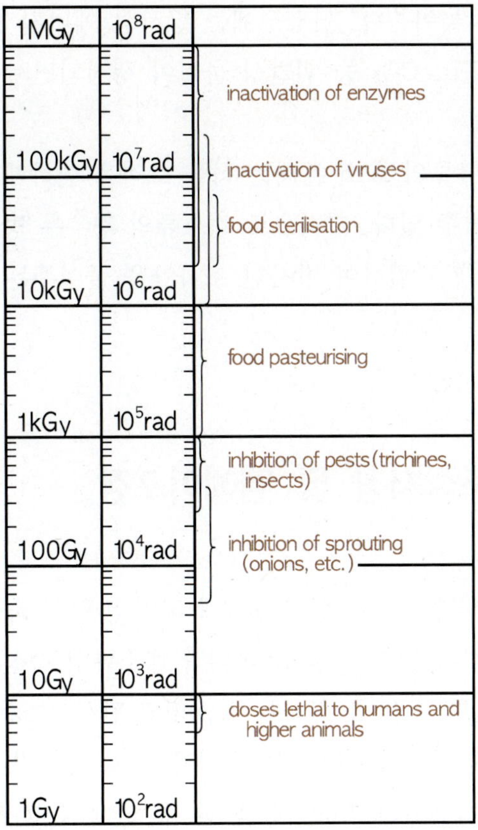

그림 4-2 방사선 조사량에 따른 유기체의 치사량

2-4 식품에 미치는 영향

방사선 조사에 의한 식품의 성분 변화는 주로 효소적 또는 비효소적 산화반응에 의한다. 이러한 반응은 식품에 불리한 변화를 줄 수 있지만 다른 저장방법(가열처리나 건조)보다는 비교적 약한 것으로 알려져 있다.

비타민 C와 티아민(thiamine), pyridoxin 등은 비교적 빠르게 산화되어 손실되고 지방질과 myoglobin 등도 산화된다. 이들의 변화는 주로 방사선 조사에 의해 생성된 유리 라디칼(free radical)에 의한 것이다. 방사선 조사에 의한 열 발생은 적어 효소를 불활성화하기에는 충분하지 않지만 온도가 약간 상승하여 효소의 활성을 오히려 높여준다. 단백질에는 방사선 에너지가 함황아미노산을 일부 분해시켜 SO_2, NH_3, CO_2 등 휘발성 물질이 생성되면서 불쾌한 냄새를 주기도 한다.

방사선에 의한 다당류의 효소 분해는 식물 조직을 연하게 하여 텍스처 특성에 좋지 않은 영향을 줄 수 있다. 그러므로 채소류의 경우는 방사선 조사 전에 저온 살균 수준으로 약하게 가열하여 방사선 조사량을 줄여주는 것이 좋다.

03 기체조절저장 및 엠에이포장

과일이나 채소를 밀폐된 공간에 저장하게 되면 과일의 숙성과 과숙 현상이 지연되는 현상을 경험하게 된다. 이러한 과일과 채소류의 숙성과 과숙의 지연은 호흡과 관계 있는 것으로 저장 중 산소는 감소되고 탄산가스는 증가하여 호흡속도가 늦어지기 때문이다. 그러나 밀폐된 공간에서 저장을 더 오래 하면 산소량이 지나치게 감소하여 정상적인 호흡작용을 할 수 없게 되고 결과적으로 비정상적 호흡 작용으로 전환되면서 맛과 냄새가 변하게 된다.

따라서 과일이나 채소를 자연상태보다 장기간 저장하려면 정상적인 호흡작용을 최소한 유지시키는 공기의 조성을 유지해야 할 것이다. 이때 저장온도를 낮추면 과채류의 호흡 속도는 더욱 낮아져 과채류의 신선한 맛을 유지할 수 있는 기간이 더욱 연장된다.

3-1 원리

과일채소류와 같이 수확 후에도 호흡하는 호흡식품(respiring foods)을 밀폐된 공간에서 저장하면 공기 중 산소량은 감소되고 탄산가스 양은 증가하면서 호흡속도가 감소되고 미생물의 번식이 억제된다. 이 원리를 과채류에 응용하여 저장기간을 연장하고자 하는 저장방법이 기체조절저장(controlled atmosphere storage, CA저장)이다. 그러므로 기체조절저장은 숙성되지 않은 과채류를 저장할 때 호흡속도를 감소시켜 숙성기간을 연장하고 과숙되는 기간을 지연해서 신선한 맛을 가능한 한 오래 유지하도록 하는 방법이다.

한편 비호흡식품(non-respiring foods)의 경우에는 포장하여 포장 내의 공기 조성을 조절하여 저장기간을 연장하게 되는데 이 방법을 엠에이포장(MAP, modified atmosphere packaging)이라 한다. 엠에이포장은 빵제품, 샌드위치, 과자류, 스낵류 등 다양한 식품의 포장에 사용되고 있으며 다듬어진 채소류나 샐러드, 껍질 벗긴 과일도 이 방법으로 포장하고 있다.

공기는 질소(N) 78%, 산소(O_2) 21%, 탄산가스(CO_2)가 0.035%이고 나머지는 기타 원소와 수증기로 조성되어 있다. 이 공기의 조성에서 탄산가스의 비율을 높이고 산소의 비율을 낮추면 식품의 품질을 유지하면서 유통기간을 연장할 수 있다.

기체 조절의 효과는 다음과 같다.

① 과채류의 호흡속도를 감소시켜 숙성과 과숙현상을 지연한다.
② 미생물의 번식을 억제한다.
③ 산화반응을 억제한다.
④ 효소반응을 감소시킨다.

산화반응의 억제효과는 산소량이 감소되었기 때문이며 효소반응과 미생물의 번식 억제효과는 공기 중의 탄산가스가 물에 녹아 탄산(carbonic acid)으로 되면서 pH가 감소되기 때문이다. 그러나 과채류 생체 내의 pH 감소 시에는 생물학적 불균형을 일으켜 조직특성이 변할 가능성이 있고 산소량의 감소 시에는 혐기성 미생물의 번식으로 비호흡식품은 변질될 가능성이 있다.

3-2 기체조절저장

곡류를 장기간 저장하게 되면 공기 중 탄산가스는 20% 이상으로 증가하고 산소는 거의 0%에 근접하게 되는데 이 경우 곤충이나 곰팡이가 자랄 수 없게 되는 장점이 있다. 그러나 과일이나 채소류는 이러한 공기의 조건이 되면 비정상적인 무산소호흡(anaerobic respiration)으로 전환되어 acetaldehyde, 유기산, 알코올이 생성되어 불쾌한 냄새를 갖게 된다.

그러므로 호흡식품을 기체조절저장(CA저장)을 할 때에는 최소한의 산소농도를 유지해야 되는데 식물체가 요구하는 산소의 최소농도와 탄산가스의 최대농도는 과채류 종류에 따라 많은 차이가 있다(**표 4-5**).

표 4-5 과일채소류의 저장을 위한 CO_2의 최대량 및 산소의 최소량

식품	CO_2 (%)	O_2 (%)
Apple	2	2
Asparagus	10	10
Avocado	5	3
Banana	5	-
Broccoli	15	1
Cabbage	5	2
Carrot	4	3
Citrus fruits	-	5
Cucumber	10	3
Lettuce	1	2
Onion	10	1
Potato	10	10
Spinach	20	-
Strawberry	20	2
Tomato	2	3

(Rayall and Pentzer, 1982)

일반적으로 과일채소류의 기체조절저장은 기체의 조성비를 조절한 저온창고에서 저장하게 된다. 이때 기체의 조절은 고체 또는 액체탄산가스를 사용하여 그 농도를 높여주고 탄산가스의 양이 너무 높아질 때에는 석회(lime, $Ca(OH)_2$)나 활성탄을 사용해 탄산가스를 흡수시켜 제거한다. 또한 식물체의 호흡으로 산소의 양이 너무 낮게 될 때에는 외부 공기를 유입시켜 산소 농도를 유지하는 방법을 사용하고 있다. 그러므로 과채류의 저장 중에는 저온창고의 공기를 계속 측정하여 적절한 공기의 조성을 유지하도록 하고 있다.

과채류의 저장 중에는 호흡과 함께 ethylene(C_2H_4) 가스가 배출된다. 이 가스는 숙성을 가속시키는 작용을 하므로 과잉의 탄산가스를 제거할 때 함께 제거하여야 한다.

3-3 엠에이포장

엠에이포장(MAP, modified atmosphere packaging)은 주로 비호흡식품을 포장할 때 사용하는 방법이지만 일부 과채류와 같은 호흡식품을 포장할 때도 사용하고 있다. 엠에이포장은 포장한 다음 더 이상 기체 조성을 조절하지 않는다는 면에서 기체조절저장과 다르다.

엠에이포장에는 기체의 조성이 조정된 공기를 주입하여 포장한 방법과 진공포장, 질소충전포장, 일반 공기포장(과채류를 소포장할 때 사용)이 있다. 호흡식품인 과일이나 채소를 일반 공기로 포장할 경우 두 가지 과정이 일어난다. 하나는 호흡에 의해 산소는 소모되고 탄산가스와 물, ethylene(C_2H_4)은 과채류 밖으로 배출된다. 이때 휘발성 향미성분도 일부 배출된다(**그림 4-3**). 만일 포장한 필름을 통하여 이들 기체와 수분이 교환되지 않는다면 필름 내부의 기체는 산소가 결핍되고 탄산가스의 농도가 높아지면서 과채류는 무산소 호흡작용(anaerobic respiration)을 하여 품질이 변한다.

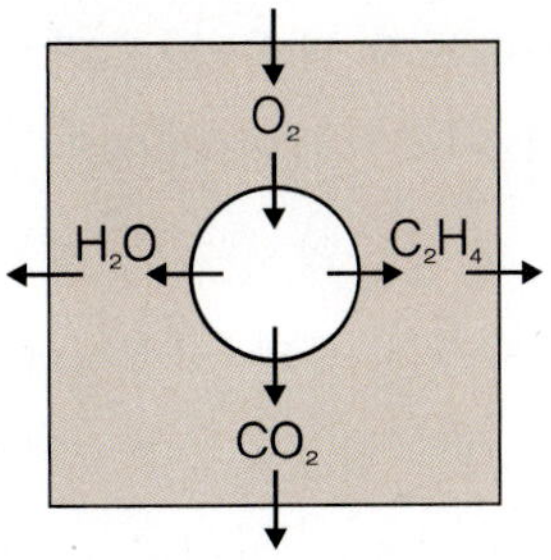

그림 4-3 과일채소류의 포장 저장 시 기체조성의 변화

과채류의 호흡속도는 종류와 숙성도에 따라 다르고 호흡량은 양이 많을수록, 저장온도가 높을수록 빨라진다. 포장 내의 산소량은 정상적 산소호흡(aerobic respiration)을 위한 최소농도를 유지해야 하고 축적된 탄산가스와 ethylene가스는 제거되어야 하기 때문에 포장필름은 공기가 어느 정도 투과될 수 있는 재료를 사용해야 한다(**표 4-6**).

표 4-6 포장용 필름의 기체투과도

포장재료	투과도(cc/m²/24시간, 1기압, 20℃)	
	O_2	CO_2
Cellophane(lacquered)	15~77	15~95
Polyester	52~130	180~390
Vinyl(PVC)	77~7,500	770~55,000
Pliofilm	130~6,400	520~5,200
Polypropylene(unoriented)	1,300~6,400	7,700~21,000
Polystyrene(oriented)	2,600~7,700	10,000~26,000
Polyethylene(low-density)	3,900~13,000	7,700~77,000

(Pantastico, 1975)

엠에이포장은 유통기간을 연장시키면서 과채류는 신선한 제품을, 비호흡식품은 품질이 유지된 제품을 소비자나 가공업체에게 제공하는 방법이다.

엠에이포장 시 주로 사용하는 가스는 질소, 산소, 탄산가스이다. 질소는 냄새가 없고 물이나 지방질의 용해도가 매우 낮으며 산화반응이나 호기성균의 번식을 억제하는 효과가 있다. 산소는 고기의 적색을 유지해주는 효과가 있어 좋으나 호흡식품에는 적합하지 않고 지방질의 산패와 호기성균의 번식을 증가시켜 제한적으로 사용되고 있다. 탄산가스는 물과 지방질에 잘 용해되며 산화반응을 억제해 주지만 탄산의 생성으로 pH를 감소시키고 주입된 탄산가스가 물에 용해되면서(차가운 물에 더 잘 용해됨) 기체의 압력이 낮아져 포장이 쭈그러드는 단점이 있다. 그래서 수분이 많은 식품에 탄산가스를 주입할 때에는 질소가스를 함께 넣어 포장의 형태를 유지하기도 한다.

표 4-7 엠에이포장에 의한 유통기간의 연장

식품	유통기한(일)	
	공기	MAP
Beef[a]	4	12
Bread[b]	7	21
Cake[b]	14	180
Chicken[a]	6	18
Coffee[b]	3	548
Cooked meats[a]	7	28
Fish[a]	2	10
Fresh pasta[a]	2	28
Fresh pizza[a]	6	21
Pork[a]	4	9
Sandwiches[a]	2	21

[a] 냉장저장, [b] 상온저장
(Brody, 1990, Blackistone, 1998)

엠에이포장의 장점과 단점을 요약하면 다음과 같다.

▶ 장점

① 유통기간을 연장한다(4~5배까지).
② 보존료 사용을 줄여준다.
③ 식품의 유통비용이 절감된다.

▶ 단점

① 엠에이포장 기계와 훈련된 기술자가 필요하다.
② 식품별 기체 조성이 달라 포장 라인이 다르다.
③ 포장 개봉 후에는 엠에이포장 효과가 없어진다.

04 저온저장

식품의 저온저장은 식품에 가열처리나 수분을 제거하지 않고 식품이 가지고 있는 원래의 품질을 가능한 한 오래 유지하는 방법이다. 식품 저온저장의 역사는 기원전 1000년경 중국에서 천연빙(天然氷)을 이용했다는 기록이 있고, 로마시대에는 눈으로 만든 집에 얼음을 넣고 음료수를 저장하였다는 기록이 있다.

낮은 온도에서 식품저장은 미생물의 번식과 효소반응, 성분 간의 화학반응이 억제되어 이들에 의한 식품의 변질속도가 감소된다. 일반적으로 화학반응은 온도가 10℃ 내려갈 때 반응속도는 1/2 정도로 감소하므로 −20℃에서 저장하면 30℃에서 저장할 때보다 약 1/30 정도로 감소한다. 따라서 저온저장의 효과는 저장온도에 따라 크게 영향을 받는다.

저온저장은 동결점 이상에서 저장하는 냉장(cold storage)과 동결점 이하에서 저장하는 냉동저장(frozen storage)으로 나눈다. 식품의 어는점(또는 빙점)은 식품의 수분함량에 따라 다른데(**표 4-8**), 그 예로서 바나나 −3.9℃, 코코넛 −40℃, 호두 −6.7℃, 땅콩 −8.3℃이다.

표 4-8 식품의 수분함량과 어는점

식품	수분함량(%)	어는점(℃)
채소	78~92	-0.8 to -2.8
과일	87~95	-0.9 to -2.7
육류	55~70	-1.7 to -2.2
어류	65~81	-0.6 to -2.0
우유	87	-0.5
계란	74	-0.5

(Fellows, 2000)

4-1 원리

식품의 온도를 낮추어 저장성을 향상시키는 원리는 주로 효소반응과 성분 간의 화학적 반응을 억제하고 미생물의 번식 억제와 살균효과에 의해 이루어진다.

1) 효소 및 비효소적 화학반응

식품을 냉동할 경우 대부분의 자유수는 동결되고 일부 수분과 결합수만이 남게 된다. 동결되지 않은 수분도 냉동온도가 -30℃ 이하로 내려가면 거의 전부 동결된다. 이 과정에서 식품의 고형분은 동결되지 않은 수분 내에 농축되고, 화학반응은 온도가 내려가면서 반응속도가 크게 낮아진다. 그러나 동결이 충분히 이루어지지 않았을 때에는 농축된 성분 간의 화학적 반응이 증가되는 경우가 있고 단백질의 변성은 동결되지 않은 상태보다 빠르게 진행된다고 알려져 있다. 지방질의 산화는 수분활성도의 감소로 거의 일어나지 않는다.

효소 반응에서도 반응 속도가 크게 감소하지만 감소의 정도는 효소의 종류에 따라 다르다. 어떤 효소(예: 지방질 분해 효소)는 -30℃에서도 약간의 효소력이 남아 있는 것으로 보고되어 있다.

2) 미생물 번식 억제와 살균

저온저장이 미생물에 미치는 영향은 저장온도에 따라 다르다. 저장온도가 동결점 이상인 냉장에서는 미생물에 의한 식품의 변질속도를 지연하는 효과를 주지만 동결점 이하인 냉동저장에서는 미생물의 번식이 완전히 차단된다.

냉장온도에서는 중온균(mesophilic bacteria)과 고온균(thermophilic bacteria)의 번식은 일어나지 않으나 저온균(psychrophilic bacteria)은 0℃에서도 서서히 번식하기 때문에 저온균에 의한 식품의 변질은 느리게 진행된다. 일부 곰팡이(*Penicillium, Mucor*)와 효모(*Candida* 등)도 냉장온도에서 발육한다. 냉장고에 넣어두었던 빵이나 떡에서 곰팡이를 볼 수 있고 식품의 맛이 변하는 것은 이러한 미생물들이 번식하기 때문이다.

냉동저장에서 미생물의 번식을 완전히 저해할 수 있는 온도는 -5~-10℃이하이다. 냉동식품에서 미생물의 번식이 저해되는 이유는 다음과 같다.

① 동결되지 않고 남아있는 수분에는 수용성 고형분이 농축된다. 농축의 결과로 삼투압이 높아져 세균은 가사상태(osmoanabiosis)가 되어 번식을 못하게 된다.
② 동결에 의한 자유수의 감소로 미생물이 이용할 수 있는 영양소의 공급이 원활하게 되지 않아 미생물이 기아상태에 도달하게 되어 자연히 사멸 된다.
③ 동결의 살균력은 동결과 해동을 반복할 때(-1~-10℃ 범위에서) 효과가 높아지며 미생물 주위에 소금 농도가 높아지면 살균력이 더 강해진다.
④ 균의 포자는 동결에 의해 사멸되지 않으며 일부 병원성 바이러스(virus)도 생존할 가능성이 있다.

그러므로 동결은 미생물의 번식을 차단하고 어느 정도 살균효과도 있지만 미생물을 완전히 사멸시키는 저장방법이라고는 할 수 없다. 따라서 동결 전 식품은 위생적인 처리를 하여야 하고 필요한 경우에는 가열 살균한 다음 동결해야 한다.

4-2 냉장

냉장(cold storage)은 식품을 0~15℃ 범위의 동결점 이상에서 저장하는 것으로 일반적으로 0~5℃에서 저장하고 있다. 냉장을 위한 식품은 자연 상태에 놓아두었을 때 상하기 쉬운 식품이나 신선한 맛을 오래 유지할 필요가 있는 식품들이다. 과일류나 채소류는 호흡작용으로 신선한 맛과 색, 형태, 무게가 변하게 되고 육류와 어류는 주로 자기분해(autolysis)와 미생물에 의해 변질되므로 이들 식품을 냉장한다. 냉장에 의한 품질 유지기간은 1년 이상 저장이 가능한 냉동이나 살균보다는 훨씬 짧다. 그러므로 냉장은 변질되기 쉬운 식품(perishable foods)의 저장기간을 얼마간 더 연장시켜 소비자나 가공업체에 공급하기 위한 저장방법이라고 할 수 있다.

식품의 변질 또는 부패되는 속도를 저장할 수 있는 기간으로 하여 큐텐 값(Q_{10}

value, 반응 온도를 10℃ 올렸을 때 높아진 반응속도의 비율)으로 표시하면 다음과 같이 계산할 수 있다.

$$Q_{10} = \frac{T_0\text{℃에서 유통 기간}}{(T_0+10)\text{℃에서 유통 기간}} = \frac{(T_0+10)\text{℃에서 반응속도}}{T_0\text{℃에서 반응속도}}$$

(T_0는 처음 정해진 저장온도임)

일반적으로 변질되기 쉬운 식품의 큐텐 값은 2~3이므로 냉장의 효과는 자연상태의 온도에 놓아두었을 때의 저장기간을 참조하면 냉장온도에서 연장된 저장기간을 예측할 수 있다. 여기서 변질되기 쉬운 식품이 변질되었다는 개념은 섭취하기에 적당하지 않다는 의미로, 과채류는 관능검사에 의해, 육류나 어패류는 화학적 측정이나 미생물 검사에 의한다.

냉장실의 조건은 환기가 잘되고 어두워야 하며 벽과 천장은 단열 재료를 사용하여 내부온도를 일정하게 유지하여야 한다. 온도는 0~5℃ 범위나 1~3℃가 가장 적절하다. 냉장실 내부의 어느 곳에서도 동결점 이하로 온도가 내려가면 안되기 때문에 적절한 환풍으로 내부온도를 균일하게 조절할 수 있어야 한다.

1) 냉장의 효과

낮은 온도에서 식품저장은 미생물의 번식속도, 화학적 반응속도, 과채류의 호흡속도와 숙성속도를 감소시킨다. 일반적으로 적절한 냉장온도는 식품의 종류에 따라 다르며 이를 정리한 것은 **표 4-9**와 같다.

식품의 냉장효과는 다음과 같다.

① 병원성 미생물은 10~37℃에서 빠른 번식을 보이지만 3.3~10℃에서는 번식이 현저히 감소되고 3.3℃ 이하에서는 번식하지 않는다. 식품의 변질을 일으키는 중온성 미생물(mesophiles)과 고온성 미생물(thermophiles)도 냉장온도에서 거의 번식하지 못한다.

② 생물학적(physiological) 변화와 화학적 반응이 현저히 억제되어 호흡식품

(과채류)과 비호흡식품(육류, 어패류)의 변질속도를 낮출 수 있다.

③ 과일과 채소류의 경우 수분의 증산작용 억제, 숙성 및 과숙의 방지, 발아 억제, 천연색소의 변화 방지 등으로 청과물의 선도나 품질 유지에 가장 효과적인 방법이다.

표 4-9 식품의 냉장저장을 위한 최적온도 범위

온도	식품
0~2℃	Animal tissues - mammalian meats, poultry, fish Fruits - apples(some varieties), berries, lemons, oranges, peaches, pears, plums Vegetables - asparagus, broccoli, cabbage, carrots, cauliflower, celery, corn(sweet), peas(green), radishes, spinach Milk(fluid, pasteurized) Eggs
2~7℃	Fruits - apples(some varieties), melons, oranges Vegetables - potatoes
7℃ 이상	Fruits - avocados, bananas, grapefruit, lemons(green), limes, mangoes, pineapples, tomatoes Vegetables - beans(green), cucumbers, potatoes

(Hardenburg and Lutz, 1971)

2) 냉장 중의 변질

냉장은 일반적으로 저장성을 향상시켜 주는 장점이 있지만 냉각을 너무 빠르게 하거나 어는점까지 냉각할 때에는 일부 식품에 불리한 변화가 일어난다.

(1) 과채류의 냉해

많은 과채류(특히 열대와 아열대 지역이 원산지인 과채류)는 최적온도 이하로 내려갈 때 생리적 이상 현상이 발생되는데 이를 냉해(냉장장해, 저온장해, chilling injury)라 한다. 냉해의 현상과 영향인자는 다음과 같다.

▶ 냉해현상

① 표면과 내부의 갈변
② 표면이 움푹 들어감이나 구멍이 생긴다.
③ 상한 부위가 많이 보인다(부분적 변패).
④ 숙성이 되지 않는다(과일의 경우).

▶ 영향인자

① 온도: 냉해를 일으키는 임계온도(critical temperature)는 과채류의 종류와 품종에 따라 다르다. 바나나는 제일 민감하여 14.4℃에서 냉해를 일으키며 어떤 품종의 사과는 1℃가 되어야 그 현상을 보이지만 일반적인 임계온도의 범위는 8~12℃이다.
② 냉장시간: 냉해를 일으키는 과채류는 임계온도 이하에서 일정시간 이상 저장해야 냉해가 발생한다. 이 저장시간은 온도와 관계가 깊어 온도가 내려갈수록 냉해 발생시간이 감소한다. 일반적으로 임계온도 이하에서 바나나는 12시간, 토마토는 9~12일, 감귤류는 2~3달이 필요하다.
③ 숙성도와 성분조성: 일반적으로 숙성이 잘된 경우 그리고 유기산 함량이 많을 때 냉해가 잘 일어난다.

(2) 육류의 저온단축

도살 후 고기를 0~5℃로 빠르게 냉각하면 근육조직이 수축되고 경직되면서 보수력이 감소하고 단단해지며 질겨지는데 이 현상을 육류의 저온단축(cold shortening)이라 한다. 이것은 젖산 생성에 의한 pH의 감소와 칼슘 이온의 증가로 일어나는 현상이다. 이 경우 도살 후 혈액과 내장을 제거하고 반지육(half carcass)을 냉장온도보다 높은 10~15℃에서 저장하면 육질이 향상(숙성)되나 오래할 경우 변질과 미생물에 의한 부패가 일어날 수 있다. 그러므로 10~15℃에서 얼마간 숙성시킨 다음 0~5℃에 옮겨 저장하면 저온단축현상을 방지할 수 있다.

(3) 빵과 떡류의 노화

빵류의 노화(staling of bread)는 빵이나 과자류를 낮은 온도에서 오래 놓아두었을 때 일어나는 현상으로 호화전분의 노화가 주원인이며 유지의 산패, 단백질의 변성, 수분의 감소도 관여한다. 빵류의 노화현상은 다음과 같다.

① 탄력성이 상실되고 단단해진다.
② 거칠어지고 부스러지기 쉽다.
③ 건조현상
④ 향미의 변화

빵류의 노화는 2~35℃에서(특히 냉장온도에서 빠름) 잘 일어나며 60℃ 이상에서는 잘 일어나지 않는다. 빵류의 노화현상 방지법은 다음과 같다.

① 60℃ 이상이나 -10℃~-50℃에서 저장한다.
② 당류의 첨가(맥아당, 설탕, 포도당 등)
③ 계면활성제의 첨가

떡류의 노화도 빵류의 노화현상과 유사하다. 인절미와 같은 떡은 특히 노화속도가 빨라 상온에서 하루를 지나면 굳어지고 탄력성이 상실된다. 노화현상을 억제하기 위해서는 냉동방법과 떡류에 변성전분의 첨가, 당의 첨가 방법이 있다. 냉동방법은 섭취하고자 할 때 해동해야 하는 단점이 있으나 장기간 저장이 가능하며, 당의 첨가 방법은 상온에서도 효과적이나 단맛이 너무 강한 것이 단점이다. 찹쌀가루와 함께 변성전분을 혼합하는 것은 떡류의 굳어지는 현상을 얼마간(1~2일) 방지할 수 있으나 크게 효과적이지는 않다.

3) 상대습도에 의한 변화

식품을 저온저장 할 때 상대습도는 식품의 품질에 큰 영향을 준다. 특히 과채류의 저장을 위해서는 적절한 상대습도의 유지가 중요하다. 냉장 시 최적상대습도는 식품에 따라 다소 차이가 있으며 이를 정리한 것은 **표 4-10**과 같다.

표 4-10 식품의 냉장저장을 위한 적절한 상대습도

상대습도	식품
85% 이하	Butter, Cheese, coconuts, dried fruits, eggs(shell), garlic, nuts
85~90%	Animal tissues - poultry, meats Fruits - bananas(yellow), citrus, melons, peaches, pineapples, plums, tomatoes Vegetables - potatoes
90~95%	Animal tissues - veal, fish Fruits - apples, berries, pears Vegetables - beans(green), corn(sweet), cucumbers, leafy vegetables, peas(green)

(Hardenburg and Lutz, 1971)

▶ 최적상대습도보다 높을 경우

① 미생물의 번식이 빨라져 부패속도가 증가된다.

② 과일의 경우 조직이 갈라지는 현상이 있다(사과, plum).

▶ 최적상대습도보다 낮을 경우

① 생물학적 불균형(biological disorder)으로 과채류가 주름지고 시들어 수축된다.

② 과육이 갈라지며 표피가 벌어진다.

③ 육류의 표면이 건조되고 거칠어진다.

④ 건조로 인한 무게 감소로 경제적 손실이 있다.

4-3 냉동

식품의 냉동(freezing)은 식품의 변질과 부패를 일으키는 생리적 반응, 미생물의 증식, 효소적 반응, 화학적 반응 등 대부분의 반응을 정지시키거나 또는 현저히 감소시킨다. 냉동은 식품의 장기간 저장을 위한 저장 목적이 우선이지만 식품가공에서 가공공정 중 하나의 단위조작이기도 하고 아이스크림과 같은 냉동제품의 제조를 위한 가공방법의 의미도 크다. 그러므로 냉동은 냉장과는 달리 저장과 가공의 의미를 갖고 있으나 저온저장에서 냉장과 함께 설명하고자 하여 저장방법에 포함시켰다.

냉동에 의한 식품의 저장효과는 크게 냉동온도의 저온 효과와 낮은 수분활성도에 의한 효과로 이루어진다. 일반적으로 미생물은 −10℃ 이하에서 번식이 되지 않으며 수용성 물질은 동결되지 않는 수분에 농축되어 수분활성도(A_w, water activity)가 감소된다. 냉동저장의 큰 장점은 적절한 냉동을 하였을 경우 식품의 영양적 품질과 관능적 품질에 불리한 영향이 대단히 적다는 것이다.

식품의 냉동기술 이용은 광범위하여 대부분의 육류(쇠고기, 돼지고기, 닭고기 등)는 냉동 유통되고 있으며 일부 수산물(새우, 대구, 참치, 회 재료 등)과 과일 및 채소류(딸기, 라즈베리, 과일 퓌레, 풋콩, 시금치, 완두콩 등), 빵류(빵, 파이, 케이크), 아이스크림 그리고 피자나 조리식품(prepared foods)도 냉동시켜 유통되고 있다.

1) 냉동 원리

식품의 어는점(freezing point, 빙점)은 수분함량에 따라 차이가 있다(**표 4-11**). 즉 고형분 함량이 높을수록 어는점은 더 낮아지게 된다. 식품의 냉동은 식품이 어는점에 도달하였다고 하더라도 냉동잠열(latent heat of freezing)이라 하는 열이 수분에서 제거되어야만 얼음의 결정화가 이루어진다.

냉동과정은 식품의 온도가 어는점에 도달하는 냉각과정, 식품의 수분이 대부분 동결되는 과정(최대얼음결정생성대), 식품의 온도가 냉동온도까지 냉각되는 과정의 3단계를 거치면서 동결된다.

표 4-11 식품의 수분함량과 어는점

식품	수분함량(%)	어는점(℃)	식품	수분함량(%)	어는점(℃)
시금치	90.2	-0.56	돼지고기	73.4	-2.8
토마토	92.9	-0.72	우유	88.2	-0.6
배	83.8	-1.61	포도주스	84.7	-1.78
완두콩	75.8	-1.83	사과주스	87.2	-1.44
사과	83.6	-2.0	오렌지주스	89.0	-1.17
쇠고기	67.0	-16 ~ -2.2	치즈	47.6	-8.3

얼음의 형성은 순수한 물만이 동결되는 것으로, 얼음결정이 형성되기 위해서는 얼음의 핵형성(nucleation)이 있어야 한다. 식품에서 얼음 핵형성은 일반적으로 고형분 주위에나 세포벽 표면에 형성되고 물 입자가 핵 주변에 모여들어 새로운 핵이 형성되면서 얼음 크기로 자라게 된다. 얼음의 핵형성을 위해 식품의 온도는 과냉(supercooling)되어야 한다.

(1) 냉동곡선(freezing curve)

그림 4-4는 식품의 냉동곡선처럼 식품을 냉각하면 식품의 온도는 빠르게 떨어져서 어는점 이하의 과냉점(S)에 도달하게 된다. 과냉상태에서 식품의 수분은 얼음결정이 형성되기 시작하고 식품은 어는점까지 상승한다. 과냉점에서 온도가 상승함은 과냉되었던 냉각열이 얼음의 결정을 위한 냉동잠열(latent heat of freezing)로 사용되기 때문이다. 이후 냉동이 계속되면서(B–C) 대부분의 수분이 결정화되는데 이 기간을 최대빙결정생성대(zone of maximum ice crystal formation) 또는 임계층(crystal zone)이라 한다. 이 기간에서 대부분의 수분(약 80%)이 동결되는데 냉각열은 얼음의 결정을 위하여 소모되기 때문에 식품의 온도는 서서히 감소한다. 계속 냉동이 진행되면서 대부분의 수분이 결정화되면 냉동잠열은 많이 필요하지 않아 식품의 온도는 냉동온도까지 빠르게 도달하게 된다(C–D).

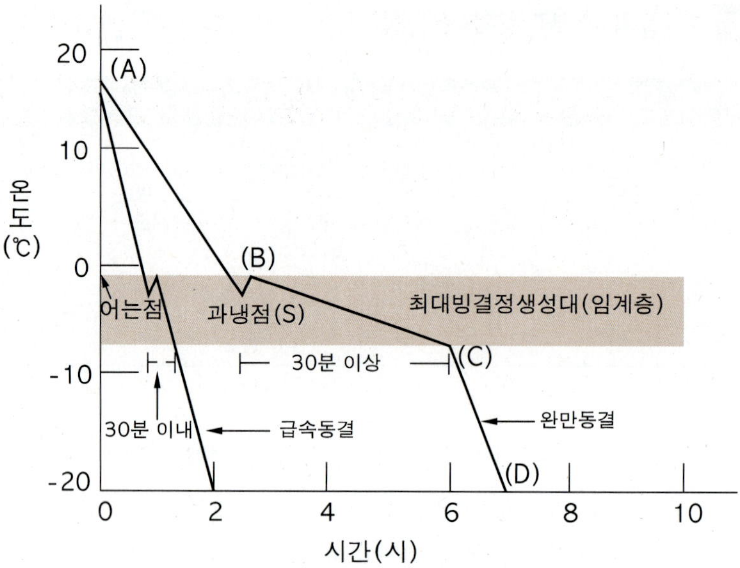

그림 4-4 식품의 냉동곡선

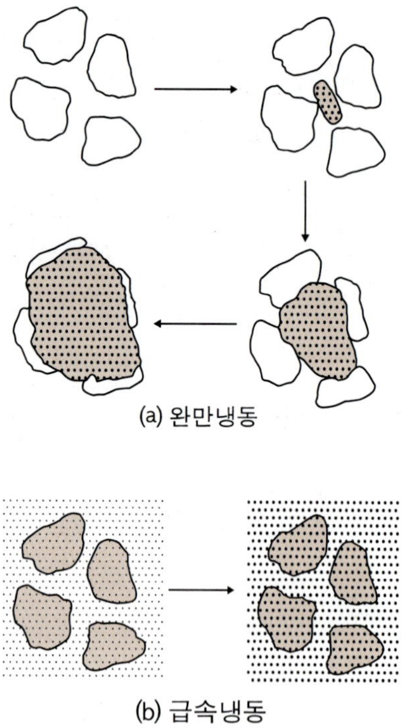

그림 4-5 냉동속도가 식물세포 조직에 미치는 영향

냉동 곡선에서 최대빙결정생성대를 통과하는 시간이 30분 이상인 것은 완만동결(slow freezing), 30분 이하인 것은 급속동결(fast freezing)이라 하며 이 기간의 온도 범위는 식품에 따라 다르나 -1~-5℃이다. 우리가 눈으로 보아서 식품이 얼었다고 할 때(관능적 동결상태)가 약 80%의 수분이 얼음이 되었을 때이다. 급속냉동에서는 얼음핵의 수가 많고 미세하며 완만냉동에서는 그 수가 적고 얼음결정의 크기가 크다(**그림 4-5**).

급속냉동에서와 같이 얼음 입자가 미세한 경우는 해동되어도 수분이 조직 내에 남아있어 냉동 전의 조직특성을 유지할 수 있다. 그리하여 급속냉동은 냉동육이나 냉동생선, 냉동과채류에 적합한 냉동방법이라 할 수 있다. 반면 완만냉동에서는 냉동온도가 비교적 높아(-5~-8℃) 형성된 얼음이 커서 해동되었을 때 대부분의 물이 조직에 복원되지 않고 흘러나오고(드립), 조직에 큰 공간이 생기면서 스펀지와 같은 조직을 갖게 된다. 이 결과는 식품조직에 단단하고 질김성을 주어 얼린 두부를 제조할 때 사용한다. 또한 형성된 얼음 덩어리는 쉽게 제거할 수 있어 액체식품을 농축할 때 이용된다(chapter 3, 3-2 참조).

(2) 고형분 농축과 부피 변화

일반적으로 약 80%의 수분이 얼음으로 결정화될 때에는 수분만 동결되는 것으로, 동결되지 않은 수분에는 수용성 고형분의 농도가 증가하게 된다. 이 결과로 동결되지 않은 수분은 pH와 점도가 변하고 고형분은 낮은 온도에서 용해도가 감소된다. 온도가 계속 낮아지면 고형분은 포화된 상태에 도달하여 얼지 않은 수분과 함께 공존하게 된다. 이때의 온도를 공융온도(eutectic temperature)라 하고 포화상태의 농도를 공융농도(eutectic concentration)라 한다. 온도가 이 이하로 내려가게 되면 고형분은 남아있는 수분과 함께 동결되어 얼음에 섞이게 된다.

이 과정에서 얼음과 함께 동결하기 전에 고형분 농도를 최대한 농축할 수 있어, 이 원리를 냉동농축방법에 이용하고 있다(냉동농축 맥주, 위스키, 냉동농축 커피추출액 등).

2) 냉동기의 종류

냉동기는 냉동속도와 냉동식품의 양, 기계 및 운영비 등을 고려하여 선정하며 냉동기의 종류는 냉동매체와 냉동속도에 따라 나눈다.

(1) 냉공기 냉동기(cooled-air freezer)

① 냉동고

공기의 이동은 대류에 의존하기 때문에 냉동속도가 대단히 느려 식품을 냉동하기보다는 냉동한 식품을 저장하는 데 사용한다.

② 급속냉동기

-30~-40℃의 공기를 3~5m/초의 속도로 환풍시켜 동결속도가 비교적 빠르다(15~20분).

③ 유동층냉동기(fluidized bed freezer)

-25~-35℃의 공기를 강하게 불어넣어(6m/초) 크기가 작은 둥근 모양의 식품(완두콩 등)을 공기 중에 뜨게 하며 냉동시킨다. 냉동이 균일하게 되고 냉동속도가 빠르다(3~4분).

(2) 냉액체 냉동기(cooled-liquid freezer)

냉액체를 사용하는 대표적 냉동기는 침지냉동기(immersion freezer)가 있다. 이 장치는 냉각한 propylene glycol(어는점 -25℃)이나 포화식염수(어는점 -19.4℃), 포화염화칼슘액(어는점 -50.6℃)에 식품을 담가 냉동한다. 원양어선에서 잡은 생선을 냉동하거나 플라스틱 필름으로 얇게 포장한 닭고기나 칠면조고기를 냉동할 때 사용한다.

(3) 냉동판 냉동기(cooled-surface freezer)

이중으로 된 판을 약 -40℃의 냉매로 냉각시킨 판형냉동기(plate freezer)의 판 위에 편편한 면을 가진 그리고 두께가 얇은 형태의 식품을 올려놓고 냉동한다. 냉동효과를 높이기 위하여 다른 냉각판을 식품 윗면에도 닿을 수 있도록 냉각판 간의 간격을 조절한다. 식품은 얇은 두께의 종이상자 안에 넣거나 플라스틱 필름 포장지로 싸서 식품이 판에 붙지 않도록 한다. 이 방법으로 냉동하는 식품은 뼈와 표피, 내장을 제거한 생선, 고기, 생오징어, 채소 등이 있다.

그림 4-6 판형 냉동기

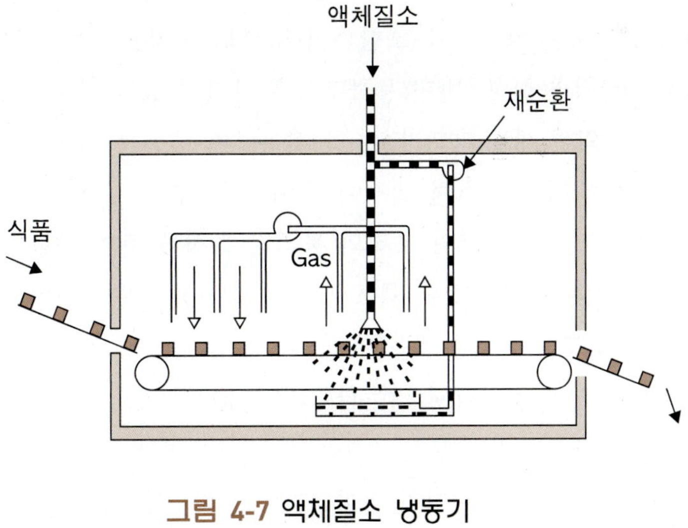

그림 4-7 액체질소 냉동기

(4) 극저온 냉동기(cryogenic freezer)

액체질소나 액체탄산가스와 같은 극저온 냉매를 식품에 분무시키거나 식품을 냉매에 침지시켜 순간적(0.5~5초)으로 얼리는 냉동기이다(**그림 4-7**). 냉매는 식품의 열을 흡수하면서 기체로 승화된다. 냉동식품으로는 형태가 불규칙한 케이크, 피자, 과일, 채소, 새우 등이 있다. 이 방법은 장치가 간단하나 운영비가 비싸고, 지구의 오존층을 파괴시킬 수 있어 사용이 점차 감소하고 있다.

3) 식품에 미치는 영향

냉동의 영향은 냉동 시의 영향과 냉동저장 중의 영향으로 나눌 수 있다.

(1) 냉동 시의 영향

① 식품품질에 가장 큰 영향을 주는 것은 형성된 얼음에 의한 세포의 손상으로 특히 식물체 세포에 그 손상이 크다. 과채류의 식물성 세포벽은 동물세포벽보다 더 단단하여 얼음에 의해 쉽게 손상이 된다. 손상된 세포는 해동이 되어도 원래 상태로 복원이 안 되므로 과일과 채소류는 텍스처 특성이 변한다. 또한 세포의 파괴로 세포 내 물질조직액이 세포 밖으로 나와 드립(drip)이라 하는 해동액에 포함되어 밖으로 손실된다. 이 손실을 드립손실(drip loss)이라 한다. 반면 동물조직은 탄력성 있는 섬유상 조직을 갖고 있어 동결에 의한 세포 파괴가 잘 안 일어나며 해동 시 조직액이 그대로 남아 있어 조직 원래의 텍스처 특성이 유지된다.

냉동 시의 조건은 세포와 조직의 물리적 특성에 큰 영향을 준다. 완만냉동에서는 형성된 얼음결정이 세포 사이에서 성장하여 세포벽에 큰 물리적 손상을 준다. 그러나 급속냉동은 생성된 얼음결정의 크기가 대단히 작아 세포 손상이 거의 일어나지 않는다(**그림 4-5**).

② 냉동 시 성분의 변화는 거의 일어나지 않는다. 영양소와 색소, 향미성분 손실은 무시할 수 있으나 단백질은 침전되는 경우가 있다. 호화전분은 노화되

어 빵이나 떡류가 굳어지는 현상이 있다. 그러나 이들 제품의 노화는 실온이나 냉장온도에 놓아두었을 때보다는 현저히 적게 일어난다.

(2) 냉동저장 중의 영향

① 미생물의 번식은 거의 일어나지 않지만 저장온도에 따라 미생물의 치사율에는 차이가 있다. 치사율은 비교적 높은 냉동온도(−4~−10℃)의 저장이 낮은 온도(−15~−30℃)의 저장보다 더 높다. 그 이유는 미생물의 세포가 큰 얼음 결정에 의해 더 많이 파괴되기 때문이다. 냉동온도에 대한 미생물의 저항성은 미생물의 종류와 형태에 따라 다르다. 일반적으로 그람음성균과 효모, 곰팡이는 냉동저장 시 대부분 파괴되지만 그람양성균은 비교적 저항성이 높고, 포자(spore) 형성균의 포자(특히 *Clostridium botulinum*)는 냉동온도에서 영향을 받지 않는다.

② 일반적으로 냉동저장 온도(−18℃)에서는 효소 분해와 화학적 반응이 아주 낮은 속도로 진행되기 때문에 냉동식품을 장기간 저장하면 식품품질이 어느 정도 변하게 된다. 색의 변화는 과채류의 경우 주로 chlorophyll이 pheophytin으로 분해되면서 갈색을 띄게 되고 anthocyanin의 변화로 퇴색한다. 지방질은 서서히 산화되고 단백질과 비타민도 일부 손실된다. **그림 4-8**은 냉동식품을 저장할 때 저장온도의 영향을 비교한 것으로, 색과 향미가 변했다고 느껴지는 관능적 품질수명이 −18℃에 저장하는 것에 비하여 −6℃에 저장하면 약 10배 빠르게 진행되는 것을 보여주고 있다.

③ 냉동식품을 오래 저장하면 표면의 색이 어둡게 변하는데 이를 냉동화상(freezer burn)이라 한다. 냉동화상은 식품표면의 얼음이 승화되어 일어나는 현상으로 냉동육류 저장에서 특히 많이 일어난다. 이 경우 PVC 필름이나 기름종이에 싸서 냉동화상을 방지하고 있다.

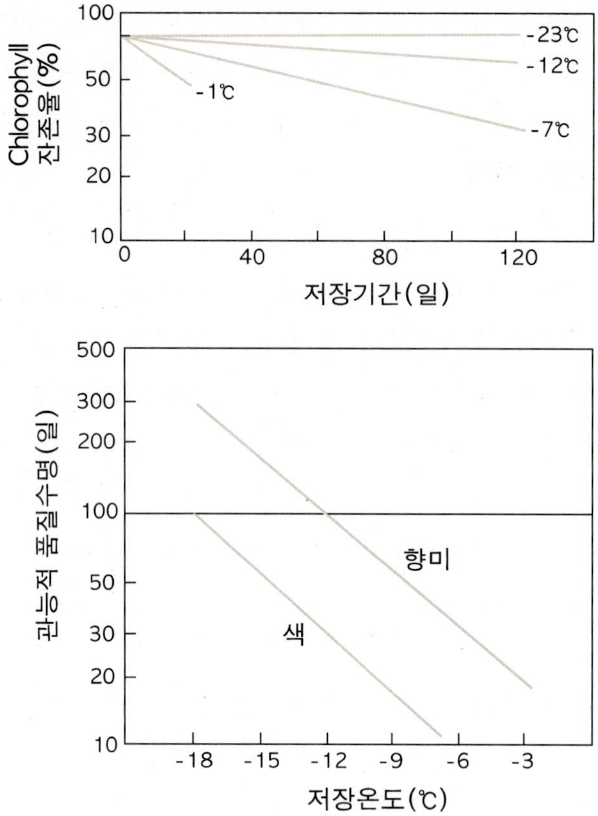

그림 4-8 냉동저장 온도가 냉동식품의 관능적 특성에 미치는 영향

4-4 해동

1) 해동원리

냉동식품은 식품의 가공이나 가정에서 조리를 위하여 해동(thawing)해야 한다. 대부분의 경우 쉽게 생각할 수 있으나 해동과정 중 효소나 화학적 반응 그리고 미생물에 의한 변질이 냉동과정보다 더 빠르게 진행될 수 있어 해동은 위생적으로 하여야 한다. 일반적으로 해동의 온도 변화는 냉동 시의 온도 변화보다 완만하게 진행되어 해동시간이 냉동시간보다 오래 필요하다.

냉동식품의 해동방법은 해동목적과 식품종류에 따라 다르다. 해동의 진행정도에 따라 반해동과 완전해동이 있다. 반해동은 조리할 때 많이 하고 과일 중에는 반해동하여 먹는 경우가 있다. 완전해동은 해동된 수분이 가능한 조직에 복원되는 것이 좋기 때문에 해동조건을 조절해야 한다. 해동 시간에 따라서는 완만해동과 급속해동이 있다. 완만해동은 상온 이하의 공기나 물에 의한 해동으로 고기나 생선, 과일, 채소를 해동할 때 사용하며, 해동 시간이 길어 수분의 증발, 산화, 미생물 번식, 효소작용에 의한 변질이 일어나지 않도록 위생적 관리하에서 해동해야 한다. 급속해동은 열탕과 습도가 높은 가열공기의 유동방법이나 전기해동방법이 사용된다. 빵이나 데친 야채, 가열처리한 새우, 게 등은 가열해동이 변질을 적게 일으킨다.

2) 해동방법

(1) 공기해동법(air thawing)

공기에 냉동식품을 놓아두어 해동시키는 방법으로 정지된 공기 이용과 송풍공기이용 방법들이 있다. 공기 이용 해동은 별다른 설비가 필요 없어 많이 사용하고 있지만 해동 시간이 길어 표면의 건조나 변질될 가능성이 있다. 정지된 공기 이용(정지공기해동)은 냉장 온도나 실온에 냉동식품을 그대로 놓아두며, 송풍공기 이용(송풍해동)은 15~20℃의 다습공기를 2~6m/초의 속도로 공기를 순환시키면서 해동하여 해동 시간이 비교적 빠르다.

(2) 물해동법(water thawing)

물해동법은 냉수나 온수 또는 열수에 냉동식품을 넣어 해동시키는 방법으로 정지된 물과 흐르는 물을 이용하며 해동속도는 공기해동법보다 빠르다. 냉동식품이 플라스틱 필름에 포장된 경우에 사용한다.

(3) 접촉해동(contact thawing)

20℃ 정도로 가열된 금속판을 편편한 형태의 냉동식품의 양쪽 면에 접촉하여 해동하는 방법으로 해동속도가 비교적 빠르다.

(4) 수증기해동(steam thawing)

감압하의 수증기(15~20℃)로 해동하는 방법으로 해동속도가 빠르고 해동이 균일하다.

(5) 전기해동(electric thawing)

저주파 전류해동과 고주파 전자해동이 있으며 가정에서는 전자해동 중 마이크로파를 이용한 전자레인지를 사용하고 있다. 마이크로파 이용은 해동 시간이 대단히 빠르나 지방질이 많은 식품은 해동이 균일하지 않을 수 있다. 최근 상업적 해동방법의 이용이 점차 증가하고 있다.

05 가열살균

미생물을 살균하는 방법은 가열처리(heat treatment)에 의해 살균하는 가열살균(heat sterilization)과 살균제(germicide), 방사선 조사, 자외선 조사를 이용하는 냉살균(cold sterilization)으로 크게 나눌 수 있다. 가열처리(heat treatment)는 인류가 처음 불을 이용하게 되면서 저장목적으로 사용하게 된 가장 원시적 방법 중 하나이다. 식품의 가열처리는 미생물과 효소를 불활성화해서 저장기간을 연장시키는 효과 외에 익힘 또는 굽기의 기능도 있어 식품의 관능적 특성(맛, 냄새, 텍스처 등)을 좋게 하고 소화흡수율을 향상시키는 효과가 있다. 그러나 영양성분의 파괴, 향미성분의 손실 등 불리한 면도 있다.

가열에 의한 살균은 주로 미생물의 단백질과 핵산이 열에 의해 변성되면서 일어난다. 가열살균 방법은 크게 건열살균(dry heat sterilization)과 습열살균(moist heat sterilization)으로 나누어진다.

건열살균은 화염이나 160~180℃의 공기로 살균하는 방법, 마이크로파나 고주파를 사용하는 방법이 있다. 일반적으로 습열살균에 비해 살균력이 약하여 식품에는 사용하지 않고 기구나 무균포장용 용기나 재료의 살균에 사용된다.

습열살균은 수증기나 열수를 사용하는 방법으로 121℃에서 15~20분 습열가열은 160~170℃에서 1~2시간의 건열살균한 효과를 갖고 있다. 그 이유는 습열이 건열보다 열전달이 빠르고 단백질의 열변성을 더 빠르게 일으키기 때문이다. 건열보다는 낮은 온도에서 살균과 효소를 불활성화할 수 있으므로 식품의 영양성분과 향미물질, 색소물질의 변화나 손실을 줄여주고 관능적 품질저하도 어느 정도 방지할 수 있어서 식품의 살균에 주로 사용하고 있다. 가열처리 방법의 종류는 저온살균과 고온살균, 초고온살균이 있다.

5-1 저온살균

저온살균(pasteurization)은 100℃ 이하의 가열처리(습열)에 의해 병원성 미생물, 포자를 형성하지 않는 미생물을 살균하고 효소를 불활성화해서 식품의 위생성과 저장성을 향상시키는 살균방법으로, 파스퇴르 살균이라고도 한다. 저온살균에 의한 식품의 저장성 향상 효과는 식품의 pH에 따라 차이가 있다.

우유와 같은 저산성식품(pH 〉 4.5)은 건강에 해로운 병원성 미생물 살균과 효소의 불활성화를 주목적으로 하기 때문에 저장유통기간이 크게 연장되지 않지만(며칠 정도) 과일주스와 같은 산성식품(pH 〈 4.5)은 병원성 미생물뿐만 아니라 부패성 미생물(균, 효모, 곰팡이)이 살균되고 효소가 불활성화하여 유통기간이 여러 달 연장될 수 있다. 저온살균은 완전한 살균이 이루어지지 않기 때문에 좀 더 오래 저장하고자 할 때에는 냉장저장이나 보존료 사용 등 다른 저장방법을 함께 사용해야 한다.

저온살균은 주로 액체식품이나 액체에 담긴 고체식품에 주로 사용된다. 그 이유는 고체식품의 경우 열전달이 전도(conduction)에 의해 이루어지는데 반해 액체식품은 대류(convection)에 의해 이루어져 전도보다 빠르게 열전달이 이루어지기 때문이다. 저온살균은 고온살균에 비하여 관능적 품질과 영양적 품질이 많이 유지되는 장점이 있다.

1) 원리

저온살균은 포장한 식품과 포장하지 않은 식품에 모두 가능하다. 저온살균의 가열 정도는 열 저항성이 높은 효소나 미생물을 기준으로 하여 D값(미생물의 수를 1/10 감소시키는 데 필요한 시간, 효소는 효소역가를 1/10로 감소시키는 데 필요한 시간)으로 결정한다. D값은 미생물과 효소뿐만 아니라 식품의 향미성분이나 색소, 영양소(비타민)의 손실도 D값으로 표시할 수 있다. **표 4-12**는 몇몇 식품의 저온살균 목적과 조건(온도, 시간)을 정리한 것이다. 액체식품의 경우 저온살균을 높은 온도와 짧은 시간에 처리하는 고온순간살균법(high-temperature short-time pasteurization, HTST pasteurization)으로 가열하면 영양소나 관능적 품질을 최대한 유지할 수 있다.

표 4-12 식품의 저온살균 목적과 가열조건

식품	1차 목적	2차 목적	최소한의 가열조건
pH < 4.5 과일주스	효소의 불활성화 (pectinesterase and polygalacturonase)	변질미생물의 살균 (yeasts, fungi)	65℃ 에서 30분, 77℃ 에서 1분, 88℃ 에서 15초
맥주	변질미생물의 살균 (주로 yeast)	-	65~68℃ 에서 20분(in bottle), 72~75℃ 에서 1~4분
pH > 4.5 우유	병원성균의 살균	변질미생물의 살균 효소의 불활성화	63℃ 에서 30분, 71.5℃ 에서 15초
액란	병원성균의 살균	변질미생물의 살균	64.4℃ 에서 2.5분, 60℃ 에서 3.5분
아이스크림	병원성균의 살균	변질미생물의 살균	65℃ 에서 30분, 71℃ 에서 10분, 80℃ 에서 15초

(Lund, 1975)

우유의 경우 고온순간살균법(HTST, 71.5℃, 15초)은 63~65℃에서 30분간 살균하는 저온장시간살균법(low-temperature long-time pasteurization, LTLT pasteurization)보다 향미의 변화와 비타민의 손실이 비교적 적다고 한다. 대표적 산성식품(pH가 4.5 이하)인 과일주스의 저온살균은 효소의 불활성화(특히 점도에 영향을 주는 polygalacturonase와 pectinesterase)를 주목적으로 하며 변질을 일으키는 효모나 곰팡이도 이때 살균된다. 그러나 맥주의 경우는 맥주의 특성을 변질시키는 효모의 살균을 주목적으로 하고 있다. 저산성 액체식품의 저온살균은 산성식품만큼 효과적이지 못하여 열에 약한 병원균은 완전히 살균시키지만 부패성 미생물은 얼마간 남아 있게 되므로 냉장저장이 필요한 경우이다.

효소 중에는 열에 저항력이 커서 병원균과 유사한 D값을 가진 것이 있어 살균의 지표물질로 이용되고 있다. 우유의 alkaline phosphatase는 열저항성이 큰 효소로 이 효소의 활성도를 측정하여 병원균의 살균 정도를 측정하고 있다.

2) 저온살균 방법

액체식품의 저온살균은 포장한 경우와 포장하지 않은 경우로 나누어 살균하고 있다.

(1) 포장식품

액체식품(주스, 맥주, 우유 등)을 유리병과 캔(can)에 포장하여 밀봉한 뒤 살균하는 방법이다. 여기서 캔이라 함은 원래 양철판에 주석을 얇게 입힌 주석강판으로 만든 금속 용기를 나타내는 말이었으나 최근에는 금속 대신 여러 가지 플라스틱 재료도 포함하고 있어 유리 외의 재료로 만든 용기를 모두 캔이라 하고 있다.

포장한 액체식품의 저온살균은 증기(steam)나 뜨거운 물(열수)을 일반적으로 사용하고 있다. 유리병의 경우 차가운 유리가 뜨거운 물과 접촉하였을 때 열충격(thermal shock)으로 깨질 위험이 있어 유리병과 열수의 온도 차이를 20℃ 정도로 하고 냉각 시에는 10℃의 차이를 주어 냉각한다. 이에 반하여 금속과 플라스틱 용기(캔)는 이러한 열 충격 위험이 없으므로 증기나 끓는 물을 사용하고 있다.

열수를 사용한 포장식품의 가열방법으로는 회분식(batch)과 연속식(continuous)이 있다. 회분식은 가장 간단한 방법으로 열수탕에 포장된 식품들을 철망으로 된 큰 틀에 넣고 일정 시간 담근 다음 꺼내어 냉수로 식히는 방법이다. 연속식 저온살균은 긴 터널(tunnel)에 포장식품을 컨베이어 벨트 위에 놓아 보내면서 뜨거운 물을 분무하거나 증기로 가열한 다음 냉각수를 분무시켜 냉각하는 방법이다.

(2) 비포장식품

포장하지 않은 액체식품의 가열은 그 양이 적을 때에는 알루미늄이나 스테인리스 솥에 넣고 가열하는 방법이 있으나 일반적으로 식품공장에서는 양이 많아 스팀(증기)을 사용한 열교환기(heat exchanger)를 사용하여 가열한다. 열교환기를 이용하는 식품으로는 점도가 낮은 우유나 과일주스, 포도주, 맥주, 막걸리, 식혜 등이 있다.

점도가 낮은 액체식품의 저온살균기는 판형 열교환기(plate heat exchanger)가 있다(**그림 4-9**). 이 열교환기는 수직의 스테인리스 스틸(stainless steel)판을 여러 개 연결시켜 액체식품과 스팀(또는 뜨거운 물)을 번갈아가며 각각 다른 판 사이를 흐르게 하는 장치이다. 일반적으로 식품의 흐름 방향과 스팀의 흐름 방향을 반대로 한 역류를 하고 있다. 역류로 하면 살균온도에 도달시간을 단축시킬 수 있고 열효율을 높이는 데 효과적이기 때문이다. 살균한 뒤에는 냉각한다.

점도가 높은 액체식품(마요네즈, 토마토케첩 등)의 저온살균은 관형 열교환기(tube heat exchanger)를 사용하여 살균한다. 이 열교환기는 구부려 말아 놓은 길이가 긴 이중관으로 되어 있으며 내부관에는 액체식품을 흐르게 하고 외부관은 스팀을 흐르게 하여 액체식품을 가열한다.

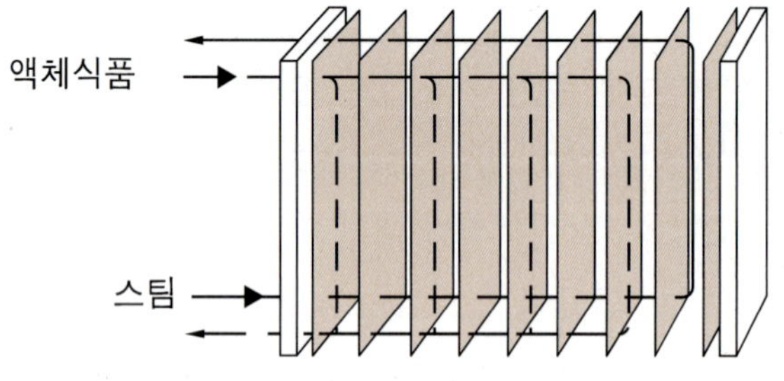

그림 4-9 판형 열교환기

5-2 고온살균

고온살균(heat sterilization)은 통조림, 병조림, 레토르트(retort) 파우치 등과 같은 장기보존용 식품을 살균하는 방법으로 100~130℃의 높은 온도 범위에서 가열시간을 충분히 주어 미생물을 살균하므로 6개월 이상의 보존이 가능하다. 고온살균 조건에서 모든 미생물을 죽이는 완전살균은 이루어지지 않지만 일반 상온 저장 조건에서 증식할 수 있는 미생물은 전부 사멸해준다. 이러한 살균을 상업적 살균(commercial sterilization)이라 한다. 고온살균은 영양소의 손실과 관능적 특성에 많은 변화를 줄 수 있어 이러한 변화와 손실을 가능한 한 감소시키는 여러 방법들이 개발되어 있다.

가열살균의 원리는 chapter 1, 2-4에 설명되어 있어 여기서는 고온살균의 영향인자와 가열방법을 설명하면 다음과 같다.

1) 영향인자

고온살균을 사용하는 대표적 제품으로는 통조림식품이 있다. 통조림의 살균은 121.1℃(250°F)에서 가열하는 것을 기준으로 하고 있지만 연속식 고온살균에서는 가열시간을 줄이기 위하여 115~129℃에서 가열한다. 고온살균은 일반적으로 포장한 식품을 살균하는 데 가열시간은 다음 영향인자에 의해 영향을 받는다.

① 미생물의 열저항성
② 초기 미생물의 수
③ 식품의 pH
④ 식품의 형태와 포장 용기

(1) 미생물의 열저항성

미생물의 열저항성은 D값과 z값으로 표시할 수 있다. D값은 주어진 온도에서 미생물을 90%(1/10) 줄이는 데 필요한 시간(분으로 표시)이며, z값은 D값을 1/10로 줄이는 데 필요한 가열온도의 상승(℃)이다. 즉 살균온도를 높이면 살균시간이 줄어들게 되는 데 그 시간을 1/10로 감소시킬 때의 높아진 살균 온도이다. 식품과 관련 있는 대표적 미생물의 D값과 z값은 **표 4-13**과 같다.

표 4-13 저산성식품의 고온살균을 위한 포자형성균의 열저항성

미생물	z value(℃)	D_{121} value(분)	식품
Thermophilic (35~55℃)			
Bacillus stearothermophilus	9~10	3.4~4.0	채소, 우유
Clostridium thermosaccharolyticum	7.2~10	3.0~4.0	채소
Mesophilic (10~40℃)			
Clostridium sporogenes	8.8~11.1	0.7~1.5	육류
Bacillus subtilis	4.1~7.2	0.3~0.76	유제품
B.coagulans	6~9	0.01~0.07	우유
Psychrophilic (15~1.5℃)	10	3.0(60℃)	저산성 식품

(Heldman and Hartel, 1997)

(2) 초기 미생물의 수

가열처리 후 살균되지 않은 미생물의 수는 원료의 초기 미생물 수와도 깊은 관계가 있으므로 초기 미생물 수를 가능한 한 줄이는 것이 중요하다. 원료의 미생물수를 줄이기 위해서는 원료의 위생적인 처리와 세척, 가공기기와 공장 내부의 위생적 관리가 필수적이다.

가열살균 중 미생물은 대수함수적으로 감소한다. 그러므로 미생물 수를 영(0)으로 하는 것은 불가능하다(대수함수에서는 0이라는 개념이 없음). 그러므로 가열살균에서 계산된 1 이하의 값은 미생물 한 개가 살아있을 수 있는 확률로 표시하게 된다. 가열살균에서는 이러한 개념이 상업적 살균(commercial sterilization)의 원리가 된다. 일반적으로 pH 〉 4.5의 저산성 또는 알칼리성 식품은 살균을 12D 만큼 하는데 이는 살균 전의 식품 미생물을 주어진 온도에서 $1/10^{12}$로 감소시키는 가열시간을 의미한다. 일례로 살균 전 한 개의 포장 내에 10^5개의 포자가 있었다면 가열살균 후 10^{-7}만큼 남아있게 되는데 이는 10^7개의 포장제품 중 1개의 포장에 포자 한 개가 남아있을 수 있는 확률을 의미한다.

(3) 식품의 pH

식품의 pH는 가열살균할 때 미생물의 열저항성에 큰 영향을 준다. 특히 pH 4.5 이상인 식품은 121℃ 내외의 높은 온도에서 살균해야 하나 그 이하의 산성식품에서는 끓는점 이하의 온도에서도 살균이 가능하다. 이러한 살균온도의 차이는 미생물의 열저항성이 산성 pH에서 크게 약해지기 때문이다.

대부분의 포자생성균은 중성 pH에서 가장 높은 열저항성을 갖고 있다가 pH가 낮아지면서 그 저항성이 빠르게 감소한다(**그림 4-10**). 일례로 *Cl. botulinum* 포자는 pH 5.2~6.8 범위에서 열저항성에 큰 차이가 없지만 pH 4.5 이하로 내려가면서 크게 감소한다. 그러므로 보툴리누스세균(*Cl. botulinum*)은 pH 〉 4.5의 약산성식품에서는 12D 가열처리는 필요하지만 pH 4.5 이하인 산성 또는 고산성 식품에서는 2D~8D의 살균으로도 이 식중독균에 대한 안전성을 유지할 수 있다.

이러한 미생물의 특성은 과채류의 살균에 이용되고 있다. 어떤 채소류의 pH가 4.5 이상이고 가열에 의해 관능적 특성이 불리하게 변할 때는 채소 담금액의 pH를 4.5 이하로 낮추어 살균온도와 시간을 낮게 조절하고 있다. 이때 pH를 낮추기 위해 첨가하는 유기산은 구연산(citric acid), 젖산(lactic acid), 초산(acetic acid)이다.

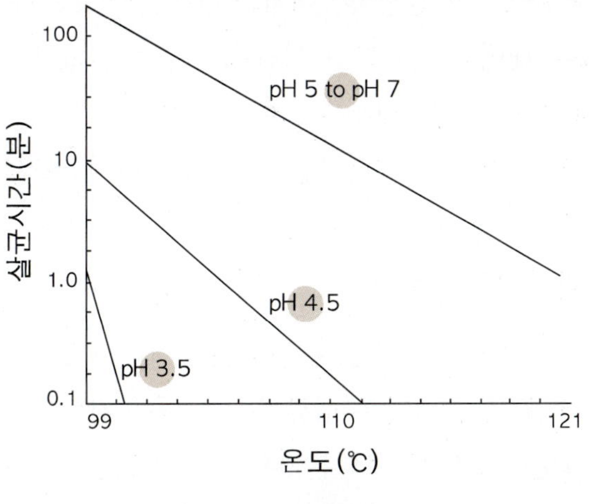

그림 4-10 pH가 포자의 열저항성에 미치는 영향

식품을 pH에 따라 분류하면 다음과 같다.

표 4-14 pH에 따른 식품의 분류

알칼리성 식품	pH 6.8 이상(난백, 새우, 꿀)
저산성 식품	pH 5.0~6.8(대부분의 육류, 어류, 유제품, 채소류)
약산성 식품	pH 4.5~5.0(감자, 오크라)
산성 식품	pH 3.7~4.5(복숭아, 배, 오렌지, 토마토)
고산성 식품	pH 3.7 이하(포도, 레몬, 사과, 자몽, 딸기)

식품의 가열살균에서 반드시 살균해야 하는 보툴리누스세균(*Clostridium botulinum*)은 PH 4.5 이상의 약산성식품에서 번식하는 미생물로 열에 저항성이 비교적 강한 포자생성세균(spore-forming bacteria)이다. 이 균은 인간의 치사율이 65%나 되는 치명적 독소인 보툴린(botulin, 보툴리누스독소)이라는 균체외 독소(enterotoxin)를 생성시킨다. 이 독소는 8개형(A–E)이 있으며 그중 인간에 유해한 독소형은 A, B, E 세 가지이다. 이 중 A형이 가장 치명적으로 1mg으로 16,000명의 성인을 사망시킬 수 있는 무서운 독이다. 이 세균은 단백질이 많은 식품에 잘 자라며 보툴린은 비내열성 단백질로 되어 있어 80℃에서 30분 가열로 완전히 불활성화된다.

식품의 pH가 3.7~4.5인 산성식품에서 고온살균은 효모나 곰팡이 그리고 내산성세균을 살균하는 데에 살균온도와 시간을 조정하고 있다. 또한 pH가 3.7 이하인 고산성식품의 가열살균은 대부분의 미생물이 번식을 할 수 없으므로 효소의 불활성화를 주목적으로 하여 저온살균 정도로 약하게 조정하고 있다.

(4) 식품의 형태와 포장 용기

액체식품이나 액체가 많은 식품(복숭아 통조림이나 오이피클과 같이 담금 용액에 담겨 있는 식품)의 열전달은 대류현상에 의해 전달되기 때문에 전도현상에 의해 열이 전달되는 고체식품보다는 빠르게 살균온도에 도달할 수 있다(**그림 4-11**).

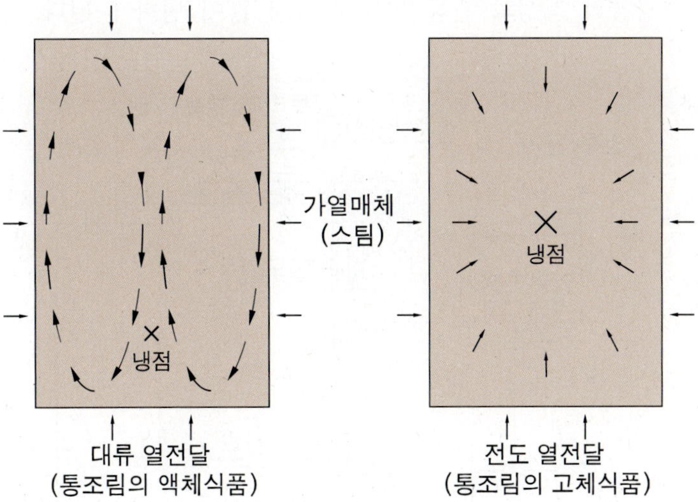

그림 4-11 전도와 대류에 의한 열전달과 통조림 내부의 냉점 위치

포장용기가 작을수록 용기 중심부의 온도가 빠르게 살균온도에 도달하며 금속용기는 유리용기(병)보다 열전달계수가 높기 때문에 열전달이 유리용기보다 빠르게 진행된다. **표 4-15**는 포장재료나 식품 단열재료 등의 열전도도를 비교한 표이다.

2) 고온살균 방법

(1) 스팀에 의한 가열

스팀가열 방법은 금속캔에 포장된 식품을 가열할 때 사용하는 방법 중 하나로 포화수증기가 응축할 때 발생하는 응축열(응축잠열, condensation latent heat)을 식품에 전달하게 된다. 포화수증기의 온도는 스팀압력과 관계가 있으며 스팀의 온도가 높을수록 압력도 높아진다. 예를 들면, 100℃의 스팀은 대기압인 101.3kPa인 데 비하여 121℃에서는 204.7kPa(약 2배)로 높아진다. 레토르트(**그림 4-12**)의 철판 두께는 이 압력을 견딜 수 있도록 두꺼워야 한다.

식품이 고체이거나 반고체이면 열이 캔의 열 중심점(thermal center)에 도달하는 열 침투 속도가 낮다. 그리하여 용기 표면과 가까이 있는 식품은 과열될 가능성이 있고 영양적 특성과 관능적 특성이 더 많이 변하게 된다.

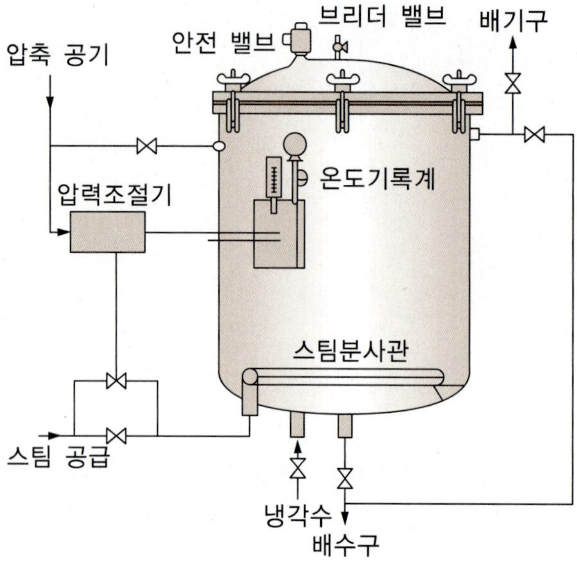

그림 4-12 수직형 레토르트

가열 후 냉각시킬 때에는 레토르트에 찬물을 주입한다. 이 때 가열한 용기의 식품은 높은 압력이 아직 남아있어 주입된 찬물의 대기압과는 압력 차이가 크다. 이 압력 차이는 캔의 찌그러짐 현상을 일어나게 할 수 있으므로 찬물을 주입할 때에는 높은 압력의 공기와 함께 넣어주어야 하는 불편함이 있다.

(2) 열수 및 화염가열

열수가열(hot water heating) 방법은 금속용기(캔)보다 유리병이나 폴리비닐 등의 유연한 파우치 식품을 가열할 때 주로 사용한다. 유리병은 적절한 강도를 주기 위하여 유리가 두꺼워야 하고 열전도율이 낮으므로(**표 4-15**) 금속캔보다는 가열해야 하는 시간이 길다. 이에 반하여 유연성 파우치는 두께가 얇아 열이 빠르게 침투하는 장점이 있어 경제적이다. 유리병과 유연성 파우치에 담기는 식품은 대류현상에 의해 열이 전달될 수 있는 액체성이나 반액체성(semi-liquid) 식품이 적절하며 오이피클과 같이 고체성이지만 담금액이 많은 병포장식품도 열수로 가열한다.

표 4-15 식품 및 포장재료의 열전도도 비교

식품 및 재료	열전도도	측정온도
식품		
Olive oil	0.17	20
Whole milk	0.56	20
Freeze-dried foods	0.01~0.04	0
Frozen beet	1.30	-10
Pork	0.48	3.8
Frozen cod	1.66	-10
Apple juice	0.56	20
Orange	0.41	0~15
Green beans	0.80	-12.1
Egg	0.96	-8
Ice	2.25	0
Water	0.57	0
포장재료		
Aluminium	220	0
Steel	55	18
Cardboard	0.07	20
Glass, soda	0.52	20
Polyethylene	0.55	20
Poly(vinyl chloride)	0.29	20

(Woodams and Nowrey, 1968)

화염가열(flame heating)은 금속용기에 포장된 식품을 살균할 때 사용한다. 높은 온도(1770℃)의 화염을 사용하기 때문에 열전달이 빠르게 일어나서 가열시간을 줄이고 식품의 열변성을 감소시킬 수 있는 장점이 있다. 그러나 내부 압력이 빠르게 상승하게 되므로 가열시간과 용기 내의 압력을 줄이기 위하여 작은 금속용기를 사용하고 있다. 화염가열을 이용한 식품은 버섯, 감미옥수수(sweet corn), 그린콩(green bean), 배 등이 있다.

3) 살균장치

고온살균 장치으로는 정치식(또는 회분식) 레토르트와 연속식 레토르트가 있다. 정치식 레토르트(batch type retort)는 수직형과 수평형이 있다. 수평형 레토르트는 식품용기들을 쉽게 넣고 꺼낼 수 있는 장점이 있으나 많은 면적을 필요로 한다. 수직형은 **그림 4-12**와 같이 더 많은 용기(캔)를 원통형 철망통에 넣고 살균시킬 수 있어 일반적으로 정치식이 많이 사용되고 있다.

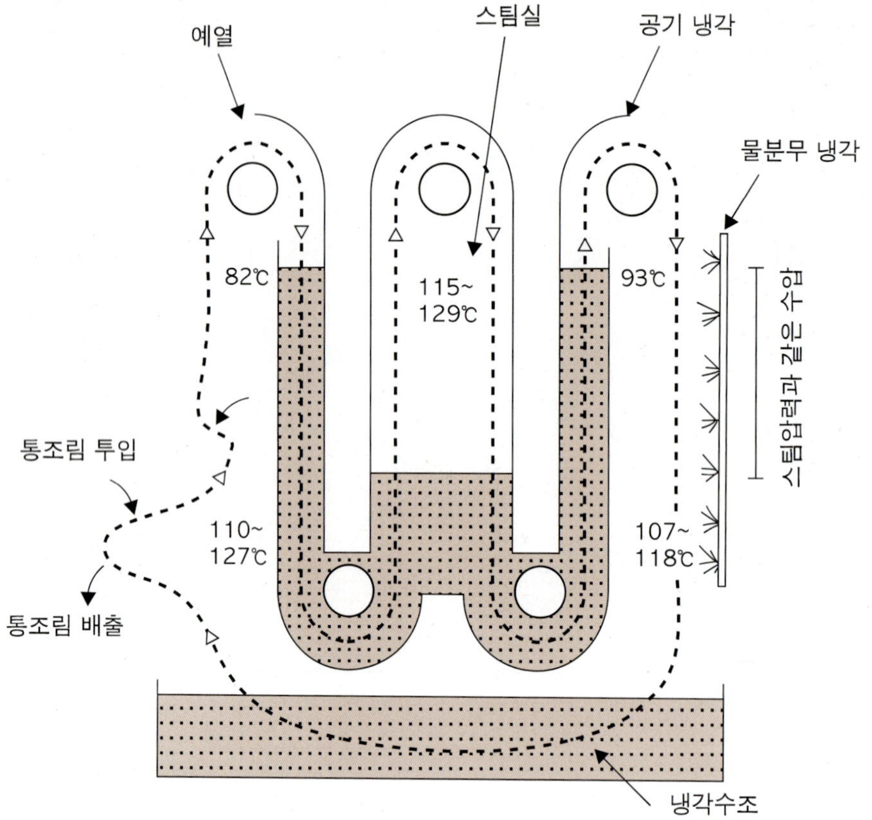

그림 4-13 연속식 수압살균기

연속식 레토르트는 고압의 스팀 속에 식품용기가 연속적으로 통과하면서 살균되고 냉각시키는 장치이다(**그림 4-13**). 용기 내의 식품은 정치식 레토르트와는 달리 점차적으로 가열되어 더 균일한 제품을 얻을 수 있고 시간당 살균제품의 수가 정치식보다 많은 장점은 있지만(예: 1,000캔/분) 고가의 기계장치를 사용해야 하고 장치에 문제가 생겼을 때 장치 안에 있는 제품을 모두 폐기해야 하는 단점이 있다.

이 장치는 캔과 같은 용기를 컨베이어에 올려 터널 속을 통과하면서 예열된 뒤 가열부분을 지나면서 점차적으로 살균온도에 다다르게 된다. 살균온도(115℃~129℃)에서 머무르는 시간은 스팀실을 통과하는 속도로 조절된다. 고압의 스팀실 유지는 양 옆의 물기둥 높이(수압)에 따라 그 압력과 온도를 조절하기 때문에 수압식 살균기(hydrostatic sterilizer) 또는 수압식 레토르트라고도 한다. 살균을 마친 식품용기는 점차적으로 온도를 90℃ 정도까지 낮춘 다음 냉각수를 분무시켜 냉각한다.

5-3 초고온살균

가열살균의 가장 이상적인 방법은 식품의 온도를 살균온도까지 순간적으로 상승시키고 일정시간 유지시킨 다음 순간적으로 냉각하는 것이다. 이러한 관점에서 초고온살균은 이상적인 방법에 가장 근접한 살균방법이라고 할 수 있다. 초고온살균법은 무균포장(aseptic packaging) 또는 무균충전포장(aseptic filling packaging)에 이용되고 있는 방법으로 가열시간이 대단히 짧아 영양적, 관능적 특성을 최대한으로 유지해주며 살균과 포장을 함께 할 수 있다. 이 방법으로 살균할 수 있는 식품은 유동성 있는 액체나 반액체성(semi-liquid) 식품이 적절하다. 액체식품으로는 우유, 과일주스, 크림, 요구르트, 포도주, 샐러드드레싱 등이 있고, 반액체성 식품으로는 유아식, 토마토제품, 과일이나 채소제품들이 있다.

초고온살균제품을 고온살균한 통조림제품과 비교할 때 다음과 같은 장점과 단점이 있다.

▶ 장점

① 포장용기의 크기에 관계 없이 살균시간이 일정하다.

② 사용하는 에너지를 30% 이상 절약할 수 있다.

③ 관능적 특성과 영양적 품질을 최대한 유지한다.
④ 노동력을 절감한다.
⑤ 상품적 가치가 더 높다.

▶ 단점

① 공장 내부의 청소를 철저히 해야 한다.
② 살균시키고자 하는 식품과 접촉하는 모든 기계는 무균상태를 유지해야 한다.
③ 공장 내부로 유입되는 공기는 무균상태를 유지해야 한다.
④ 포장재를 살균해야 한다.
⑤ 훈련된 기술자가 필요하며 근로자의 소독관리를 철저히 해야 한다.

1) 원리

열교환 이중파이프(안쪽 튜브는 액체성 식품이 통과하고 외부 튜브는 스팀이 통과함)를 사용하여 가열하는 초고온살균(무균포장)의 가장 큰 장점은 용기의 크기와 상관없이 살균시간이 일정하다는 것이다. 그것은 살균한 다음 용도에 따라 포장의 크기를 선택하기 때문이다. 예를 들면 액체식품인 야채수프 통조림을 121℃에서 살균할 때 소형 통조림(A2 크기)이 70분이라 하면 대형 통조림(A10 크기)은 218분으로 길어지지만 같은 제품을 140℃의 초고온에서 살균하면 소형 포장이나 대형 포장에 상관없이 7초의 살균으로 같은 살균효과를 얻을 수 있다.

그 이유는 통조림살균에서 식품을 용기에 넣고 가열하기 때문에 용기 내에 열이 침투하는 시간이 용기의 크기가 클수록 증가하지만, 초고온살균에서는 열교환 파이프를 통하여 가열한 뒤 무균용기의 크기를 임의로 바꾸어 포장할 수 있기 때문이다(**그림 4-14**).

고온살균에서 영양소와 관능적 특성성분의 손실을 최대한 억제할 수 있는 이유는 살균온도의 증가로 미생물의 살균과 효소의 불활성화 속도가 빠르게 증가하는데 반하여 영양소와 관능적 성분의 파괴속도는 훨씬 더 느리게 증가하기 때문이다. 그러므로 살균온도가 높을수록 이들 성분에 큰 손실 없이 살균이 가능하게 된다.

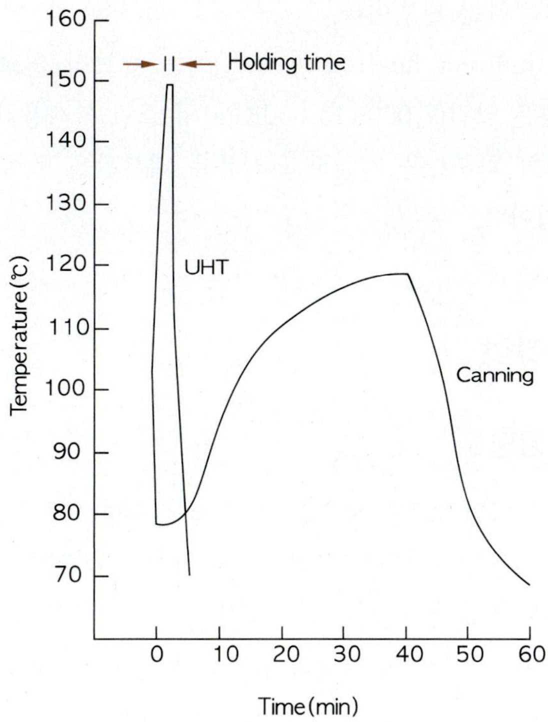

그림 4-14 초고온살균과 통조림살균의 시간-온도 곡선

2) 초고온살균 방법

현재 가장 많이 사용하고 있는 초고온살균 방법은 직접가열 방법과 간접 가열 방법이 있다. 직접 가열 방법(direct heating method)은 높은 압력의 스팀을 액상식품에 넣어주는 스팀주입식(steam injection)과 노즐을 통하여 액상식품을 스팀공간에 내뿜어주는 스팀분사식(steam infusion)이 있다.

스팀주입 방법은 액상식품에 고압(965KPa)의 스팀을 직접 주입한 후 150℃까지 높인 다음 수초간 유지한 뒤 분사해서 70℃로 냉각하는 방법이다. 이 과정에서 가열할 때 스팀의 응축수가 식품에 포함되지만 분사하고 냉각할 때 수분 일부가 수증기로 증발·제거되어 제품의 수증기 함량은 거의 변화가 없다. 스팀분사식(steam infusion)은 포화된 고압(450KPa)의 스팀공간에 액상식품을 분무하여 가열하는 방법으로 순식간(0.3초)에 142~146℃로 가열한 뒤 약 3초간 유지하였다가 냉각(65~70℃)하는 방법이다.

간접가열시스템(indirect heating system)에는 튜브식 열교환 이중파이프가 있다. 튜브식은 높은 압력(7,000~10,000KPa)의 스팀을 사용하여 2중관으로 되어 있는 튜브형태의 외부관을 가열하고 식품은 내부관을 빠르게 통과시켜(6m/초) 가열하는 방법이다.

5-4 식품의 영향

1) 저온살균의 영향

저온살균은 약한 가열처리를 한 것이기에 품질수명(유통기간, sheet life)은 며칠에서 몇 주간 연장할 수 있다. 그러나 저온살균을 저온저장이나 방사선 조사와 함께 병용처리하면 유통기간을 더 연장할 수 있다.

저온살균의 큰 장점은 영양적 특성과 관능적 특성에 큰 영향을 주지 않는다는 것이다. 식품의 색에서 천연색소의 경우 식물성이나 동물성 색소는 큰 변화가 없지만 과일주스는 변색이 일어나는 데 이는 주로 효소적 갈변현상에 의한 것이다. 그러므로 과일주스는 저온살균하지 전에 일반적으로 탈기 후 살균하여 효소적 갈변현상과 산화반응을 억제하고 있다. 휘발성 성분은 저온살균 과정에서 일부 손실되어 과일주스의 향미특성을 감소시키지만 우유의 경우는 우유 특유의 마른 풀잎 냄새가 제거되는 유익한 면도 있다.

2) 고온 및 초고온살균의 영향

식품의 유통기간을 장기간 연장시키고자 하는 방법으로 높은 온도에서 살균시키기 때문에 식품의 영양적 및 관능적 품질의 변화가 일어난다. 이들 두 방법 간에는 각각 장단점이 있어 그 영향을 비교하면 다음과 같다.

(1) 색

통조림의 가열과 같은 고온살균은 식품의 천연색소에 큰 영향을 끼치며 비효소적 갈변반응(마이야르 반응)이 일어난다. 육류의 붉은색인 oxymyoglobin은 갈색의 metmyoglobin으로 변하고 자주색 myoglobin은 적갈색의 metmyo-chromogen으로 변한다. 또한 마이야르 반응이 일어나 갈색화되지만 이러한 변화는 육류의 경우 오히려 좋은 색변화로 받아들여지고 있다. 과일과 채소류에서는 chlorophyll이 pheophytin으로, anthocyanin은 분해되어 갈색으로 변한다. 우유는 약간의 마이야르 반응과 캐러멜 반응(caramelization)이 일어나지만 순간고온살균에서는 큰 문제가 되지 않는다.

이에 반하여 초고온살균(UHT)에서는 마이야르 반응이 거의 일어나지 않고, carotene과 chlorophyll, anthocyanin은 거의 영향을 받지 않는다.

(2) 향미

향미에 미치는 영향은 고온살균의 경우 육류에서 아미노산의 탈아미노 및 탈탄산 반응, 지방질의 산화, 마이야르 반응 등 여러 종류의 반응이 일어나 수많은 향미물질(600개 이상)이 생성된다. 과채류에서도 아미노산, 당, 유기산, 락톤 등 화합물이 분해 및 재조합되고 일부 휘발되어 맛과 냄새가 변한다. 살균한 우유는 가열취(cooked flavor)가 발생한다. 그러나 초고온살균에서는 이러한 반응이 심하게 일어나지 않고 본연의 맛을 상당히 유지해주는 장점이 있다.

(3) 텍스처와 점도

육류 통조림에서는 단백질의 응고와 보수력의 상실로 조직이 수축되는 현상이 일어나지만 콜라겐의 가수분해, 젤라틴의 용해, 지방질의 분산으로 전체적인 텍스처 특성은 유연해진다. 과채류는 고온가열로 펙틴물질이 가수분해 되거나 전분의 호화현상, 조직세포의 파괴가 일어나서 조직이 연화된다.

초고온살균에서는 우유나 과일주스의 점도를 변화시키지 않으며, 과일이나 채소류에서도 연화현상이 고온처리된 과채류 통조림처럼 심하게 일어나지 않는다.

(4) 영양성분

고온살균한 통조림에서는 탄수화물과 지방질이 가수분해 되지만 영양가에는 큰 영향이 없다. 그러나 필수 아미노산인 lysin과 methionin, tryptophan이 일부 파괴되어 단백질의 영양적 가치를 6~9% 감소시킨다. 비타민 중 thiamin과 비타민 C는 식품에 따라 차이가 있어 손실정도는 50~75%이다. 그러나 초고온 살균에서는 열처리시간이 대단히 짧아 대부분의 비타민은 영향을 받지 않으며 손실량이 많은 thiamin과 비타민 C의 경우도 10~20% 정도이다.

CHAPTER 5

곡류의 가공

01 개요

02 도정

03 제분

04 면류

05 제빵

06 전분의 제조 및 가공

01 개요

곡류(cereals)는 화본과(벼과, 禾本科)에 속하는 재배식물의 입상(粒狀)의 종자로서 쌀과 밀, 옥수수가 세계 3대 곡류이다. 곡류는 3대 곡류 외에 두류를 포함하기로 하는데 곡류의 분류는 세계 지역마다 차이가 있다. 우리나라에서는 쌀을 미곡(米穀), 보리, 밀, 호밀 등은 맥류(麥類), 옥수수, 조, 피, 메밀 등을 잡곡(雜穀), 콩, 녹두, 팥을 두류(豆類)라 하고 있다. 또한 곡류 중 식용으로 하는 곡식을 양곡, 가축사료로 사용하는 것을 사료곡물이라 한다. 주식으로 하는 곡류는 지역에 따라 다른데 쌀은 아시아 지역을 중심으로, 밀은 유럽과 북미 지역을 중심으로, 옥수수는 남아메리카와 아프리카 지역을 중심으로 섭취하고 있다.

곡류의 대부분을 차지하는 배유의 주성분은 전분으로 일반성분의 조성을 보면 (건물량으로) 전분을 중심으로 한 당류가 80~90%로 에너지의 공급원이며 단백질은 7~11%로 함량은 적지만 섭취하는 양을 고려할 때 우리가 섭취하는 단백질의 주요 공급원이 된다(**표 5-1**).

표 5-1 주요 곡류의 일반성분

성분 / 곡류	수분(%)	단백질(%)	지질(%)	탄수화물		회분(%)
				당질(%)	섬유소(%)	
쌀(백미)	10.8	7.2	0.6	91.5~92.9	0.3~2.9	0.4~1.8
밀	10.6	11.9	1.1	82.3	2.5	2.2
옥수수	13.1	11.2	4.4	79.4	3.3	1.7
보리	11.8	10.7	1.4	86.4	6.6	11.0

쌀은 백미, 밀은 도정한 쌀밀, 보리는 도정한 보리쌀임 (건물량 기준)

1-1 가공 및 이용

곡류의 가공은 크게 도정, 제분, 전분 제조로 크게 나눌 수 있으며 곡류별로 이용 목적이 다르다. 우리나라에서 쌀은 대부분(90%)이 입식(粒食)용인 취반을 목적으로 이용하고 나머지는 가공제품으로 떡, 식초, 쌀과자, 무균포장밥(햇반), 쌀막걸리 등으로 이용되고 있다. 밀은 주로 밀가루로 제분되어 빵과 국수, 과자, 스낵류로 가공되며 옥수수는 전분 제조용으로 사용되어 전분당, 호화전분 등 가공제품과 사료용으로 이용되고 있다.

곡류의 이용을 분류하면 다음과 같다.

① 입식용 - 낟알 그대로 조리하여 섭취함(쌀, 보리쌀, 옥수수).

② 가공제품 제조용 - 제분하여 가공한 다양한 제품제조(빵, 국수, 떡, 발효주, 식초 등)

③ 성분의 분리 및 이용 - 주로 전분을 분리 하여 가수분해함(전분당, 호화전분, 변성전분 등).

④ 부산물 활용 - 쌀겨에서의 기름 추출, 옥수수전분 제조 후 부산물 가공, 사료 제조

또한 곡류의 가공은 1차와 2차 가공으로 나눌 수 있다(**표 5-2**). 1차 가공은 크게 도정, 제분, 전분 제조 등 기초적 가공이고 2차 가공은 1차 가공품을 이용한 다양한 제품으로 가공하는 것을 말한다. 도정은 겨층을 제거하는 방법이고 제분은 분쇄와 마쇄 과정을 말하며 전분 제조는 마쇄된 곡류를 물에 분산시켜 비중 차이로 분리하는 것으로 주로 옥수수를 이용한다.

표 5-2 곡류의 1차 가공 및 2차 가공식품

가공종류 \ 가공식품	1차 가공식품	2차 가공식품
도정	벼 → 현미 → 백미 보리 → 보리쌀 옥수수 → 그릿트	떡, 식초, 케이크, 햇반 쌀막걸리, 현미식초
제분	밀 → 밀가루 쌀 → 쌀가루	빵, 국수, 스낵류, 과자 떡, 쌀과자
전분제조	옥수수 → 옥수수전분	호화전분, 변성전분, 전분당

1-2 곡류의 구조

쌀과 밀의 구조는 표면에서 내부로 들어가면서 왕겨(외피, hull), 과피, 종피, 호분층, 배유로 되어 있고, 하단부에 배아가 있다. 곡류의 열매인 벼알이나 밀알은 왕겨와 과피로 둘러싸여 있다. 쌀과 보리의 왕겨는 쉽게 제거되지 않으나 밀과 옥수수는 쉽게 제거된다.

쌀의 경우 왕겨를 제거한 다음 표면층의 과피, 종피, 호분층을 쌀겨층(미강층)이라 한다. 겨층과 배유, 배아의 무게 비율은 대략 5 : 92 : 3이다.

쌀과 밀, 옥수수 모두 과피, 종피, 호분층, 배유로 조성되어 있으나 보리에는 알맹이 중앙에 깊은 골(crease)이 있고 쌀이나 밀에는 없다. 옥수수의 알맹이는 형태가 원추형으로 상단부위에 옥수수의 겨층이라 할 수 있는 옥피(hull)가 있다(**그림 5-1**).

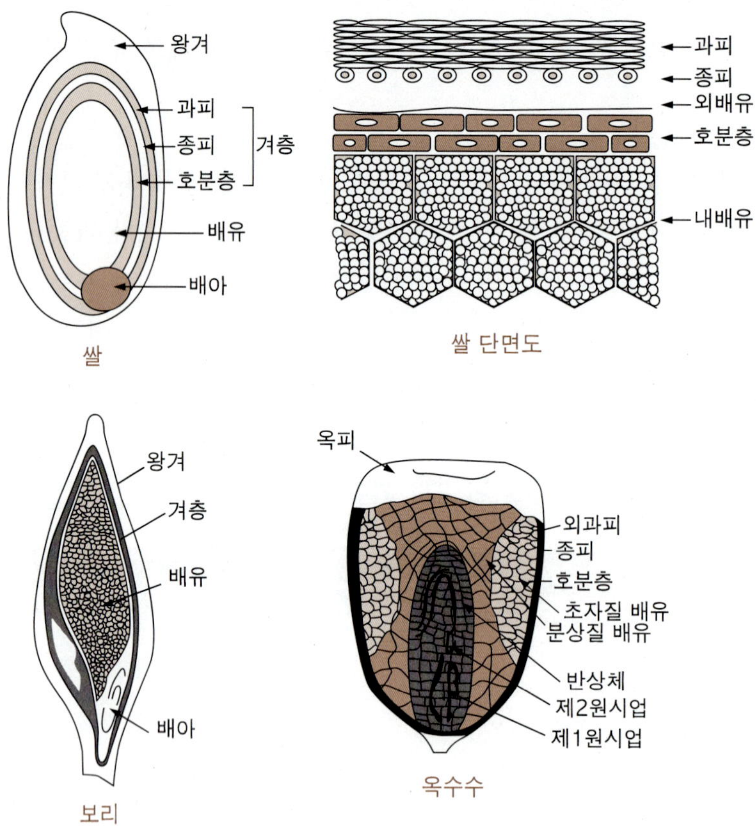

그림 5-1 쌀, 옥수수, 보리의 구조와 단면도

02 도정

도정(milling, polishing, whitening)은 곡물의 겨층을 제거하여 배유 부분만을 얻는 하나의 단위조작이다. 도정을 흔히 정미 또는 정곡이라고도 하지만 엄격한 의미에서는 정미과정 중 한 과정이다. 쌀과 보리의 도정은 대체로 비슷하다. 현미의 겨층을 제거하는 도정기를 정미기라 하고 보리의 겨층을 제거하는 도정기를 정맥기라 한다.

현재의 도정기가 개발되기 전 고대에는 큰 돌에 구멍을 파고 나무절구로 찧었고, 얼마 전까지도 절구통을 사용하거나 족답절구, 수차절구(물레방아) 등의 절구공이식 용구가 사용되어 왔다.

도정 시 작용하는 힘은 마찰(friction), 찰리(resultant tearing), 절삭(shaving), 충격(impact)의 힘이다. 마찰력과 찰리력에 의해 곡립의 겨층은 벗겨지고 매끄럽게 된다. 절삭력과 충격력은 표면을 깎아내는 작용을 한다. 이들 힘은 개별적으로 작용하기보다는 도정 시 두 가지 이상의 힘이 함께 작용하면서 이루어진다. 도정공정은 **그림 5-2**와 같다.

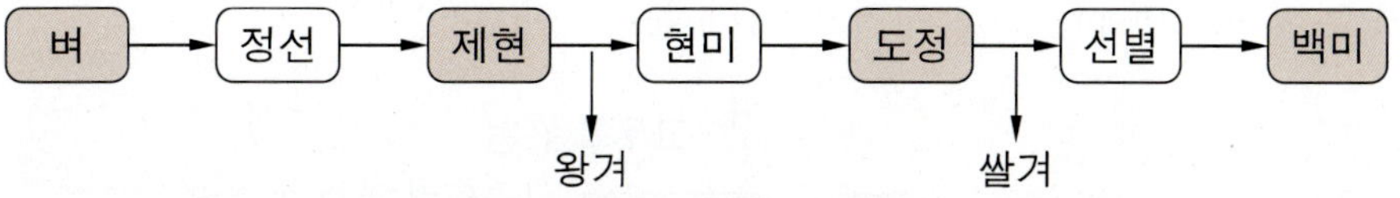

그림 5-2 쌀의 도정과정

2-1 정선 및 제현

1) 정선

쌀을 포함한 밀, 보리 등 곡류는 수확 후 건조한 뒤 이물질을 제거하는 정선(cleaning)을 하게 된다. 정선은 크기, 형태, 비중, 금속성 등 물리적 차이에 의하여 분리하게 된다. 금속성은 자석분리기(magnetic separator)를 사용하고, 돌과 같은 비중 높은 물질은 비중선별기(gravity table)를 사용하여 제거한다. 또

먼지와 같이 가벼운 이물질은 흡입분리기(aspirator)를 사용하며, 크기와 형태가 다른 것은 원판분리기(disk separator)를 사용하여 제거한다(**그림 5-3**).

그림 5-3 원판분리기

2) 제현(탈각)

벼에서 왕겨를 제거하는 과정(dehulling)으로 고무롤(roll)로 된 제현기(sheller)를 사용한다(**그림 5-4**). 제현기는 고무롤 두 개의 회전 속도를 다르게 하여, 반대 방향으로 회전시키면서 왕겨를 벗겨 제거한다. 왕겨 제거 효율이 높고(90% 이상) 충격이 적어 쇄미 발생률이 낮다. 왕겨를 제거한 쌀을 현미라 하며, 비중 차이에 의해 흡입(aspiration)시켜 왕겨와 분리한다.

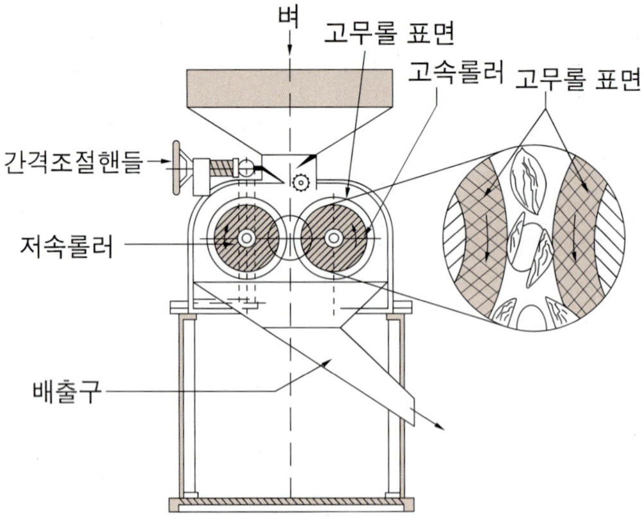

그림 5-4 제현기

2-2 도정 및 선별

1) 쌀

왕겨를 제거한 현미에서 쌀겨층(미강층)을 제거하는 작업을 도정이라 한다. 도정 중 배아도 분리되는데 배아에는 전분뿐만 아니라 기름도 약 18% 함유되어 있다. 이를 제거하는 데에는 마찰과 연삭 방법을 사용한다. 마찰식 도정기는 마찰과 찰리작용에 의하여 겨층을 제거하기 때문에 쇄미가 비교적 많이 생기지만 수율이 높다. 반면 연삭식 도정기는 연삭물질을 접착시킨 cone 형태의 강철판에 겨층을 미세한 분말로 부서지게 하므로 도정력이 강한 반면 수율이 낮다. 쌀의 도정은 마찰식을 사용하고 보리는 골(crease)이 깊어 연삭식으로 도정하고 있다.

도정의 정도는 도정도(degree of milling), 도정률, 도감률(milling ratio)로 표시한다(**표 5-3**). 도정도는 일반적으로 5분도미, 7분도미, 10분도미로 나눈다. 도정률은 쌀겨층이 벗겨진 정도이고, 도감률은 제거된 쌀겨와 배아, 쇄미의 양이다.

$$\text{도정률}(\%) = \frac{\text{정미 무게}}{\text{현미 무게}} \times 100$$

$$= \frac{\text{현미 무게} - (\text{쌀겨} + \text{배아} + \text{쇄미})\ \text{무게}}{\text{현미 무게}} \times 100$$

$$\text{도감률}(\%) = \frac{\text{현미 무게} - \text{정미 무게}}{\text{현미 무게}} \times 100$$

표 5-3 쌀의 도정도

도정도	도정률	도감률
백미(10분도미)	100 - 8 = 92%	0.08 × 100 = 8%
7분도미	100 - 5.6 = 94.4%	0.08 × 70 = 5.6%
5분도미	100 - 4 = 96%	0.08 × 50 = 4%
현미	100 - 0 = 100%	0.08 × 0 = 0%

현미는 겨층이 그대로 남아 있어 도정률이 0%가 되며, 백미라고 하는 10분도미는 도정율이 92%로 100에서 무게의 감소비율인 도감률 8%를 뺀 값이다. 쌀겨(5%)와 배아(3%)는 현미 무게의 약 8%이다. 배아는 지방질 함량이 높고(약 18%) lipase에 의한 분해가 쉽게 일어나 배아를 제거하면 쌀의 저장성이 높아진다.

2) 보리

보리의 경우는 부피(桴皮)라고 하는 표피가 밀착되어 있어 잘 떨어지지 않는 겉보리(대맥, covered barley, hulled barley)와 부피가 쉽게 떨어지는 쌀보리(나맥, naked barley, hull-less barley)로 분류된다. 보리의 도정은 겉보리의 경우 부피, 과피, 종피, 호분층을 제거하고, 쌀보리는 과피, 종피, 호분층을 제거한다(**그림 5-5**). 제거되는 보리의 겨층 무게는 겉보리가 25%, 쌀보리는 15% 정도이다. 그리하여 연삭식으로 도정한 보리의 도정율은 겉보리는 75% 이하이고 쌀보리는 85% 이하가 된다.

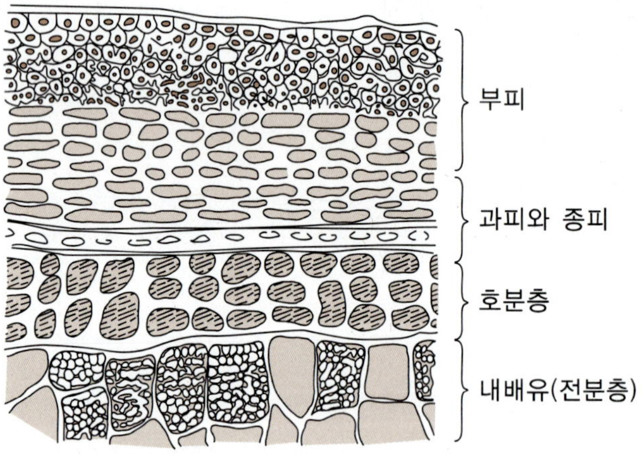

그림 5-5 겉보리의 단면도

2-3 쌀의 이용

① 쌀밥 - 우리나라에서는 쌀 소비량의 90% 정도를 취반용으로 사용하고 있다. 쌀밥의 품질(식미)에 영향을 주는 인자로는 품종, 저장기간, 건조조건, 단백질 함량, amylose 함량 등이 있다. 쌀전분에서 amylose 함량이 많으면 끈기가 적고 단백질 함량이 많으면 밥이 단단해진다고 알려져 있다.

② 쌀가루빵(rice bread) - 쌀가루(100 mesh 정도)를 이용한 빵 제조는 글루텐(gluten)이 함유되어 있지 않아 팽창한 빵은 제조할 수 없으므로 찐 상태의 현미빵을 제조하거나 밀가루에 10~30% 쌀가루를 혼합하여 빵을 제조하고 있다.

③ 쌀국수(rice noodle) - 멥쌀가루를 사용하여 국수를 만든 것은 쌀가루 70%에 전분(주로 감자전분)을 30% 혼합한 것과 쌀가루 30% 이상에 밀가루 70% 이하를 혼합한 두 종류가 있다. 쌀국수는 면발이 부서지기 쉬운 텍스처 특성을 갖고 있다.

④ 막걸리(maggolli, turbid rice-wine) - 탁주, 농주라고도 하는 술로 쌀과 누룩으로 술을 빚은 뒤 숙성되면(3~4일) 술밑을 체로 받아 버무리면서 걸러낸 것으로 쌀알이 부서져서 탁한 백색의 술이다. 알코올 농도는 4~5% 정도이고 보존기간은 4~5일이다. 최근 막걸리 제조방법이 발달하여 알코올 농도를 7%까지 높이고 저온살균하여 냉장유통하고 있다. 쌀을 원료로 한 것은 쌀막걸리, 잣을 넣은 막걸리, 더덕막걸리 등 여러 제품이 있으며 숙성한 뒤 거르지 않고 밥풀이 담긴 채 뜬 것은 동동주라 한다.

⑤ 떡(tteok, rice cake) - 떡은 쌀가루, 밀가루, 콩가루 등 곡류의 분말을 찌거나 삶거나 기름에 지져 만든 것으로 재료와 만드는 방법, 형태가 다양하여 그 종류가 많다. 떡은 기원이 확실하지 않으나 농경문화가 정착되면서 자연스럽게 곡류를 익혀 먹게 되고 발전하는 과정에서 만들어진 것이라 추측하고 있다. 떡은 크게 제조 방법에 따라 증기로 찌는 방법(증편), 찐 후 치대는 방법(도병), 반죽을 삶는 방법(단자), 기름에 지지는 방법(전병)이 있다.

⑥ 현미식초(rice vinegar) – 쌀 또는 현미의 일부(약 30%)는 고지(koji)를 만들고 나머지(약 70%)는 쪄서 만든 술밥을 만들어 2~3배의 물과 고지를 넣고 40℃에서 당화시킨다. 여기에 술밑을 첨하여 30℃에서 알코올 발효한 다음 *Acetobacter aceti*, *Acetobacter rancens* 등 초산균(acetic acid bacteria)을 접종해서 초산발효한 시킨 후 6개월~1년 동안 숙성시킨다. 산도는 초산(acetic acid)으로 4.2% 이상이고 각종 유기산, 당류, 에스테르류, 아미노산 등이 함유되어 있어 향미가 좋다. 발효가 끝나면 여과하고 bentonite 등의 청징제를 사용하여 맑게 한다.

⑦ 쌀겨기름(rice bran oil) – 쌀겨에 있는 지방질(약 18~19%)을 핵산으로 추출하여 제조한 기름으로 미강유라고도 한다. 추출하기 전에 쌀겨를 가열하여 lipase를 불활성화하고 추출한다. 원유에는 페놀성 물질과 왁스, 색소 등이 함유되어 있어 정제하여 정제미강유와 미강샐러드유가 제조되고 있다. 쌀겨기름에 있는 tocopherol 등이 많이 함유되어 있어 항산화성이 높고, oryzanol은 혈중 cholesterol 조절작용이 있는 것으로 밝혀졌다.

03 제분

제분(milling)은 곡류를 분말화하는 단위조작으로 밀, 쌀, 보리, 옥수수 등을 제분한다. 그러나 밀의 제분이 대표적이어서 일반적으로 제분이라 하면 밀가루 제조를 의미하고 있다. 제분은 건조한 곡류의 조직이 단단하여 가공이 불편하기 때문에 분말화하여 가공적성을 향상하기 위해 한다. 특히 밀은 도정하지 않고 밀가루로 직접 제분하는 것이 가능하여 대부분 제분하고 있다. 밀가루 제조과정에 대하여 설명하면 다음과 같다.

3-1 밀의 종류

밀은 파종과 수확시기에 따라 겨울밀, 봄밀, 가을밀로 배유부의 단단함 정도에 따라 연질과 경질로, 종피(seed coat)의 색에 따라 붉은(적색)밀과 흰색(백색)밀로 분류하고 있다(**표 5-4**).

표 5-4 미국산 밀의 종류와 단백질 함량 및 용도

(단백질은 평균값임)

파종 시기	색과 텍스처		단백질 함량(%)	용도
겨울밀(가을 파종)	연질 적색 추파밀(SRW) 경질 적색 추파밀(HRW)		10.3	다목적용(백색밀과 혼합하여 제면용)
봄밀(봄 파종)	경질 적색 춘파밀(HRS) 듀럼밀(Durum, 호박색)		11.4 13.0	제빵용 파스타용
가을 또는 봄 파종	백색밀	(WW) (WS)	10.8	과자, 케이크용

SRW: soft red winter, HRW: hard red winter, HRS: hard red spring, WW : white winter
WS : white spring

이 중 배유색이 호박색(연황색)인 듀럼밀은 단단하고 단백질 함량이 비교적 높아 스파게티, 마카로니 등 파스타 제조에 이용되고 있고 제빵용으로는 사용하지 않는다.

3-2 제분방법

제분공정은 크게 원료의 정선, 가수, 조쇄, 체분리, 처리(영양강화, 표백 등)로 요약할 수 있다(**그림 5-6**).

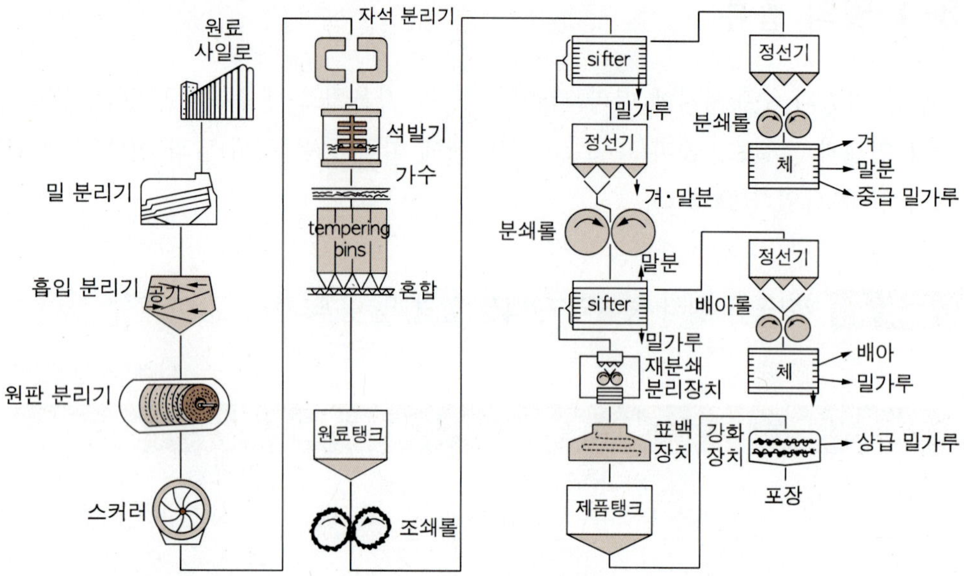

그림 5-6 제분공정의 개략도

1) 정선

밀의 정선은 앞에서 설명한 내용(도정에서 정선)을 중심으로 이루어진다. 흙, 먼지 등은 비중 차이에 의해 제거되지만, 밀 표면에 붙어 있는 것들은 금속 망과의 연마 또는 밀알끼리 비벼지게 하는 스커러(scourer)를 사용하여 제거한다.

① 흡입분리기(aspirator): 바람을 이용하여 밀보다 작은 물질이나 가벼운 이물질 등을 분리하는 장치

② 원판분리기(disk separator): 밀 낟알만이 끼일 수 있는 요철이 달린 디스크(판)가 회전하면서 밀과 크기가 다른 물질을 분리하는 장치

③ 스커러(scourer): 밀 표면에 붙어 있는 미세한 먼지, 정모, 부풀어난 외피를 회전에 의한 마찰력으로 제거하는 장치

④ 자석분리기(magnetic separator): 자석을 이용하여 금속물질을 분리하는 장치

⑤ Entoleter: 고속으로 회전하는 disk의 회전운동에 의해 밀에 들어있는 해충의 알 및 충실하지 못한 밀을 제거하는 장치

2) 가수

정선한 밀에 물을 분무시켜 제분에 적합하도록 수분함량을 높이는 가수공정(조질공정, tempering)이다. 가수목적은 수분흡수로 외피의 질긴 성질을 더 높여 주어 외피가 부서져 밀가루에 섞이는 것을 최소화하며, 분리하고자 하는 배유부를 유연하게 하여 분리를 쉽게 하고, 밀가루의 최종 수분을 조절하기 위함이다. 조질 후의 수분함량은 일반적으로 연질밀은 15.0~15.5%, 경질밀은 16.5%, 듀럼밀은 17.5%가 적당하다.

3) 조쇄

가수된 밀은 조쇄롤러(break roll)로 파쇄하여 겨층과 배아를 제거한다(**그림 5-7**). 조쇄롤러는 톱니 모양 두 개의 롤이 반대 방향으로 속도(속도비 = 1 : 2.5)를 달리하면서 회전시켜 겨층이 벗겨지도록 하는 기계이다. 조쇄과정은 압착과 전단(비틀림)의 힘이 작용하며 조쇄롤러의 간격과 속도를 달리하면서 4~5번 반복하면 겨층이 효율적으로 분리된다.

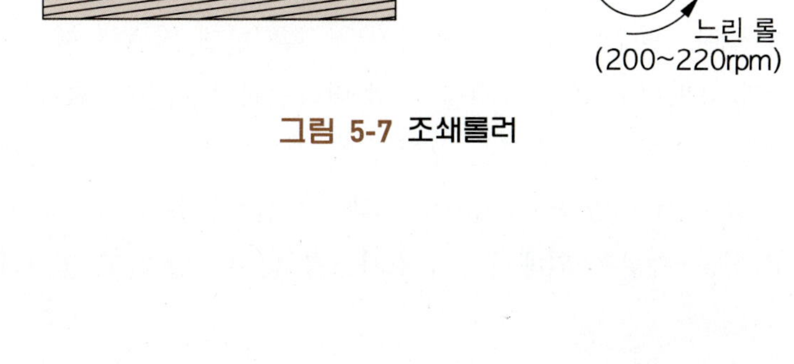

그림 5-7 조쇄롤러

4) 체분리, 재분쇄, 순화

조쇄한 과정에서 부서진 밀은 여러 개의 체로 분리하게 되며(많은 경우 30개까지) 조쇄의 횟수를 거듭할수록 고운체를 사용한다. 처음은 구멍이 큰 체부터 시작하여 미세한 체를 통과하게 하며 체의 구멍 크기는 112μm부터 1000μm에 이른다. 통과되지 않고 남은 것들은 활면롤러(smooth roller)에 의하여 미세하게 재분쇄되고 체분리를 계속한다. 일반적으로 130μm보다 작은 것을 밀가루라 한다.

5) 밀가루의 혼합

밀에서 생산한 밀가루의 제분수율은 밀의 품종과 제분방법에 따라 차이가 있지만 약 72%이다. 나머지 28%는 겨층(밀기울)과 배아의 혼합물인데 이것을 쇼트겨(short bran)또는 쇼트(short)라 하며 사료로 이용된다. 밀가루는 사용 목적에 따라 2가지 이상의 밀가루를 혼합하는 것을 밀가루 혼합(flour blending)이라고 한다. 조쇄공정에서 생산된 것은 브레이크(break) 밀가루라 하고 분쇄공정에서 생산된 것은 회분함량에 따라 등급이 결정된다. 회분함량은 0.30~1.15% 범위로(전체적으로 약 0.45%) 처음 채취한 것은 일반적으로 회분함량이 낮고 나중에 채취한 것은 높다. 밀가루 전부를 혼합한 것을 스트레이트 밀가루(straight flour), 회분함량이 낮은 것(0.38%)은 페이턴트 밀가루(patent flour), 겨층과 배아가 약간 많은 것을 클리어 밀가루(clear flour)라고 하며, 밀기울에 가까운 밀가루를 말분(末粉, tail flour)이라고 한다.

6) 밀가루의 처리

제조된 밀가루는 필요에 따라 여러 가지 처리를 하게 되는데 처리의 주목적은 제빵성 향상과 표백이며, 영양강화를 위해 비타민과 무기질을 첨가하기도 한다. 제빵성 향상을 위하여 숙성제(또는 산화제)를 첨가하게 되는데 숙성제에는 표백기능을 갖고 있는 것도 있다. 표백제로는 과산화벤조일(benzoyl peroxide)을 많이 사용하고 있고 숙성을 위해서는 염소가스를 많이 사용하고 있다(**표 5-5**).

표 5-5 밀가루 숙성제

산화제	환원	작용		사용량
		숙성	표백	
브롬산칼륨($KBrO_3$)	Potassium bromide(KBr)	○	×	50ppm 이하
요오드칼륨(KIO_3)	Potassium iodide(KI)	○	×	10ppm 이하
염소(Cl 또는 ClO_3)	-	○	○	0.4~2.0g/cwt
Dehydro-L-ascorbic acid	L-아스코르브산	○	×	40ppm 정도
Azodicarbonamide	Bi-urea	○	×	20~40ppm
과산화아세톤	아세톤	○	○	20~40ppm

3-3 밀가루의 종류와 품질

1) 밀가루의 종류

밀가루는 사용목적에 따라 제빵용, 제과용, 제면용으로 나누기도 하지만 기본적으로 단백질 함량에 따라 종류를 구분한다(**표 5-6**).

표 5-6 밀가루의 종류와 단백질 함량

밀가루 종류	단백질 함량(%)	이용 제품
강력분	12.5~13.5	식빵, 바게트, 피자, 과자빵
준강력분	10.5~12.5	중화면, 빵
중력분	7.5~10.5	소면, 우동 등 제면용, 과자
박력분	6.5~8.0	비스킷, 쿠키, 케이크, 크래커 등

2) 품질 특성

(1) 수분

수분함량은 14% 전후로 제분조건과 저장조건(상대습도, 온도)에 따라 약간의 차이가 있다. 일반적으로 강력분의 수분함량(14.0~15.0%)이 높고, 박력분일수록, 등급이 낮을수록 수분함량이 낮다.

(2) 회분

밀의 회분함량은 밀가루 등급 구분의 중요한 기준이 된다. 회분함량은 밀의 중심 부위에서 표피 부위로 갈수록 증가한다. 특히 겨층에 많이 함유되어 있으므로 겨의 제거율(또는 겨층의 혼입률)과도 관계가 많다.

(3) 단백질

단백질 함량은 7~14%로 단백질 함량과 단백질 종류는 밀가루의 용도와 밀접한 관계가 있다. 주요 단백질인 글루텐(gluten)은 gliadin과 glutenin으로 구성되어 물과 혼합하면 밀가루 고유의 탄성과 신장성을 갖게 한다. 따라서 글루텐의 함량이 빵, 과자, 면류의 품질을 결정하는 가장 주요한 특성이 된다.

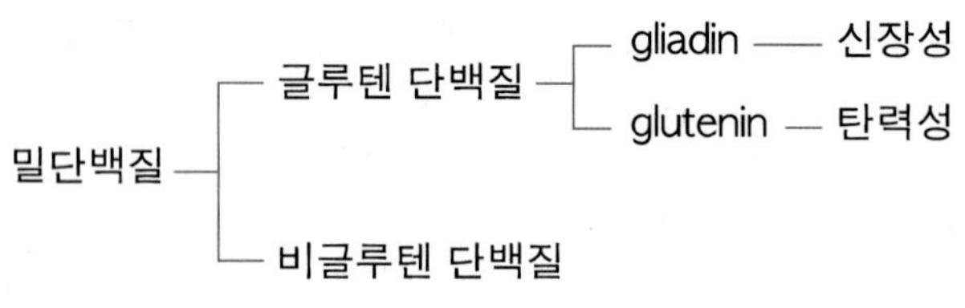

(4) 탄수화물

밀가루의 탄수화물은 전분으로서 아밀로스(25%)와 아밀로펙틴(75%)으로 구성되어 있다. 밀전분은 글루텐(gluten)과 결합하여 반죽 특성과 밀가루 제품의 텍스처(texture) 특성을 좌우한다.

(5) 입도

밀가루는 입도가 작을수록 수화속도가 빠르고 색깔이 밝으며 비중이 높다. 연질밀은 배유부의 강도가 낮아 쉽게 미립자로 부서지는 반면, 경질은 단단하여 미립자로 분쇄하기 어렵다. 일정한 제분조건에서 밀을 분쇄하였을 때 밀가루 종류별 입도 분포의 예는 **표 5-7**과 같다.

표 5-7 Tyler 표준체에 의한 밀가루의 입도 분포

체의 메시	메시 크기(mm)	강력 1등(%)	준강력 1등(%)	박력 1등(%)
115	0.124	4	1	1
150	0.104	7	9	6
170	0.088	15	12	9
250	0.061	28	28	18
400	0.038	26	36	45
400 통과		10	14	21

(6) 색상

밀가루의 색상은 밀의 종류, 색소의 함량, 겨층의 혼입률 및 입자 크기(입자가 작을수록 빛의 분산이 많아져 밝게 보임)에 따라 차이가 있다. 밀가루 종류별로 백도밝기(whiteness)가 가장 높은 것은 박력분이고 다음이 중력분, 강력분이다.

(7) 리올로지(rheology) 특성

식품에서 리올로지(rheology) 특성이라 함은 식품에 힘을 가했을 때 일어나는 고체식품의 변형과 액체식품의 흐름에 관계된 성질이다. 밀가루반죽은 고체 특성의 하나인 탄성과 액체 특성인 점성을 함께 갖는 점탄성(viscoelasticity)을 갖고 있다. 이러한 밀가루의 특성을 측정하는 대표적인 기계는 다음과 같다.

• 패리노그래프(farinograph)

밀가루를 물과 함께 일정한 온도에서 반죽할 때 일어나는 반죽의 특성을 측정하는 기기로 Z-형태의 반죽날 두 개가 있다. 글루텐 특성에 따른 반죽 특성(반죽 안정성, 반죽 시간, 수분흡수율 등)을 알 수 있다.

• 익스텐소그래프(extensograph)

형성된 반죽을 늘이면서(인장시험) 끊어질 때까지의 힘(force) 변화와 신장성

(extensibility)을 측정하는 기기이다.

• 비스코그래프(viscograph)

밀가루를 물과 함께 교반하면서 가열하면 전분이 호화되는데 온도의 상승 속도(1.5℃/분)를 일정하게 하고 97℃까지 가열할 때 점도의 변화를 측정하여 밀가루의 호화특성을 측정하는 기기이다.

04 면류

4-1 면류의 종류

면류는 밀가루, 쌀가루 등 곡류의 분말이나 전분을 주원료로 제조하는데, 부재료와 물을 넣고 반죽하여 면대를 형성해서 면발로 자르거나 반죽을 압출시켜 가늘고 길게 만든 제품이다. 면류를 원료와 성형방법, 건조에 의해 분류하면 다음과 같다.

1) 원료

① 밀가루만 사용: 일반국수, 라면, 마카로니, 스파게티 등
② 메밀가루 첨가(5%까지): 메밀국수, 냉면 등
③ 고구마·옥수수 전분: 당면 등

2) 성형방법

① 압연·선절면: 밀가루를 반죽하여 면대를 만들고 가늘게 자른 면(일반국수 등)
② 압출면: 밀가루반죽을 만들고 열을 가하여 호화시킨 다음 작은 구멍을 통해 압출시켜 만든 면(마카로니, 스파게티, 당면 등)
③ 신연면: 밀가루 반죽을 잡아당기면서 길게 늘여 빼서 만든 면[소면, 수연

(手延) 중화면 등]

3) 건조

① 건조면: 수분함량을 10% 이하로 건조시킨 면(일반국수, 마카로니, 즉석면 등)
② 생면: 건조시키지 않은 면(생면, 냉동면 등)

4-2 제조방법

면 제조를 위한 밀가루의 품질은 면의 종류에 따라 차이가 있다. 일반적인 국수는 중력분을 많이 사용하고, 중화면은 준강력분을, 생면은 단백질 함량이 높은 밀가루가 좋은 것으로 알려져 있다. 면의 종류에 따라 제조방법은 많은 차이가 있지만 대표적 면류의 제조방법을 정리하면 다음과 같다(**그림 5-8**).

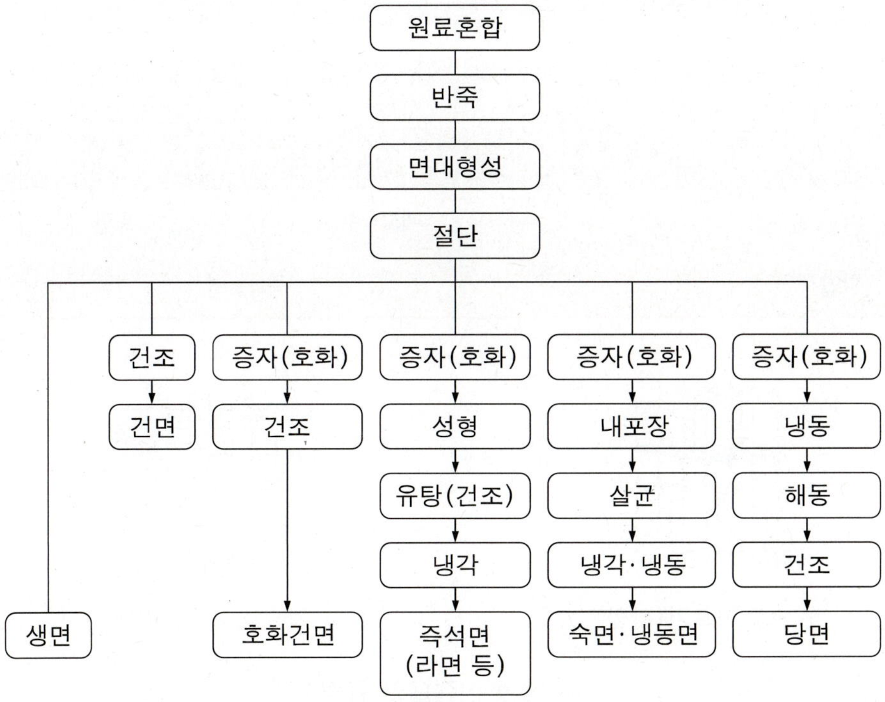

그림 5-8 면류 제품의 제조공정

1) 원료 혼합 및 반죽

소금을 3% 정도 되게 혼합한 다음 물을 30% 정도로 넣고 25℃내외에서 15~20분 정도 반죽한다. 소금의 첨가는 글루텐의 점탄성을 향상시키고 미생물의 번식을 억제하는 효과가 있다.

2) 면대 형성 및 절단

반죽 후 압연롤러에 4~5회 통과하면서 압연시켜 일정한 두께의 면대를 형성한다. 이 과정에서 글루텐은 한 방향으로 발전되면서 신장성과 탄력성이 향상된다. 일정한 두께로 압연된 면대는 선절롤에 넣어 일정한 폭으로 잘라낸다. 면의 종류에 따라 선절롤을 조절하여 두께와 폭을 조정하고 면의 단면을 사각형(각인) 또는 원형(환인)으로 자른다(**그림 5-9**).

표 5-8 면류의 굵기

번호		#5	#6	#8	#10	#12	#14	#16	#18	#20	#22	#24	#26	#28	#30	#40	#50
굵기(mm)		6	5	3.8	3.0	2.5	2.2	1.8	1.6	1.5	1.4	1.3	1.2	1.1	1.0	0.8	0.6
용도	각인	국수			우동			메밀국수					소면				
	환인							중화소면									

원으로 자르기(환인)　　각으로 자르기(각인)

그림 5-9 선절롤의 종류

3) 건조, 증자(호화), 유탕

절단된 면발은 제품종류에 따라 건조, 증자, 유탕의 공정을 거친다. 건조면의 경우는 수분함량을 15% 이하로 건조시킨다. 즉석면(라면)의 경우는 면발을 증자하고 호화시킨 다음 약 140~150℃의 기름에 튀긴다. 튀김과정 중 면발은 호화된 상태를 유지하면서 15% 정도로 수분함량이 급속히 감소된다.

4-3 면류 제품

1) 생면(wet noddle)

생면은 면(생국수)을 데친 후 수세하여 포장한 것으로 수분함량이 높아(약 60%) 유통기간이 냉장저장에서 7일 정도로 짧다. 최근 공장에서 제조하는 생면은 pH를 조정하고 가열살균 후 급속냉각시켜 저온유통하여 보존성을 크게 높인 포장생면이 개발되어 있다. 생면의 종류는 다음과 같다(**표 5-9**).

표 5-9 생면류의 종류

면의 종류	면의 특징 및 유통기한
생면	면대를 일정한 두께와 폭으로 절단한 면 수분함량 20~40% 유통기한 7일 정도(냉장저장 시)
숙면	생면을 호화시킨 면 수분함량 50~70% 유통기한 7일 정도(냉장저장 시)
포장생면	생면을 호화시켜 포장한 후 가열살균하여 제조한 면 수분함량 50~70% 상온에서 3~5개월 유통 가능
냉동면	숙면을 냉동포장한 제품 유통기한은 냉동조건(-15℃ 이하)에서 5~9개월

2) 당면(starch vermicelli)

당면은 대표적인 전분국수로 원래 녹두전분으로 만들어 왔으나 현재에는 옥수수전분과 고구마전분, 감자전분을 사용하여 제조하고 있다. 당면은 손당면과 기계당면으로 나뉜다. 당면에는 반죽(고형분 35~40%, 30~40℃)을 작은 구멍으로 빼서 끓는 물로 익히는 자연낙하법과 가열 압출시키는 압출익힘법(extrusion-cooking method)이 있다.

반죽할 때 당면의 표백과 조직의 향상을 위하여 명반(0.3~0.5%)이 첨가된 풀물로 반죽한다. 고구마당면은 자연 낙하법으로, 옥수수당면은 주로 압출익힘법에 의해 만들어지고 있다. 자연낙하된 면발은 끓는 물에서 호화시킨 다음 찬물(15℃ 내외)로 냉각한다. 이어 저온에서 숙성(10~15℃에서 12~18시간)시키고 냉동(-25℃, 24시간)한 다음 물(13~18℃)을 분무하여 해동하고 자연건조 한다. 당면의 제조공정은 **그림 5-10**과 같다.

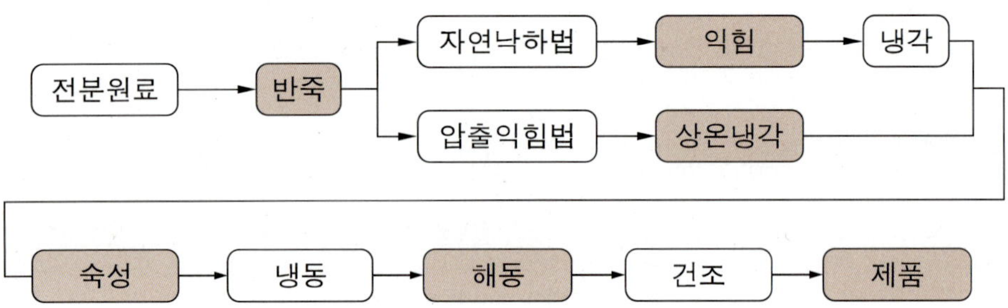

그림 5-10 당면의 제조과정

3) 파스타(pasta)

파스타는 스파게티와 마카로니를 총칭하는 이탈리아의 면류제품으로 국수형태의 스파게티(spaghetti)와 엘보우, 고리 모양 등 여러 형태의 마카로니(macaroni)가 있다. 파스타는 호박색인 듀럼밀 배유를 싸라기 같은 입자 크기로 분쇄한 세몰리나(semolina)로 만든다. 제조공정은 세몰리나와 물을 혼합한 다음 압출성형기(extruder)로 압출시켜 건조한다. 원료의 혼합과 압출은 진공조건에서 이루어지는데 이는 색소의 산화를 방지하기 위함이다. 파스타의 형태는 압출시킬 때 구멍인 다이(die)를 통과하면서 이루어진다. 건조는 수분함량이 12%가 될 때까지 한다.

05 제빵

빵은 밀가루, 이스트(효모), 소금, 물을 주재료(필수재료)로 하고 당류, 유제품, 계란제품, 식용유지와 다른 재료들을 부재료로 하여 배합하고 반죽한 뒤 굽거나 찐 제품을 말한다. 빵이란 단어는 프랑스어로 팽(pain), 포르트갈어인 팡(pao)이 일본을 거쳐 우리나라에 전해지면서 빵으로 불려지게 되었다. 빵의 기원은 밀의 시기와 함께한다. 밀은 인류의 문화가 농경문화로 정착되면서 터키, 이란, 코카서스 지방에서 기원전 4000년경에 재배하기 시작하였고 밀 재배기술이 고대 이집트로 전래되면서 제분과 발효빵 제조방법이 발전하였다고 믿고 있다. 그 후 제빵 기술은 그리스와 로마에 전해졌고 빵을 팽창시키는 효모의 발견(17세기 후반)과 함께 제빵 기술이 오늘날의 제빵, 제과 기술로 체계화하게 되었다.

5-1 빵의 분류

빵은 크게 발효빵과 무발효빵으로 나눈다. 발효빵은 효모(yeast)를 사용하여 팽창시킨 것으로 식빵류, 단과자빵류(단팥빵, 크림빵), 증기빵류(호빵), 이스트 도넛류 등이 있고, 무발효빵은 팽창제(베이킹파우더)를 사용하여 팽창시킨 것으로 케이크, 도넛, 비스킷 등이 있다.

1) 팽창방법에 따른 분류

(1) 효모팽창(yeast leavened)

효모(*Saccharomyces cerevisiae*)를 밀가루반죽 속에 넣어 발효시키면서 생성된 탄산가스(CO_2)로 부풀게 한 빵으로 식빵류, 단과자빵류(단팥빵, 크림빵), 이스트도넛(yeast doughnut), 커피케이크(coffee cake), 롤빵(roll bread), 번(bun), 잉글리시 머핀(English muffin), 프랑스빵(French bread) 등이 있다.

(2) 화학적 팽창(chemically leavende)

베이킹파우더(baking powder)와 같은 화학팽창제를 밀가루반죽에 첨가하여 빠르게 팽창시킨 빵이다. 베이킹파우더로는 황산염, 탄산염, 인산염 등 중성염과 탄산수소나트륨, 산성주석산칼륨 등 염기염 등을 혼합하여 사용한다. 제품으로는 비스킷(biscuit), 쿠키(cookie), 케이크머핀(cake muffin), 와플(waffle), 팬케이크(pancake), 파운드케이크(pound cake) 등이 있다.

(3) 공기팽창(air leavened)

원료를 교반하여 혼합(mixing)할 때 포집된 공기에 의해 팽창된 빵류 제품으로 스펀지케이크(sponge cake), 엔젤케이크(angel cake), 거품타입 쿠키(foam type cookie) 등이 있다.

(4) 무팽창(not leavened)

반죽을 팽창시키지 않은 제품으로 파이껍질(pie crust)이 있다.

2) 제품 종류에 따른 분류

(1) 빵류

① 식빵류: 일정한 빵틀(팬)에 넣고 구운 빵으로 옥수수식빵, 건포도식빵, 호밀빵 등이 있다.

② 하스브레드(hearth bread): 빵틀을 사용하지 않고 구운 빵으로 바게트, 하드롤, 비엔나브레드 등이 있다.

③ 과자빵: 설탕을 많이 넣거나 안에 충전물을 넣은 빵으로 단팥빵, 크림빵, 스위트롤, 데니시 페이스트리, 파이 등이 있다.

④ 조리빵류: 샌드위치, 햄버거, 크로켓 등의 빵

(2) 케이크류

① 반죽형 케이크: 밀가루, 우유, 달걀을 주재료로 하여 화학팽창제로 팽창시킨 빵으로 파운드케이크, 프루트케이크(fruit cake) 등이 있다.

② 거품형 케이크: 달걀의 거품성을 이용한 케이크로 머랭(meringue, 흰자만 사용함), 스펀지케이크(전란을 사용함) 등이 있다.

③ 시폰형 케이크(chiffon type cake): 흰자와 노른자를 분리시켜 흰자는 거품형 머랭을, 노른자는 반죽형을 만들어 혼합한 케이크이다.

(3) 쿠키류(cookie, biscuit)

설탕과 유지를 비교적 많이 사용한 것으로 미국에서는 쿠키(cookie), 영국에서는 비스킷(biscuit)이라 한다.

① 반죽형 쿠키

- 드롭쿠키(drop cookie): 반죽형 쿠키 중 수분함량이 가장 많은 제품으로 소프트 쿠키(soft cookie)라고도 한다.
- 스냅쿠키(snap cookie): 굽기 과정에서 더 많이 건조해서 바삭바삭하며, sugar cookie라고도 한다.
- 쇼트브레드쿠키(short bread cookie): 달걀흰자와 설탕을 혼합하고 다른 재료들과 밀가루를 반죽하여 낮은 온도에서 구운 쿠키이다.

② 거품형 쿠키

- 머랭쿠키(meringue cookie): 달걀흰자와 설탕을 혼합하여 다른 재료들과

밀가루를 반죽하여 낮은 온도에서 구운 쿠키이다.

- 스펀지쿠키(sponge cookie): 스펀지케이크와 비슷하나 더 많은 밀가루를 사용한 쿠키이다.

5-2 제빵 원료

빵을 만들기 위한 주재료에는 밀가루, 효모(이스트), 물, 소금이 있으며 부재료로는 설탕, 유지, 계란, 분유 및 우유, 반죽개량제 등이 있다. 부재료는 부피의 증가, 텍스처 향상, 색과 향미의 개선, 영양가 및 저장성 향상을 위해 첨가한다. 빵은 발효빵과 무발효빵으로 나누어지지만 빵이라 함은 기본적으로 반죽을 한 뒤 발효시킨 빵이어서 제빵의 제조와 원료를 발효빵을 중심으로 설명하면 다음과 같다.

1) 밀가루

제빵용으로 사용되는 밀가루는 일반적으로 강력분을 사용한다. 단백질 함량은 13~14%(최소 10.5% 이상)이며, 회분은 0.4~0.5%이다. 과자나 케이크를 만들기에 적합한 밀가루는 박력분으로 단백질의 함량이 7~9%로 낮고, 0.4%이하의 회분을 함유하고 있다. 강력분은 글루텐의 함량이 높아서 발생된 가스를 조직 내에 잘 유지하는 가스보유력이 있고 빵의 팽창과 점탄성을 준다. 쌀가루나 옥수수가루는 가스보유력이 낮아 이들만으로는 좋은 빵이 만들어지지 않는다.

2) 계란

계란은 빵의 영양가를 높일뿐만 아니라 계란의 흰자는 단백질의 피막을 형성하고 믹싱 중에 공기를 포집하여 부풀리는 팽창제의 역할을 하며, 계란노른자의 레시틴은 유화제 역할을 한다.

3) 당류

제빵용으로 이용되는 당류에는 설탕, 포도당, 이성화당 등이 있다. 당은 기본적으로 효모의 번식에 중요한 탄수화물의 공급원으로 반죽의 풍미와 팽창을 돕고, 빵의 갈색화와 텍스처를 부드럽게 하며, 빵의 노화를 지연시키는 역할을 한다. 또 이성화당이나 꿀 등은 흡습성이 높아 케이크나 카스테라의 촉촉함을 향상한다.

4) 유지류

유지류로는 식용유, 마가린, 쇼트닝, 버터, 튀김유 등이 사용된다. 전분과 글루텐 사이에 윤활유와 같은 작용을 하여 반죽의 부드러움을 준다. 특히 쇼트닝은 반죽하는 동안 공기를 흡수하여 크림성(creaming)을 향상하며 반죽의 구조를 안정하게 한다.

5) 우유

우유는 흡수 능력이 좋아 빵의 조직을 부드럽게 하고 글루텐의 기능을 향상하며 우유의 유당은 빵의 색을 좋게 한다.

6) 효모

제빵용으로 쓰이는 효모는 *Saccharomyces cerevisiae*로 주로 압착효모(생효모)를 사용한다. 압착효모의 저장은 -1~5℃가 적당하며, 한 달 저장 후에도 약 90%의 활성을 갖고 있다. 효모의 역할은 부풀림과 숙성 그리고 빵 특유의 향미물질의 생성(알코올, 유기산, 케톤, 알데하이드 등)이다.

7) 이스트푸드(효모먹이)

이스트 푸드(yeast food)는 질소와 무기질을 공급하여 효모의 먹이가 되면서 반죽개량제(dough conditioner)와 산화제의 기능을 갖고 있다. 이스트푸드는 반죽의 물리적인 성질을 개선하고 pH를 조절하며, 배합수의 무기질 조성을 일정하게 하여 준다. 산화제의 기능은 밀가루의 글루텐을 강화해주는 효과가 있다. 이스트푸드에는 황산칼슘, 탄산칼슘, 브롬산칼슘, 인산칼슘, 소금 등 무기염류가 있다.

5-3 제빵방법

1) 제빵방법

제빵과정은 반죽(dough development), 발효(fermentation), 굽기(baking)의 세 단계로 크게 나누고 반죽 형성방법에 따라 발효과정을 생략할 수 있다.

(1) 발효방법

효모를 사용하여 발효하는 방법으로는 직접반죽법(straight dough method)과 스펀지(반죽)법(sponge dough method), 액체발효법(liquid fermentation method)이 있다. 직접반죽법은 소규모 제빵업소에서, 스펀지법은 대규모 제빵공장에서 주로 사용된다. 이외에 효모를 설탕액에 넣어 먼저 발효한 다음 나머지 재료를 넣고 반죽하는 액체발효법이 있다. 이 방법은 스펀지를 설탕액으로 대체해 안정된 발효를 진행하는 방법이다.

(2) 화학적 방법

노타임반죽법(no-time dough method)이라고도 하는 방법으로 시스테인(cysteine)과 아스코르브산(ascorbic acid)으로 반죽을 형성하여 효모에 의한 발효공정을 생략할 수 있다. 이 방법은 영국, 호주, 캐나다 지역에서 널리 사용되고 있다.

(3) 기계적 방법

연속제빵법(continuous bread-making process)으로 고속의 반죽기를 사용

하여 짧은 시간에 반죽을 형성하고 발효과정을 생략하는 장점이 있으나 빵의 텍스처가 발효빵보다 기호도가 낮은 단점이 있다. 이 방법은 미국에서 햄버거빵과 같은 특별한 용도의 빵에만 사용하고 있다.

2) 제빵 공정

제빵 방법으로 위의 세 가지 방법들이 있지만 우리나라에서는 발효방법에 의한 직접반죽법과 스펀지법이 주로 사용되고 있어 이들 방법을 중심으로 제빵과정과 장단점을 비교하면 **그림 5-11**, **표 5-10**과 같다. 직접반죽법과 스펀지 법의 기본적 차이는 반죽할 때 원료를 혼합하는 방법에 있다.

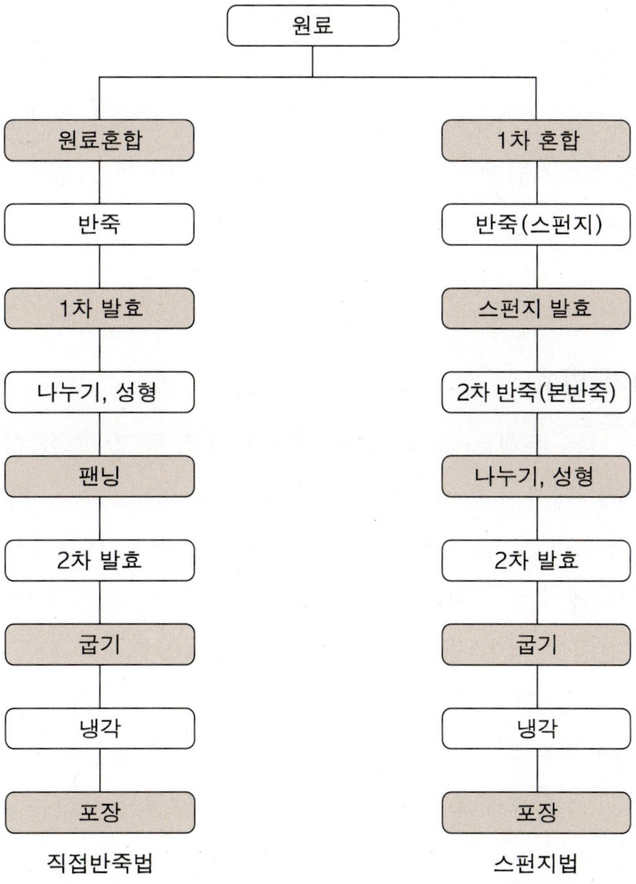

그림 5-11 직접반죽법과 스펀지법에 의한 제빵 공정

표 5-10 직접반죽법과 비교한 스펀지법의 장단점

장점	단점
효모 사용량이 적다	부가장비 필요
빵 부피, 향미, 텍스처 우수	시간, 노동력이 많이 소요

직접반죽법은 모든 원료를 한꺼번에 섞는 1단계 공정이고, 스펀지법은 밀가루 일부로 스펀지를 만들어 1차 발효(스펀지 발효)한 다음 나머지 원료를 전부 넣고 2차 발효하는 2단계 공정이다. 발효방법에 의한 제빵과정은 원료의 혼합, 1차 발효, 성형, 2차 발효, 굽기의 5단계 과정으로 나누어진다.

(1) 원료의 혼합

직접반죽법에서는 밀가루와 물, 소금, 효모 등 주재료와 부재료 전부를 넣고 혼합하는 반면 스펀지법에서는 1차 혼합(스펀지 혼합)에서 밀가루 50% 이상과 효모, 이스트푸드 전량을 넣고 2차 혼합에서 나머지 밀가루와 부재료를 넣고 혼합한다.

(2) 반죽과 1차 발효

직접반죽법에서는 주재료(필수재료)와 부재료 모두를 잘 혼합(섞음)한 다음 최적의 탄성을 가질 때까지 반죽한다. 반죽의 온도는 26~28℃가 적당하며 발효는 처음 부피의 2.5~3배가 될 때까지 1~1.5시간 발효한다. 이를 1차 발효라 한다.

스펀지(반죽)법에서는 전체 사용 밀가루의 50~70%, 물은 50% 이상, 효모와 이스트푸드는 전량을 섞어 반죽한 스펀지(또는 중종)를 26~28℃에서 2~5시간 발효(스펀지 발효)한 뒤 남은 밀가루와 물 그리고 부재료(설탕, 쇼트닝, 반죽개선제, 유화제 등) 전부를 넣고 2차 반죽한다. 2차 반죽(본반죽)과정 중 응집성과 탄성이 향상되고 글루텐 구조가 형성된다. 발효로 발생한 가스는 조직 내에 포집된다.

(3) 성형 및 2차 발효

직접반죽법에서는 1차 발효가 끝난 뒤, 스펀지법에서는 스펀지 발효 후 2차 반죽한 것을 알맞은 크기로 작게 나누고(분할), 둥글리기 하여 성형을 한 다음 팬(빵틀)에 넣는 팬닝(panning)을 한다.

2차 발효는 성형과정에서 줄어든 부피를 발효하는 동안 증가시키는 단계로 이때 유기산, 알코올 등 향미성분이 생성되고 탄성과 점성이 발달한다. 2차 발효 온도는 38~40℃로 1시간 정도 발효하며 그 결과 부피는 3~4배 정도 증가한다.

(4) 굽기

2차 발효를 마치면 굽게 되는데 굽는 온도는 180~230℃에서 18~35분간이며 빵의 종류와 크기에 따라 굽는 조건이 다르다. 굽기 중 빵의 껍질 온도는 오븐의 온도와 같게 되지만 빵 내부는 100℃를 넘지 않는다. 굽기에 의해 효모는 사멸되고 효소는 불활성화되며, 전분의 호화, 텍스처와 향미의 향상, 빵 표면(껍질)의 갈색화가 이루어진다.

(5) 냉각

굽기가 끝나면 38℃ 정도까지 냉각시킨다. 냉각이 잘 안되어 뜨거울 때 포장하면 포장 내에 수증기가 응축되어 곰팡이 등 미생물의 번식 가능성이 있고, 빵 표면이 갈라질 수 있다. 지나친 냉각으로 노화현상이 빨리 일어날 수 있다.

5-4 냉동생지

냉동생지는 1950년대에 미국에서 처음 실용화된 제품으로 직접반죽법의 주요 제빵 공정인 원료의 혼합 - 1차 발효 - 성형 - 2차 발효 - 굽기의 과정 중 1차 발효 후 어느 한 단계에서 급속동결(-30~-40℃)해 냉동 저장한 것이다. 냉동생지는 필요에 따라 해동하고 나머지 제빵과정을 빠르게 진행하여 소점포에서 신선하게 구운 빵을 소비자에게 제공할 수 있도록 한 제품이다. 그러나 발효 전 반죽을 동결할 경우에는 효모의 동결장해로 해동 후 발효가 잘 진행되지 않을 수도 있으나 최근 냉동기술의 발전과 동결내성 효모의 사용으로 품질이 좋은 냉동반죽빵을 만들 수 있게 되었다.

냉동생지는 제빵 원료 중 효모가 냉동에 의해 사멸할 가능성이 있으므로 첨가하는 효소량을 100~150% 증가시킨다. 냉동생지의 종류는 제빵 공정 중 어느 단계에서 냉동하는가에 따라 나누어진다. 원료 혼합 후 신선한 공기를 생지에 투입하고 반죽하여 냉동한 반죽생지, 1차 발효 후 생지를 낮은 온도에서 분할하여 냉동한 분할생지, 1차 발효와 분할 후 성형한 것을 냉동한 성형생지, 1차 발효-분할-성형한 뒤 2차 발효까지 마치고 냉동한 발효생지, 그리고 2차 발효 후 약간 구운 후(색이 나지 않을 정도로) 냉동한 반소성(파 베이크) 냉동생지가 있다. 이들 생지제품은 소규모 점포에서 해동해 나머지 제빵 공정을 거쳐 신선한 빵제품을 제공하게 된다.

06 전분의 제조 및 가공

6-1 전분의 제조

전분(녹말, starch)은 포도당(glucose)이 α-1,4 글루코사이드 결합(glucosidic linkage)과 α-1,6 글루코사이드 결합으로 연결된 다당류로 아밀로스와 아밀로펙틴(amylopectin)으로 구성되어 있다(**그림 5-12**). 이들의 구성 비율은 일반적으로 아밀로스가 17~25%, 아밀로펙틴이 75~83%이다. 찹쌀 전분은 아밀로펙틴만으로 구성되어 있고 아밀로스는 극소량 함유되어 있다.

우리나라에서는 옥수수, 고구마, 감자로부터 전분을 생산하고 있지만 대부분의 전분은 옥수수에서 생산하고 있어 옥수수전분을 중심으로 전분의 제조과정을 설명하면 다음과 같다.

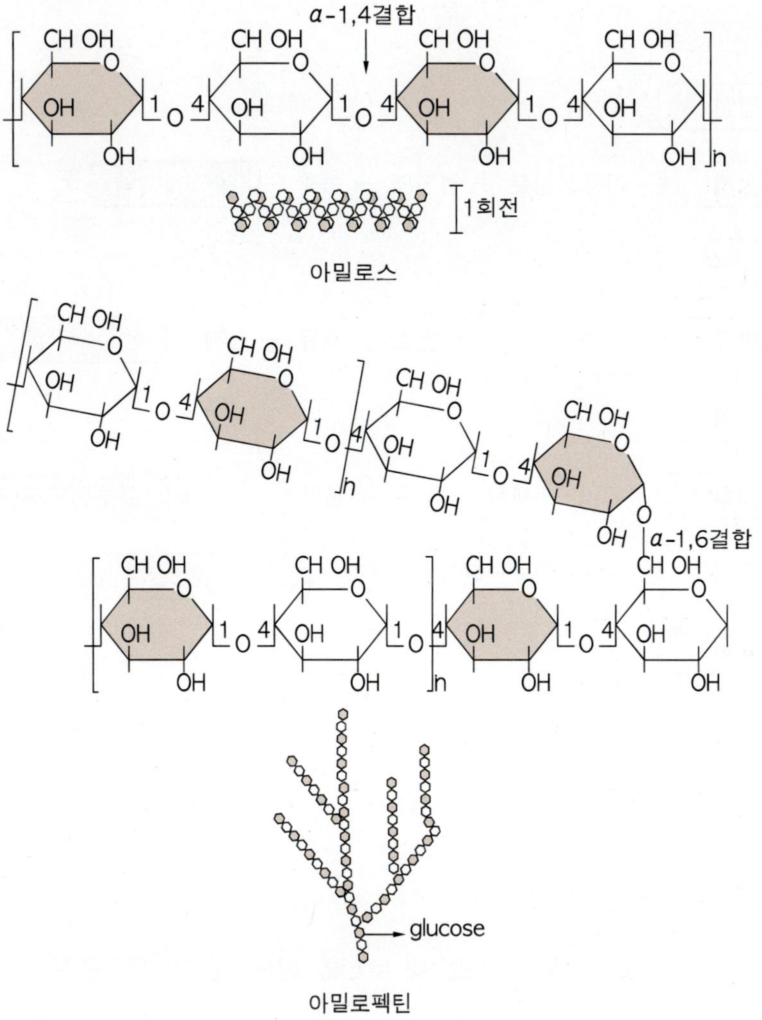

그림 5-12 아밀로스와 아밀로펙틴의 구조와 모양

1) 전분의 분리

옥수수의 전분 함량은 약 70%로 옥수수에서 습식제분 방법에 의한 전분의 제조와 부산물 활용 제품의 생산 공정은 **그림 5-13**과 같다.

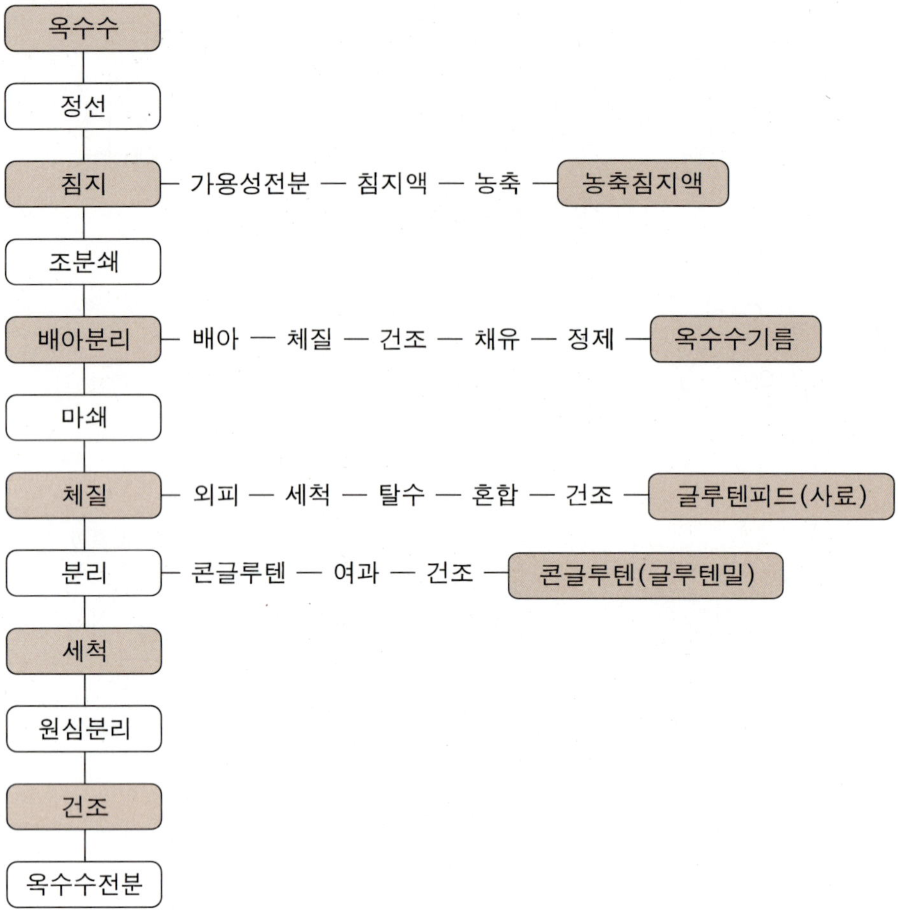

그림 5-13 옥수수전분 및 부산물 활용 제품의 제조공정

옥수수를 원료로 하여 전분을 분리 생산할 때에는 습식제조 방법(wet milling method)을 사용한다. 현재 가장 많이 사용하고 있는 습식제조 방법으로는 옥수수를 아황산용액에 침지시키는 순환형 습식밀폐법(bottle up system)이다. 이 방법을 사용하면 전분뿐만 아니라 옥수수 단백질, 기름, 수용성 물질, 외피 등 활용 가능한 부산물 제품을 전부 제조할 수 있는 장점이 있다.

(1) 정선

원료에 존재하는 이물질과 금속의 제거는 앞에서 설명한 곡류의 정선과정과 같이 한다.

(2) 침지

침지(steeping)는 pH를 3~4로 조절한 48~52℃의 0.1~0.3% 아황산(SO_2)용액에서 40~50시간 침지한다. 아황산용액에의 침지효과는 다음과 같다.

① 옥수수 조직을 부드럽게 하여 마쇄를 쉽게 한다.
② 전분과 결합된 단백질을 분해시켜 전분 분리를 쉽게 한다.
③ 수용성 단백질과 그 밖의 수용성 물질이 쉽게 추출되도록 한다.
④ 미생물의 오염과 번식을 방지하여 준다.

(3) 조분쇄 및 배아 분리

침지를 마친 옥수수는 물을 넣고 배아분리기(degerminator)로 파쇄하여 원심분리기로 배아를 분리시켜 제거한다. 배아는 지방질 함량이 많아 배유나 전분보다 비중이 낮다. 배아는 가능한 한 원래의 상태로 분리하는 것이 중요하다.

(4) 마쇄 및 체질

배아를 제거하고 남은 배유와 전분은 미세한 입자로 마쇄한다. 이 액상의 마쇄액을 조전분유라 하는데 여기에는 전분과 옥수수 글루텐(gluten) 단백질, 그리고 섬유질인 과피가 포함되어 있다. 마쇄된 섬유질 외피는 체질하여 제거한다.

(5) 전분의 분리, 세척, 건조

외피를 제거한 후 남는 전분과 글루텐(gluten) 단백질 분산액은 전분이 단백질보다 비중이 높으므로(전분 비중 1.6, 단백질 비중 1.06) 정치하여 전분을 침전시키거나 원심 분리한 다음 단백질을 제거하고 전분을 회수한다. 회수한 전분은 여러 번 세척하여 정제한 다음(이때 수분 함량은 약 40% 내외) 수분 함량을 13% 정도로 건조하여 옥수수전분을 제조한다.

2) 부산물의 활용

옥수수에서 전분을 분리하는 과정 중 발생하는 부산물에는 단백질(gluten), 지방질(옥수수기름), 섬유소와 그 밖의 수용성 물질들이 있다. 이들 부산물을 활용한 제품은 농축침지액, 옥수수기름, 글루텐피드, 글루텐밀이 있다.

(1) 농축침지액

옥수수 농축침지액(corn steep liquor)은 옥수수를 침지한 아황산용액(고형분 농도가 약 6%)을 농축한 것으로 농축 후 고형분 농도가 50% 이상이다. 침지액에는 수용성 단백질, 비타민, 핵산분해물질, 이노시톨(inositol), 무기성분, 아미노산이 많이 함유되어 있어 영양가가 대단히 높다. 옥수수 농축침지액은 사료용 글루텐피드를 제조할 때 첨가하거나 항생물질과 효소 생산을 위한 미생물 배지로 사용되고 있다.

(2) 옥수수기름

배아 분리 과정에서 회수된 배아(옥수수 곡립 무게의 12~14%)의 기름에는 불포화지방산인 리놀레산(linoleic acid)이 56%나 들어 있어 영양적으로 우수한 기름이다. 옥수수기름은 주로 식용유로 사용되며 약간의 좋은 향미도 있어 드레싱과 마요네즈에 이용되고 있다.

(3) 글루텐피드

글루텐피드(gluten feed)는 배아 분리 후 마쇄하여 체질할 때 발생한 과피(주로 섬유질)와 탄산칼슘 등 무기질, 침지농축액을 혼합하여 건조한 것이다. 주로 소의 사료로 이용된다.

(4) 글루텐밀

옥수수전분 분리 마지막 단계에서 제거한 옥수수 단백질(주로 글루텐)을 건조한 것으로 글루텐밀(gluten meal) 또는 콘글루텐(corn gluten)이라 한다. 단백질 함량이 높고(54% 이상) 메티오닌 등 함황아미노산이 많아 사료나 간장 등 양조조미료의 원료로 사용된다.

6-2 전분의 이용

옥수수와 고구마, 감자 등에서 분리 제조한 전분(starch)은 물엿, 포도당, 이성화당, 호화전분, 변성전분 등 제조에 사용되고 있을 뿐만 아니라 섬유와 제지공업, 제약, 인쇄용 잉크 제조 등 다양한 분야에 이용되고 있다. 전분의 가공과 이용을 정리한 것은 **그림 5-14**, **그림 5-15**와 같으며, 전분의 가공제품 중 식품에 관련된 몇 가지 중요한 제품과 이용을 설명하면 다음과 같다.

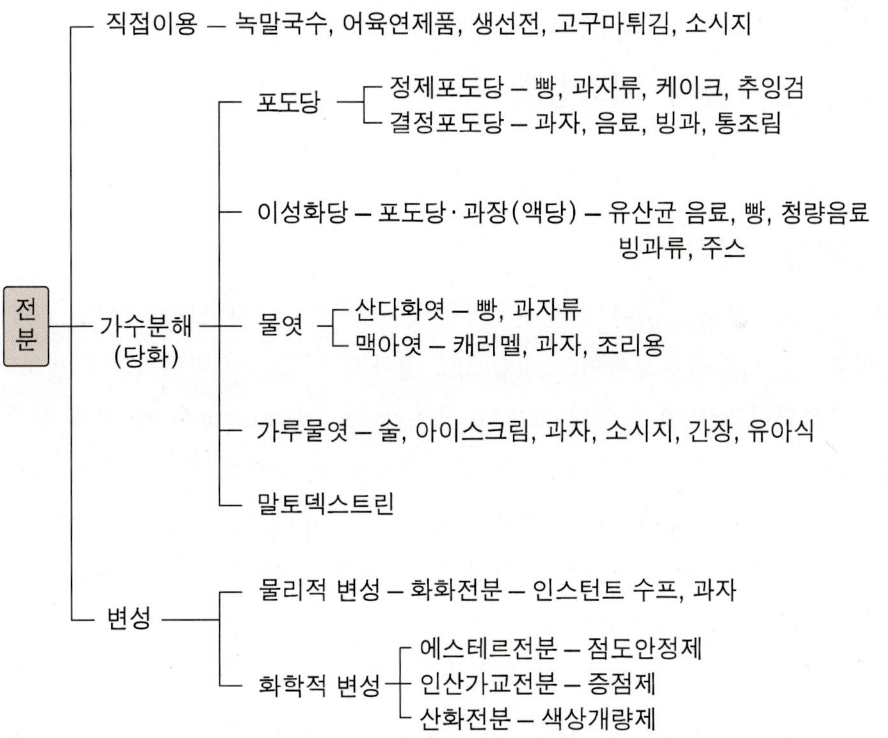

그림 5-14 식품분야의 전분가공제품 및 이용

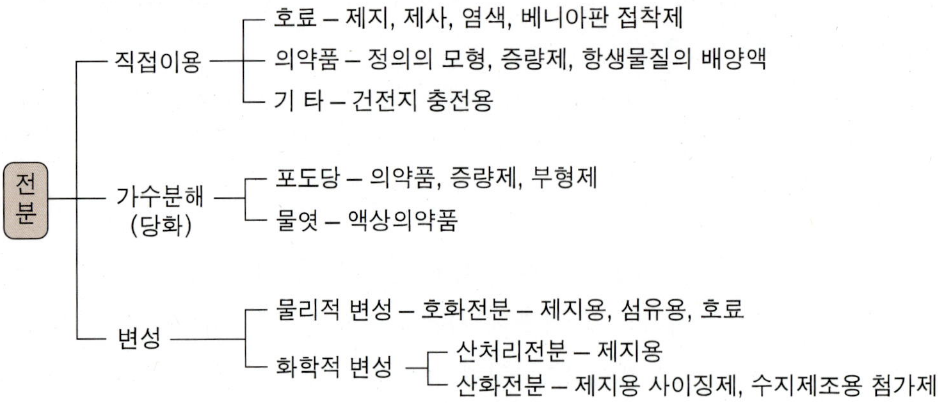

그림 5-15 식품 이외의 전분 가공제품 및 이용

6-3 가공제품과 제조방법

1) 전분당

(1) 전분당의 종류

전분은 포도당(glucose)이 반복적으로 α-1,4 글루코사이드 결합으로 연결되어 있고, α-1,6 글루코사이드 결합으로 곁가지가 있는 아밀로스와 아밀로펙틴으로 구성되어 있으며 산이나 효소(α-amylase, β-amylase)에 의해 쉽게 가수분해된다. 가수분해 정도에 따라 덱스트린(dextrin)부터 포도당까지 여러 제품이 생산되며 아이소머레이스(이성질화효소, isomerase)에 의해 포도당 일부를 과당으로 이성질화하여 이성화당(과당 55%, 포도당 45%)을 생성한다.

전분당은 **그림 5-16**의 과정에 의하여 포도당, 이성화당, 덱스트린, 물엿이 만들어진다. 전분을 산이나 효소로 가수분해하면 단맛을 갖게 되는데 분해 정도에 따라 물엿, 맥아엿, 포도당이 된다. 전분이 어느 정도 가수분해되었는지는 DE(포도당의 당량, dextrose equivalent)값으로 나타낸다.

일반적으로 전분의 DE값은 2~3이다. 전분은 가수분해 되면 분자의 크기가 작아지면서 DE값은 증가하여 물엿은 30~60의 넓은 범위를 갖게 되는데, DE값이 높을수록 단맛이 강하다. 결정포도당은 99.5~100인 데 비해 액상포도당은 55~70 정도이다(**그림 5-16**).

전분의 가수분해로 DE값이 높아질수록 단맛의 증가뿐만 아니라 당의 결정성이 증가하고, 삼투압이 증가하며 분자량과 점도는 감소한다.

$$\text{DE} = \frac{\text{환원당(glucose)}}{\text{총 고형분}} \times 100$$

- 물엿
  - 산화당물엿 DE 30~60
  - 효소당화물엿 DE 40~50
  - 분말엿 DE 15~40
  - 맥아물엿 DE 40~50
- 포도당
  - 결정포도당 DE 99.5~100
  - 정제포도당 DE 97~98

그림 5-16 전분의 가수분해제품

(2) 당화방법

전분의 당화방법으로는 산당화(acid saccharification)법과 효소(α-amylase와 glucoamylase 등)를 이용한 효소당화법이 있다. 산당화법은 30~40%(w/w)의 전분현탁액에 묽은 염산이나 황산, 수산용액을 넣고 가압(2.0~3.5kg)하에서 100℃ 이상의 고온 가열분해하기 때문에 분해시간이 짧고(30~60분) 간단한 장점이 있다. 그러나 포도당 수율이 낮고(90% 이하) 내산, 내압재료 설비를 갖추어야 하며 쓴맛을 갖는 gentiobiose와 이상한 맛과 냄새를 주는 hydroxymethyl furfural, levulinic acid, formic acid 등이 생성되어 맛이 좋지 않은 단점이 있다.

전분의 효소당화법은 포도당 수율이 높고 특별한 장치가 필요 없으며, 단맛에 쓴맛이 없는 장점이 있으나, 당화시간이 오래 걸리는 것이 단점이다.

표 5-11 산당화법과 효소당화법의 비교

	산당화법	효소당화법
원료전분	정제를 완전히 해야 한다.	정제할 필요가 없다.
당화전분농도	약 25%	50%
분해한도	약 90%	97% 이상
당화시간	약 60분	48시간
당화의 설비	내산 · 내압의 재료를 써야 한다.	내산 · 내압의 재료를 쓸 필요가 없다.
당화액의 상태	쓴맛이 강하며 착색물이 많이 생긴다.	쓴맛이 없고 이상한 생성물이 생기지 않는다.
효율	결정포도당은 약 70% 분말액은 먹을 수 없다.	결정포도당으로서 80% 이상이고 분말포도당으로 하면 100% 분말액은 먹을 수 있다.
비용	생산비가 높다.	산화법에 비하여 생산비가 적다.

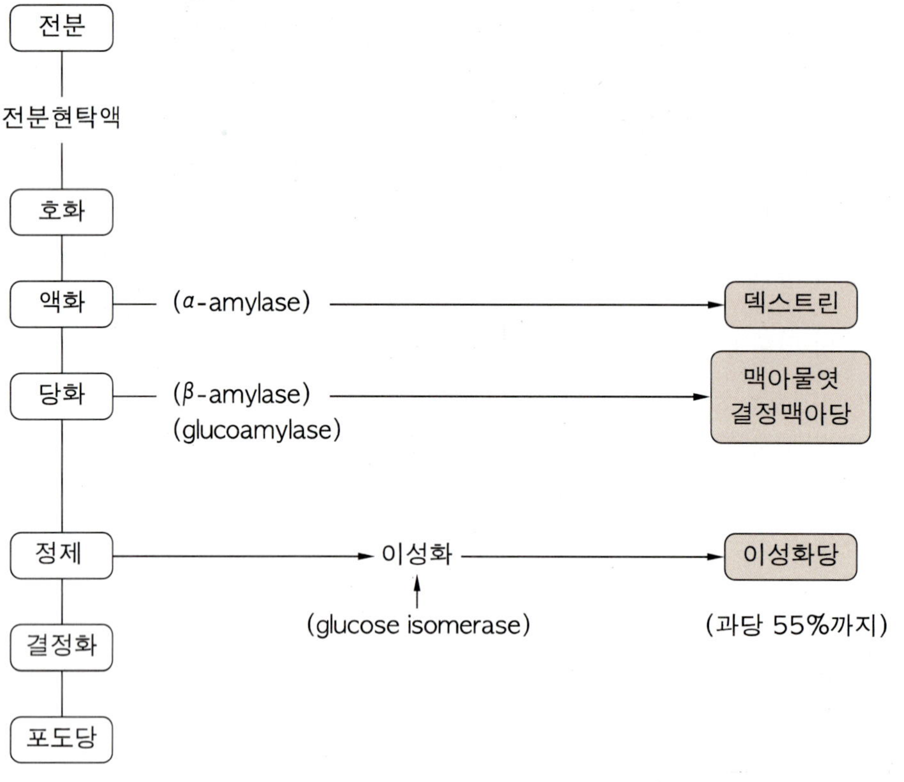

그림 5-17 전분당의 제조공정

이를 정리하면 **표 5-11**과 같다. 과거에는 산당화법이 주로 사용되어 왔지만 최근 효소 공업의 발달로 수율과 순도가 높아지면서 효소당화법이 널리 사용되고 있다. 효소 당화법에 의한 전분당의 생산 과정은 **그림 5-17**과 같으며 이를 좀 더 자세히 설명하면 다음과 같다.

(3) 포도당

포도당(또는 덱스트로오스)의 제조를 위한 효소당화법(enzymic saccharification)은 호화된 전분을 분해하여 액화시키는 액화형 α-아밀레이스와 전분의 구성단위인 포도당까지 분해하는 글루코아밀레이스(glucoamylase)라는 2종류의 효소가 사용된다. 포도당 제조공정은 **그림 5-18**과 같으며 그 과정은 액화, 당화, 정제 및 결정화의 3단계로 나눌 수 있다.

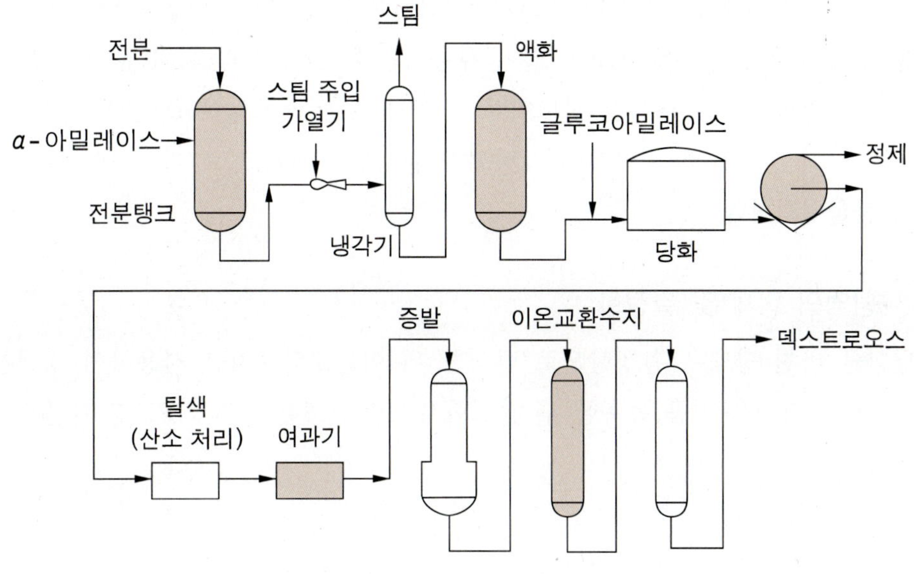

그림 5-18 포도당의 생산 공정도

① 액화

전분현탁액을 가열하여 호화시킨 뒤 α-아밀레이스(α-amylase)를 첨가하여 전분의 사슬을 무작위로 끊어 당화 효소작용을 쉽게 하고 점도를 낮추어주는 과정을 액화(liquefying)라 한다. α-아밀레이스(α-amylase)는 α-1,6 글루코사이드 결합은 절단하지 못하지만 α-1,4 결합을 무작위로 끊어주어 점도를 빠르게 감소시키기 때문에 α-amylase를 액화효소(liquefying enzyme)라고도 한다(**그림 5-16**).

액화효소는 *Bacillus subtilis, B. mecentricus, B. licheniformis*가 생산하는 내열성 효소(100℃ 내외에서 불활성화됨)를 사용한다. 전분현탁액(35~40%)은 pH 6.0~6.5로 조정하고 액화효소를 첨가하여 90℃ 이상으로 빠르게 가열한다. 액화를 20~30분간 진행해서 DE값이 10~15가 되면 120~140℃로 가열하여 효소를 불활성화하고 55~60℃로 냉각한다.

② 당화(saccharification)

액화된 전분용액은 pH 4.4~4.8로 조절하고 55℃에서 글루코아밀레이스(gluco-amylase)를 첨가하여 당화한다. 당화효소로는 *Rhizopus*나 *Aspergillus* 속에 속하는 곰팡이가 생산하는 효소를 많이 사용하는데 이 효소의 최적 온도는 55℃ 내외이고 당화시간은 48시간 정도이다. 이때 얻어진 포도당은 DE값이 99 정도로 포도당의 순도는 96~98%이다. 당화가 끝나면 70~80℃로 가열하여 당화효소를 불활성화한다.

③ 당액의 정제 및 결정화

당화를 마친 당액은 활성탄으로 탈색한 뒤 이온교환수지를 사용하여 정제한다. 정제된 당액은 진공 농축한 후 결정화시키고 건조하여 결정포도당 제품으로 만든다.

(4) 맥아물엿과 결정맥아당

맥아당(maltose)은 2개의 포도당이 α-1,4 결합으로 이어진 이당류이다. 맥아당은 천연물에는 존재하지 않지만 물엿의 대부분이 맥아당으로 구성되어 있어서 맥아물엿이라고도 한다. 맥아당의 단맛은 설탕(자당)의 30~40%로 낮으나 부드러운 단맛을 가지고 있어, 물엿은 주로 가정에서 조리당으로 사용하며, 결정맥아당은 어육의 연제품이나 빵류에 첨가하여 담백한 감미를 주면서 텍스처 특성을 개선하는 데에 사용하고 있다.

효소당화법에 의한 제조방법은 포도당 제조의 경우와 같이 전분을 호화하고 액화한다. 액화 후 가열하여 액화효소를 불활성화하고 60℃ 정도까지 냉각한 다음 당화한다(약 5시간). β-아밀레이스(맥아를 추출한 추출액)로 당화한다. β-아밀레이스는 전분구조의 비환원성 말단으로부터 차례로 맥아당 단위로 절단시키는 효소이기 때문에 맥아당의 수율이 좋다. 당화를 마치면 90℃ 이상으로 가열한 후 효소를 불활성화하고 여과하여 농축한다. 이때 DE 값은 45~55이고 맥아당 함량은 전체 당의 75% 내외이다.

결정맥아당은 활성탄으로 탈색하고 이온교환수지로 정제한 다음 농축시켜(수분 함량 10% 정도) 정제맥아엿을 만들거나 결정화하여 결정맥아당을 제조한다(**그림 5-19**).

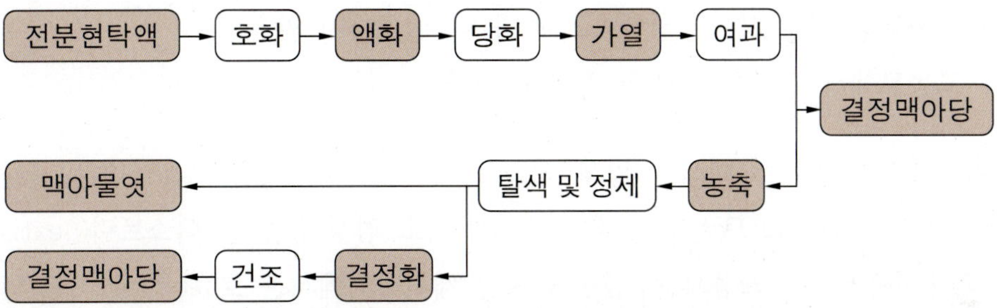

그림 5-19 맥아물엿과 결정맥아당 제조공정

(5) 덱스트린

전분을 열, 산, 효소 등으로 가수분해하면, 전분의 글루코사이드 결합이 무작위적으로 절단되어 생기는 여러 가지 분해산물을 덱스트린(또는 호정, dextrin)이라 한다. 덱스트린의 제조는 건식배소법, 산분해법, 효소분해법이 있다.

① 건식배소법

물 첨가 없이 전분을 180~200℃에서 가열하여 전분을 분해한다.

② 산분해법(가산배소법)

전분에 묽은 염산이나 황산용액(0.01~0.1%)을 가하고 120~200℃에서 가열하여 전분을 가수분해한다.

③ 효소분해법

전분에 물을 가하고 가열하여 호화한 다음 α-amylase로 가수분해한다.

산분해법과 효소분해법은 물 또는 산 용액을 가하고 분해하기 때문에 습식제조법이라고도 한다.

덱스트린은 다음의 성질을 갖게 된다.

- 전분의 α-글루칸(α-glucan) 사슬의 길이가 짧아진다.
- 찬물에 잘 용해되고 효소작용을 받기 쉽다.
- 호화액의 점성이 낮다.
- 호화액의 안정성이 향상된다(노화가 잘 일어나지 않음).
- 고농도에서 접착력이 매우 강하게 된다.

덱스트린의 종류는 백색과 황색 덱스트린이 있는데, 백색 덱스트린은 찬물에 40% 이상, 황색 덱스트린은 찬물에 완전히 녹고 점성이 낮다. 덱스트린(dextrin)은 액체식품에서는 안정제로, 견직물 또는 제지공업에서는 호료(풀)로, 수성염료에서는 희석재로, 의약품에서는 부형제로 사용된다.

2) 변성전분

천연전분을 식품공업이나 섬유제지공업 분야에 이용하고자 할 때 전분의 특성이 적합하지 않은 경우가 많다. 특히 식품에 이용할 때 함께 가열하면 호화되었다가 냉각하면 젤(gel)이 되거나 노화되는 단점이 있다. 따라서 천연전분에 화학적 및 물리적 처리를 하여 전분의 성질을 개선하거나 다른 특성을 부여하여 사용목적에 적절한 성질을 갖도록 한 전분 유도체를 변성전분(변성녹말, modified starch)이라고 한다.

변성전분의 제조방법은 전분을 높은 온도로 가열시키는 방법, 부분적 산 분해해서 중합도를 감소시키는 방법, 호화시키는 방법, 유도체를 만드는 방법, 고주파처리나 습열처리 등 물리적 처리를 하는 방법이 있다.

식품공업에서 이용하는 변성전분은 아래와 같은 특성을 가지고 있다.

- 냉수용해성 및 열수용해성 향상, 노화 억제
- 소스나 수프 등 액상식품의 점도 향상(증점제) 및 점도의 안정성 향상
- 콜로이드의 안정제
- 열수용해성 향상, 노화 억제
- 점도 저하, 호화온도를 낮추거나 높임
- 지방대체제

그러므로 변성전분의 종류는 다양하지만 식품과 관련된 주요 변성전분을 요약하면 다음과 같다.

(1) 분해전분

분해에 의한 변성전분 제조는 물 첨가 없이 전분을 높은 온도에서 분해(건식배소법)한 덱스트린류(dextrins)와 묽은 염산이나 황산을 넣고 가열해서 가수분해한 산처리전분(thin-boiling starch, acid modified starch), NaOCl(차아염소산나트륨) 용액을 산화제로 산화한 산화전분(oxidized starch)이 있다.

덱스트린류는 전분의 직쇄구조가 어느 정도 절단되어 짧아지므로 점도가 낮고 호화전분보다 물에 녹기 쉽고 효소작용도 받기 쉽다. 산처리 전분은 전분 입자 내의 결합이 파괴되어 입자구조가 약해져 있어 가열하면 점도가 떨어지고 낮은 온도에서 단단한 젤을 형성한다.

(2) 호화전분

호화전분(pregelatinized starch)은 전분을 호화한 후 드럼건조기로 건조한 전분이다. 호화전분을 α화전분 또는 즉석전분이라고도 하는데 냉수에 쉽게 분산되고 가열 없이도 사용할 수 있다. 천연전분보다 점성이 낮고 불투명한 젤을 형성한다.

(3) 가교전분

가교전분(cross-linked starch)은 천연전분의 -OH group과 작용할 수 있는 화합물(phosphoryl chloride, sodium trimetaphosphate 등)을 반응시켜 서로 연결한 전분이다. 가교 정도에 따라 물리적 성질이 달라지는데 일반적으로 천연전분보다 점성이 높고 고온에 저항성이 크다. 또한 가교전분은 노화가 잘 일어나지 않으며 낮은 온도에서나 냉동, 해동조건에서도 안정성이 크다. 열처리의 초기단계에서는 점성이 낮으나 온도가 높아지면 호화되고 점도가 높아진다.

6-4 설탕

설탕(sucrose)은 포도당(glucose)과 과당(fructose)이 한 분자씩 결합된 이당류로 단맛의 대표적인 천연감미료이다. 설탕은 사탕수수와 사탕무에 14~20% 정도 함유되어 있어 이들 원료로부터 분리, 정제하여 결정화시켜 제조한다. 설탕은 전분의 가공제품은 아니나 천연당으로서 중요하여 간단히 정리하면 다음과 같다.

1) 설탕의 종류

설탕은 관능적으로 단맛을 주는 특성이 가장 중요하지만 단맛 특성 외에 빵이나 떡 등과 같은 전분식품의 노화를 방지하고 과일에 포함된 펙틴(pectin), 유기산과 함께 펙틴젤(gel)을 형성하는데, 설탕용액의 높은 삼투압은 미생물의 번식 억제 효과가 있으며 산과 알코올의 발효 원료가 된다.

▶ 원료에 따른 분류

① 수수설탕(cane sugar) - 사탕수수에서 제조한다.
② 무설탕(beet sugar) - 사탕무에서 제조한다.
③ 단풍설탕(maple sugar) - 사탕단풍의 수액에서 제조한다.

제조방법에 따른 분류

① 함밀당(含密糖, molasses-containing sugar) - 당밀분을 함유한다.

② 분밀당(分蜜糖, molasses-free sugar) - 당밀분을 제거한다.

우리가 일상생활에서 사용하는 것은 분밀당으로 당밀을 분리 제거하여 정제한 것으로 거의 흰색이다. 분밀당은 원산지에서 사탕수수를 짠 즙(당즙)으로부터 불순물을 제거하고 농축한 후 원심분리하여 당밀을 제거한 다음 결정화한 정제당이다.

2) 제조방법

설탕은 사탕수수의 줄기나 사탕무를 잘게 자르고(세절) 압축하면 당즙이 나오는데 이것을 농축하고 결정화하면 다갈색의 원당(조당)이 된다. 우리나라에서는 원당을 수입하여 정제과정을 거쳐 정제당을 제조한다. 원당의 제조공정은 **그림 5-20**과 같이 원당을 원심분리하여 당밀을 제거한 뒤 이온교환수지와 활성탄을 사용하여 정제한다. 정제한 당액은 진공결정관에 넣어 농축하고 설탕을 결정화한다. 결정화된 설탕을 원심분리하여 건조하면 정제당이 된다.

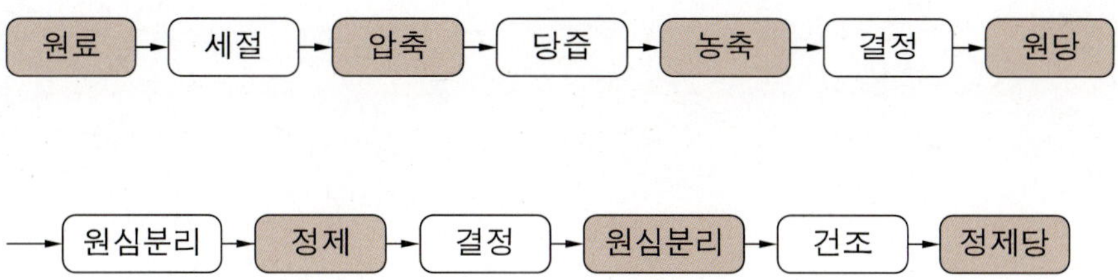

그림 5-20 설탕의 제조공정

설탕의 색이 하얀 것은 정제할 때 사용되는 활성탄이 원당의 불순물을 제거하면서 색소도 제거하기 때문이다. 순수한 설탕은 본래 백색이다. 갈색설탕의 경우는 원료당에 있던 무기질이나 불순물이 미량 함유되어 있거나 제조과정 중 가열에 의한 비효소적 갈색반응에 의하여 갈색을 띠게 된다. 백설탕이나 갈색설탕은 원당을 정제한 설탕이므로 영양학적으로 큰 차이가 없다. 제품의 종류에는 정백당, 중백당, 그라늄당, 각설탕, 분당 등이 있다.

CHAPTER 6

두류의 가공

두류(legumes)는 꼬투리(pod)에 종자(씨)가 들어 있는 콩과(Leguminosae)에 속하는 식물로서 그 종자를 식용으로 섭취하고 있다. 두류의 종자는 콩(대두), 팥, 완두, 녹두, 강낭콩 등이 있으며 지질이 많고 탄수화물이 적은 것(콩)과 지질이 비교적 적고 탄수화물이 많은 것(팥, 녹두, 완두, 강낭콩 등)으로 구분된다(**표 6-1**). 그러나 이들 두류는 단백질 함량이 20% 이상으로 높다는 면에서 쌀, 밀, 보리 등 다른 곡류와 구별된다.

표 6-1 두류의 일반성분

식품명 \ 성분	수분	단백질	지질	탄수화물		회분
				당질	섬유소	
콩(노란콩, 마른 것)	9.7	36.2	17.8	30.7	5.0	5.6
강낭콩(마른 것)	10.4	21.2	1.1	63.9	4.0	3.4
녹두(마른 것)	10.9	22.3	1.5	62.0	4.6	3.3
완두콩(마른 것)	8.1	20.7	1.3	67.1	5.9	2.8
팥(검정팥, 마른 것)	10.1	21.6	0.3	64.4	4.3	3.1

(식품성분표, 농촌자원개발연구소, 2006)

두류 중 콩은 생산량뿐만 아니라 이용 면에서도 가장 중요하다. 세계 대두 생산량은 약 2억 4000만 톤(2008년)으로 약 80%가 콩기름 제조에 사용되고 나머지 20% 정도만이 식용으로 이용되고 있다. 우리나라를 비롯한 중국과 일본은 오래전부터 콩을 이용한 식문화가 발달하였고, 세계적으로 다양한 콩 가공제품이 제조되었기에 콩은 두류의 대표적 작물이라 할 수 있다.

01 성분, 기능성, 이용

1-1 성분 및 기능성

콩(대두, soybean, *Glycine max merill*)은 자엽에 단백질과 지방질이 많이 함유되어 있으며 탄수화물 중 올리고당은 약 10% 함유되어 있지만 전분은 거의 없다. 콩의 구조는 **그림 6-1**과 같이 표피, 자엽, 배축으로 되어 있다. 이들 부위별 무게의 비율은 콩의 품종과 크기에 따라 많은 차이가 있지만 우리가 식용으로 하는 일반콩(노란콩)은 표피(seed coat)가 전체 콩 무게의 약 8.3%, 배축(hypocotyl)이 2.1%, 자엽(cotyledon)이 약 90%이다. 이들 부위별 일반성분의 조성은 건물량 기준으로 **표 6-2**와 같이 우리가 식용으로 하는 자엽에는 단백질이 건물량 중 40% 이상이고 지방질이 20% 이상 함유되어 있음을 알 수 있다.

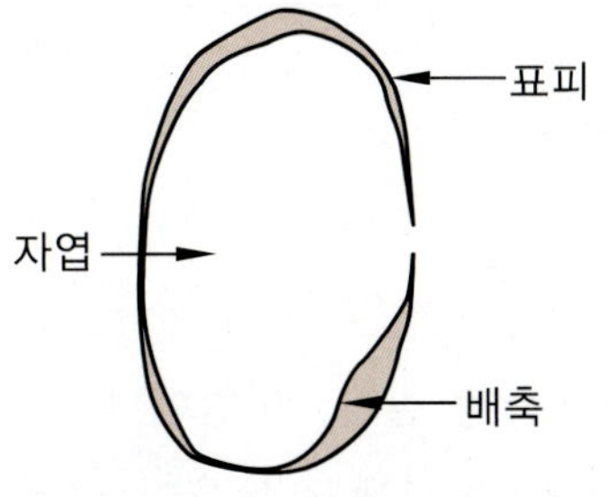

그림 6-1 콩의 구조

표 6-2 콩의 부위별 일반성분 조성

	조단백질(%)	조지방질(%)	탄수화물(%)	회분(%)
콩 전체	40.4	22.8	31.9	4.9
자엽	43.4	24.3	27.3	5.0
배축	40.8	12.0	42.7	4.5
표피	9.0	0.9	86.2	4.0

(건량 기준)

콩(soybean, *Glycine max merill*)은 일반성분 조성에서도 보여주듯이 어느 작물보다 단백질 함량이 높고 그 품질 또한 우수하며(육류단백질과 비슷함), 지방질은 불포화지방산(총 지방산 중 84.6%)이 많을 뿐만 아니라 필수지방산인 리놀레산(linoleic acid 18 : 2)과 리놀렌산(linolenic acid, 18 : 3)이 많이 들어 있어 영양적으로 대단히 우수한 식품의 원료이다(**표 6-3**).

표 6-3 두류의 지질 함량 및 주요 지방산의 조성

지방산 조성 / 식품명	지질 함량 (가식부 100g 중)	지방산 g/총지방산 100g						
		포화 지방산	불포화지방산		18 : 0	18 : 1	18 : 2	18 : 3
			단일불포화	고도불포화				
콩(노란콩)	17.8	15.4	21.7	62.9	3.4	20.2	56.7	8.7
강낭콩	2.2	20.7	14.8	64.8	1.9	8.4	27.9	44.7
완두콩	2.3	19.4	31.7	48.9	4.8	31.2	43.3	6.4

(식품성분표, 농촌자원개발연구소, 2006)

최근 만성질환의 예방을 식품에서 얻고자 하는 관심이 어느 때보다 높아가고 있다. 콩이 갖고 있는 기능성 성분들은(isoflavone, 올리고당, peptides, pinitol, saponin 등) 고혈압과 심혈관계 질환, 항암에 대한 높은 효과가 증명되어있고 당뇨병과 장내 유익한 미생물 번식에도 도움이 되는 중요한 건강식품으로 인정받고 있다.

콩의 기능성 성분을 정리한 것은 **표 6-4**와 같다. 이 중 아이소플라본(isoflavone)은 항산화력이 커서 노화를 억제하고 심혈관계 질환에 효과가 큰 성분으로 알려져 있다. 콩의 단백질은 다른 단백질에 없는 혈중 콜레스테롤 함량을 낮추어 주는 효과가 높으며, 콩의 올리고당인 stachyose(4~5%), raffinose(약 1%)와 같은 올리고당은 대장 내의 유익한 균인 *Bifidus*균의 증식에 도움을 준다.

그러나 콩에 존재하는 트립신 억제제(trypsin inhibitor)는 단백질 분해 효소인 트립신의 작용을 저해하여 단백질의 소화흡수를 방해하는 작용을 갖고 있다. 그러므로 콩을 섭취하거나 가공할 때에는 트립신 억제제를 불활성화해야 되는

데, 우리가 콩을 조리할 때 끓이는 정도의 가열처리만으로도 거의가 불활성화 되므로(90% 이상) 크게 문제되지 않는다.

표 6-4 콩의 기능성 성분과 효과

기능성 성분		효과
Isoflavone	Genistein Genistin	유방암, 전립선암, 대장암, 자궁암 등의 억제작용 암의 증식에 필요한 혈관신생 저해 동맥경화 예방, LDL-cholesterol 감소, HDL-cholesterol 증가
	Daidzein Daidzin	골다공증 예방 음주 후 급격한 혈중 알코올 농도 상승 억제
올리고당	Stachyose Raffinose	장내균총 개선 콜레스테롤, 중성지방 감소 *Bifidobacterium* 증식 향상
Phytic acid		유방암 및 피부암의 생성 저해 심장병 낮추는 효과
Bowman-Birk형 trypsin inhibitor		장암, 간암, 구강암, 대장암, 폐암 등 예방효과 당뇨병 예방
Peptides		항암성, 항고혈압성, 항혈전활성
pinitol		혈당 강하 효과

1-2 콩의 이용

콩의 이용은 콩의 전체 성분을 이용한 제품, 단백질을 주로 이용한 제품, 지방질을 이용한 제품으로 크게 나눌 수 있다(**그림 6-2**). 토코페롤, 레시틴, 비타민 E 등은 콩기름 제조 시 부산물을 활용한 제품이며 일반적으로 콩우유는 수용성 성분을 이용한 제품이지만 전두유는 전체 성분을 이용하고 있다. 단백질 이용 제품에서도 두부는 수용성 단백질을 응고한 제품이지만 전두부는 섬유소를 포함한 전체 성분을 이용한 제품이다. 탈지콩가루나 농축콩단백, 분리콩단백은 콩기름을 분리한 뒤 남은 부산물에서 단백질을 주로 이용한 제품이다.

그림 6-2 콩 이용 제품

02 콩의 가공제품

2-1 두부

두부(dubu, soybean curd)는 콩단백질을 응고시킨 제품으로 오래전부터 우리나라와 중국, 일본 등에서 섭취하여 왔던 고단백 식품이다. 두부의 일반성분은 수분 함량이 80~85%, 단백질은 약 8.5%, 지방질은 약 5.5%, 당질은 1.5% 내외로 수분을 제외한 고형분 중 단백질이 45~52%나 되어 동물성 단백질이 부족한 지역에서는 귀중한 단백질원이었다.

두부 제조의 원리는 콩을 물에 담가 충분히 수화한 다음 마쇄하여 끓인 뒤 여과한 후 얻어진 콩우유에 응고제를 첨가하고 수용성 단백질을 응고시킨 뒤 압착한 것이다. 수용성 단백질은 전체 콩 단백질의 약 90% 정도이고 그중 pH 4~5에서 침전되는 글리시닌(glycinin) 단백질이 응고에 관여한다.

우리나라에서 주로 생산·판매되고 있는 두부는 불용성인 비지를 제거한 순두부, 보통두부, 연두부의 세 종류이며 최근 콩분말(150 mesh 이상)에 물을 넣고 가열하여 응고제를 넣고 응고한 전두부가 있다. 가장 많이 섭취하는 보통두부는 텍스처가 비교적 단단하면서 부드러우며 약간의 탄력성이 있다. 전두부는 콩 전체 성분을 이용한 두부라는 면에서 일반 두부와 다르다. 비지를 제거하지 않았기 때문에 콩 전체 성분을 이용한 장점이 있으나, 일반 두부보다 조직이 거친 것이 단점이다. 이외의 두부제품으로는 튀김두부, 유부, 유바와 같이 맛과 텍스처를 바꾼 두부, 인스턴트 두부와 같이 신선한 두부를 가정에서 직접 만들어 먹게 하는 제품도 있다. 이들 중 얼린두부, 튀김두부는 저장성을 높인 제품이다.

1) 두부

보통두부라고도 불리는 제품으로 주요 제조과정은 **그림 6-3**과 같다. 콩을 물에 충분히 불려 마쇄한 뒤 끓이고 여과하여 비지를 제거한 다음 응고제를 넣어 응고시킨 후 압착한 것이다. 비지의 제거로 불용성 단백질과 섬유질이 제거되어 두부에는 수용성 단백질과 당질 및 지방질 일부가 포함된다. 콩에서 두부로 이전되는 성분수율은 고형분이 약 55%, 단백질은 70% 정도이다.

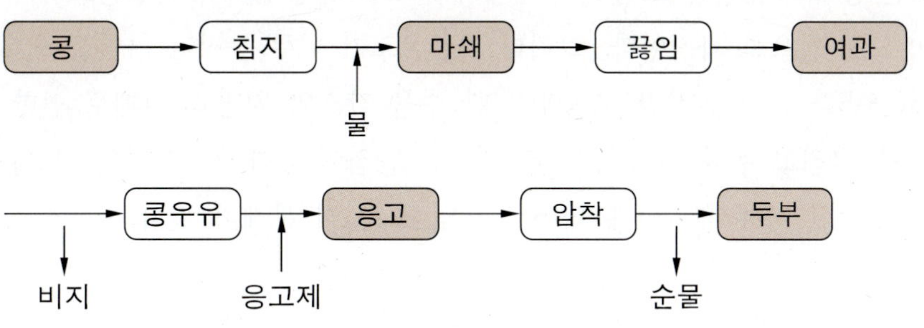

그림 6-3 두부의 제조공정

(1) 제조과정

① 콩의 정선 및 침지

콩은 단백질 함량이 많을수록 두부 수율이 높고 저장을 오래한 콩은 수분 흡수가 느리게 되므로 저장기간이 짧은 콩일수록 좋다. 검정콩의 색소는 용출되어 두부의 색을 검게 하므로 색소가 적은 연황색의 콩을 사용한다.

콩은 침지 전에 이물질을 제거한 다음(chapter 5, 2-1 참조) 세척하고 물에 침지한다. 침지 시간은 물의 온도에 영향을 받아 여름에는 3~4시간, 겨울에는 12~13시간이 적당하다.

② 마쇄

콩의 마쇄는 조직과 세포를 파괴해 수용성 물질, 특히 단백질을 최대한으로 추출하고자 하는 과정이다. 마쇄할 때 일어나는 마찰열은 단백질의 열변성을 초래하여 단백질 추출을 감소시킬 수 있으므로 마쇄할 때 너무 온도가 올라가지 않도록 주의해야 한다. 마쇄할 때 물의 첨가량이 많을수록 수용성 물질의 추출률이 높아지나 끓일 때의 연료비가 많으므로 물의 첨가량은 불린 콩 무게의 8~10배가 적당하다.

③ 끓임

마쇄한 콩죽의 끓임은 트립신 저해제와 효소를 불활성화하며 살균효과가 있으므로 반드시 필요한 과정이다. 그러나 가열온도가 너무 높거나 가열을 오래하게 되면 **표 6-5**와 같이 단백질 변성에 의한 수율 감소와 지방의 산패로 인한 두부 맛의 변질 그리고 두부 텍스처가 단단해지는 단점이 있다. 반면 가열온도가 너무 낮으면 트립신 저해제가 남게 되어 두부의 소화 시 문제가 된다.

④ 여과

마쇄한 콩죽에서 비지를 제거하는 방법은 압착여과법, 진공여과법, 원심분리법이 있다. 압착여과법은 소규모 공장에서 사용하는 재래식 방법으로 콩 우유를 대부분 회수할 수 있는 장점은 있으나, 여과포가 파열되는 경우가 있으며, 진공여과법은 미세한 입자가 통과되는 단점이 있다. 그러므로 콩을 미세하게 마쇄하였을 경우에는 연속 작업이 가능한 원심분리법을 사용하고 있다.

표 6-5 가열 조건에 따른 성분의 추출률 비교

일반 성분	가열온도(℃, 10분 가열)				가열시간(분, 100℃)			
	90	100	110	120	5	10	20	40
고형분	61.5	62.6	61.9	59.3	59.8	62.3	60.2	59.2
조단백	80.2	81.2	79.9	76.3	78.5	81.2	80.3	79.5
조지방	69.2	74.5	73.2	67.1	68.2	73.1	70.4	69.2

⑤ 응고

콩우유에 응고제를 첨가하여 단백질을 응고시키는 과정은 두부 제조에서 가장 중요한 공정이다. 응고제는 두부의 텍스처 특성뿐만 아니라 두부의 수율과 맛에도 큰 영향을 준다. 현재 주로 사용하는 응고제는 염화칼슘, 황산칼슘, 글루코노델타락톤(glucono-δ-lactone, GDL) 등이 있으며 이들의 특성 비교는 **표 6-6**과 같다. 염화칼슘은 물에 잘 녹는 장점이 있으나, 두부를 만들었을 때 낮은 보수력으로 수율이 떨어지며 두부의 텍스처가 거칠고 단단한 것이 단점이다. 황산칼슘은 보수력이 염화칼슘보다 높으며 탄력 있고 부드러우나 물에 녹지 않아 첨가할 때 불편한 것이 단점이다. 한편 글루코노델타락톤은 응고된 단백질의 구조가 균일하여 조직이 부드러우며, 보수력이 좋아 수율이 가장 높지만 조직이 너무 연하고 약간 신맛이 나는 단점이 있다. 신맛은 글루코노델타락톤이 물에 용해되었을 때 글루콘산(gluconic acid)으로 분해되기 때문이다.

응고할 때 관여하는 조건은 응고제 첨가 시의 콩우유 온도와 고형분의 농도가 있다. 일반적으로 콩우유의 농도가 너무 높으면 저어줄 때 응고된 단백질이 부서지기 쉽고, 온도가 70℃ 이하가 되면 응고가 잘 되지 않으므로 85~90℃ 정도가 좋다.

표 6-6 두부 응고제의 특성 비교

응고제	첨가온도 (℃)	용해성	장점	단점
염화칼슘 $CaCl_2$, $2H_2O$	75~80	수용성	응고시간이 빠름, 보존성이 양호함, 압착 시 물이 잘 빠짐	수율이 낮음, 두부가 거칠고 단단함
황산칼슘 $CaSO_2$, $2H_2O$	80~85	불용성	두부 색상이 좋음, 조직이 연하고 탄력성이 있음, 수율이 높음	사용이 불편함(더운물에 희석하여 사용)
글루코노델타락톤 $C_6H_6O_6$	85~90	수용성	사용이 편리함, 응고력이 우수함, 수율이 높음	약간 신맛이 있음, 조직이 대단히 연함

⑥ 압착 및 성형

응고된 두부는 압력을 가하여 탈수와 성형을 한 다음 소비자 판매 단위로 절단하게 된다. 성형할 때의 압력은 두부의 수율, 텍스처에 영향을 줄 뿐만 아니라 수분 함량과 관계가 있으므로 압력의 정도와 시간은 적당히 조절해야 한다. 일반적으로 압착은 서서히 증가하는 것이 두부의 탄력성과 수율에 좋다.

2) 얼린두부

얼린두부(frozed soybean curd, dried soybean curd)는 동(凍)두부라고도 하는데 오래 전 중국의 추운 산간 지방에서 만들었던 두부로 천천히 얼렸다가 해동하고 건조한 것이 특징이어서 얼린두부라 한다. 얼린두부는 스펀지와 같은 해면상 조직을 갖고 있는데 이는 두부가 얼었다가 녹을 때 조직은 수축되지 않고 수분만 빠져 나오기 때문에 일어나는 현상이다. 또한 얼린두부는 수분 함량이 낮아 장기간 저장할 수 있는 이점이 있다.

얼린두부의 제조 공정은 **그림 6-4**와 같이 생두부를 10℃ 내외의 찬물에 2일 쯤 담가 두어 조직을 단단하게 하거나 강하게 압축하여 단단한 두부를 만든 다음 -7~-8℃에서 하룻밤 완만하게 동결한다. 그 후 -3~-4℃ 범위의 냉동실에서 약 3주일 정도 숙성한 다음 흐르는 물에 얼음을 녹인다. 그 다음 압착기나 탈수기로 물을 제거하고 50~60℃에서 건조한다. 조미가 필요한 경우에는 조미액을 첨가하여 맛을 조정한 다음 건조한다.

이러한 얼린두부의 텍스처는 씹힘성이 좋고 조미액에 따라 여러 가지의 맛을 갖게 하며, 건조 방법에 따라 갈색 정도를 조절할 수 있다. 얼린두부의 일반성분은 수분이 6~10%, 단백질이 54%, 지방 약 20%, 탄수화물 약 7%, 회분 3%이다.

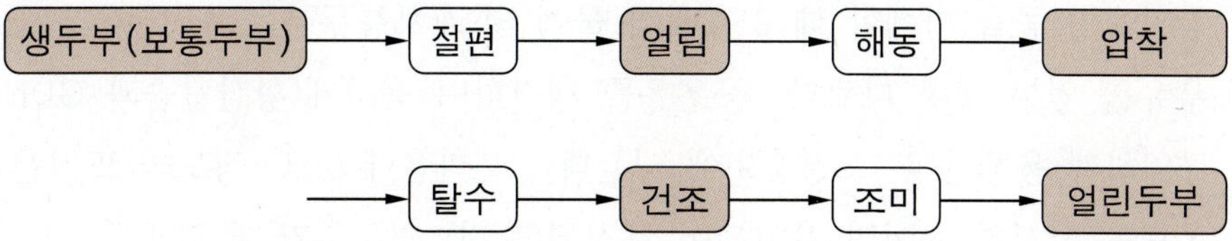

그림 6-4 얼린두부의 제조과정

3) 유부

유부는 두부를 얇게 하여 기름에 튀겨 제조한 식품으로 튀기는 동안 지방이 두부에 침투하여 영양가가 증가할 뿐만 아니라 관능적인 특성과 저장성이 향상된 것이다.

유부의 제조방법은 생두부(보통두부)를 높은 압력으로 압착하고 두께를 얇게 한 후 수분 함량을 낮추어 준다. 기름에 튀길 때는 110~120℃의 식물성 기름에서 1차로 튀긴 뒤 다시 180~200℃에서 두부의 표면이 엷은 황자색이 될 때까지 튀기면 향미가 향상되고 텍스처는 닭고기 튀김과 같은 좋은 조직감을 갖게 되며 두부 가운데가 갈라진다. 튀김 후 강한 바람을 불어주어 표면에 남은 기름을 제거하고 조미액에 담가 맛을 조절한다. 우리나라와 일본에서는 갈라진 유부 사이에 쌀밥을 넣어 유부초밥으로 섭취하고 있다.

유부는 튀기는 과정 중 높은 온도의 가열로 두부의 수분 함량이 감소되며 또한 식물성 기름(유채유, 낙화생유 또는 콩기름)을 사용하기 때문에 불포화지방산 함량이 높은 영양두부가 된다. 튀김 두부의 수분함량은 43%, 단백질 함량은 20% 내외이며 지방질의 함량은 31% 정도이다.

4) 연두부

연두부(soft soybean curd)는 콩우유(두유)를 응고시킨 후 보통두부보다 약하게 압착하여 성형(압착연두부)하거나 낮은 온도의 콩우유에 응고제를 넣고 포장용기에 충전한 다음 가열하여 응고시킨 연질성 두부(충전 연두부)이다. 그리하여 연두부는 보통두부보다 수분 함량이 많고(90~92%) 텍스처가 연하고 균일하다.

연두부의 제조방법은 기본적으로 보통두부와 같다. 다만 충전 연두부의 경우 물에 침지시킨 콩을 마쇄할 때 6~7배의 물에 넣고(보통두부는 8~10배의 물)진한 콩우유를 얻는 것이 다르다. 콩우유를 냉각하여 응고제(황산칼슘과 GDL)를 넣고 균일하게 용해한 후 포장용기에 넣는다. 그 다음에 90℃ 정도의 뜨거운 물에서 온도를 서서히 높이면 응고되어 포장된(충전) 연두부가 제조된다.

5) 유바

유바는 옛날부터 절에서 차를 마실 때 차음식으로 즐겨 먹던 것으로 응고제로 응고한 것이 아니라 콩우유를 가열하여 단백질을 응고한다는 면에서 두부와 다르다. 유바의 제조과정은 물을 적게 첨가하여 고형분 함량이 높은 콩우유를 제조한 다음 표면적이 넓고 깊이가 낮은 유바 제조 솥에 넣고 80℃에서 서서히 가열하면 5~7분 후에 얇은 막이 형성된다. 이 막을 가는 막대기로 건져 내어 가열기의 선반에 놓고 건조한다. 이러한 얇은 막은 유바의 색이 연한 적갈색을 띠게 될 때까지 약 7분 간격으로 건져 낸다. 일반적으로 콩우유가 약 반정도로 감소하게 되면 적갈색이 나타나게 되는데, 적갈색의 유바는 조직이 부스러지기 쉽고 신선한 향미가 적어 이때 새로운 콩우유로 바꿔준다. 그러므로 처음 제조한 유바가 가장 좋은 제품으로 향긋한 향미와 씹힘성이 있는 텍스처를 갖고 있다.

유바의 종류는 건조하지 않은 생유바, 약 반 정도 건조한 반건조 유바, 그리고 수분 함량이 8~9% 되게 건조한 건조 유바가 있다. 건조 유바의 일반성분 조성은 수분이 8~9%이고 단백질이 52% 정도이며, 지방은 24%, 탄수화물은 12%로서 단백질과 지방질의 함량이 높은 것이 특징이다. 일반 가정에서는 임산부의 영양식품으로 사용되어 왔으며, 고혈압과 당뇨병이 있는 환자에게도 권장할 수 있는 좋은 식품이다.

생유바는 신선한 맛이 있으나 저장성이 낮고 건조 유바는 장기간 저장이 가능하다. 여러 장 겹쳐서 접거나 둥글게 만 것, 잎이나 꽃 모양으로 절편한 것, 또는 동물 형태로 만든 것 등 여러 형태로 제조되고 있다.

6) 전두부

전두부(whole soybean curd)는 표피를 제거한 콩 전체를 150 mesh 이상으로 미세하게 마쇄한(150 mesh 이상) 콩가루에 물을 5~5.5배 정도 넣어 진한 콩우유를 만들고 응고제(황산칼슘과 글루코델타락톤)를 넣고 포장한 다음 가열하여 응고시킨 두부이다.

전두부의 조직은 보통두부보다 거칠지만 콩이 갖고 있는 모든 성분을 섭취할 수 있는 면에서 영양성이나 기능성이 우수한 제품이다. 전두부의 수분 함량은 일반두부와 같이 80~85%이다.

2-2 콩우유

콩우유(soymilk)는 두유(豆乳)라고도 하는 액상 가공제품으로 불용성 성분인 비지를 제거한 콩의 물추출액이다. 콩우유는 기본적으로 콩을 물에 침지한 뒤 마쇄-여과-끓임의 과정으로 제조한다.

콩우유의 일반성분 조성은 수분이 88~89%, 단백질이 3.0~3.5%, 지방질이 3.0~3.5%, 당이 4.5~5.4%로, 성분 조성이 우유와 비슷할 뿐만 아니라 우유에 알레르기가 있는 유아나 락토오스(유당, 젖당) 소화에 어려움이 있는 성인에게는 훌륭한 대체음료이기도 하다. 콩우유에 함유된 단백질은 수용성 단백질로서 85% 정도가 글리시닌(glycinin)과 콘글리시닌(conglycinin)이다. 필수아미노산 조성은 **표 6-7**과 같이 메티오닌 외에는 우유의 카제인과 유사한 필수아미노산 조성을 갖고 있다. 콩우유의 지방질은 필수지방산인 리놀레산(35.6%)과 리놀렌산(9.6%) 등 불포화 지방산이 총 지방산의 약 45% 정도 차지하며 콜레스테롤이 없다. 또한 칼슘, 인, 마그네슘, 유황 등 무기물과 비타민 E가 비교적 많은 양이 함유되어 있는 알칼리성 영양음료이다.

표 6-7 **콩우유와 우유 단백질의 필수아미노산 조성의 비교**

(g/단백질 100g)

아미노산	콩우유	우유
isoleucine	5.78	5.06
leucine	8.21	9.32
lysine	5.78	7.58
methionine	1.50	2.39
phenylalanine	5.79	4.42
threonine	5.43	4.26
tryptophan	1.51	1.45
valine	6.29	6.48

(김우정, 1984)

1) 제조방법

콩우유의 일반적인 제조과정은 **그림 6-5**와 같다. 이 과정에서 탈피는 정선된 콩을 5~6조각으로 조쇄하여 표피를 제거하고, 데치기(blanching)는 끓는 물에서 3~4분간 가열하며, 콩을 건져내어 마쇄할 때는 끓는 물에 넣어 마쇄하는 것이 일반적인 방법이다. 데치기와 끓는 물에서 마쇄하는 것은 불쾌한 냄새를 발생시키는 리폭시게나아제(lipoxygenase) 등 콩에 있는 효소를 불활성화하며 트립신 억제제(trypsin inhibitor)를 불활성화하는 효과가 있다. 마쇄액은 여과 또는 원심 분리를 하여 비지를 제거한 뒤 당이나 메티오닌, 칼슘, 비타민 D 등 영양강화제를 적당히 첨가하여 조합한 다음 유화한다. 탈취 과정은 유화된 콩우유를 초고온 처리로 짧은 시간에 끓는점 정도까지 올린 다음, 진공분무하면서 휘발성 이취를 제거하는 것이다. 이때 얼마간의 수분 증발로 인한 농축효과도 있다. 그 후 살균과 포장을 하여 제품을 완성한다. 살균과 포장은 포장을 한 다음 살균하는 방법(병포장)과 살균한 콩우유를 무균 테트라팩(tetra-pak)에 포장을 하는 무균 포장(aseptic packaging) 방법이 있다.

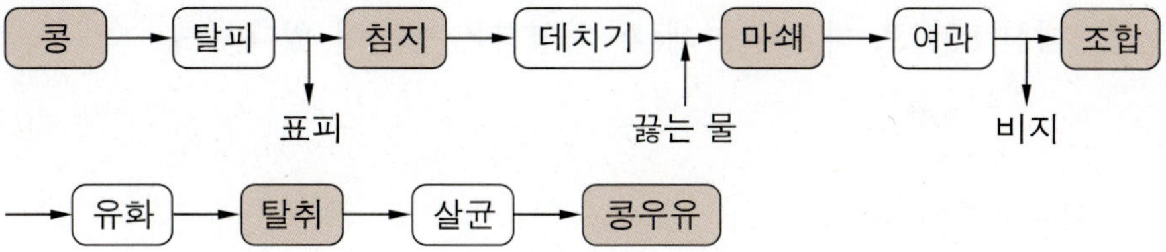

그림 6-5 콩우유 제조과정

2) 품질 개선

콩우유의 제조방법에는 여러 방법들이 제시되어 있다. 그 이유는 콩우유 품질과 관련된 여러 문제들을 개선하기 위함이다. 콩우유의 대표적인 문제는 불쾌한 향미의 개선과 고형분 수율의 향상이다.

콩우유의 불쾌한 냄새는 콩비린 냄새(beany), 곰팡이 냄새(musty), 밀가루 냄새(flour) 등으로 묘사되고, 맛은 콩비린맛, 쓴맛(bitter), 떫은맛(astringent) 등이 있다. 이러한 냄새와 맛은 알코올류, 알데하이드류, 페놀류(phenol) 등 화합물이 관여한다. 특히 불쾌한 냄새는 대부분 콩에 존재하는 리폭시제네이스(lipoxygenase)가 지방산을 분해한 뒤 여러 반응에 의해 생성하는 것으로 알려져 있다.

그러므로 콩우유 제조과정에서는 리폭시제네이스(lipoxygenase)를 초기에 불활성화하는 것이 가장 큰 과제이다. 이 효소는 단백질의 구조를 갖고 있으므로 가열처리를 하면 단백질이 변성되어 쉽게 불활성화된다. 그리하여 콩우유 제조과정 중 초기에 가열처리를 해야 되는데 방법은 콩을 침지한 후 마쇄 전에 하는 방법(데치기), 마쇄를 끓는 물로 하는 것, 마쇄 후 가열하는 방법이 있다. 또는 이들 두 가지 방법을 함께 사용하기도 하며, 어느 방법을 택하든 콩우유의 불쾌한 향미는 크게 개선된다. 가공 초기의 가열처리는 효소의 불활성화뿐만 아니라 단백질도 변성되어 용해도가 감소하게 된다. 이러한 용해도의 변화는 콩우유의 고형분 수율을 감소시키고 제품의 생산량에 영향을 준다. 그리하여 리폭시게나아제(lipoxygenase)를 불활성하면 고형분 수율에 최소한의 영향을 주는 가열처리 방법들이 제시되어 있으며, 그 중 한 예는 데치기 한 뒤 마쇄할 때 100℃의 끓는 물 대신 80℃로 하거나 마쇄 후 가열하는 방법이 있다.

2-3 콩단백질 제품

콩이 공급하는 단백질 총 생산량은 약 8400만 톤으로(단백질 함량 35%, 2008년 콩 생산량 기준) 콩은 세계에서 생산되는 단일 식품 원료(식물성, 동물성 포함)로는 가장 풍부한 단백질 자원일 뿐만 아니라 단백질의 영양적 품질이 우수하다. 그럼에도 불구하고 그 대부분(약 80% 이상)이 탈지대두박으로 제조되어 사료로 이용되고 있다. 이렇게 콩단백질의 식품화가 부진한 첫째 이유는 콩의 주된 가공제품이 콩기름으로 사용되고 있기 때문이며(전체 생산량의 약 85%), 둘째는 지방을 추출한 뒤 남은 탈지대두박을 식품가공의 원료로 사용하는 데 아직도 문제점이 있기 때문이다.

1) 제조원리

콩기름을 추출한 후 부산물로 남는 것이 탈지대두박(defatted soybean meal)이고 이것을 분쇄한 것이 탈지대두분이다. 탈지대두박을 이용한 콩단백질 제품은 탈지콩가루(defatted soy flour), 농축콩단백(soy protein concentrate), 분리콩단백(soy protein isolate)이다. 이들 제품은 비단백질 성분을 탈지대두박에서 제거하는 정도에 따라 구분된다(**표 6-8**).

탈지콩가루는 단백질 함량이 50.0~69.9% 범위를 갖는 것으로 콩껍질(표피)과 콩기름을 제거한 나머지 고형분들, 즉 단백질과 수용성 및 불용성 탄수화물을 포함한다. 농축콩단백은 단백질 함량이 70~89.9%로 탈지콩가루에서 수용성 탄수화물을 제거한 것이다. 농축콩단백에서 다시 불용성 탄수화물을 제거하게 되면 단백질만이 남게 되는데 이 제품을 분리콩단백이라 하고 단백질 함량은 90% 이상이다.

표 6-8의 단백질이라 함은 수용성 단백질이 등전점에서 침전되는 단백질을 의미하며, 지방은 hexane으로 추출되는 지방질을 말한다. 수용성 물질은 지방을 제거하고 단백질을 침전 분리한 뒤 남는 올리고당과 질소화합물 등을 의미하며, 불용성 물질은 알칼리 pH의 수용액에서 침전된 상태로 남아있는 불용성 탄수화물과 불용성 단백질을 말한다.

표 6-8 콩단백 분획별 주요 성분 조성

콩단백 분획	성분	단백질 함량
콩	단백질 + 지방질 + 수용성 물질 + 불용성 물질 + 껍질	33~42%
전지콩가루	단백질 + 지방질 + 수용성 물질 + 불용성 물질	35~44%
탈지콩가루	단백질 + 수용성 물질 + 불용성 물질	50~69.9%
농축콩단백	단백질 + 불용성 물질	70~89.9%
분리콩단백	단백질	90% 이상

(건량 기준)

콩단백질 제품의 일반적 제조공정은 **그림 6-6**과 같다. 콩에서 지방질을 추출한 다음 얻어진 탈지대두박에서 용매를 제거하고 마쇄하면 탈지콩가루가 된다. 콩단백질을 더 분리하고자 할 때에는 물의 용해특성이 중요하다. 콩단백질의 용해도는 pH에 따라 크게 영향을 받으므로(**그림 6-7**) 콩단백질을 침전하고자 할 때에는 등전점 부근(pH 4.0~5.0)에서, 용해하고자 할 때에는 알칼리 (pH 8~9)로 조절한다.

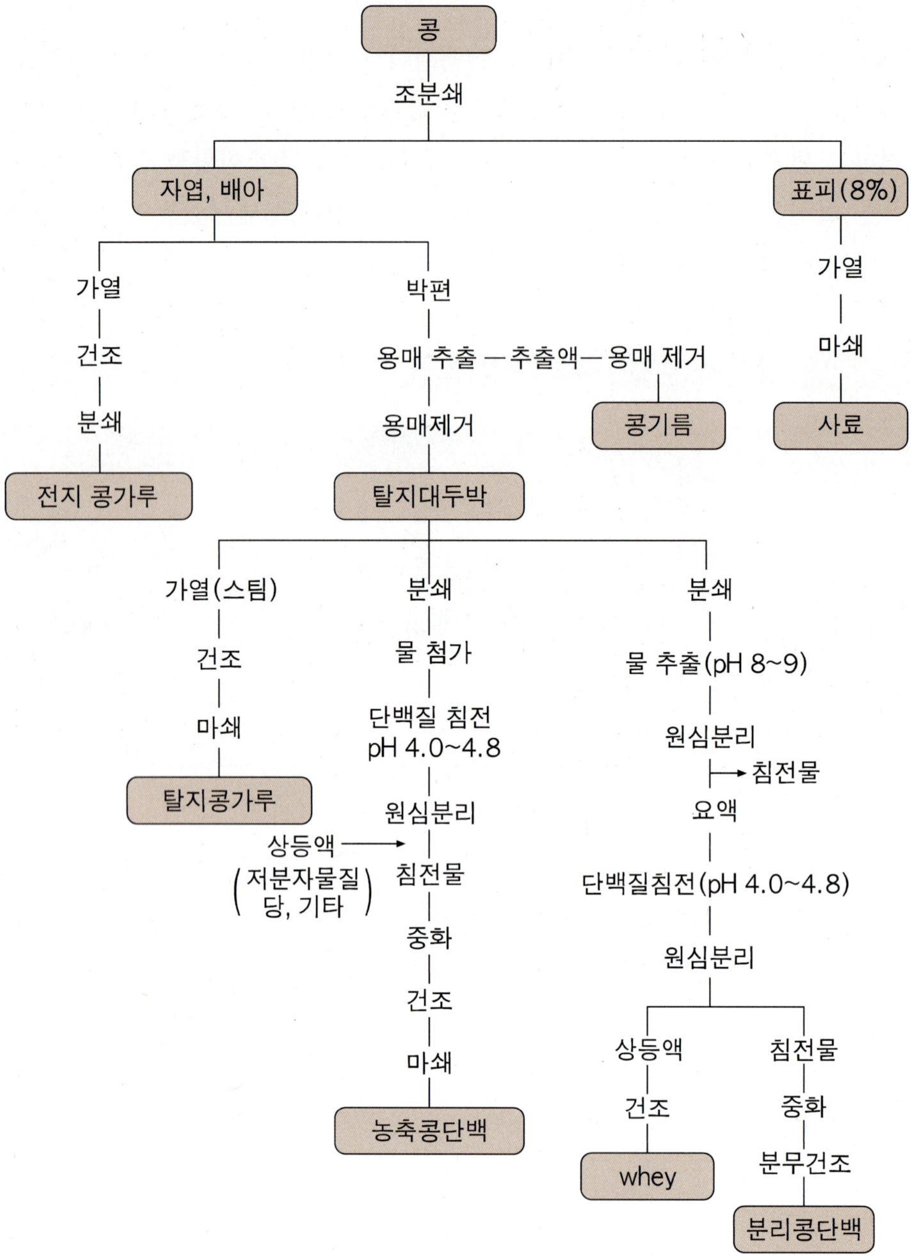

그림 6-6 콩단백질의 분리 제품 제조과정

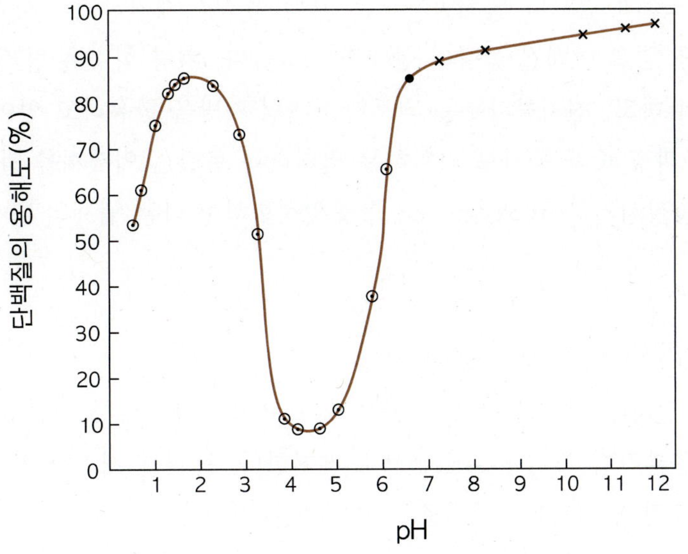

그림 6-7 pH가 콩단백질의 용해도에 미치는 영향

2) 제품의 종류 및 제조방법

(1) 콩가루

콩가루(soy flour)는 탈지대두박이나 탈지하지 않은 콩을 100 mesh 정도로 마쇄한 것으로 탈지콩가루와 전지콩가루로 나뉘며, 이들의 일반성분은 **표 6-9**와 같다.

표 6-9 콩과 콩가루의 일반성분

종류 \ 성분	단백질(%)	지방(%)	탄수화물(%)	회분(%)
콩	42.6	20.0	32.4	5.0
전지콩가루	46.6	22.1	26.1	5.2
탈지콩가루	59.0	0.9	33.6	6.4

(건량 기준)

전지콩가루는 콩껍질을 제거한 콩을 마쇄한 것이므로 일반성분은 콩의 자엽

부분의 성분 조성과 같으나 탈지콩가루는 지방 성분을 제거하였기 때문에 지방질 함량이 거의 없고 단백질 함량이 상대적으로 높다. 지방 함량은 탈지콩가루가 1% 이하이어야 하고, 전지콩가루는 최소한 18%의 지방을 함유하고 있어야 한다. 콩가루의 제조과정 중의 증기로 가열하는 열처리는 트립신 억제제를 불활성화하며 소화율을 향상시키고 lipoxygenase를 불활성화하여 나쁜 냄새의 발생을 크게 줄여 준다.

① 전지콩가루(whole soy flour)

전지콩가루(전지대두분)의 제조는 콩을 먼저 6~8조각으로 조쇄한 다음 분리된 표피를 송풍분리법(air classifier)으로 제거한다. 표피를 제거한 자엽과 배아는 증기로 15분간 열처리한 후 건조하여 마쇄한다.

② 탈지콩가루(defatted soy flour)

탈지콩가루는 탈지대두박을 가열-건조-마쇄의 과정을 거쳐 제조한다. 가열은 탈지대두박에 증기를 짧은 시간 쪼여 불쾌한 냄새를 제거하는 것이 주목적이지만 트립신 억제제도 어느 정도 불활성화하는 효과가 있다. 가열 후 건조한 탈지대두박은 해머밀(hammer mill)로 마쇄하여 최소한 97%가 100 mesh 체를 통과하도록 한다.

(2) 농축콩단백(soy protein concentrate)

농축콩단백은 탈피한 콩에서 지방질과 수용성 비단백 물질을 제거한 것으로 단백질과 불용성 물질로 구성되어 있고, 단백질 함량이 건량 기준으로 70~90%이다. 제조원리는 그림 6-6에 보는 바와 같이 탈지대두박에 물을 넣고 분산액을 만든 다음 pH를 4.0~4.8로 조정하여 단백질을 침전시킨다. 이때 섬유소를 비롯한 불용성 탄수화물도 함께 침전되는데 이를 여과 또는 원심분리하여 여액 또는 상층액을 제거하면 단백질과 불용성 탄수화물만 남게 되는데 이를 건조하여 마쇄한 것이 농축콩단백이다. 제거되는 여액 또는 상층액에는 수용성 탄수화물인 올리고당(stachyose, raffinose, sucrose)과 pH 4.0~4.8에서 침전하지 않는 적은 분자량의 단백질 그리고 peptide, 아미노산 등이 포함된다.

(3) 분리콩단백(soy protein isolate)

분리콩단백은 단백질이 아닌 대부분의 성분들을 콩에서 제거하여 단백질의 함량이 90% 이상인 분말 제품을 말한다. 분리콩단백은 지방질이 없고 섬유질 함량이 극히 적은 콩단백질 제품이다. 이 제품은 중화의 정도에 따라 pH 4.0~ 7.0 범위를 갖고 있다. 분리콩단백질의 제조원리는 pH 7 이상에서 높은 단백질의 용해도와 pH 4.0~4.8의 낮은 용해도를 이용한 것이다.

제조과정은 **그림 6-6**과 같이 탈지대두박을 약알칼리용액(pH 8~9)에 분산하여 단백질을 최대한 용해한 다음 여과 또는 원심분리하고 용해되지 않은 섬유질 등 불용성 물질을 제거한다. 단백질에 용해되어 있는 여과액 또는 상층액은 pH를 pH 4.0~4.8로 조절하여 단백질을 침전한 다음 원심분리하여 침전물을 회수하면 90% 이상의 단백질 함량을 함유한 고형분을 얻게 된다. 단백질 침전물은 중화하고 분무 건조하여 분리콩단백을 제조한다.

(4) 조직화 콩단백 제품

콩단백질 제품의 조직화는 탈지콩가루, 농축콩단백, 분리콩단백을 조직화시켜 텍스처 특성을 향상시키는 방법으로, 씹힘성과 맛을 육류와 유사하게 하는 콩단백질의 가공방법이다. 조직화 콩단백 제품으로는 조직콩단백과 섬유콩단백이 있다.

① 조직콩단백

조직콩단백(textured soy protein, texturized soy protein)을 제조하는 방법은 압출성형기(extruder)를 이용하는 방법이 가장 많이 사용되고 있다. 제조과정은 **그림 6-8**과 같이 탈지콩가루나 농축콩단백을 향신료 등 부재료와 물을 첨가하여 잘 혼합한 다음 압출성형기에 넣고 스크루에 의해 밀어내면서 가열(110~200℃)하면 높은 온도와 압력으로 콩단백질이 방향성을 갖고 응고되면서 육류와 비슷한 텍스처 특성을 갖게 된다.

압출성형기에서 압출될 때, 끝에 있는 작은 구멍인 다이(die)를 통과하게 되는데 다이 밖으로 나온 조직콩단백은 적당한 크기로 절단하여 건조와 냉각을 거쳐 포장한다. 원료의 배합은 탈지콩가루와 조미료, 착색료, 기름, 물을 적당한 비율로 혼합하며, 최종 제품의 조직과 맛은 혼합 원료의 종류와 비율 그리고 가열온도에 따라 달라진다.

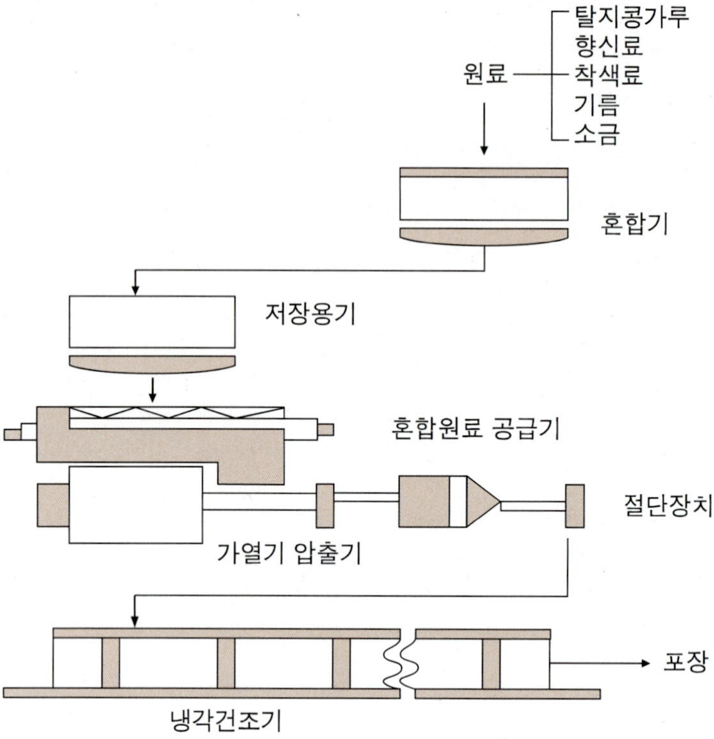

그림 6-8 조직콩단백의 제조과정

② 섬유콩단백(fibrous soy protein)

섬유콩단백은 나일론이나 레이온 등 인조섬유의 제조와 같은 방사공정으로 제조한 섬유상의 콩단백질 제품이다. 원료는 수용성이 높은 분리콩단백에 향신료, 색소, 영양소, 지방질, 기름, 소금 등 부재료를 첨가한다. 제조과정은 **그림 6-9**와 같이 먼저 분리콩단백을 pH 12~13의 알칼리 용액에 약 20%가 되게 용해시켜 10,000~100,000cP의 높은 점도를 갖게 한 다음, 수천 개의 작은 구멍(지름 0.075mm)이 있는 섬유화 장치(방적기)를 통과시켜 가는 실로 뽑는다. 단백질섬유는 즉시 산과 소금의 용액에 넣어서 응고한다. 이때 산과 염용액은 인산을 첨가하여 pH 2.5로 하고 소금의 농도는 8%로 조정한다.

이렇게 형성된 섬유는 roll을 사용하여 당김으로써 섬유의 굵기를 1/5 정도로 더 가늘게 하고 다시 세척조에 넣어 산과 소금을 씻어 낸다. 세척된 섬유는 아직 질김성이 적고 견고성이 낮아 달걀 알부민과 같은 결착제을 사용하여 접착성을 높여준다.

최종 섬유콩단백은 단백질 함량이 약 25%이고 나머지는 수분과 기름이며, 제품의 품질은 목적하는 육류의 종류에 따라 지방과 향신료, 색소, 영양소, 안정제 등을 조정하며 제품의 모양은 베이컨 모양, 육면체, 얇은 판 모양 등 다양하게 만든다.

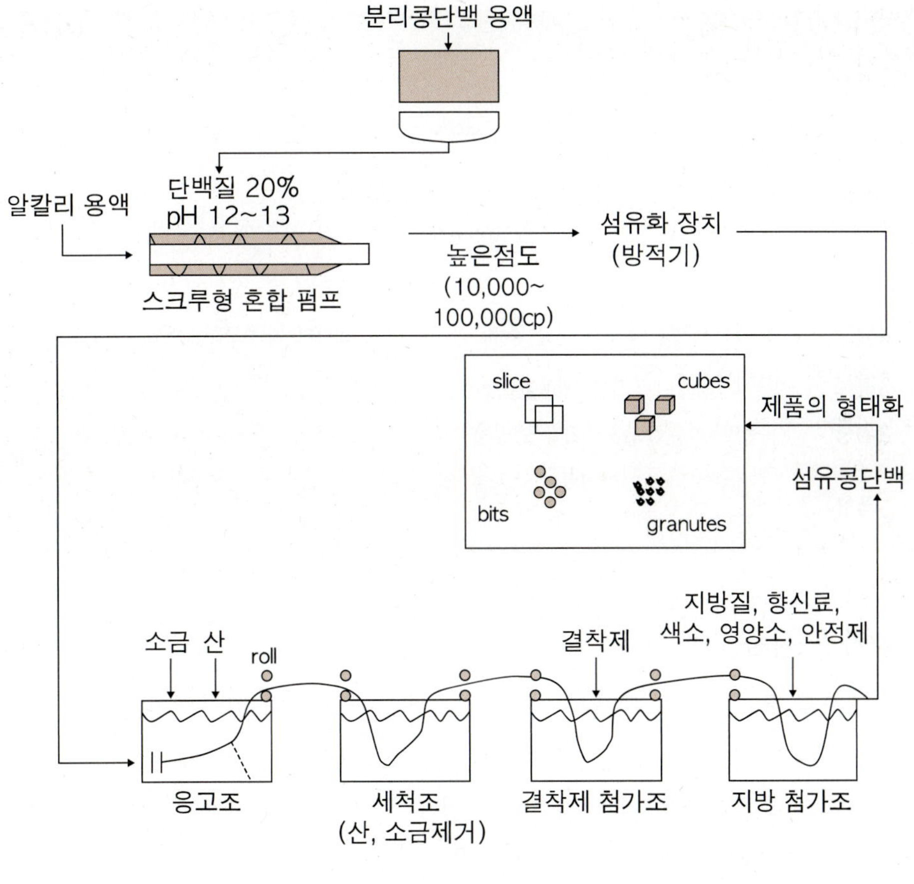

그림 6-9 섬유콩단백의 제조과정

3) 콩단백질 제품의 이용

콩단백질 제품은 기존의 가공식품에 첨가하여 단백질을 강화하거나 원료의 절감 목적으로 많이 사용되고 있다. 이들 제품에 첨가할 때에는 기존 제품의 관능적 품질특성에 불리한 영향을 주지 않도록 하여야 한다. 그러므로 첨가하는 콩단백질 제품은 불쾌한 냄새가 없고 단백질의 용해성, 흡수성, 유화성 등 기능적 특성이 좋은 제품을 사용하는 것이 좋다. 콩단백질의 물리적 특성과 관련된 식품을 정리한 것은 **표 6-10**과 같다.

표 6-10 단백질의 대표적 기능적 특성과 관련 식품

기능성 성질	작용기작	식품
용해성	단백질 용해	음료
흡수성, 보수성	물의 수소 결합 : 보수력	고기, 소시지, 빵
점성	점성을 높임(thickening)	수프
겔 형성	단백질 겔 구조(matrix)의 형성 능력	고기, 치즈, 두부
탄성	압착된 뒤의 복원 능력	면류, 두부, 소시지
유화성	지방 에멀젼의 형성 및 안정	소시지, 보로그나, 수프, 케이크
흡유성	지방질과의 결속(binding)	고기, 소시지, 도넛
흡취성	향미 성분의 흡착, 포획 및 방출	고기 유사품(meat analog), 빵
기포성	안정한 피막을 형성하여 가스를 포획하는 능력	위프트 토핑(whipped topping), 케이크

(1) 육가공 식품

일반적으로 육가공 제품의 원료는 비싸기 때문에 저렴한 콩단백질을 일부 첨가하고 있다. 햄버거 고기에는 농축콩단백이나 조직콩단백을, 소시지 제품에는 탈지콩가루나 농축콩단백을 일부 첨가하고 있으며 그 효과는 다음과 같다(**표 6-11**).

육제품에 첨가하는 콩단백질은 주로 흡수성, 흡유성, 응집성, 겔 형성 능력, 유화력 등의 기능적 성질이 고려되어야 한다. 또한 소시지와 같은 제품은 겔화된 단백질에 지방질 입자들이 분산된 상태로 존재하므로 콩단백질은 염이나 물에 녹는 성질은 물론 기름과의 결합 능력(흡유성), 겔 형성 능력이 높은 것일수록 좋다. 그러나 햄버거 고기나 다진 고기(ground meat)는 단백질의 겔 형성이 필요치 않고 조직이 치밀하지 않기 때문에 약간의 흡수성과 흡유성이 있는 탈지콩가루나 농축콩단백 또는 조직콩단백을 25~30% 첨가하고 있다. 콩단백의 흡수력을 비교한 것은 **표 6-12**와 같다.

표 6-11 육가공 식품에 콩단백질 제품의 첨가 효과

1. 식품의 가격을 저렴하게 함.
2. 조리할 때 수축됨을 줄여줌.
3. 식품의 유화력을 향상시킴.
4. 지방의 분리를 방지함.
5. 고기 입자들의 결착능력을 향상시킴.
6. 수분흡수능력을 향상시켜 먹을 때의 촉감을 좋게 함.
7. 젤화력의 증가로 견고성 등 텍스처를 좋게 함.
8. 혈액 중 콜레스테롤을 감소시켜 고혈압 등 만성질환 예방에 유익함.

표 6-12 콩단백질 제품의 흡수력 비교

제 품	흡수성(g H_2O/g solid)
탈지콩가루	3.3
조직콩단백	3.3
농축콩단백	2.3
분리콩단백	5.5

(2) 유가공 식품

유가공 식품의 콩단백질 제품 이용은 아이스크림, 치즈, 커피크림, 휘핑크림, 요구르트, 유아식 등이 있다. 유제품에는 주로 분리콩단백 제품을 사용한다. 커피크림의 경우 분리콩단백 첨가는 콩단백질의 높은 유화 능력을 이용한 것이다.

이러한 커피크림은 커피의 색을 희게 하고 높은 점도와 탁한 특성을 부여하기 때문이다. 휘핑크림에 분리단백질의 첨가는 더 많은 공기를 보유하게 하는 효과가 있다. 이를 정리하면 **표 6-13**과 같다.

표 6-13 우유 제품에 콩단백질 제품의 첨가 효과

1. 콩단백의 첨가는 lactose 소화문제를 감소시킴.
2. 유아의 경우 우유 casein보다 콩단백의 소화가 더 잘됨.
3. 유사 치즈 제품에서 casein의 역할을 하여줌.
4. 휘핑크림에 공기를 더 많이 갖도록 함.
5. 커피크림에서 유화력을 향상시켜 희게 하는 성질을 줌.

(3) 빵 및 스낵류 식품

빵이나 스낵류에 콩단백질의 첨가는 단백질을 강화시킬 뿐만 아니라 이들 제품의 보수력을 향상시키는 장점이 있다. 탈지우유 분말을 첨가한 빵은 우유 분말의 일부 또는 전부를 콩단백 제품으로 대체할 수 있다. 빵에는 12%의 탈지 콩가루 첨가가 가능한데 이 경우 빵의 단백질 양이 약 50% 증가되는 효과가 있을 뿐만 아니라 단백질 효율값도 0.7에서 1.95로 높아지게 된다. 빵과 스낵류에 콩단백 제품을 첨가할 때의 효과를 정리하면 **표 6-14**와 같다.

표 6-14 빵과 스낵류에 콩단백질 제품의 첨가 효과

1. 수화능력을 향상시킴.
2. 빵의 딱딱해짐을 줄여줌.
3. 반죽하기가 용이함.
4. 케이크의 부드러운 성질을 좋게 함.
5. 빵 표면의 색 형성을 빠르게 함.
6. 도넛의 기름 흡수력을 향상시킴.
7. 빵의 저장성을 향상시킴.
8. 영양적 가치를 높여줌.

2-4 장류

장류는 된장, 간장, 청국장, 고추장과 같은 발효콩제품(fermented soybean products)으로 우리 식탁에서 없어서는 안 될 전통조미료이다. 우리나라에서 언제부터 장류를 먹기 시작하였는지 분명치는 않으나 신라 시대(신문왕, 863)에 메주에 관한 기록(삼국사기)이 있으며 된장은 통일신라 시기와 발해 시대에 그 기록이 있다. 장류는 **표 6-15**와 같이 그 종류를 분류할 수 있다.

표 6-15 장류의 종류

제품	구분
된장	재래식 된장(메주 된장) 개량식 된장(고지 된장)
간장	재래식 간장(메주 간장, 한식 간장) 개량식 간장(고지 간장) 산분해 간장(아미노산 간장) 혼합간장
고추장	재래식 고추장 개량식 고추장
청국장	재래식 청국장 개량식 청국장

1) 된장

된장(doenjang)은 메주나 된장고지를 소금물에 넣어 숙성시킨 후 간장을 떠내고 남은 건더기를 된장으로 만들거나 간장을 분리하지 않고 그대로 된장으로 만든다. 원료는 콩만을 사용한 된장(콩된장)과 콩에 쌀(쌀된장), 보리(보리된장) 등 전분질 원료를 첨가하여 발효한 된장이 있다. 된장은 재래식 된장과 개량식 된장으로 분류한다.

(1) 재래식 된장(한식 된장, doenjang, Korean-style soybean paste)

전분질 원료를 넣지 않고 콩만을 원료로 하여 삶은(증자) 후 메주 형태를 만들고 자연 발효한 다음, 소금물이 담긴 독에 넣고 숙성시켜 여액(간장)을 분리하거나 분리하지 않은 갈색의 반고체성 페이스트상의 제품이다.

재래식 된장의 제조방법은 그림 6-10과 같이 메주 성형, 메주 발효, 된장 제조의 세 단계로 이루어진다.

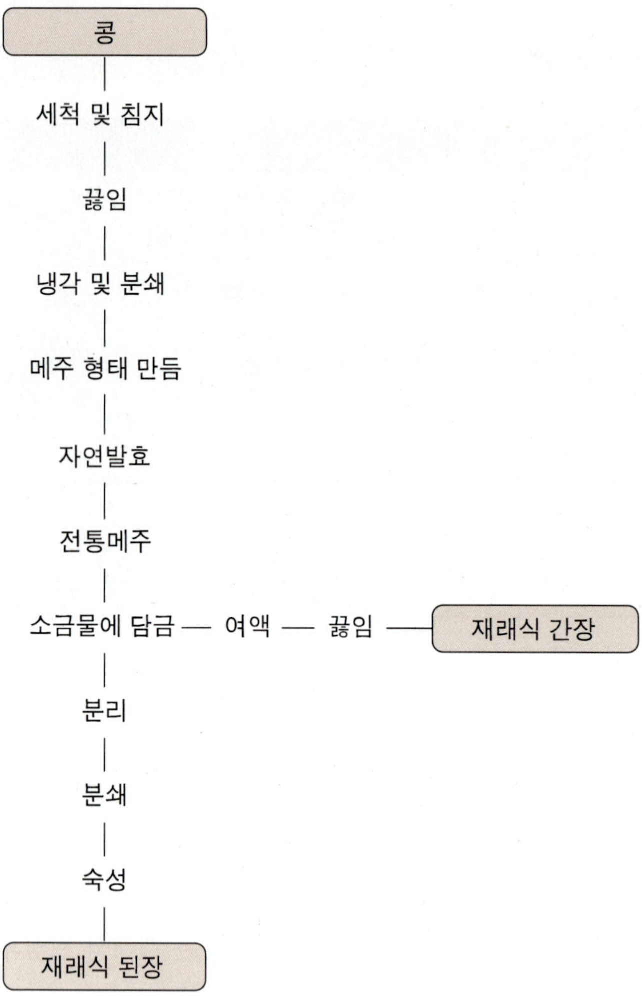

그림 6-10 재래식 된장 및 간장의 제조과정

① 메주 성형

콩을 실온에서 12시간 정도 침지시킨 다음 물을 넣은 솥에서 4시간 정도 삶는다. 삶은 콩은 40℃ 정도로 냉각한 다음 거칠게 분쇄하여 메주틀에 넣고 메주 형태를 만든다. 메주 형태는 8 × 12 × 20cm의 벽돌형(직육면체)이 보통이지만 크기와 모양(둥근 모양, 도넛형, 작은 입자형 등)을 다양하게 할 수 있다.

② 메주 발효

메주의 발효는 안방에서 볏짚을 깔고 1주일 정도 겉말림을 한 뒤 볏짚으로 메주 덩어리를 묶어 서까래나 시렁에 매달거나 공기가 잘 통하는 목판 위에 한 개씩 올려놓고 한달 이상 자연 발효한다. 이때 곰팡이, 효모, 세균이 자연적으로 번식하면서 콩을 분해한다.

③ 된장 제조

발효된 메주를 여러 조각으로 쪼개어 햇볕에서 바짝 말린 후 큰 항아리에 넣고 소금물을 넣는다. 소금물의 양은 간장을 분리하지 않고 된장만을 만들 경우 메주 무게의 1.7배, 간장(여액)을 분리하고 된장을 만들 경우는 3.5배의 소금물을 넣고 장 담그기를 한다. 소금물에 메주를 담그는 동안 붉은 고추, 대추 등을 넣고 참숯 3~4개를 띄운다. 간장을 분리할 경우는 간장을 떠내고 끓여서 재래식 간장을 만들며, 남은 건더기를 분쇄하여 소금을 넣고 된장을 만든다. 간장을 분리하지 않고 제조한 경우는 띄운 메주를 그대로 분쇄하여 소금을 넣고 숙성시켜 된장을 제조한다.

(2) 개량식 된장(고지 된장, koji doenjang)

개량식 된장은 증자한 전분질 원료(쌀, 보리)에 고지균(종국)을 접종하여 된장 고지를 만든 다음 찐 콩과 함께 소금물에 넣고 발효한 후 제조한 것이다. 순수 배양한 발효 미생물인 고지균(종국이라 함)은 *Aspergillus oryzae*와 *Asp. sojae* 등 곰팡이다. 제조방법은 고지의 제조, 원료의 혼합 및 발효, 살균의 과정을 거쳐 제조하며 간장은 분리하지 않는다(그림 6-11).

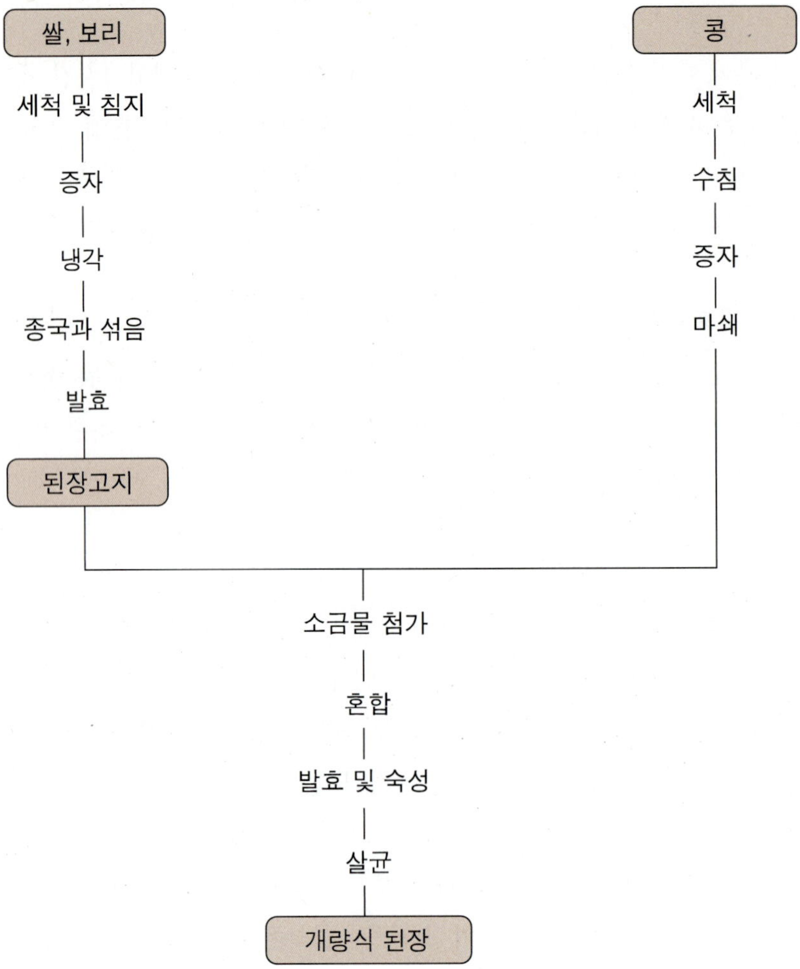

그림 6-11 개량식 된장의 제조과정

① 고지의 제조

쌀 또는 보리를 세척과 침지(상온의 경우 3~5시간)하고 60~90분간 찐다(증자). 찐 쌀이나 보리는 고르게 펼쳐 27~28℃로 식힌 다음 고지균인 종국을 넣고 골고루 비벼 잘 섞고 고지 상자(60 × 30 × 5.5cm)에 담아 고지균을 번식시킨다. 번식하는 동안 온도가 상승하게 되는데 품온이 31~33℃ 이상 되지 않도록 고지 상자를 바꿔 쌓고, 쌀과 보리쌀을 헤쳐주고 섞어준다. 표면에 고지균이 균일하게 번식되고 연한 노란색이 될 때 출국하여 고지(koji)로 사용한다. 이렇게 제조한 고지는 여러 효소들, 특히 amylase와 protease의 효소력이 높다.

② 원료 혼합과 발효, 살균

주원료인 콩은 세척하고 수침시킨 다음 가압솥(121℃)에서 1시간 정도 증자한 뒤 30~40℃로 식힌다. 찐 콩은 마쇄하여 고지와 함께 소금물에 넣어 잘 섞고 25~30℃에서 1~2개월 숙성(발효)한다. 소금물은 간장을 분리하지 않으므로 그 양이 적다. 발효와 숙성을 마친 된장은 가열살균하여 포장한다.

③ 된장의 품질특성

된장은 된장 특유의 구수한 맛과 냄새를 가지며 신맛이 나지 않는 것이 좋다. 신맛의 원인은 소금 농도가 너무 낮거나 수분 함량이 너무 높을 경우 발생한다. **그림 6-12**는 된장의 발효 및 숙성과정 중 곰팡이와 효모, 세균의 번식에 의한 성분의 분해와 향미 성분의 생성을 보여주고 있다. 최근 밝혀진 바에 의하면 된장은 isoflavone, pinitol, peptites 등 기능성 성분이 함유되어 있어 혈중 cholesterol 함량의 감소, 항암과 당뇨병의 예방 등 만성질환 예방에 효과가 있는 것으로 밝혀져 있다.

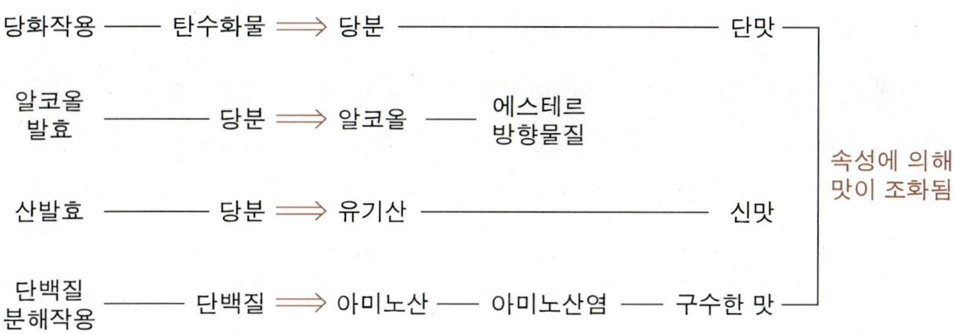

그림 6-12 된장의 숙성 중에 맛 성분의 생성

2) 간장

간장(ganjang, soy sauce)은 된장과 함께 우리나라 고유의 콩발효 조미료로

음식의 간과 맛을 맞추는 데 사용하는 검은 갈색의 짠 액체이다. 간장은 신라 638년에 그 기록을 볼 수 있어(삼국유사) 그 이전부터 제조되어 왔으리라 짐작하고 있다. 간장의 제조는 메주 또는 간장고지를 소금물에 담가 숙성한 후 여액을 다리는 방법과 콩단백질이나 밀단백질을 산가수분해하여 중화하는 방법이 있다. 간장의 종류는 양조간장, 산분해간장, 혼합간장으로 분류하기도 하지만 제조방법에 따라 다음과 같이 분류하고 있다. 여기서 양조간장이라 함은 개량식 간장과 같이 간장고지를 만들고 숙성한 발효간장을 의미한다.

① 재래식 간장: 삶은 콩으로 메주를 만들어 띄우고 소금물을 넣어 숙성한 뒤 메주를 분리한 여액을 달인 간장
② 개량식 간장: 콩과 전분질 원료로 간장고지를 만들어 소금물을 넣고 숙성한 뒤 간장 원액(생간장)을 분리하고 배합하여 살균한 간장
③ 산분해간장: 콩 단백질 또는 밀의 글루텐을 가수분해한 뒤 중화하고 물엿과 캐러멜 등을 첨가하여 맛과 색을 조절한 간장
④ 혼합간장: 양조간장에 산분해간장을 혼합하여 숙성한 간장이나 산분해간장 원액에 탄수화물이나 단백질을 첨가하여 발효하고 숙성한 간장

(1) 재래식 간장(메주간장, traditional ganjang)

앞에서 설명한 재래식 된장의 제조방법과 같이 자연발효한 메주를 소금물에 띄워 2개월 정도 숙성한 뒤 메주를 제거한 액체(날간장)를 달여 제조한다. 숙성과정 중 숯을 띄어 불순물과 좋지 않은 향미 물질을 흡수 제거한다. 숙성이 진행되고 있는 메주의 혼합액을 간장덧(soy sauce mash)이라 한다. 숙성을 마치면 간장덧을 걸러(간장 거르기) 간장박을 제거한 것이 날간장이다. 날간장에는 각종 효소와 미생물, 불쾌한 향미물질 등이 있어 장달임을 한다. 장달임 효과는 효소와 미생물의 불화성화, 분해되지 않는 단백질의 침전(투명하게 함), 향미의 개선, 마이야르 반응에 의한 갈색화 등이다.

(2) 개량식 간장(고지간장, koji ganjang)

개량식 간장은 양조간장이라고도 하는데 **그림 6-13**과 같이 콩과 밀로 간장고지를 만들고 소금물에 담가 숙성한 뒤 분리한 생간장을 배합하고 살균하여 제조한다.

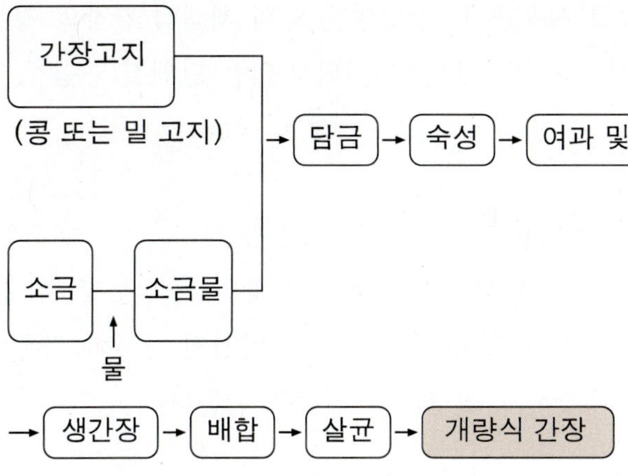

그림 6-13 개량식 간장 제조과정

① 간장고지의 제조

간장고지는 된장고지 제조방법과 같이 제조하지만 원료는 콩과 밀이다. 콩과 밀의 배합비에 따라 간장 맛이 달라지는데 콩의 배율이 높으면 구수한 맛은 많으나 향기가 적으며, 밀의 비율이 높으면 단맛과 향기가 많으나 구수한 맛이 적다. 콩은 상온에서 12시간 정도 침지하고 삶는다. 삶는 시간은 상온에서 4시간 정도 하거나, 가압솥에서는 1.5~2시간 증자한다. 밀은 세척한 뒤 솥에서 흑갈색이 될 때까지 볶은 다음 거칠게 마쇄한다. 이렇게 처리한 콩과 밀을 혼합하고 순수 배양한 고지균(종국)을 섞어 된장고지의 제조 과정과 같이 간장고지를 만든다.

② 담금 및 숙성

간장고지를 소금물에 담가(간장덧이라 함) 1~2개월 동안 숙성한다. 고지에 대한 소금물의 비율에 따라 진간장(고지 양의 4배)과 보통간장(고지 양의 7배)으로 나눈다. 간장덧은 약 1~2개월을 숙성시킨다.

③ 여과 및 장달임

숙성을 마치면 간장을 여과하여 분리한다. 이때 분리된 간장액을 생간장이라 하며 생간장은 장달임과 배합과정을 갖게 된다. 간장박은 재래식 된장의 원료로 사용하거나 세척하여 사료로 사용한다. 장달임은 앞의 재래식 간장의 경우와 같이 살균과 효소의 불활성화, 향미의 개선, 분해되지 않은 단백질의 침전, 갈색화 반응, 농축효과가 있다.

④ 배합 및 살균

장달임한 간장은 간장 특유의 향미와 색이 있고 쓴맛이나 떫은 맛, 탄 냄새 등의 불쾌한 향미가 없어야 한다. 여기에 제품에 따라 약간의 당류와 검은색을 주는 캐러멜(caramel) 등을 배합하고 살균하여 제품을 만든다.

(3) 산분해간장(acid hydrolysis soy sauce)

산분해간장은 아미노산 간장 또는 화학간장이라고도 하는 것으로 탈지대두박이나 밀의 글루텐 등 단백질 원료를 강산으로 가수분해한 뒤 중화하고 색과 맛을 조절한 간장이다. 단백질의 분해반응 결과로 아미노산 중 감칠맛이 있는 글루탐산(glutamic acid)이 많이 함유되어 있어 간장에 구수한 맛과 감칠맛을 준다. 산분해간장의 제조과정은 **그림 6-14**과 같다.

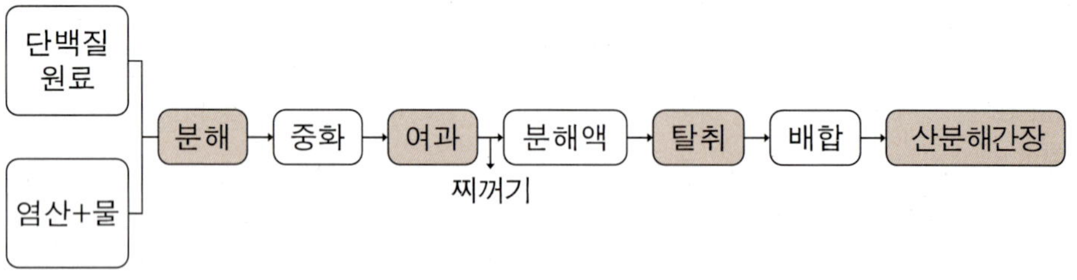

그림 6-14 산분해간장의 제조방법

① 원료

산분해간장 제조에 사용되는 단백질 원료는 동물성 단백질보다 식물성 단백질인 탈지대두박을 주로 사용하고 있다. 그 이유는 가격이 저렴할 뿐만 아니라 간장 맛이 좋기 때문이다.

② 분해 및 중화

단백질의 분해를 위하여 염산(HCl)을 사용하고 있다. 염산의 농도는 18%(또는 5N)이며 분해시간은 110~125℃에서 10시간(가압법), 또는 80~90℃에서 48~72시간(상압법)이다. 상압에서 낮은 온도로 분해하는 것이 고온의 가압법보다 분해시간이 오래 걸리지만 아미노태질소량이 많고 향미가 좋아 주로 사용하고 있다. 분해가 끝나면 냉각하며 수산화나트륨(NaOH)이나 탄산나트륨(Na_2CO_3)을 첨가하여 pH 4.5로 중화한 후 탁도를 주는 humin 물질(등전점이 pH 4.5로)을 침전하고 제거한다.

③ 여과, 탈취, 배합

분해와 중화가 끝난 아미노산 분해액은 여과하여 남은 잔사를 제거한다. 여과한 분해액은 특유의 불쾌한 아미노산 냄새와 어두운 색이 있어 활성탄을 넣고 탈색과 탈취를 한 뒤 활성탄은 여과하여 제거한다. 그 다음 조미료와 향미 물질, 소금 등을 첨가하여 맛을 조절하고 캐러멜(caramel)을 첨가하여 간장에 검은색을 주어 제품을 제조한다.

④ 제품

제조된 산분해간장은 투명하며, 구수한 맛이 강하지만 화학반응에 의한 이상한 냄새가 약간 남아 있다. 그리하여 개량식 간장이나 재래식 간장과 같은 양조간장(발효간장)과 혼합하여 장점과 단점을 보완하고 있다.

(4) 혼합간장(blended soy sauce 또는 blended ganjang)

혼합간장은 산분해간장과 양조간장의 장단점을 보완한 것으로 향기와 구수한 맛이 좋은 간장이다. 제조 방법은 개량식 간장의 생간장과 산분해간장을 적당히 혼합(5 : 5, 6 : 4)한 뒤 숙성하고 맛을 안정화한 다음 여과하고 살균해서 제조한다.

(5) 품질특성

간장은 구수한 맛과 단맛, 짠맛 그리고 특유의 향미가 조화된 조미료이다. 그러므로 간장의 가장 중요한 품질은 맛, 향, 색 등의 관능적 품질이라고 할 수 있다. 일반적으로 재래식 간장의 소금 함량(26%)은 재래식 간장이 개량식 간장(18%)이나 산분해간장(16%)보다 높으나 총 당질은 개량식 간장이, 총 질소는 산분해간장이 높다.

3) 고추장

고추장(gochujang, fermented hot pepper soybean paste)은 매운맛이 강하고 붉은색의 페이스트상 향신 조미료로 중요한 전통발효 조미료이다. 고추장은 전통적으로 메줏가루에 지은 밥이나 떡 또는 되게 쑨 죽을 버무리고 고춧가루와 소금물을 섞어 발효하여 만들어 왔다. 고추장의 제조역사는 16세기 말에 고추가 우리나라에 도입된 이후로 여겨지고 있다. 고추장의 재료는 고춧가루, 메줏가루 또는 고지, 그리고 전분질 원료인 쌀, 보리 등 곡류이다. 고추장은 고추의 매운맛과 붉은색, 분해된 콩단백질의 감칠맛(구수한 맛), 전분질 분해에 의한 당류의 단맛, 그리고 소금의 짠맛이 조화된 맛을 가지고 있다.

고추장의 종류로는 재래식 고추장(메주고추장)과 개량식 고추장(코지고추장)이 있으며, 사용된 전분질 원료에 따라 찹쌀고추장, 멥쌀고추장, 보리고추장, 밀가루고추장 등이 있다. 최근 과실류(복분자, 매실 등)를 넣은 고추장도 제조되고 있다. 재래식 고추장은 콩과 곡류를 섞어 만든 고추장용 메줏가루를 사용하고 개량식 고추장은 고추장 메줏가루 대신 고지를 사용하여 제조한다.

(1) 재래식 고추장

재래식 고추장은 콩에 곡류를 6 : 4의 비율로 혼합하여 만든 메주를 빻아 메줏가루로 만든 것으로 단백질과 탄수화물의 분해효소가 많이 들어 있다. 제조방법은 **그림 6-15**와 같이 쌀을 전분원료로 사용한 경우 5시간 정도 물에 침지했다가 마쇄하고 반죽하여 반대기를 만든 다음 끓는 물에 익혀서 물을 조금씩 넣으면서 풀어준다. 보리쌀의 경우는 분쇄한 다음 물을 뿌려 24시간 재워 두었다가 찐 것을 사용한다. 당화를 위해 엿기름을 넣고 약 3시간 당화한 뒤 소량의 메줏 가루, 고춧가루, 소금 및 물을 넣고 잘 혼합한다. 그리고 햇볕이 잘 쬐는 곳에 놓아두고 뚜껑을 열어 숙성(발효)하면 한 달 후에 고추장이 된다.

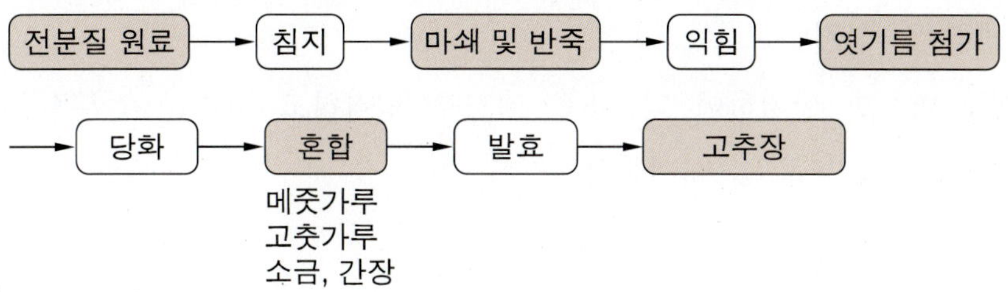

그림 6-15 재래식 고추장의 제조공정

(2) 개량식 고추장

개량식 고추장은 전분질 원료를 가열하여 호화시킨 다음 고지를 첨가하여 전분과 단백질을 분해시킨 뒤 조미료와 향신료를 배합하여 숙성시킨 것으로, 재래식 고추장보다 구수한 맛과 매운맛, 단맛이 잘 조화되어 있다. 그 제조공정은 **그림 6-16**와 같다.

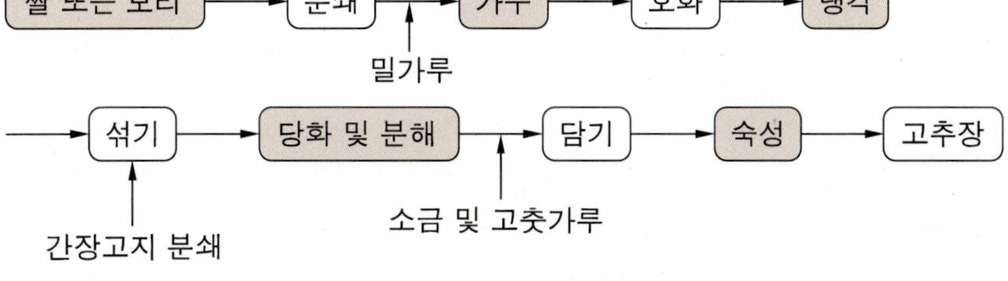

그림 6-16 개량식 고추장의 제조과정

① 원료의 처리

쌀고추장은 멥쌀 또는 찹쌀을 5시간 정도 물에 담갔다가 물을 뺀 다음 곱게 마쇄하고, 보리고추장은 보리쌀은 담그지 않고 그대로 마쇄한다. 밀고추장은 시판 밀가루를 사용한다. 고추장 제조용 고지는 간장고지를 곱게 마쇄하여 사용하며 고춧가루도 곱게 마쇄한 것을 사용한다.

② 가수(加水) 및 호화

쌀가루, 보리쌀가루 또는 밀가루에 3배 정도 물을 넣고 저어준 다음, 가열 용기에 넣고 가열하여 호화한다.

③ 냉각 및 섞기

호화를 마치면 방치하여 약 75℃ 정도로 냉각하고 고지를 전분질 원료의 30~40%가 되게 넣고 잘 섞어준다.

④ 혼합 및 숙성

당화가 끝나면 고춧가루와 소금을 첨가하여 잘 섞고 담게 되는데 이들의 배합 비율은 기호성에 따라 다르다. 일반적으로 고춧가루와 소금은 전분 원료 양의 약 20%이다. 숙성은 30℃ 이하에서 약 1개월 동안 하며 숙성을 마치면 용기에 담아 제품으로 만든다. 소금의 배합량이 적으면 숙성기간이 단축되고 많으면 숙성기간이 길어진다.

(3) 품질과 특성

고추장 제품은 조단백질이 4% 이상(식품공전)이고 신맛이 없고 매운맛, 단맛, 구수한 맛, 짠맛이 잘 조화된 것이 좋다. 최근에 고추장의 최근 콜레스테롤 저하, 혈중 지질 개선 효과가 밝혀진 바 있다.

4) 청국장

청국장(cheonggukjang, naturally fermented soybean by *B. subtilis*)은 콩을

푹 삶아 볏짚 위에 놓고 40~50℃의 아랫목에 덮어두면 2~3일 후 표면은 회백색이 되고 끈끈한 섬유상의 점성물질이 생기는데 여기에 소금, 마늘, 고춧가루 등의 향신료를 넣고 찧어 만든 페이스트상의 조미료이다. 청국장은 볏짚을 넣고 자연발효한 재래식 청국장과 고초균(*B. subtilis*)을 순수 배양하여 인공적으로 접종(인공 접종)한 개량식 청국장이 있다. 청국장의 제조과정은 **그림 6-17**과 같다.

(1) 재래식 청국장

콩을 10시간 이상 물에 침지한 후 5~6시간 삶거나 찐다. 익힌 콩은 식기 전에 그릇에 담아 온돌방의 아랫목에 이불을 덮어 2~3일 놓아두기도 하고 볏짚을 넣거나 짚으로 만든 포(苞)에 싸서 40~45℃의 보온실에 30~35시간 놓아두면, 고초균(*B. subtilis*)이 자연적으로 번식되어 발효가 일어난다. 전자는 공기 중의 균을 이용한 것이고, 후자는 짚 속에 있는 고초균을 이용한 것이다. 이와 같이 하여 발효가 끝나면 콩의 표면에 흰 빛의 점질물이 생긴다.

(2) 개량식 청국장

순수 분리하여 배양한 고초균을 찐 콩에 인공 접종하여 만든 것이다. 증자한 콩을 50℃ 정도로 식힌 후 고초균을 배양한 액과 잘 섞어 40~42℃ 온도에서 20시간 정도 발효하면서, 보온실의 습도는 포화에 가까울 정도로 해준다. 발효를 마치면 원료콩의 약 2배 정도 되는데 점질물이 많고 고유의 향기를 갖게 된다. 여기에 소금과 마늘, 고춧가루 등 향신료를 넣고 초퍼로 마쇄한 다음 30℃ 이하에서 숙성하여 청국장을 만든다.

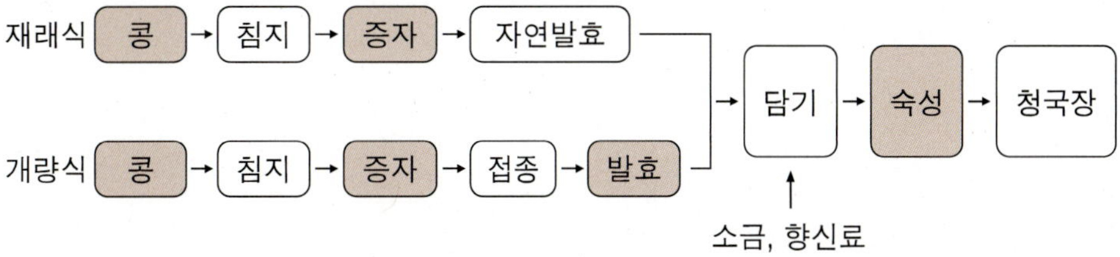

그림 6-17 청국장 제조과정

청국장의 만성질환에 대한 기능성은 많은 연구가 진행되고 있다. 현재까지 밝혀진 바에 의하면 혈중 고지혈증의 개선과 콜레스테롤을 낮추어주는 효과, 항산화효과 그리고 혈액순환에 장애를 주는 혈전(thrombus)을 용해시키는 혈전용해효소가 있다.

CHAPTER 7

과일 · 채소류의 가공

01 개요

과일채소류(fruits and vegetables)는 식용이 가능한 채소류와 과일류로 과거 과채류로 불려왔지만 채소류 중 열매를 식용으로 하고 있는 토마토와 가지, 오이 등도 과채류라 하고 있어 혼돈을 피하기 위하여 최근 과일채소류라고 표현하고 있다.

과일채소류는 수분 함량(75~95%)이 많고 단백질과 지방 함량이 적으며 섬유질 함량이 높다. 또한 여러 기능성 성분과 비타민 A, B, C(특히 비타민 C)의 주요 공급원이고, K, Ca 등의 무기질이 많아 알칼리 식품으로 체액을 중성으로 유지하는 역할 등 영양적으로 대단히 중요한 식품이다. 또한 이들 과채류는 특유의 신선한 향미와 텍스처 특성을 갖고 있어 우리가 섭취할 때 즐거움을 주는 신선한 식품이다.

과일채소류가 다른 식품원료와 다른 중요한 특성은 수확 후에도 생명체로서의 활동을 계속하고 있어 호흡작용과 생장작용 등 생물학적 활동이 계속 진행되고 있는 점이다. 그리하여 수확 후 외부의 양분 공급이 단절된 상태에서 자체의 성분을 이용한 생리활동을 지속하기 때문에 과숙과 노화현상이 일어나게 된다. 이러한 생물학적 생리작용은 신선한 향미와 조직특성을 저하시킨다.

과일과 채소는 이용 목적과 시기에 따라 수확시기를 조절한다. 수확하여 곧바로 섭취할 때에는 성숙되었을 때의 수확이 좋으나 저장 후 유통시킬 때에는 과채류의 호흡특성과 저장기간을 고려하여 수확시기를 조절해야 한다. 또한 가공을 위한 재료로 사용할 때에도 가공적성을 고려하여 수확시기를 조절한다.

1-1 분류

우리가 섭취하는 과일류와 채소류의 분류는 **표 7-1**과 **표 7-2**와 같다. 과일류는 식물학상의 분류보다 과육과 종자의 형태 그리고 과피의 조직에 따라 분류하고 채소류는 이용부위에 따라 분류하고 있다.

과일류는 과피(peel), 과육(pulp), 종자(씨앗, seed)로 되어 있는 열매로 종자와 씨방의 형태, 외피의 조직, 송이 형성에 따라 분류한다. 견과류 외에는 주로 과육 부위를 섭취하고 있다. 종자가 있는 경우 인과류와 준인과류로 나뉜다. 인과류는 사과나 배같이 중심부에 과심이 있으며, 준인과류는 과심은 없으나 몇 개의 종자가 중심부에 모여 있는 것을 말한다. 핵과류는 복숭아와 같이 중심부에 단단한 핵이 있고 그 안에 종자가 들어 있는 과일이며, 장과류는 포도와 같이 송이를 형성하면서 종자가 과육 내에 흩어져 있는 과일이다. 견과류는 호두와 같이 단단한 외피로 쌓여 있으며, 가식 부분은 종실 부분이다.

채소류는 가식 부분이 식물의 뿌리, 줄기, 잎, 꽃, 열매 등으로 과일보다 이용 범위가 넓으며 채소에 따라 식물체의 일부 또는 전부를 섭취하고 있다. 그리하여 채소류의 분류는 일반적으로 엽채류, 근채류, 인경채류, 과채류, 화채류로 나누고 있다. 이 중 인경채류와 화채류를 경엽채류라고 하기도 한다. 엽채류는 잎과 줄기를, 근채류는 뿌리 부분을, 인경채류는 양파, 마늘과 같이 지하줄기의 싹이나 인경부를, 과채류는 오이와 같이 열매를, 그리고 화채류는 꽃봉오리나 꽃잎, 꽃받침을 섭취하는 채소이다. 영양학적 특성에 따라 녹황색 채소와 그 밖의 채소로 나누기도 한다.

표 7-1 **과일의 분류**

분류	정의	과일류
인과류(仁果類, pomaceous)	씨방을 꽃받침이 둘러싸고 있고, 이 부분이 발달하여 과육부가 된 것이며 중심부에 과심이 있고 그 속에 종자가 있다.	사과, 배 등
준인과류(準仁果類, subpomaceous)	씨방이 발달하여 과육으로 된 것으로 인과류와 비슷하지만, 중심부에 종자가 모여 있다.	감, 감귤류 등
핵과류(核果類, stone)	씨방이 발달하여 결실한 과일로 내과피가 단단한 핵을 이루고 그 속에 종자가 들어 있다.	복숭아, 자두, 살구, 매실, 대추 등
장과류(漿果類, berries)	과일 하나하나가 자방으로 송이를 이룬 것으로 육질이 부드럽고 즙이 많은 과실	포도, 딸기 등
견과류(堅果類, nuts)	외과피가 단단하며, 식용부위는 곡류처럼 종실부이다.	밤, 호두, 잣, 야자, 은행 등

표 7-2 채소의 분류

분류	정의	과일류
엽채류(葉菜類, 잎채소, leaf vegetable)	지상부 줄기와 잎을 식용하는 것	배추, 양배추, 상추, 셀러리, 시금치, 미나리, 쑥갓, 갓, 파슬리
근채류(根菜類, 뿌리채소, root vegetable)	지하에 양분을 저장한 뿌리 부분을 식용으로 하는 것	무, 당근, 사탕무, 순무, 생강, 토란, 우엉, 연근
인경채류(鱗莖菜類, 비늘줄기 채소, stalk, bulb vegetable)	지하경의 싹 또는 잎 및 비늘줄기(인경부)를 식용으로 하는 것	죽순, 아스파라거스, 양파, 마늘, 부추, 파
과채류(果菜類, 열매채소, fruit vegetable)	열매를 식용으로 하는 것	토마토, 가지, 오이, 수박, 참외, 호박, 딸기
화채류(花菜類, 꽃채소, inflorescent vegetable)	초본의 꽃봉오리, 꽃잎, 꽃받침 등을 식용으로 하는 것	꽃양배추, 브로콜리, 아기양배추

1-2 성분

과일채소류의 영양성분은 일반적으로 단백질과 지방 함량은 낮으나 무기질과 수용성 비타민의 함량이 높으며 섬유질과 펙틴 등 식이섬유의 함량이 높아 무기질과 수용성 비타민, 식이섬유의 중요한 공급원이다. 과일류는 당과 유기산 함량이 많이 함유되어 있는 것이 채소류와 다르다. 전반적으로 과일류는 숙성되면서 단맛 성분은 증가하고 신맛 성분은 감소하면서 맛의 조화를 이루며, 여러 향기 성분이 생성된다. 색소 성분에도 변화가 일어나 잘 익었을 때에는 아름다운 색을 띠면서, 맛과 향기 그리고 부드러운 과일이 된다. 과일류의 관능적 특성과 관계 있는 성분은 다음과 같다.

① 단맛 성분: 포도당(glucose), 과당(fructose), 자당(sucrose) 등이 일반적으로 약 10%인데 포도는 약 20%로 높다. 대부분의 과일은 포도당과 과당이 많으나 복숭아와 감귤류에는 자당이 많다.

② 신맛 성분: 구연산(citric acid), 사과산(malic acid), 타타르산 등이 있다. 감귤류에는 구연산, 사과에는 사과산, 포도에는 타타르산이 주로 들어 있다.

③ 향기 성분: 주로 에스테르(ester), 알코올, 알데히드 화합물로 수백 개의 휘발성 물질이 조화된 독특한 향기를 준다.

④ 색소 성분: 안토시아닌(anthocyanin), 플라보노이드(flavonoid), 카로티노이드(carotenoid) 등이 있다. 감귤류에는 α-carotene, 살구에는 β-carotene과 γ-carotene, 감, 살구, 토마토는 lycopene이 주로 들어 있다.

⑤ 텍스처 성분: 섬유소(cellulose), 헤미셀룰로스(hemicellulose) 등 불용성 다당류와 펙틴질(pectin substances)이 관여한다. 펙틴질 중 protopectin은 불용성이고 단단한 성질을 주지만 과채류가 숙성되면서 수용성인 펙틴(pectin)으로 변화되어 조직이 부드러워진다.

1-3 저장 중 변질

수확 후 과채류의 품질저하 원인으로는 크게 수확 후 생리적 작용(post-harvest physiology)과 미생물에 의한 변질로 나눌 수 있다.

1) 수확 후 생리적 작용에 의한 변질

과채류의 수확 후 생리작용의 종류는 저장물질을 분해시켜 탄산가스와 열을 발생시키는 호흡작용(respiration), 중량 감소를 가져오는 증산작용(transpiration), 발아와 발근 등의 생장작용(growth), 그리고 추숙작용(after ripening)이 있다.

(1) 호흡작용(respiration)

과일과 채소류는 수확 후에도 대사 작용을 계속하고 있으며 호흡을 하고 있다. 수확 후에는 외부의 영양분 공급과 광합성 작용이 중단되었기 때문에 저장하고 있는 탄수화물 등 영양분을 탄산가스와 물로 분해하는 대사활동을 한다. 그 결과 축적된 영양분이 소모되면서 품질에 변화를 일으킨다.

과일과 채소의 호흡량은 주위 온도에 가장 민감하게 반응을 하는데, 온도가 10℃ 증가하면 호흡량은 약 2.5배 증가한다(Q_{10} = 2.5). 호흡속도는 과일과 채소류의 종류에 따라 크게 다르며 저장기간 중 호흡속도에도 변화가 있다. 일반적으로 호흡속도는 온도와 대기 중 산소의 양 등 환경조건에 의해 영향을 받는다. 저장 중 또는 숙성과정 중 호흡속도의 변화는 호흡급상승형(climacteric)과 호흡점감형(non climacteric)이 있다(chapter 1, 2-2, 1) 참조).

호흡급상승형에서는 일반적으로 호흡 최고점(climacteric maximum)에 도달한 후 과숙 현상을 일으킨다. 과채류의 호흡속도는 감자, 마늘, 양파 등과 같이 호흡속도가 낮은 것과 아스파라거스, 버섯 등과 같이 호흡속도가 높은 것 등 많은 차이가 있다(**표 7-3**). 과일류에서도 아보카도와 복숭아, 딸기 등은 호흡속도가 빠르고 오렌지, 포도, 레몬, 키위 등은 호흡속도가 느리다. 그러므로 과채류의 저장을 위해서는 정상적 호흡작용을 유지시키면서 호흡속도를 낮추어주며, 신선한 품질의 유지기간을 연장시켜주는 방법이 강구되어야 한다.

표 7-3 채소류의 상대적 호흡속도와 품질 유지기간 비교

채소류	상대적 호흡속도	품질 유지기간(주, 2℃에서)
아스파라거스 버섯	40 21	0.2~0.5
시금치 상추 양배추	13 11 6	1~2
당근 순무	4 2	5~20
감자 마늘 양파	2 2 1	25~50

(Alvarez and Thorne, 1981)

(2) 증산작용(transpiration)

증산(蒸散)작용은 과일, 채소 등 식물체 내에 있는 수분이 공기 중에 수증기로 배출되는 현상으로 기공(pore)과 상피층(cuticle)을 통하여 일어난다. 기공의

밀도가 높은 엽채류는 증산속도가 빠르다. 증산작용의 속도는 채소류 표면의 구조 특성 외에 저장온도와 습도, 풍속 및 포장 상태 등 외부요인에 의해 영향을 받는다.

증산에 의한 수분 감소는 과일과 채소류의 무게를 감소시켜(약 5%) 조직 경화나 노화를 촉진하며 과일의 크기를 작게 하고 향미 성분이 손실되어 풍미를 떨어뜨린다. 증산량은 과일과 대기의 수증기압차이(vapor pressure deficit, VPD)에 비례한다. 온도가 증가하면 VPD값이 커지게 되어 증산량이 증가하게 되므로 저장온도를 낮추고 대기 중 상대습도를 높여주어 증산 속도를 낮춰주고 있다.

(3) 생장작용(growth)

채소류는 수확 후에도 성장과 발육이 계속되어 싹이나 뿌리가 나고 조직이 경화되고 색과 향미가 변한다. 이 현상을 생장작용이라 한다. 배추나 양배추 등은 섬유질화되어 조직이 단단해지고, 양파나 마늘, 감자는 싹이 트는 현상이 좋은 예이다. 생장작용을 억제하기 위한 저장방법은 냉장온도로 낮추는 방법, 저장고 내 산소의 양을 줄이는 방법, 방사선조사하는 방법이 있다. 채소류를 냉동이나 가열처리를 하게 되는 경우에는 수확 직후 데치기(blanching)를 하고 있다.

(4) 추숙작용(또는 후숙, after ripening)

과일과 채소는 수확 후에도 조직이 연화되거나 향기와 색깔이 변화하는 등 여러 가지 생리적 현상이 일어나는데 이를 추숙이라고 한다. 추숙 현상은 ethylene이나 식물호르몬 등의 작용으로 과일과 채소에 존재하는 효소가 활성화되고 호흡작용이 높아지는 현상이다.

추숙도 호흡작용과 생장작용과 같이 저장온도와 기체 조성에 의해 영향을 받으므로 기체조절(CA)저장과 저온저장(chapter 4, 3-2 참조)으로 추숙작용을 억제하고 있다.

2) 미생물에 의한 변질

과일과 채소는 수분 함량이 높기 때문에 수확과 유통과정 중 조직에 손상이 있으면 미생물의 번식에 의한 부패현상이 쉽게 일어난다. 미생물은 주로 토양에 있으며 수확할 때 오염되어 있던 것들이다.

과일은 대부분 유기산 함량이 높아 pH가 낮으므로 세균의 번식은 잘 일어나지 않지만 곰팡이는 낮은 pH에서도 번식이 가능하므로 과일류의 부패는 주로 곰팡이에 의한다. 그러나 표피에 손상이 없을 때에는 곰팡이균의 침입이 어려워 부패현상은 거의 일어나지 않는다.

채소류는 일반적으로 pH가 중성 부근이어서 손상된 조직에 곰팡이와 세균이 잘 번식한다. 곰팡이는 *Fusarium*(근채류), *Rhizopus*(고구마, 딸기), *Botlytis*(양파), *Phytophthora*(가지, 토마토), *Alternaria*(토마토) 등이 있으며, 세균은 주로 *Bacillus*(감자, 당근, 배추, 토마토)가 번식한다.

02 과일류의 가공제품과 가공방법

과일류는 숙성되면서 과일 특유의 향미와 표피의 색, 과육의 텍스처를 갖게 되며 신선한 상태로 섭취할 때 어느 식품보다 즐거움을 준다. 특히 표피의 색은 과일의 숙성도를 짐작하게 해준다. 그러므로 과일을 가공 또는 저장할 때에는 맛과 향기, 그리고 색을 가능한 한 유지하는 방법을 사용해야 한다. 가공방법으로는 주스, 통조림, 냉동, 건조 등 여러 방법이 있으며, 제품의 종류에는 과일의 과육 전부를 이용하거나 수용성 성분만을 이용한 제품들, 그리고 펙틴성분을 이용한 과일의 젤 형성제품 등이 있다.

2-1 과일의 전처리

가공을 위한 과일은 일반적으로 숙성이 잘된 과일을 수확한 후 선별하고 세척, 박피, 또는 제핵한 다음 데치기를 하여 효소를 불활성화한다.

1) 선별 및 세척

과일의 선별은 색, 크기, 숙성도, 결점에 의해 선별한다(chapter 2, 1-2 참조). 선별한 과일은 흙, 모래와 먼지 등 이물질과 표피에 남아 있을 수 있는 농약을 물로 세척(washing)하여 제거한다. 세척방법으로는 침지(soaking), 교반(agitation), 살수(spray) 방법이 있다.

침지방법은 과일을 찬물이나 더운물에 담그면 표면에 있는 흙이나 먼지를 쉽게 제거하는 효과가 있다. 교반방법은 물을 펌프로 순환하든지 물에 압축공기를 섞어넣고 교반한다. 살수방법은 과일을 철망 위에 올려놓고 앞으로 나아가게 하면서 높은 압력의 물을 뿌려주는 방법이다. 일반적으로 침지한 후 교반이나 살수방법으로 세척하고 있다.

2) 데치기

데치기(blanching)는 과일채소류의 효소를 불활성화하기 위하여 가열처리하는 방법으로 건조, 냉동, 통조림 제조 시 필수적인 전처리 공정이다. 데치기 방법으로는 95~100℃의 뜨거운 물에 1~5분간 담갔다가 찬물로 냉각하는 열탕 데치기(hot water blanching)와 상압의 수증기통에서 1~5분간 가열처리하는 스팀 데치기(증기 데치기, steam blanching)가 있다. 가열시간은 재료의 형태, 크기, 가열방법에 따라 다르다. 데치기의 목적은 다음과 같다.

① 효소를 불화성화하여 효소에 의한 변질을 방지한다.
② 표면에 있는 미생물을 살균한다.
③ 표면의 점질성 물질과 wax 물질을 제거한다.
④ 조직 내의 가스를 제거하고 유연성을 준다.

⑤ 채소의 경우 특유의 풋냄새를 제거한다.

일반적으로 엽채류와 같이 부정형인 것은 열탕 데치기가, 과일이나 근채류와 같이 형태가 일정한 것은 스팀 데치기가 적당하다. 토마토, 무, 고구마 등의 데치기는 효소의 불활성화보다 표피를 연화시켜 박피를 쉽게 하는 데 더 큰 목적이 있다.

3) 박피 및 제핵

과일이나 채소류의 표피(껍질)를 제거하는 공정을 박피(peeling)라 하고 복숭아, 살구 등 핵과류의 핵 제거는 제핵, 사과, 배 등 인과류의 과심 제거는 제심이라 한다. 박피방법으로는 손으로 벗기기(hand peeling), 기계적 박피, 알칼리 박피(chapter 2, 2 참조)가 있다. 제핵과 제심 방법으로는 일반적으로 박피한 과일을 두 쪽으로 쪼갠 다음 제핵기나 제심기를 사용하여 핵과 과심을 제거한다.

4) 담그기

껍질을 벗긴 다음 감귤류나 복숭아 등은 물에 담가 좋지 않은 맛을 내는 물질을 제거하는데, 이것은 주스나 과일통조림액을 흐리게 하는 혼탁물질(알칼로이드, 펙틴물질 등)과 알칼리 박피 후 남아 있는 알칼리 물질을 제거하기 위한 방법이다. 물을 자주 갈아주어야 하며, 수침 중 향미 성분과 영양 성분의 용출이 있으므로 가능한 한 짧은 시간 동안 처리하는 것이 좋다.

2-2 건조과일

건과(건조과일, dried fruit)는 과일을 건조시켜(수분 함량 20~25%) 수분활성도를 낮추고 미생물의 증식을 억제하여 저장성을 높인 제품이다. 건과는 신선한 과일보다 단맛과 신맛이 강하고 특유의 향미와 텍스처 특성을 갖고 있다. 건조방법은 햇볕을 이용한 천일건조(sun drying)와 건조기를 사용한 인공건조(artificial drying)가 있다. 천일건조는 건조비용이 저렴하지만 날씨에 영향을 많이 받을 뿐만 아니라 건조시간이 오래 걸려 위생적인 관리가 어렵다. 인공건조는 상압건조와 감압건조 방법을 주로 사용하며 건조조건(온도, 습도, 송풍속도)을 임의로 조절할 수 있어 품질이 균일한 제품을 제조할 수 있다.

건조과일(건과) 제조를 위한 과일은 먼저 선별과 세척을 한 후 박피 또는 제핵을 하고 필요한 경우 데치기나 아황산가스 처리를 한다. 아황산가스 처리는 아황산염용액에 침지하는 방법과 황을 태워 훈증시키는 방법이 있는데 아황산(SO_2) 처리(sulfite treatment, sulfiting)는 과일의 산화와 갈변을 방지하고, 미생물의 번식을 억제하며 과육의 건조를 촉진시키는 효과가 있다. 대표적 건과제품은 곶감과 건포도가 있고 그 밖에 사과, 밤(황률), 살구, 자두, 무화과, 파인애플, 바나나 등 건조과일이 있다.

1) 곶감(건시)

곶감(건시)은 우리나라의 건조 과일 중 대표적인 것으로 성숙되지 않은 떫은 감을 천일(자연)건조한 것이다. 원료로 사용되는 감은 껍질이 얇고 당분이 많아 육질이 치밀하며 끝이 뾰족한 타원형이 좋다.

곶감의 제조는 **그림 7-1**과 같이 감을 선별하고 칼이나 감 박피기를 사용하여 껍질을 얇게 깎는다. 박피한 감은 감 꽂이에 끼운 다음 통풍이 잘되고 햇볕이 잘 드는 곳에 널어서 건조한다. 건조하기 전에 감을 훈증실에 넣고 황을 태워 아황산처리하면 갈변을 방지하고, 건조기간이 단축되며 향균력이 있어 저장성이 좋아진다.

곶감은 자연건조한 제품의 품질이 더 좋아 주로 자연건조(천일건조)하고 있다. 자연건조는 시작한 지 2주일 정도 지나면 표피가 약간 굳어지고 황갈색이 되는데 이때, 손으로 과육을 문질러서 연하게 한다. 건조는 손끝으로 눌렀다가 놓았을 때에 곧 원래 모양으로 돌아올 정도가 되면(수분 함량 30% 정도) 건조작업을 마치고 모양을 만들어 제품으로 만든다. 건조시간은 약 20일 걸린다. 인공건조의 경우에는 껍질을 제거한 감을 건조실에 넣고 첫날은 32℃, 2일째는 30℃, 3일째는 25℃로 차츰 온도를 내리면서 4일 정도 건조한다.

곶감은 표면에 당유도체인 mannitol의 흰 가루가 나오고 육질이 투명하며, 비교적 단단하여 탄력성이 있으면서 단맛이 많은 것이 좋다.

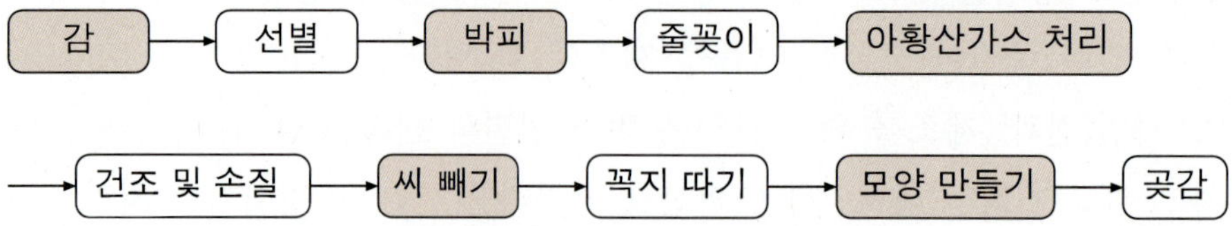

그림 7-1 자연건조에 의한 곶감의 제조과정

2) 건포도

건포도는 적당히 잘 익은 씨 없는 포도를 자연건조 또는 인공건조한 것으로 오랫동안 저장할 수 있는 제품이다. 원료 포도는 과숙과(過熟果)로 당도가 25% 전후될 때 수확하여 제조한다.

자연건조는 원료포도를 물로 세척한 후 93℃의 0.5% 수산화나트륨용액에 5초간 담갔다가 꺼내어 물로 세척한다. 건조 전에 식용유를 약간 넣은 용액에 담갔다가 건조하면 윤기가 좋아진다. 수분 함량이 15% 이하가 될 때까지 햇볕에 건조하고 꼭지를 딴다. 인공건조할 때는 65~67℃에서 15~20시간 건조한 다음에 꼭지를 딴다. 인공건조한 건포도의 수분은 15~17%로, 과즙이 나오지 않을 때가 적당하다(**그림 7-2**).

그림 7-2 건포도의 제조공정

2-3 과일음료

1) 종류

과일음료(fruit juice beverage)는 단일 또는 2종 이상의 과일을 압착하여 얻어진 과일즙(과즙, fruit juice)을 주원료로 하여 가공한 음료제품으로, 향기와 영양가가 높을 뿐만 아니라 상쾌한 맛을 가진다. 과일음료는 그대로 마시는 제품과 희석하여 마시는 농축제품이 있으며 종류는 다음과 같다.

① 천연과실주스: 과일을 압착, 분쇄 착즙한 그대로의 농도를 갖는 주스로, 과즙이 95% 이상이고, 청징과일주스와 혼탁과일주스로 구분한다.
② 농축과일즙: 천연과즙을 50% 이하로 농축한 것이다.
③ 분말과일주스: 농축과실즙을 건조하여 분말로 한 것으로 수분 함량이 10% 이하이다.
④ 과즙음료: 과즙 원료에 당분이나 향료 등 첨가물을 넣어 만든 음료로, 과즙이 50~95%이다.
⑤ 희석과즙음료: 과즙음료 중 천연과즙의 함량이 10~50%이다.

2) 제조방법

과일음료의 제조과정은 **그림 7-3**과 같이 원료의 선별 및 세척, 착즙, 여과 및 청징, 살균한 뒤 냉각하여 포장한다.

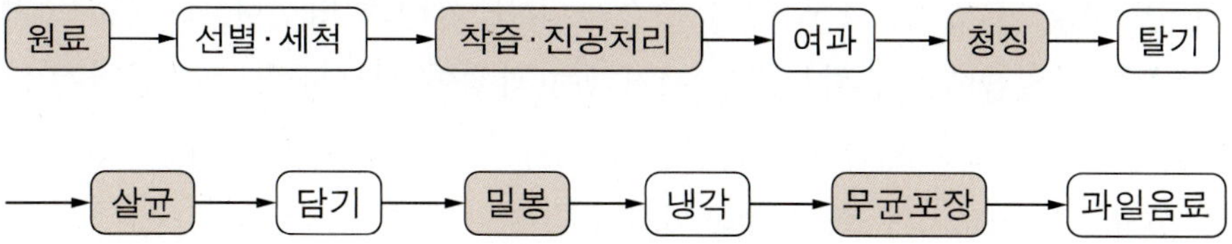

그림 7-3 과일음료의 제조과정

(1) 선별 · 세척

과일주스 제조를 위한 과일은 숙성이 잘되어 있고 껍질이 얇으며 향기, 맛, 색이 좋은 것을 선별한다. 과일의 세척은 앞에서 설명된 방법을 사용하며, 딸기와 같이 조직이 연한 것은 살수세척 방법을 사용한다.

(2) 착즙

과일에서 과즙을 분리하는 방법은 과육을 파쇄하고 압착하여 착즙한다. 과일을 파쇄하여 착즙하는 방법은 과일의 종류에 따라 다양하다. 사과는 해머밀(hammer mill)과 유사한 기계로 분쇄한 다음 수압기로 압착하여 과즙을 분리한다. 포도는 구멍이 많은 2개의 롤러를 반대방향으로 회전하면서 그 사이에서 분쇄되도록 하여 포도씨가 깨지지 않고 구멍에 들어가도록 하여 착즙한다. 오렌지와 같은 감귤류는 과육이 두꺼운 껍질로 싸여 있고 껍질은 주스맛에 불리한 물질을 함유하고 있으므로 두 쪽으로 절단하여 껍질조직이 가능한 한 손상되지 않도록 하면서 압착한다.

압착방법은 분쇄된 과일을 천 위에 쌓고 수압식 압착기로 눌러 착즙하는 방법이 있고 원통과 스크루(screw)로 된 연속식 압착기에 분쇄된 과일을 넣고 스크루를 회전시켜 원통의 작은 구멍을 통해 과즙이 나오도록 하는 방법이 있다.

(3) 여과와 청정

과일주스 중 오렌지, 배, 복숭아, 토마토, 파인애플 등의 주스는 혼탁한 상태로 마시며 사과나 딸기, 포도 등의 주스는 맑은 상태로 마신다. 그러므로 맑은 과일주스는 과일즙에서 혼탁물질을 제거하는 과정이 필요하다. 혼탁물질은 단백질과 펙틴질 그리고 미세한 과육물질들로서 이들 물질의 제거는 여과(filtration)와 청정(clarification)에 의해 이루어진다.

혼탁물질 중 부유물질과 분자량이 큰 일부물질은 여과하여 제거한다. 탁도와 점성을 주는 팩틴 물질은 pectinase나 polygalacturonase로 분해시켜 투명하고 점도가 낮은 과즙을 만드는데 이를 청정이라 한다.

(4) 탈기

과즙에는 많은 양의 공기가 들어 있는데(예: 오렌지과즙 1L에는 공기가 33~35mL 있음) 공기 중 산소는 다음과 같은 여러 반응을 촉진하여 주스 품질에 좋지 않은 영향을 주게 되므로 탈기하여야 한다.

- 비타민 C의 산화
- 휘발성 향미 성분과 지방질의 산화로 좋지 않은 냄새(이취)의 발생
- 천연색소의 분해
- 호기성 미생물의 번식
- 통조림주스에서 캔 내부의 부식작용
- 주스의 거품 발생

탈기방법에는 주스를 엷은 막으로 진공관 속으로 흘러내리게 해서 탈기하는 박막식 탈기방법과 주스를 진공관에 분무하여 탈기하는 분무식 탈기방법이 있다.

(5) 살균

과일주스에 오염되어 있는 미생물들과 과즙에 존재하는 효소들은 주스의 저장, 유통 중 심각한 품질 저하를 초래하므로 가능한 한 빨리 불활성화하거나 제거하여야 한다. 미생물의 경우는 가열에 의한 살균과 한외여과에 의한 제거, 방부제 첨가 방법들이 있는데 이 중 가열살균 방법은 살균뿐만 아니라 효소를 불활성하는 효과도 있어 가장 많이 사용되고 있다.

가열살균에서 주의해야 하는 것은 가열에 의한 향미 성분의 손실, 천연색소의 변화 그리고 영양소의 손실이다. 그러므로 주스의 가열살균은 가능한 한 낮은 온도 또는 짧은 시간에 열처리하여야 한다. 가열온도와 가열시간은 주스의 pH에 따라 크게 좌우된다. 주스의 pH가 4.5보다 낮을 경우는 100℃ 이하에서 단시간의 처리로도 살균이 가능하지만 pH가 그 이상인 주스는 100℃ 이상에서 장시간 살균해야 한다. 과일주스의 pH는 일반적으로 pH 4.5 이하이다.

주스의 가열살균 방법에는 70~75℃에서 15~20분 가열하는 저온장시간살균법

(LTLT)과 90~95℃에서 20~60초간 살균하는 고온순간살균법(HTST)이 있는데 주스의 향미 성분과 천연색소 및 영양분의 손실을 적게 하기 위하여 고온순간살균법을 주로 사용하고 있다.

(6) 밀봉, 냉각

살균한 주스는 60℃ 정도로 냉각하여 무균 용기(테트라팩, 유리병, 캔)에 넣고 밀봉하는 무균포장(aseptic packaging)을 한다.

3) 제품 종류별 제조과정

(1) 사과주스(apple juice)

사과주스에는 청정주스(투명주스, clarified juice)와 마쇄주스(crushed juice)가 있다. 사과주스의 제조는 **그림 7-4**와 같이 사과를 선별하고 세척한 다음 마쇄기를 사용하여 분쇄한다. 착즙은 성분의 산화를 최소한으로 방지하기 위하여 한 번에 소요되는 시간을 20분 이내로 하며 갈변 방지를 위해 비타민 C와 소금을 약간 첨가한다.

청정주스를 만들 때에는 혼탁을 일으키는 펙틴물질을 pectinase로 분해하여 청정한 다음 여과하고 탈기한다. 고온순간살균을 위해 80~90℃에서 10~60초간 가열하여 냉각한 다음 살균된 용기에 넣어 무균포장한다.

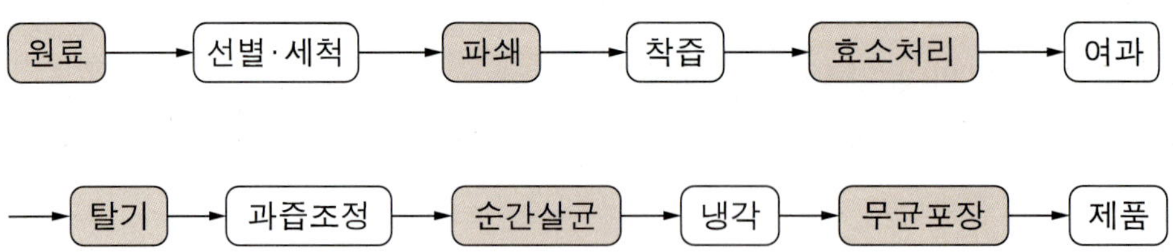

그림 7-4 청정사과주스의 제조과정

(2) 오렌지주스(orange juice)

크기별로 균일한 오렌지를 선별한 다음 묽은 염산용액(0.3%)으로 세척하고 착즙한다. 착즙하는 방법은 오렌지를 두 쪽으로 절단하고 과육채취기를 이용하여 착즙한다. 과즙은 메시 스크린 피니셔(mesh screen finisher)를 통과시켜 굵은 과육을 제거하고 과즙에 혼입된 껍질기름(peel oil)은 원심분리하여 제거한다. 껍질기름은 오렌지 향미 성분을 함유하고 있지만 쓴맛을 갖고 있어 주스의 기름 잔존량을 0.035%로 조절하고 있다. 원심분리된 과즙은 혼합탱크로 옮겨 일정한 당도를 갖도록 설탕을 첨가하여 조절한 다음 균질하게 하고 탈기한다.

오렌지주스의 살균은 92℃에서 10~40초간 가열하는 고온순간살균을 하고 빠르게 냉각한 뒤 무균포장한다.

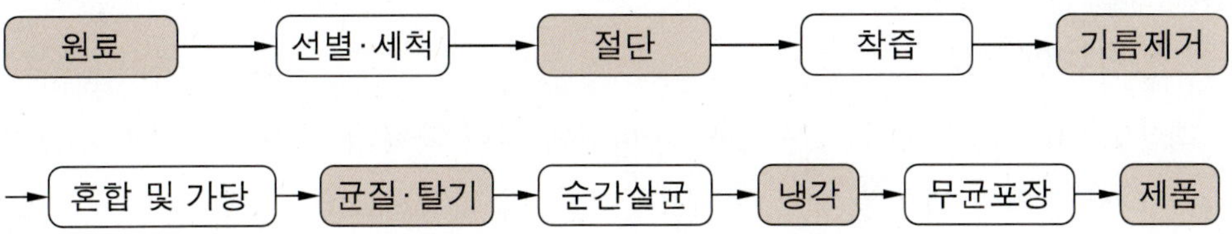

그림 7-5 오렌지주스의 제조과정

(3) 포도주스(grape juice)

포도주스의 제조는 전반적으로 사과나 오렌지주스의 제조공정과 비슷하지만 착즙 후 주석을 제거하는 공정이 필요하다. 또한 투명한 포도주스의 제조를 위해서는 펙틴분해 공정이, 적색 포도주스 제조를 위해서는 적색 색소의 용출 공정이 추가되고 있다. 포도를 선별한 다음 0.5% 염산용액으로 세척하고, 제경(줄기제거) 한 뒤 파쇄한다. 적포도의 안토시아닌(anthocyanin) 색소의 용출을 위하여는 65~75℃로 가열한 다음 착즙하고 여과한다. 포도과즙 내에 있는 주석산은 침전되어 주스 품질을 저하시키므로 과즙을 −20℃에서 4~7일간 냉동하였다가 7℃ 냉장고로 옮겨 3~4일간 정치시키면 주석산이 침전되는데 침전물을 여과하여 제거한다. 그 밖의 탈기와 살균, 무균포장은 오렌지주스와 같다.

(4) 농축과일즙(concentrated fruit juice)

농축과일즙은 원래 용량의 50% 이하로 농축하여 냉동한 제품으로, 섭취할 때에는 해동하고 적당량의 물로 희석하여 마신다.

농축방법은 진공조건에서 가열하여 증발시키는 진공농축법을 많이 사용하고 있다. 진공농축법은 끓는점을 낮춰줘서 가열반응에 의한 성분변화를 줄여주지만 휘발성 향미 성분의 손실은 여전히 일어난다. 그리하여 향미 성분의 손실을 최소한으로 하기 위하여 냉동농축방법을 사용하기도 한다. 냉동농축방법은 가열하는 공정이 없기 때문에 향미 성분의 손실은 없으나 농축 비용이 다른 농축방법보다 비싼 것이 단점이다(chapter 3, 3-2 참조). 농축을 마친 액은 적당한 용기에 포장하고 -18℃ 이하에서 냉동한 후 저장한다.

(5) 넥타(nectar)

넥타(nectar)는 복숭아, 살구, 배, 바나나와 같이 과육에 있는 펄프질과 주스가 잘 분리되지 않는 과일을 이용해 제조한 일종의 과육음료(fruit pulp beverage)이다. 완숙한 과일의 과육을 마쇄하고 망으로 껍질과 씨를 걸러 제거한 퓌레(puree)에 착즙한 과즙을 가하고 물과 유기산 등을 혼합해서 제조한 것이다. 넥타의 퓌레 함량은 20~50% 정도이다.

2-4 과일 및 채소 통조림

1) 과일 통조림(canned fruits)

과일을 캔에 넣고 당용액을 충전액으로 채워준 다음 밀봉하여 가열살균한 제품으로, 과일은 복숭아, 감귤, 포도, 파인애플, 버찌 등을 원료로 한다. 과일통조림의 일반적 제조과정은 **그림 7-6**과 같다.

이 공정에서 전처리는 선별, 세척, 제핵, 박피, 정형 등을 의미한다. 오렌지의 경우는 두터운 외피를 벗겨야 하고 복숭아는 제핵과정이 필요하다. 정형은 통조림에 넣기 적당한 모양과 크기로 절단하는 공정으로 복숭아, 파인애플 등과 같이 형태가 큰 과일일 경우 필요하다. 오렌지와 같은 감귤류는 과육 쪼개기를 하는 정형을 한다. 전처리 후 데치기를 하여 효소를 불활성화한 뒤 충전액인 당용액을 넣고 탈기한 다음 밀봉, 살균, 냉각하여 제품으로 만든다. 탈기는 앞 장에 설명한 방법을 따라 하며 살균은 과일의 종류에 따라 살균온도와 시간에 차이가 있다.

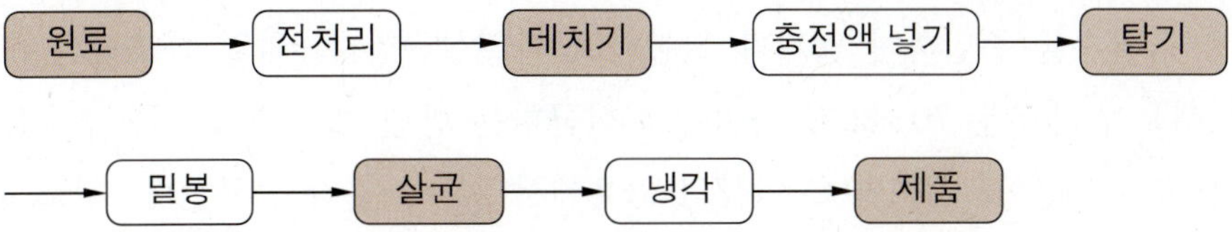

그림 7-6 과일 통조림의 일반적 제조공정

감귤류 통조림을 예로 하여 제조과정을 좀 더 자세히 설명하면 **그림 7-7**과 같다.

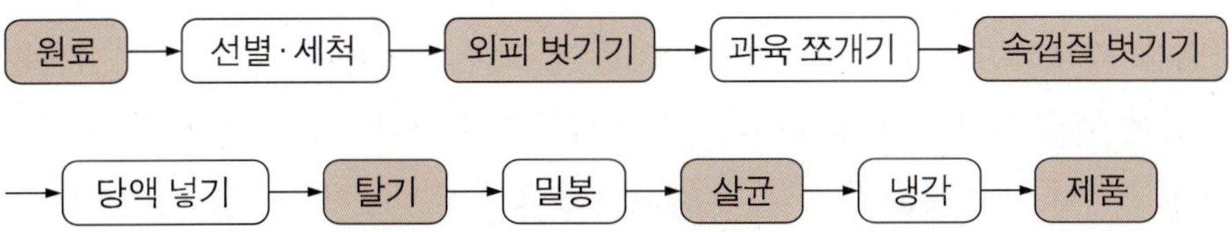

그림 7-7 감귤 통조림의 제조공정

원료인 감귤은 잘 익고 신선한 것으로 선별하여 세척한 다음 외피를 제거한다. 외피의 제거는 85~90℃의 물에서 1~2분, 끓는 물에서는 10초 정도 가열하여 외피와 과육 사이 섬유질과 펙틴질을 연화하여 잘 벗겨지게 한다. 감귤과육은 하나하나 쪼갠 다음 과육 표면에 있는 내피(속껍질)를 산알칼리박피법을 이용하여 제거한다. 산알칼리박피법은 과육을 1~3% 염산액(20~30℃)에서 1~2시간 담갔다가 물로 세척한 후 1% NaOH 용액에 15~20분간 담그거나 끓는 NaOH 용액에 15~30초 동안 담가 제거하고 물로 세척한다. 그 다음 캔에 넣고 충전액인 당액(당의 농도는 약 35%)을 주입한다. 이후에 탈기하고 밀봉한 뒤 80~85℃에서

20~30분간 살균하고 급랭시킨다.

2) 채소통조림

채소 통조림은 신선한 채소를 선별하여 세척한 다음 데치기를 하고 그 후의 공정은 과일 통조림과 같은 공정으로 제조한다. 다만 채소 통조림에는 충전액으로 1~3% 식염수를 주입하여 탈기와 밀봉하고 가열살균한다. 과일 통조림은 pH가 낮기 때문에 대부분 70~80℃ 사이에서 살균하는 반면 채소 통조림의 경우는 보통 pH 6.0 이상이므로 120℃ 이상의 고온에서 20~30분간 살균한다. 채소 통조림에는 옥수수, 양송이, 완두콩 등의 통조림이 있다.

2-5 펙틴젤 제품

1) 젤 형성 원리

과일을 파쇄하여 착즙한 과즙에 설탕을 넣고 가열하면 젤(gel)이 형성되는데 이 현상은 과일에 있는 펙틴(pectin)과 유기산이 설탕과 작용하여 젤화(gelation)되기 때문이다. 이 제품은 pH가 낮으며(pH 3.2 내외), 60% 이상의 당 농도로 삼투압이 높고 수분활성도가 낮아 저장성이 높은 과일 가공제품이다.

펙틴은 갈락투론산(D-galacturonic acid)이 α-1,4 결합으로 결합한 폴리갈락투론산(polygalacturonic acid)으로, carboxyl기(-COOH) 일부가 methoxyl기(-OCH_3)와 결합을 한 구조이다. 전체 carboxyl기 중 methoxyl기가 50% 이하 결합되어 있으면 저메톡실펙틴(low methoxyl pectin, LMP 또는 low ester pectin)이라 하고, 50% 이상 결합되어 있으면 고메톡실펙틴(high methoxyl pectin, HMP 또는 high ester pectin)이라고 한다(**그림 7-8**). 천연의 펙틴은 보통 고메톡실펙틴이다. 고메톡실펙틴은 산성조건(pH 3.0~3.5)에서 당이 60% 정도 존재할 때 젤화가 되기 때문에 pectin-suger-acid젤이라고도 한다.

저메톡실펙틴은 산성조건(pH 3.8~4.0)에서 칼슘이온과 같은 다가양이온을 첨가하면 당이 없어도 젤을 형성할 수 있어 다이어트젤 제조에 사용된다. 몇 가지

식물조직의 펙틴 함량은 **표 7-4**와 같다. 상업적으로 제조되는 펙틴제품은 과일 주스 제조 시 부산물인 오렌지 과피나 사과 착즙박(apple pomace)에서 펙틴을 추출하여 제조하고 있다.

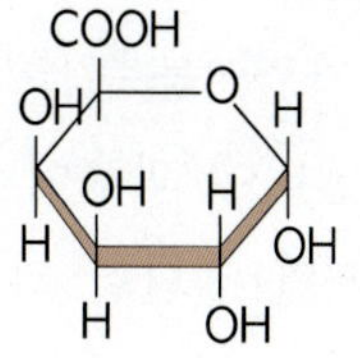

D-galacturonic acid

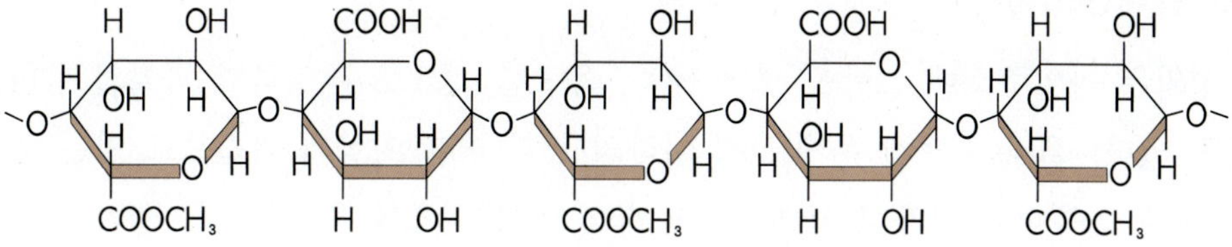

Pectin

그림 7-8 갈락투론산과 펙틴의 구조

표 7-4 일부 식물조직의 펙틴 함량(건물량 기준)

식물조직	펙틴(%)
감자	2.5
토마토	3
사과	5~7
사과즙을 짜낸 찌꺼기(apple pomace)	15~20
당근	10
사탕무펄프(sugar beet pulp)	15~20
감귤류의 알베도(citrus albedo)	30~35

2) 제품종류와 제조방법

과일에 함유되어 있는 펙틴을 이용한 젤 제품의 종류는 다음과 같다.

① 젤리(jelly): 과일주스 + 설탕 → 가열, 농축 → 젤화된 제품
② 잼(jam): 과일 + 설탕 → 가열, 농축 → 젤화된 제품
③ 마멀레이드(marmalade): 젤리에 과육이나 외피의 절편을 넣은 것
④ 프리저브(preserve): 잼이지만 절단한 과육이 그대로 존재하는 것

(1) 젤리(jelly)

젤리는 과일주스에 설탕을 넣어 농축, 응고한 것으로 투명하며 과일의 향미를 갖고 있다. 젤리는 전체 무게 55% 이하의 당과 45% 이상의 과즙으로 만든 것으로 가열 농축하여 가용성 고체성분이 65% 이상 되도록 하고 있다. 젤리의 제조조건은 펙틴의 농도가 1.0~1.5%이고 pH는 3.2 내외가 되어야 하므로 펙틴양이 부족할 때에는 상품으로 판매되고 있는 펙틴을 첨가하며 pH를 유기산으로 조절한다. 젤리는 투명하고 부드러우며 형태를 유지할 수 있을 정도의 단단함과 탄력성이 있어야 좋은 품질이라 할 수 있다.

젤리의 제조공정은 **그림 7-9**와 같다. 가당 후의 가열 농축과정은 젤리나 잼의 제조에서 중요한 공정으로 너무 오래 가열하면 갈색화 반응으로 갈색이 짙어지고 펙틴의 분해로 젤화능력이 감소되므로 끓이는 시간을 10~20분 정도로 한다. 완성된 젤리농축액은 식기 전에 살균된 용기에 담아서 80~90℃에서 7~8분간 더 가열하여 살균한 후 급랭한다.

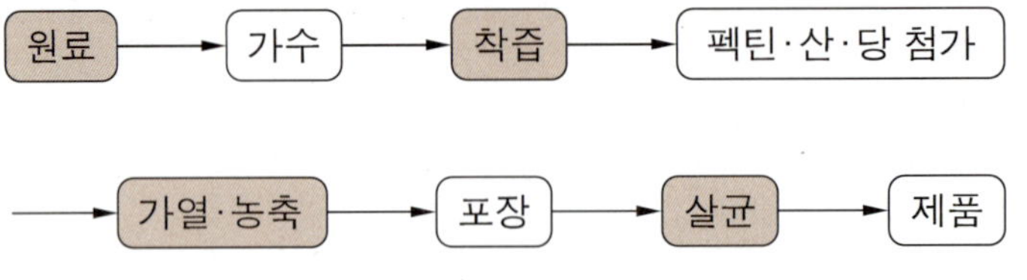

그림 7-9 젤리의 제조공정

(2) 마멀레이드(marmalade)

마멀레이드는 주로 두꺼운 오렌지껍질(과피)을 사용하는데, 제품종류로는 쓴맛이 나는 비터 마멀레이드와 단맛이 있는 스위트 마멀레이드가 있다. 제조방법은 색이 좋고 표면에 상처가 없는 오렌지를 선별하여 세척한 다음 칼로 껍질을 벗기고 그 중 일부를 1mm 정도의 폭으로 얇게 자른다(세절). 얇게 자른 껍질은 물에 넣어 저어주면서 쓴맛을 제거한다.

오렌지 과육을 압착기로 눌러 과즙을 얻고, 과즙을 짜고 난 과육찌꺼기와 세절하고 남은 껍질은 구연산용액(0.1~0.3%)에 담가 20~40분간 끓여 펙틴 추출액을 얻는다. 과즙과 펙틴 추출액을 농축용기에 넣고 가열하여 끓기 시작하였을 때 얇게 자른 과피를 넣어서 함께 끓인다. 여기에 설탕을 넣고 설탕의 농도가 40% 이상 될 때까지 농축한 뒤 병에 넣고 밀봉한다.

(3) 잼(jam)

잼은 과일을 당류 등과 함께 가열하여 젤리화 또는 시럽화한 것으로 당의 농도는 40% 이상이다. 과일에 따라 딸기잼, 사과잼, 복숭아잼, 무화과잼 등이 있다. 딸기의 경우 형태를 어느 정도 그대로 갖고 있는 프리저브(preserve)와 딸기를 으깨서 제조한 딸기잼의 두 가지 형태가 있다. 딸기잼의 일반적인 공정은 다음과 같다(**그림 7-10**).

그림 7-10 딸기잼의 일반적인 공정

여기서 전처리라 함은 선별, 세척, 꼭지 따기, 자르기 또는 마쇄 등이다. 설탕을 넣을 때 필요한 경우에는 펙틴과 유기산을 첨가한다.

03 채소류의 가공제품과 제조방법

채소류의 가공은 수확 후 저장 및 가공을 위한 전처리와 가공제품의 제조로 나누어진다. 전처리는 이물질 제거, 정선, 세척, 선별 및 묶기 등이다. 채소류의 가공부위는 뿌리, 줄기, 잎, 꽃, 열매 등으로 가식부분이 주로 사용된다. 채소류는 과일류와 달리 일반적으로 숙성이 덜 되었을 때(미성숙) 가공적합성이 좋은 경우가 많다. 예를 들면 당근의 경우 늦게 수확한 것일수록 카로틴(carotene) 함량이 많고 자당과 단당류 함량이 많아져 단맛은 좋아지나 조직의 연화로 수확과 가공 시 손실이 많아 미성숙일 때 수확하여 가공하고 있다.

채소류의 가공제품은 발효제품, 건조제품, 통조림제품 등이 있는데 우리나라는 김치류의 채소발효제품이 가장 많으며 건조제품, 절임제품, 토마토제품이 제조되고 있다.

또한 채소류는 수확 후에도 호흡과 생리작용을 계속하고 있어 신선한 품질을 유지하기 위해 공기조절과 저온저장, 냉동, 방사선 처리(감자 등 근채류) 등을 하고 있다.

3-1 김치류

김치류(kimchi group, Korean-style acid-fermented vegetables)는 우리나라 고유의 채소발효식품으로 배추, 무, 파 등 채소류를 소금에 절이고 세척한 다음 고춧가루, 마늘, 생강 등 향신료와 동물성 부재료(낙지, 굴, 쇠고기 등) 및 각종 젓갈류를 넣고 발효한 것이다. 저장성이 좋은 사계절 식품으로 우리 식탁에는 없으면 안 될 반찬이다. 김치 맛은 주재료와 부재료에 따라 다양하고 짠맛과 함께 매운맛, 신맛, 향신료의 맛이 어우러진 김치 특유의 신선한 맛을 가지고 있다.

채소류의 절임은 가을에 수확한 채소류를 겨울까지 보관하는 여러 저장 방법 중 하나로 신석기 시대에 시작된 것으로 추정하고 있다. 그러나 배추를 재배하기 시작한 것이 17세기이고 고추의 도입이 16세기 초반임을 고려할 때 오늘날의 김치 담금 방식은 그 이후가 될 것으로 보인다.

1) 김치류의 종류 및 재료

김치류의 종류는 사용하는 주재료에 따라 김치, 깍두기, 동치미, 소박이 등이 있으며 여기에 생채류와 식해류가 첨가된다(**표 7-5**). 사용하는 재료는 크게 식물성과 동물성으로 구별된다. 식물성에는 채소류와 과일류, 곡류, 향신료 등이 있고 동물성에는 어류, 육류, 난류, 젓갈류가 있다(**표 7-6**). 사용하는 양에 따라 주재료와 부재료, 향신료로 나누어지며, 주재료를 중심으로 배추김치, 무김치 등으로 나눈다. 또한 한국산업규격(KS)은 김치류를 다음 4가지로 분류하고 있다.

① 포기김치: 배추를 통째로 또는 2~4쪽으로 절단하여 염수나 소금에 절인 후 세척 및 탈수한 다음 양념을 넣고 발효·숙성한 것
② 보쌈김치: 포기김치와 같이 배추를 절단하여 절이고 세척한 다음 가늘게 썬 무와 파, 다진 마늘과 생강, 고춧가루, 젓갈 등으로 양념을 한다. 그 양념을 배춧잎 사이에 넣고 절단하여 가지런히 모아 윗면에 과일류, 육류, 어패류를 더 첨가한 다음 절인 배춧잎으로 감싼 후 발효·숙성한 것
③ 막김치: 배추를 길이 3~4cm 되도록 절단하여 염수나 소금에 절인 후 세척 및 탈수하고 양념을 배춧잎 사이에 넣어서 발효·숙성한 것
④ 깍두기: 무를 2~3cm 정도의 육면체로 절단하여 염수나 소금에 절인 후 파, 다진 마늘과 생강, 고춧가루, 젓갈 등 양념을 넣고 발효·숙성한 것

식물성 재료는 섬유소가 많이 있고 비타민도 많이 함유되어 있다. 부재료는 **표 7-6**에 보는 바와 같이 채소, 과일, 곡류, 육류, 해산물, 향신료 등 광범위하다. 이들 부재료는 독특한 맛을 줄 뿐만 아니라 동물성은 단백질과 지용성 비타민을 보충해주며, 식물성은 섬유질과 각종 무기질(칼슘, 마그네슘, 철, 인 등), 수용성 비타민을 공급해준다.

표 7-5 김치의 종류

종류(종)		명칭
김치류	배추김치	배추김치, 통배추김치, 양배추김치, 보쌈김치, 백김치, 얼갈이김치, 배추겉절이 김치 등
	무김치	총각김치, 알타리김치, 빨간무 김치, 채김치, 비늘김치, 무청김치, 나박김치, 무백김치, 무말랭이김치 등
	나물김치	깻잎김치, 미나리김치, 냉이김치, 고들빼기김치, 박김치, 고춧잎김치, 달래김치, 두릅김치, 부추김치, 고추김치, 풋마늘김치
	석박지	멸치젓석박지, 배추석박지, 무석박지, 고춧잎석박지 등
	파김치	실파김치, 쪽파김치, 오징어파김치 등
	어패류 및 육류김치	굴김치, 대구김치, 북어김치, 오징어김치, 전복김치 등
	해조류김치	파래김치, 미역김치, 청각김치, 톳김치 등
	물김치	인삼 · 오이물김치, 알타리국물김치, 열무물김치, 돌나물물김치, 갓물김치, 오이물김치, 열무오이물김치, 배추물김치 등
	기타 김치	갓김치, 곤지김치, 고추김치, 장김치, 원추리김치 등
깍두기류		굴깍두기, 명태깍두기, 즉석용 열무오이깍두기, 오이깍두기, 북어깍두기, 오징어깍두기, 창란젓깍두기, 곤쟁이젓깍두기 등
동치미류		무청동치미, 갓동치미, 총각무동치미, 알타리동치미, 궁중식 동치미, 배추동치미
소박이류		소배추소박이김치, 오이소박이, 통대구소박이, 배추쌈오이소박이, 갓소박이, 고추소박이, 더덕소박이, 무청소박이 등
겉절이류		상추겉절이김치, 배추겉절이김치, 무겉절이김치, 오이겉절이김치, 깻잎 · 양파겉절이김치, 열무겉절이김치, 부추겉절이김치
생채류		도라지생채, 노각생채, 파생채, 오이생채, 오징어생채, 더덕생채, 무생채, 제육생채 등
식해류		가자미식해, 마른고기식해
장아찌류		마늘장아찌, 마늘쫑장아찌, 풋고추장아찌, 무숙장아찌, 무말랭이장아찌, 배추짠지, 파짠지, 무채짠지, 삭힌 고추짠지, 열무짠지 등

부재료의 선택과 첨가하는 양은 지역과 계절, 김치류의 종류, 그리고 선호하는 맛에 따라 다르다. 지역적으로는 중부지방의 김치는 짠맛이 적고 담백하나 남부지방은 짠맛과 매운맛이 강하고 젓갈류 맛이 있다. 북부지방은 싱거우면서 양념을 적게 사용하여 시원한 맛을 준다. 지역별로 짠맛의 차이는 지역별 온도 차이에 대한 김치의 저장성과 관계가 있으며 향신료와 젓갈 등 양념의 차이는 지역간 김치에 대한 기호도가 관여한다고 할 수 있다.

표 7-6 김치의 재료

구분		재료
주재료	식물성	배추, 무, 열무, 가지, 오이, 상추, 고춧잎, 풋고추, 마늘, 마늘쫑, 고들빼기, 더덕, 돌나물, 갓, 파, 부추, 양배추, 미나리, 고구마줄기
	동물성	북어, 가자미, 굴, 도루묵, 동태, 명태, 꿩, 닭, 전복 등
부재료	채소류	갓, 미나리, 당근, 쑥갓, 깻잎, 무청 등
	과실류	대추, 호박, 참외, 은행, 잣, 귤, 토마토, 유자, 치자, 사과, 배, 밤 등
	곡류	보리쌀, 찹쌀, 밀가루, 엿기름, 좁쌀 등
	기타	표고, 석이 등
	동물성	낙지, 굴, 조기, 동태, 새우, 오징어, 쇠고기, 돼지고기, 대구, 문어 등
조미 향신료	향신료	파, 마늘, 고춧가루, 생강, 부추, 양파, 달래 등
	조미료	소금, 간장, 식초, 참기름, 감미료, 깨 등
	젓갈류	새우젓, 멸치젓, 황석어젓, 갈치젓, 창란젓, 조개젓, 꼴뚜기젓 등

2) 김치 발효 중 변화

(1) pH와 성분 변화

절임 후 발효 초기의 pH는 5.5~5.8이며 발효되면서 pH가 감소하여 pH 4.2~4.5가 되면 먹기에 적절한 신맛을 갖게 된다. 이때 산도는 0.2%에서 0.4~0.75%로 증가한다. 그 이상 발효되면 과숙되어 pH는 4.0 이하가 되고 산도는 1.0%

(pH 4.0 이하) 이상 되며 1.5~2.0% 범위는 변질상태라 할 수 있다(**그림 7-11**). 과숙되면 너무 시고 군내가 나서 먹지 못하게 된다.

김치발효 중 생성된 주요 유기산은 젖산(lactic acid)이며, 구연산(citric acid), 옥살산(oxalic acid), 식초산(acetic acid), 포름산(formic acid), 사과산(malic acid) 등이 생성되어 김치 특유의 신맛을 준다. 숙성온도는 높을수록 빠르게 숙성하는데 김치의 발효는 온도뿐만 아니라 소금농도에도 영향을 받아 소금농도가 높을수록 숙성기간이 길어진다.

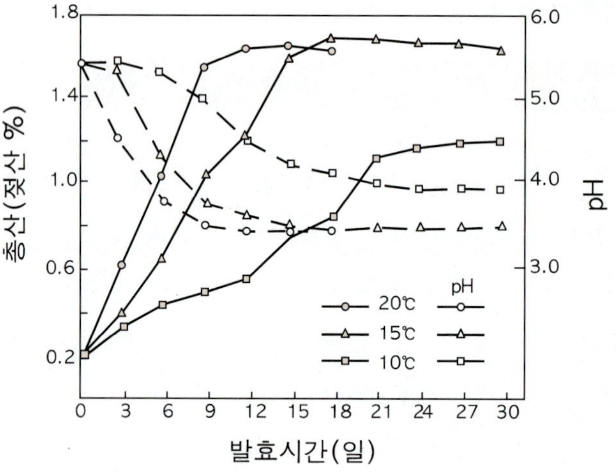

그림 7-11 김치의 발효 과정 중 총산과 pH의 변화

비타민은 최적 숙성기에서 비타민 A, B, C가 가장 많으며, 비타민 B_1, B_2, B_{12} 등도 초기의 2배까지 함유량이 증가하지만 과숙되면서 감소한다.

김치는 이러한 영양적 측면 이외에도 기능성에 관한 연구가 많이 보고되어 있다. 그중 채소에 함유된 cellulose와 pectin 등의 식이섬유는 동맥경화 예방, 장내 노폐물 제거 및 배변을 좋게 해주며 대장암 예방에 효과가 있다. 김치 재료에 존재하는 여러 가지 항산화물질의 성분들은 지방질의 산화방지에 직접 관여할 뿐만 아니라 항노화성, 항돌연변이성 및 항암성에 관련이 있는 것으로 알려져 있다. 특히 김치의 젖산은 장내 유해세균의 번식을 억제하고 정장작용을 한다. 김치는 이러한 영양 및 기능성이 밝혀지면서 세계적인 건강식품으로 주목받고 있다.

(2) 미생물의 변화

김치는 발효식품이고 다양한 재료를 사용하기 때문에 여러 종류의 미생물이 존재하며 발효 중 많은 변화가 있다. 이들 미생물은 소금의 농도, pH, 산소의 양에 의해 영향을 받으며 숙성정도에 따라 미생물의 종류도 달라진다.

김치를 담그기 전에는 호기적 상태이기 때문에 호기성균이 많이 존재하나 절임 후 내염성 미생물이 주로 존재하게 된다. 발효 초기에는 내염성인 호기성균들이 증가하면서 유기산을 생성하고, pH의 감소로 일반 호기성균들은 서서히 사멸하게 된다. 병원성 유해균은 발효과정에서 대부분 사멸된다(**그림 7-12**).

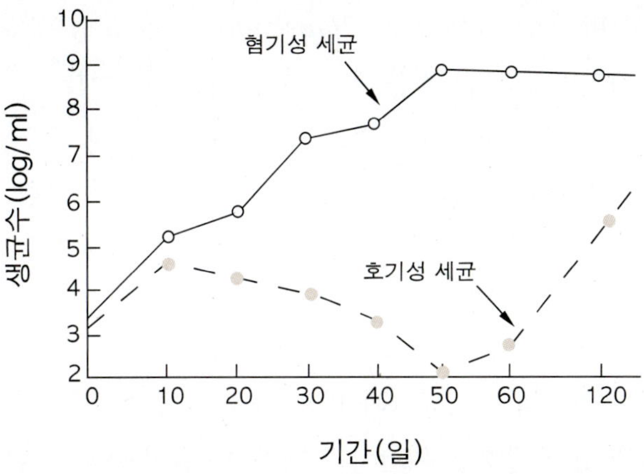

그림 7-12 김치 발효 중 호기성 및 혐기성 세균의 변화

발효 중기와 후기에는 여러 젖산발효균들이 번식하면서 김치숙성에 관여한다. 주요 젖산균인 *Leuconostoc mesenteroides*는 발효 중기에 주로 번식하여 김치 맛을 알맞게 숙성시키고(pH 4.2 정도) 발효 후기에는 *Lactobacillus plantarum*과 *Lactobacillus brevis*가 주로 관여한다. 이상젖산발효균인 *Leuconostoc mesenteroides*는 젖산 이외에 탄산가스와 아세트산을 생성시켜 호기성 세균들의 번식을 억제해주는 중요한 역할을 한다. 정상젖산발효균인 *Lactobacillus plantarum*은 젖산 생성능력이 높아(*Leu. mesenteroides*의 3~4배) pH를 4.0 이하로 감소시켜 김치 맛을 시게 하고 항균력이 강해 해로운 균을 사멸하여 김치의 안전성을 높여준다.

발효 후기에는 젖산균마저 생산된 젖산에 의해 사멸되고 효모나 곰팡이가 다시 생육하게 된다. 이 단계의 김치는 시고 군내가 나서 먹기에 불편하게 된다. 그러나 효모는 알코올을 생성하여 김치의 냄새를 어느 정도 좋게 하는 효과가 있다.

김치의 발효기간 중 가장 중요한 변화는 젖산과 다른 유기산 생산에 의한 산도의 증가와 pH의 감소이다. 또 하나의 변화는 채소 중의 펙틴물질이 분해되면서 배추조직이 연화되어 먹기에 적당한 텍스처 특성이 생기는 것이다.

김치 발효에 관여하는 효모는 발효 중 완만하게 증가하는데 주요 효모로는 *Saccharomyces*를 비롯하여 *Candida, Hansenula, Pichia* 등이 있다. 일반적으로 효모는 알코올, 비타민, 향기물질을 생성하여 맛을 향상시켜 주지만 *Candida, Pichia, Hansenula* 등은 산막효모(filim yeast)로서 김치 표면에 막을 형성해 김치의 겉모양과 맛, 냄새를 좋지 않게 한다.

3) 제조방법

김치의 제조는 주원료의 절임공정과 발효(숙성)공정으로 크게 구분할 수 있다. 일반적으로 절임은 젖산 발효를 위한 시작단계로, 절임 후의 소금농도는 발효(숙성)에 영향을 미치면서 김치의 품질에 영향을 준다.

김치의 제조공정은 **그림 7-13**과 같이 가정에서 만드는 방법과 김치공장에서 제조하는 국내소비용과 수출용으로 나눌 수 있다. 가정에서 담그는 김치는 숙성되었을 때 임의로 꺼내어 섭취할 수 있지만, 공장에서 대량 제조하여 판매할 경우는 소비자가 섭취할 때까지의 유통기간을 고려하여야 한다. 특히 수출용 김치는 수입하는 지역까지의 운송기간과 현지에서의 유통기간을 고려해야 하기 때문에 숙성시키지 않은 김치를 수출하고 있다.

(1) 원료 준비

주재료인 배추는 겉부분을 수작업으로 제거하여 다듬기와 세척을 하고 김치제품의 형태에 따라 1/2 또는 1/4로 절단하거나 3~4cm 간격으로 세절한다. 고추와 마늘, 생강, 양파 등 향신료는 신선한 것을 사용한다.

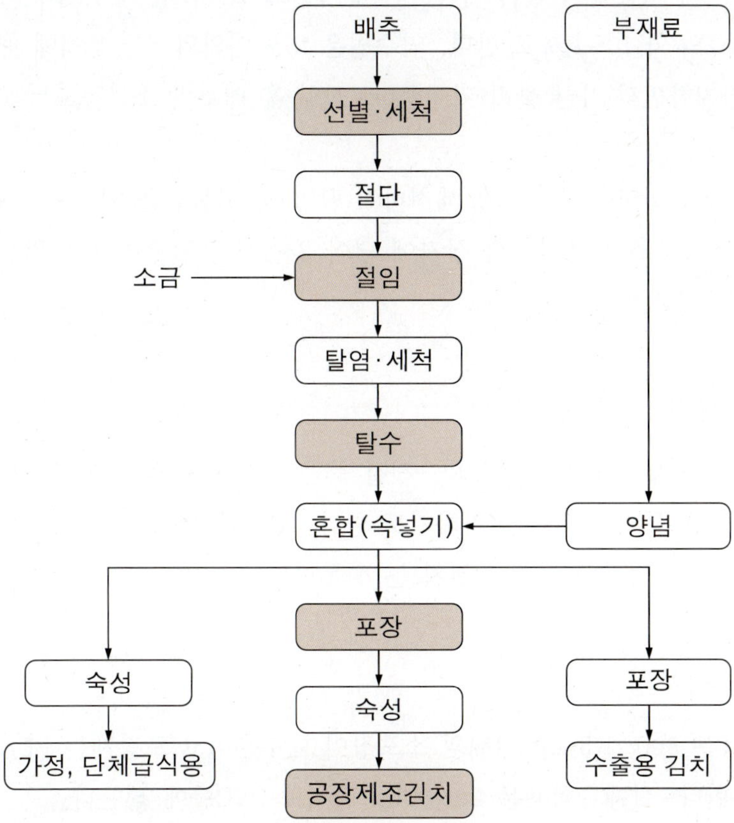

그림 7-13 배추김치의 제조공정

(2) 절임, 탈염, 탈수

배추 절임을 위한 소금은 일반적으로 천일염을 사용하며 소금절임의 영향은 다음과 같다.

- 소금의 높은 삼투압으로 효소와 미생물이 불활성화한다.
- 조직이 유연하게 되고 수분함량이 감소된다.

• 삼투작용으로 야채의 조직으로부터 각종 염용성 물질이 유출된다.

소금 절임 방법은 건염법(마른간법)과 염수법(물간법)이 있다. 건염법은 배추 잎 사이사이에 소금을 뿌려서 차곡차곡 쌓아놓고 눌러주는 방법이다. 소금의 사용량은 재료의 약 10~15%로 한다. 염수법은 15% 내외의 소금용액에 배추를 6시간 정도 침지하면서 가끔 눌러 저어준다. 절임 후 배추의 소금농도는 3% 정도가 적당하다.

절임을 마친 절임배추는 물로 세척하여 탈염 및 이물질을 제거한 다음 탈수한다. 탈수는 망구조의 플라스틱 상자에 담아 3~4시간 탈수하거나 원심탈수기를 이용하기도 한다.

(3) 양념 넣기

무채, 고춧가루, 마늘, 생강, 파, 젓갈 등을 이용하여 양념을 준비한다. 일부 업체는 찹쌀풀 등의 호료를 첨가하기도 한다. 포기김치는 손으로 양념을 배춧잎 사이에 넣지만, 세절한 김치(막김치)는 원통형의 교반기를 사용하여 혼합한다.

(4) 충진 및 포장

소비자용은 500~1,500g 단위의 소포장이 대부분이고 포장재는 PE/Nylon 필름을 사용한다. 단체급식용은 20~50kg 단위로 PVC통에 넣는다.

(5) 숙성

단체급식소는 납기에 맞추어 적당한 숙성도에 이르게 하며 백화점, 슈퍼마켓 등 냉장진열이 있는 곳에는 덜 숙성된 것을 납품한다. 수출김치는 양념을 혼합(속넣기)한 뒤 바로 출고하여 운송 및 유통 중에 숙성되도록 조절한다.

맛이 좋은 김치는 5~10℃에서 숙성한 것으로 최종 소금농도가 3% 내외, 산도는 0.5~0.7%, pH는 4.2 내외에 도달할 때이다. 최적 산도에 도달하는 시간은 4℃에서 10~20일, 10℃에서 4~6일 걸린다. pH가 4.0 이하가 되면 시어지고 산패가 일어난다.

(6) 저장

적당하게 숙성된 김치를 그대로 보존하려면, 미생물과 효소의 작용을 억제해야 하나, 이때는 젖산균 번식이 활발할 때이므로 이들 작용을 억제하는 데는 많은 어려움이 있다. 김치의 저장방법은 냉장온도인 0~5℃ 이하에서 저장하는 것이지만, 이외에도 염도를 높이는 방법, 방부제의 첨가, 열처리, 방사선처리, 천연식물추출물 및 미생물생육저해제 등을 첨가하는 방법이 있으나 앞으로 연구가 더 필요한 실정이다.

3-2 절임류

1) 단무지

단무지(danmuji)는 소금에 절인 무를 쌀겨 등에 파묻어서 발효한 일종의 절인 무로 일본식 채소발효식품의 하나인 '타쿠앙쓰케'를 한국인의 기호에 맞게 발전시킨 것이다. 단무지라는 단어는 맛이 달다는 '단'과 재료인 '무'를 연결해 '단무'가 되고 마지막 '지'(漬)는 절인다는 뜻의 복합어이다. 단무지의 주원료인 무는 흰색의 가늘고 긴 연마종과 궁중무를 사용한다.

제조방법은 무를 자연 건조(약 10일)하여, 큰 통에 소금을 먼저 뿌리고 쌀겨와 색소, 감미료, 조미료 등 혼합물을 그 위에 뿌린 다음 무를 정렬하여 깔아놓는다. 그 위에 다시 소금과 조미료 혼합물을 얇게 뿌리는 방법과 단무지용 무를 건조시키지 않고 그대로 소금물통에 가라앉혀 절임하는 방법이 있다.

우리가 먹는 단무지는 단무지공장에서 제조한 것으로 가을에 수확한 무를 단무지 절임탱크에 4~5개월 절인 다음 물탱크에 넣어서 탈염하고 설탕, 황색식용색소 등이 첨가된 조미액통에 넣어 맛과 색을 조절한 것이다. 조미를 마친 단무지는 건져내어 숙성한 다음 사용 용도에 따라 절단하거나 세절한다.

2) 피클

피클(pickle)은 서양의 채소발효식품으로 오이, 올리브, 소형토마토, 양배추,

빨강사탕무, 풋고추, 소형 양파, 콜리플라워 등을 소금물에 절임(pickling)하여 젖산 발효한 것이다. 대표적 피클제품으로는 오이피클과 올리브피클이 있으며 만드는 방법은 다음과 같다.

(1) 오이피클

오이피클은 소형 오이를 작고 곧은 것으로 선별하여 세척한 다음, 10~16%의 소금물에 담아 4~6주간 절임하면서 발효한 것이다. 절임 중 소금은 오이 내부로 침투하고 젖산 발효에 의해 젖산 등 유기산이 생성되면서 오이색은 초록색에서 황록색으로 변한다. 오이 속의 탁한 유백색 조직이 어느 정도 투명하게 변하면서 아삭아삭한 텍스처 특성을 갖게 된다.

절인 오이는 40℃ 정도의 따뜻한 물에 약 10시간 담가서 소금 일부를 제거한다. 이것을 식초와 향신료액으로 조미한 것은 산미피클(sour pickle), 설탕과 향신료액으로 조미한 것은 감미피클(sweet pickle), 약초와 향신료액으로 조미한 것은 딜피클(dill pickle)이라 한다.

(2) 올리브피클

올리브(olive)피클은 초록색의 미숙 올리브(green olive)를 사용하는데 먼저 수산화나트륨(NaOH)용액에 넣어 쓴맛 일부를 제거하고 잘 씻은 다음 올리브를 6~8%의 소금물에 담가 약 일주일 절임하면서 발효한다. 절임 후 속에 있는 씨를 제거하고 조미한 소금물에 넣고 냉장 유통하기도 하고, 살균하여 장기간 저장할 수 있는 올리브피클을 제조한다. 올리브피클은 신맛, 쓴맛에 따라 다양한 제품을 만들고 있다.

3-3 건조채소

신선한 채소는 수분 함량이 높아 수확할 때에 토양에서 오염된 미생물과 공기 중 미생물에 의해 쉽게 변질 또는 부패될 수 있다. 또한 채소류에 있는 효소는 성분의 화학적인 변화를 일으킨다. 그러므로 채소 건조는 수분활성도를 낮추어 미생물의 번식과 효소활성을 감소시켜 채소를 장기 보존할 수 있게 하는 방법이다. 그러나 건조를 위해 열풍이나 천일건조를 할 경우 향기 성분의 손실과 색소의 변화, 산화에 의한 성분의 변화, 수분 감소에 의한 조직특성(텍스처)의 변화가 일어난다. 따라서 건조채소(dried vegetables)는 신선한 채소와는 다른 독특한 맛과 텍스처 특성을 갖게 된다.

건조 방법은 천일건조, 열풍건조, 진공건조와 냉동건조 방법을 이용한다. 천일건조와 열풍건조 중 효소에 의한 변질을 방지하기 위하여 건조 전에 데치기 하는 경우가 있다. 건조채소로는 고추, 무, 배추시래기, 가지, 산나물이 있다.

1) 천일건조

채소의 천일건조(sun drying)는 바람이 잘 부는 곳에 망이나 선반 위에 채소를 얹어 놓아 낮에는 햇볕에 말리고, 저녁에는 실내로 들여놓는 방법으로 건조한다. 이 방법은 건조 시간이 오래 걸리고 건조 중 미생물 오염과 곤충에 의한 피해가 있을 수 있으며 햇볕이 산화를 촉진시킬 수 있다. 그러나 건조 비용이 저렴하고 고추 등 일부 채소는 색과 텍스처가 인공건조보다 좋아 천일건조를 선호하고 있다.

2) 열풍건조

열풍건조할 때 건조속도를 빠르게 하면 조직이 단단해지고 건조가 균일하게 이루어지지 않는다. 그러므로 건조 초기에는 비교적 서서히 건조가 이루어지도록 50~70℃에서 건조하다가 얼마간 건조가 이루어지면 80℃에서 건조하고 마지막 단계에서는 온도를 다시 낮추어 50~60℃에서 건조하고 있다. 이렇게 건조하면 채소의 표면경화 현상이 일어나지 않고 건조채소의 텍스처가 자연건조한 것과 비슷해진다. 열풍건조 전에 근채류는 끓는 물에 3~5분, 엽채류는 1~3분 데치기 하여 효소를 불활성화하는 것이 좋다.

고추의 경우 익힘 맛이 없어야 하므로 생고추를 처음에는 낮은 온도(40℃ 전후)에서 건조하고 건조 후반기에는 온도를 50℃ 정도로 높여 건조고추의 매운

맛과 붉은색을 유지하고 있다.

3) 냉동건조

채소류의 향미와 흡수복원성(rehydration property)이 중요한 특성일 때 냉동건조를 하고 있다. 냉동건조(freeze drying)는 앞에서 설명한 건조원리와 방법(chapter 3, 3-1 참조)에 의해 채소를 냉동하고 진공조건하에 건조한다. 건조 중 향미의 손실이 거의 없고 흡수하였을 때 원래의 형태로 쉽게 회복될 수 있어 파, 마늘 등 향신료와 김치류를 건조하는 데 사용한다. 그러나 건조제품이 다공성이어서 공기와의 접촉 면적 증가로 산화 반응이 쉽게 일어날 수 있다. 그리하여 지방질이 많은 식품은 산화방지를 위하여 질소치환 포장을 하고 있다.

3-4 토마토제품

1) 영양소와 특성

토마토(tomato)는 크게 생식용과 가공용으로 나누어진다. 생식용 토마토는 숙성되면서 녹색에서 적색으로 변하고 펙틴질이 분해되면서 표피가 얇아져 조직이 연하게 된다. 그리하여 생식용 토마토는 미숙성 토마토를 수확하여 저장과 유통과정 중 숙성되도록 하고 있다. 이에 반하여 가공용 토마토는 껍질이 단단한 품종으로 완숙된 상태에서 수확하여 가공하고 있다. 토마토의 가공제품은 주스, 퓌레, 케첩, 페이스트, 소스 등이 있다.

토마토는 비타민 C와 B_1이 비교적 많이 함유된 건강식품이다. 토마토의 색소로는 붉은색의 lycopene과 등황색의 β-carotene이 많이 함유되어 있고, 덜 익은 토마토에는 녹색의 엽록소(chlorophyll)가 주로 존재한다. lycopene은 항산화성 등 여러 기능성이 최근 밝혀진 바 있으며 β-carotene은 비타민 A의 효과가 있는 색소이다.

2) 제조방법

(1) 토마토주스(tomato juice)

토마토주스는 다른 과일주스보다 과육이 많이 함유되어 있는 진한 홍색의 채소음료로 소금을 첨가하거나 또는 소금 첨가 없이 살균하여 제조한다.

토마토는 진한 붉은색으로 향미가 좋고 수용성 물질이 많으며 총 산도가 높은 것으로 선별한 다음 꼭지를 제거하고 세척한다. 세척한 토마토는 파쇄하여 착즙기나 토마토 펄퍼(pulper)로 착즙한다. 착즙 전에 산화효소와 펙틴분해효소를 불활성화하기 위해 80℃ 정도로 빠르게 가열하고 착즙하는 방법(열법)과 가열하지 않고 신속하게 착즙하는 방법(냉법)이 있다. 착즙 후 조미하고 균질하게 한 다음 캔(can)이나 병에 넣어 밀봉한 후 110~120℃에서 살균하여 냉각한 뒤 제품으로 한다.

토마토주스는 조미를 하는 경우와 하지 않는 경우가 있으며, 조미를 할 경우에는 소금(0.6% 이하)만을 첨가하거나 설탕과 향신료를 약간 첨가하기도 한다.

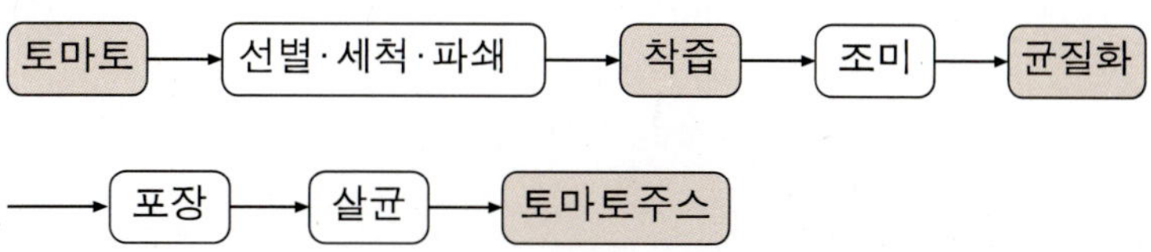

그림 7-14 토마토주스 외 제조공정

(2) 토마토퓌레(tomato puree)

토마토퓌레는 토마토 과육만을 파쇄한 토마토 펄프(pulp)를 여과한 뒤 농축한 걸죽하고 부드러운 제품이다. 펄프를 여과했을 때의 비중은 1.019 정도지만 농축했을 때는 1.035~1.045로 높아지고, 수용성 물질의 함량이 24%까지 된다.

펄프를 여과할 때 가열처리하고 여과하는 방법(열법)과 가열하지 않고 여과(냉법)하는 방법이 있다. 퓌레는 병이나 캔에 넣어 밀봉하고 90~100℃에서 5~10분간 살균하고 냉각하여 제품으로 만든다.

(3) 토마토케첩(tomato ketchup)

토마토케첩은 농축한 토마토퓌레에 설탕, 소금, 향신료, 식초 등을 첨가하여 농축한 액상 제품으로 수용성 물질이 25~30% 정도이다. 토마토퓌레를 가열하여 얼마간 농축한 다음(비중이 1.06 정도) 향신료와 조미료를 섞어 잘 혼합하고 다시 가열농축하여 비중이 1.12~1.13이 되도록 한다. 농축이 끝나면 균질화하고 뜨거울 때(약 90℃) 병이나 플라스틱 용기에 담아 제품으로 만든다. 병 포장인 경우는 살균과정을 거치며 플라스틱 용기에 포장할 경우에는 무균포장을 한다.

식품가공저장학

CHAPTER 8

축산식품의 가공

축산물(animal products)이라 함은 가축에 의해서 생산되는 생산물을 총칭한다. 그중 축산식품은 가축이 생산하는 것과 도살 후 얻어지는 도체 생산물로 나누어진다. 가축이 생산하는 것에는 젖(유)과 알이 있고 도체 생산물에는 지육과 부산물이 있다.

젖(유)은 축종에 따라 우유, 염소유, 양유 등이 있으며 알에는 계란, 메추리알, 오리알 등이 있다. 도체 생산물 중 부산물로는 내장, 머리, 꼬리, 다리, 지방, 뼈, 혈액, 가죽 등이 있다. 우리나라에서 이용되고 있는 가축과 가금은 대부분 소, 돼지, 닭이기 때문에 축산식품은 주로 쇠고기, 돼지고기 등 식육과 우유, 계란이다.

01 식육가공

식육(meat)이란 식용을 목적으로 사육된 동물의 근육조직(지육, 정육)과 지방, 내장, 꼬리 등 기타 부위의 가식 부위를 말한다. 사육된 동물이란 야생동물이나 수렵동물을 제외한 소, 돼지, 면양, 토끼 등과 같은 가축(domestic animal)과 닭, 오리, 칠면조, 거위 등의 가금(poultry)을 말한다.

식육은 다음과 같이 분류하고 있다.

- 식육: 식용을 목적으로 생산한 짐승의 지육, 정육, 내장 및 기타 부분
- 지육: 머리, 꼬리, 다리 및 내장 등을 제거한 도체(carcass)
- 정육: 지육으로부터 뼈를 분리한 고기
- 내장: 식용 목적으로 처리한 간, 폐, 심장, 위장, 콩팥 및 창자 등
- 기타 부분: 식용을 목적으로 도살된 짐승으로부터 채취, 생산된 머리, 꼬리, 다리, 뼈, 껍질, 혈액 등 식용 가능한 부위

1-1 식육의 조직, 성분, 사후경직

동물의 종류(축종)와 나이는 물론 도체부위와 영양상태는 식육의 조직뿐만 아니라 주요 일반성분인 단백질 및 지방의 함량과 조성 비율에도 큰 영향을 준다. 특히 단백질은 근육단백질을 구성하고 있으며 고기의 중요한 관능적 품질인 텍스처(texture) 특성에 큰 영향을 준다.

1) 근육조직

근육(muscle)은 동물의 대표적 운동기관으로서 복잡한 신경계에 의해 조절된다. 근육은 뇌의 지배를 받아 운동신경에 의해 의지대로 움직일 수 있는 수의근(voluntary muscle)과 자율신경에 의해 의지와 관계없이 움직이는 불수의근(involuntary muscle)으로 분류된다. 골격에 부착하여 운동하는 골격근은 수의근이고 위, 장 등 소화기관과 심장을 움직이는 근육은 불수의근이다.

근육은 또한 형태에 의해 횡문근과 평활근으로 분류된다. 횡문근은 근육섬유에 옆줄무늬가 많은 근육이고 평활근은 옆줄무늬가 없는 근육이다. 불수의근은 심장근육인 심근을 제외하고는 전부 평활근이다. 골격근과 심근은 모두 횡문근이다. 동물체내에서 가장 발달된 운동기관인 골격근은 체중의 30~45%를 차지한다.

(1) 근육의 구조

근육조직(muscle tissue) 중 횡문근(가로무늬근)은 수많은 근섬유(筋纖維, muscle fiber)와 결합조직(結合組織) 및 지방세포로 구성되어 있다. 횡문근은 지름이 0.01~0.1mm로 길이가 수mm에서 20~30cm에 이르는 긴 근섬유가 50~150개가 모여 하나의 근섬유 다발인 근속(muscle fiber bundle)을 이루고, 근속이 수십 개 모여서 보다 큰 근섬유 다발을 이룬다. 이것이 여러 개 모여 근육을 형성한다(**그림 8-1**).

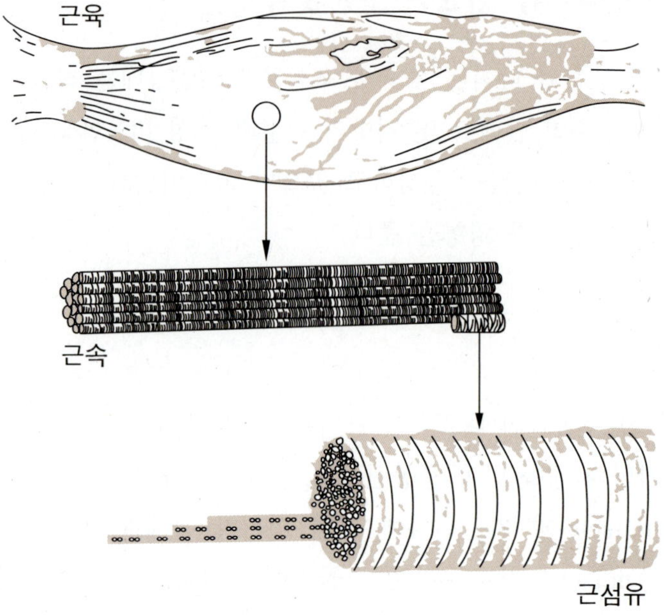

그림 8-1 근육과 근섬유의 구조

(2) 결합조직과 지방조직

근육조직에 관계되는 기타 조직으로는 결합조직과 지방조직이 있다. 결합조직은 각 세포와 내장 등 여러 조직을 연결하고 유지하는 강인한 조직으로 근섬유뿐만 아니라 지방조직, 기관, 혈관, 신경섬유 등을 둘러싸고 있는 최외층의 조직이다. 이 조직은 동물체에 널리 분포되어 있고 식육의 단단함과 관계가 있으며 근육조직의 약 20% 이상을 차지한다. 지방조직은 피하나 내장의 주위, 복강(腹腔) 등에 축적되어 체온유지 및 내장보호 등의 작용을 하는 조직으로 근육조직 내에 침착되면 고기의 맛과 연함 정도 등의 육질이 향상된다.

국내에서 식육으로 유통 중인 쇠고기와 돼지고기의 부위별 명칭을 서양식 명칭과 비교한 것은 **그림 8-2**와 같다.

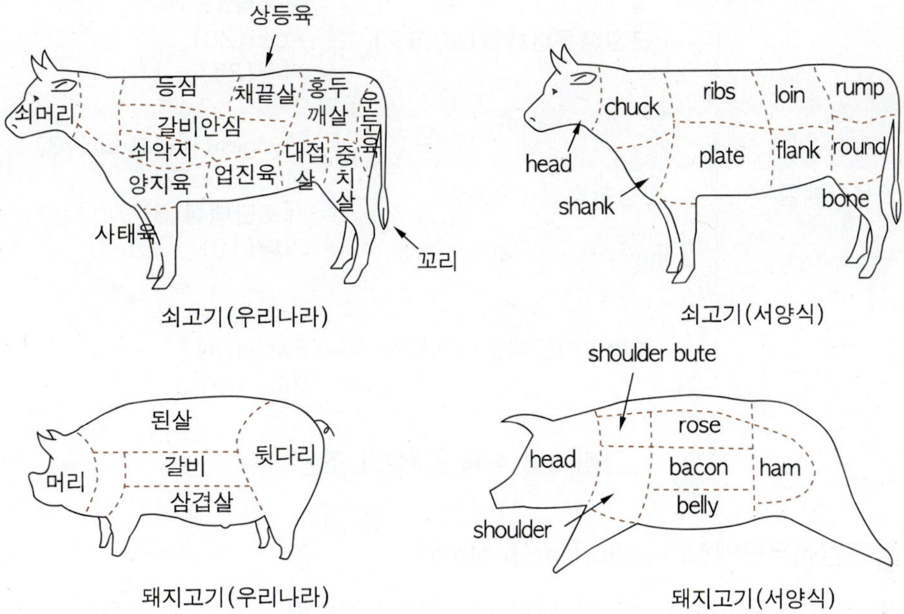

그림 8-2 쇠고기와 돼지고기의 부위별 명칭 비교

2) 성분과 조성

식육의 성분 조성은 동물의 품종, 성별, 나이, 영양상태, 도살방법, 도체 부위 등에 따라 다르다. 식육의 주성분은 단백질과 지질로서 단백질은 식육의 종류, 부위에 관계없이 약 20% 정도 함유되어 있으나 지질은 변화가 많은 성분이다. 지질 함량은 수분 함량과 반비례하는 관계가 있어 지방 함량이 많은 고기는 상대적으로 수분량이 적다. 수분과 지방은 식육의 맛과 육질에 영향을 준다. 탄수화물은 생리학적으로는 중요한 역할을 하지만 그 양은 대단히 적다.

(1) 단백질

단백질은 식육의 수분을 제외한 고형분(건량기준)의 약 80%를 차지한다. 근육 중의 단백질은 용해성과 존재양식에 따라서 근장단백질(筋漿蛋白質), 근원섬유 단백질, 결합조직단백질로 크게 나누어진다(**그림 8-3**).

- 근육단백질
  - 근원섬유단백질(60.5%)
    - Myosin(55)
    - Actin(20)
    - 기타(25)
  - 근장단백질(29.0%)
    - Myogen(해당효소)(73)
    - Myoglobin(2)
    - 세포단백질(6)
    - 기타(19)
  - 결합조직단백질(10.5%)
    - Collagen(47)
    - Elastin(3)
    - 기타(50)

그림 8-3 식육단백질의 조성

① 근원섬유단백질(myofibrillar protein)

근원섬유를 구성하는 섬유상 단백질로 결합조직단백질과 함께 근육의 구조를 이루며 근육 수축에 관여하기 때문에 근육구조단백질이라고도 한다. 근육 전체 단백질의 약 60.5%를 차지하며 주성분은 액틴(actin)과 마이오신(myosin)이다. 액틴(actin)은 마이오신(myosin)과 결합하여 액토마이오신(actomyosin)이 되는데 길이가 길어지거나 짧아지면서 근육의 수축과 이완에 직접 관여한다.

② 근장단백질(근형질 단백질, sarcoplasmic protein)

근육 전체 단백질의 약 29%를 차지하며 근육세포액(육장)에 용존하고 있는 단백질이다. 근장단백질은 해당효소인 마이오젠(myogen)과 각종 효소가 함유되어 있으며 색소단백질인 마이오글로빈(myoglobin), 헤모글로빈(hemoglobin)등이 함유되어 있다. 마이오글로빈은 육색과 밀접한 관계가 있으며, 근육세포 내에서 산소를 저장하는 중요한 단백질이다.

③ 결합조직단백질(connective tissue protein)

건(腱), 인대, 힘줄 등의 결합조직을 구성하고 조직을 지지, 결합하는 역할을 하는 섬유상 단백질이다. 주요 단백질로는 콜라겐(collagen)과 엘라스틴(elastin)이 있다. 이 단백질은 식육의 경도와 관계가 있어 동물이 노령화되면 콜라겐(collagen)

의 양이 증가하기 때문에 단단하게 된다. 콜라겐은 결합조직에 많고 엘라스틴은 인대, 혈관벽 등에 많다.

콜라겐은 물에 녹지 않으나 물에서 오래 가열하면 가용성인 젤라틴(gelatin)으로 변하여 소화되기 쉬워진다. 콜라겐은 필수아미노산 중 함황아미노산과 tryptophan이 거의 함유되어 있지 않아 영양가가 낮은 단백질이다. 엘라스틴은 인대의 탄성섬유를 구성하는 경단백질의 하나로 불용성 고무상의 단백질이다. 엘라스틴은 물에서 가열하여도 연화되지 않고 단백질 분해효소에도 잘 분해되지 않아 소화 흡수가 되지 않는다.

(2) 지방

단백질 다음으로 많이 함유된 성분으로 동물의 종류, 부위, 연령 등에 따라 변화가 크다. 동물의 피하, 신장 주변, 근육 사이 등에 존재하여 에너지원으로 상용할 수 있는 저장지방(depot fat), 근육과 장기조직 등에 있는 조직지방(tissue fat)으로 나누어진다. 저장지방의 약 90%는 중성지방이고 그 함량은 동물의 연령, 영양상태, 사료 등에 따라 크게 변한다. 동물의 지방을 구성하는 지방은 포화지방산이 많아 융점이 높고 상온에서 고체 상태로 존재한다.

(3) 탄수화물

식육 중에 함유되어 있는 탄수화물은 1% 이하로 소량이며 대부분이 글라이코젠(glycogen)이다. 글라이코젠은 간에 2~3% 함유되어 있지만 고기에는 0.5% 정도 함유되어 있다. 도살 후 사후경직의 해제로 포도당(glucose)과 젖산으로 변하여 식육의 보수력과 연화도를 향상시킨다.

(4) 무기질, 비타민, 색소

식육 중의 무기질 함량은 1~1.5%로 칼륨(K), 인(P), 황(S)이 많고 칼슘(Ca)이 적은 것이 특징으로 인(P)과 황(S)이 많이 들어 있어서 대표적인 산성식품에 속한다. 비타민 A, B_1, B_2, B_6, 나이아신, 비타민 C, E 등 여러 가지 비타민이 고르게 함유되어 있다.

육류의 색은 주로 색소단백질인 헤모글로빈, 마이오글로빈에 의한다. 붉은색의 헤모글로빈은 가열에 의해 산화되어 분해되면 hematin과 globin이 되어 갈색으로 변하며 적자색인 마이오글로빈도 가열과 산화에 의해 암갈색인 metmyoglobin으로 변한다.

(5) 추출분(extract)

물로 가열조리 할 때 용출되는 성분으로 전체 고형물의 약 2%에 이른다. 여기에는 K, Na, Ca, Cl 등의 무기물이 약 1.4% 정도, 비단백질 질소화합물과 무질소 유기물 등이 약 0.6% 정도 함유되어 있다. 이 중 고기 맛의 성분인 유리 아미노산, 펩타이드, 이노신산 등이 있다.

3) 사후경직과 사후경직 해제

도살된 동물의 고기는 시간이 경과되면서 물리적, 화학적 변화가 일어나 굳어지는 사후경직(rigor mortis)과 차츰 연화되는 사후경직 해제(고기의 숙성, resolution of rigor mortis)가 일어난다(**그림 8-4**).

(1) 사후경직(rigor mortis)

가축은 건강할 때 도살해야 하며, 질병이 있거나 임신한 가축은 도살할 수 없다. 도살 전 12~24시간 동안 휴식을 주어 안정을 취하게 하면서 절식시키되 물은 자유롭게 마시게 하여 내장을 비우게 한다. 도살 후에는 방혈하고 도체를 절단한 다음 냉장실에 저장한다.

도살 직후의 고기는 부드럽고 탄성이 크며, 보수력이 높다. 하지만 시간이 지나면서 굳어지고, 신전성(伸展性)이 없어지며, 보수력이 크게 떨어지게 되는데 이러한 현상을 사후경직이라 한다. 경직되는 원인은 근원섬유단백질인 액틴과 마이오신 사이에 불가역적인 결합이 형성되기 때문이다.

동물의 사후 근육 속에 존재하는 글라이코젠(glycogen)은 분해되어 젖산으로 변하면서 pH 7.0~7.4에서 pH 6.3~6.5로 감소하고, 액틴과 마이오신은 결합하여 액토마이오신(actomyosin)이 되면서 사후경직이 시작된다. 이후 젖산에 의해 pH는 계속 감소하여 최종 pH가 5.4에 도달하게 되고 액틴과 마이오신의 불가역적 상호결합이 더욱 많아져서 근육은 최대 사후경직기에 도달하게 된다.

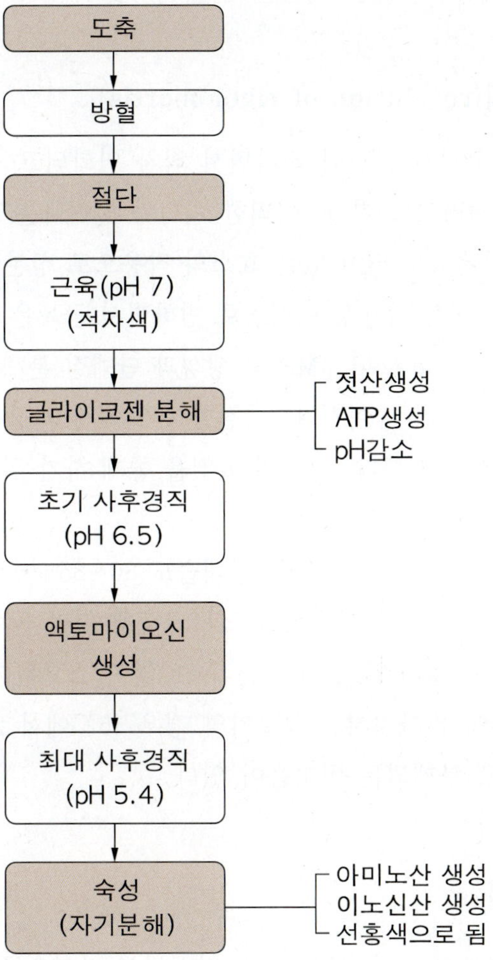

그림 8-4 도살 후 사후경직과 숙성 과정

최대 사후경직기에 도달하는 시간(최대 경직기간)은 동물의 종류, 나이, 영양상태, 도살 시의 흥분상태, 온도 등에 따라 달라진다. 영양상태가 나쁘거나 도살 전에 스트레스를 많이 받으면 사후경직이 빠르다. 또한 온도가 높으면 사후경직이 빠르고 온도가 낮으면 느려진다. 작은 동물일수록 사후경직 시간이 짧으며, 일반적인 경직시간은 닭고기가 2시간, 돼지고기가 12시간, 쇠고기가 24시간이다. 경직 중에 있는 고기는 가열하여도 부드럽지 못하고 가공 시에도 보수력이 감소하고 결착성이 나빠져 좋은 제품을 얻을 수 없다.

(2) 사후경직 해제(resolution of rigor mortis)

강직이 일어났던 고기가 시간이 지나면서 점차 연화되고 풍미도 향상되는 현상으로 고기의 숙성이라고도 한다. 이러한 변화가 일어나는 기간이 고기의 숙성기간이다. 이는 고기에 함유되어 있는 효소의 작용으로 성분이 분해되기 때문이다. 이 작용으로 단백질은 가용성 단백질로 변하면서 근육은 연해지며 ATP 분해에 의한 이노신산(inosinic acid, IMP)의 생성과 단백질 분해에 의한 펩타이드와 아미노산 생성으로 풍미가 좋아진다. 적절한 온도에서 저장하여 인위적으로 연화시키는 것을 숙성이라고 한다. 고기의 육질을 좋게 하기 위해서는 반드시 필요한 과정이다.

고기의 숙성은 보통 0~5℃의 온도와 상대습도 80~85%에서 세균의 증식을 억제하면서 진행된다. 숙성시간은 숙성온도와 가축에 따라 차이가 있는데 닭고기는 2~3일, 돼지고기는 4~6일, 쇠고기는 7~10일이 소요된다. 온도가 10~15℃로 높으면 숙성기간이 짧아지지만(쇠고기의 경우 15℃에서 2일 소요) 미생물의 번식과 산화반응으로 부패되는 어려움이 있다.

4) 육색소의 변화

여러 육색소 중 중요한 것은 붉은 색소 단백질인 마이오글로빈(myoglobin)과 헤모글로빈(hemoglobin)이다. 마이오글로빈은 근육의 색소이며 헤모글로빈은 혈액의 색소이다. 마이오글로빈은 산소를 저장하는 역할을 하고 헤모글로빈은 산소를 운반하는 역할을 한다. 도살 전에는 헤모글로빈이 마이오글로빈보다 많이 들어 있지만 도살 후 방혈로 인해 고기에는 마이오글로빈이 전 색소의 약 80~90%를 차지한다.

살아있는 동물조직에는 마이오글로빈과 헤모글로빈이 환원형(암적색)과 산화형(선홍색)으로 평형상태를 이루고 있으나 도살 후에는 산소공급이 중단되면서 환원형이 더 많아져 생고기의 색은 주로 환원형 마이오글로빈에 의한다. 마이오글로빈은 산소가 적으면 메트마이오글로빈(metmyoglobin)이 되고, 산소가 많으면 옥시마이오글로빈(oxymyoglobin)이 형성된다. 고기를 가열하면 갈색이 되는데 마이오글로빈이 가열산화되기 때문이다.

그러나 염지 시 사용된 육색발색제 중 질산염은 환원되어 아질산염이 되고 아질산염은 함께 첨가한 환원제인 아스코르브산과 반응하여 일산화질소(NO)가 생성된다. 생성된 일산화질소는 마이오글로빈과 반응하여 선홍색의 니트로소마이오글로빈(nitrosomyoglobin)을 생성한다(**그림 8-5**).

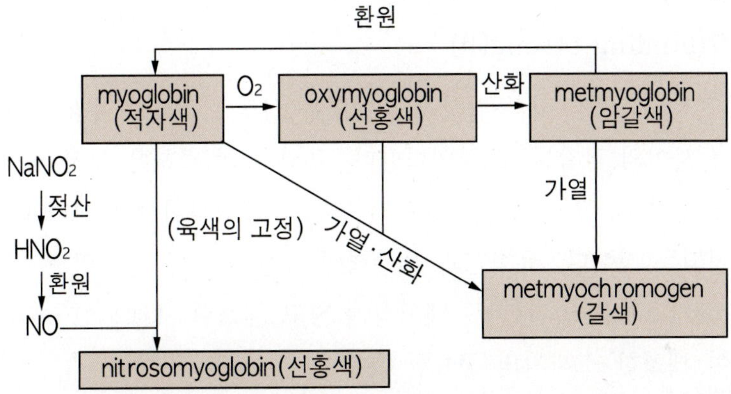

그림 8-5 육색의 변화와 고정

5) 원료육의 주요 특성

식육을 가공할 때 고려해야 할 원료육의 주요 특성은 유화성, 보수성, 결착력 등이다.

(1) 유화성(emulsifying property)

유화성은 소시지와 같은 제품 품질의 중요한 요소로 유화능은 원료육의 무게 또는 단백질 양을 기준으로 유화할 수 있는 지방의 양을 말한다. 근원섬유단백질이 많고 결체조직이 적은 신선한 살코기일수록 유화성이 우수하다.

(2) 보수성(water holding capacity)

보수력은 식품이 수분을 유지할 수 있는 능력이다. 원료육의 보수성은 사후경직, 저온단축(cold shortening), 해동경직(thaw rigor) 등에 의해 근육의 수축 정도가 높은 고기일수록 보수력이 떨어지고 푸석푸석해진다. 저온단축은 도살 후 사후경직을 거치지 않은 도체를 빠르게 냉각할 때 근육이 수축되는 현상이며 해동경직은 냉동저장한 도체를 해동할 때 일어나는 근육의 수축현상으로 고기가 질겨지고 맛이 좋지 않게 된다.

(3) 결착력(binding strength)

식육단백질 간의 엉킴 및 응집성과 관계있는 성질로 고깃덩어리(육괴) 또는 고기조각 표면 사이의 결착 정도를 의미한다. 육괴 간의 결착은 고깃덩어리를 마사지(massaging)할 때 고기 표면에 용출된 염용성 단백질이 가열처리에 의해 응고되면서 형성되는 것이다. 유화성과 보수력이 높은 고기가 결착력도 좋다. 이 성질은 작은 고기조각을 염지한 뒤 케이싱에 넣고 제조한 프레스햄(press ham)이나 가열하여 제조한 소시지의 중요한 특성이다.

6) 부패

자기분해(autolysis)에 의하여 분해된 고기는 세균이 번식하기에 적당한 상태가 된다. 아미노산 등 간단한 질소화합물은 오염된 세균의 좋은 영양원이 된다. 세균의 증식에 의해 식품의 성분은 더욱 분해되고 세균의 각종 대사분해물인 아민류, 황화수소, 알데하이드류, 인돌, 지방산 등의 분해물이 생성되어 색이 흑갈색으로 변하면서 윤기가 없어지며 심한 악취가 발생된다.

1-2 식육의 가공방법

육가공(meat processing)은 원료육에 물리적, 화학적 처리를 하여 저장성을 향상하고 영양적, 관능적 품질이 좋은 제품을 만드는 공정이다. 육가공품은 종류에 따라 차이가 있으나 대체적으로 분쇄, 염지(curing), 혼합(blending), 유화(emulsification), 훈연(smoking), 가열(cooking), 냉각(cooling) 등의 방법을 사용하여 제조한다.

1) 염지

육류가공에서 염지는 소금만을 사용하여 절임하는 채소류나 어패류의 염지와 구별하기 위해 큐어링(curing)이라고도 하고 있다. 처음에는 고기의 장기간 저장을 위해 소금절임 방법이 사용되었지만 최근에는 소금 이외에 아질산염, 질산염, 설탕, 조미료, 인산염 등의 여러 가지 염지제를 사용하여 저장성과 함께 맛을 향상시키기 때문에 저장과 가공의 효과가 함께 있는 중요한 방법이다. 염지의 효과는 다음과 같다.

① 짠맛을 준다.
② 미생물의 증식을 억제하여 보존성을 높여 준다.
③ 육단백질의 보수성과 결착성을 향상시켜 준다.
④ 특유의 염지육색(미적색, 선홍색)과 좋은 맛을 준다.
⑤ 보툴리누스세균(*Cl. botulilnum*) 생육을 억제하여 보툴리늄 식중독(botulism)을 방지한다.
⑥ 지방질의 산화가 억제된다.

이들 효과 중 ①~③은 식염의 작용으로, ④~⑥은 아질산염에 의해 이루어진다. 최근 소금 함량을 줄이고 결착성과 보수성 향상을 위해 폴리인산염(중합인산염, polyphosphates)을 결착보강제로 사용하기도 한다.

(1) 염지방법

염지방법에는 건염법, 습식염지법, 염지액 주사법, 마사지·텀블링법, 압착염지법 등이 있으며, 염지는 베이컨, 레귤러햄, 본햄 제조에 사용된다.

① 건염지법(dry salting)

건염법(마른간법)은 고기의 표면에 염지제를 뿌리거나 문질러 염지하는 방법이다. 염지하는 동안 높은 삼투압 차이로 고기의 수분은 밖으로 나오게 되고 염지제는 밖으로 나온 수분에 용해되어 식품 안으로 침투하게 된다. 많은 양을 처리할 수 있으나 염지시간이 오래 걸리는 단점이 있다.

② 습식염지법(wet curing, brine curing)

이 방법은 높은 농도의 염지용액에 원료육을 담가 저온에서 염지하는 방법이다. 염지액의 침투가 균일하여 절인 고기의 품질이 균일하며, 염지 중 공기의 접촉이 적어 산화반응이 억제되고 과도한 탈수가 일어나지 않기 때문에 외관, 풍미, 수율이 좋은 장점이 있다. 햄, 베이컨 제조에 사용한다.

③ 염지액 주사법(pickle injection method)

염지액 주사법(염수주사법)은 원료육의 혈관이나 근육에 끝이 동그란 대형 염지액 주사기나 여러 개의 주사바늘을 사용하여 염지액(pickle)을 주입하는 방법이다. 주입방법에는 근육주사법과 맥관(혈관)주사법이 있다. 이 방법은 염지액이 중심부에 침투·확산하기 전에 부패를 일으킬 위험성을 방지할 수 있고 염지액의 침투와 균일한 확산을 조기에 달성할 수 있는 효과가 있다. 염지시간을 1/3로(1~2일) 단축할 수 있으나 많은 양을 처리할 수 없어 생산성이 낮다. 햄이나 베이컨 제조에 사용한다.

④ 마사지·텀블링법(massaging or tumbling method)

대형의 원료고기나 염지액 주사법으로 염지한 원료육을 massager 또는 tumbler에 넣어 일정시간 동안 부비거나 흔들어 주는 방법이다. 이렇게 하면 육조직의 일부가 파괴되면서 염용성 단백질이 용출된다. 처리된 고기를 가열하면 추출된

단백질이 응고되고 결착하므로 염지육의 결착력이 향상된다.

⑤ 압착염지법(compression wet curing method)

이 방법은 먼저 건염지를 한 다음 2차 액염지를 하는 방법으로 염지를 마치면 압착하여 과잉의 염분을 수분과 함께 압출시키는 방법이다. 이렇게 염지하면 풍미가 좋은 저염제품을 생산할 수 있는 장점이 있다.

(2) 염지용 재료

원료육의 염지를 위한 염지제(curing ingredients)의 재료는 다음과 같다.

① 소금

염지에 가장 필요한 재료로서 정제염을 사용하며 사용량은 건염지의 경우 육 중량의 1.0~2.5% 정도 사용한다. 소금의 첨가효과는 육조직의 삼투압을 높여주어 미생물의 증식이 억제되며, 짠맛을 주고 육단백질의 보수성, 결착성, 용해성을 향상시킨다.

② 육색발색제(color fixing agent)

고기의 육색소를 고정하여 적색을 안정시키는 식품첨가제로 질산칼륨, 질산나트륨 등 질산염($NaNO_3$, KNO_3)과 아질산염($NaNO_2$, KNO_2)을 발색제로 사용한다. 질산염과 아질산염은 육색을 고정하고 풍미를 좋게 하며 식중독을 일으키는 보툴리누스균(*Clostridium botulinum*)의 증식을 억제하여 식품안전에 효과가 있다. 그러나 이들 물질은 장내에서 발암물질인 nitrosamine을 생성할 수 있는 단점이 있어 사용 허가 기준 내에서 사용해야 한다.

③ 당류

당류의 첨가는 맛을 좋게 하며 건조를 방지하고 고기를 연하게 하는 효과가 있다. 당류로는 설탕, 물엿, 포도당, 솔비톨 등이 사용된다.

④ 기타

그 밖에 사용되는 재료로는 액토마이오신을 액틴과 마이오신으로 분해하는 작용과 보수성을 높여주는 중합인산염(Na_3PO_4, K_3PO_4 등)과 유화성을 향상시켜주는 유화제, 지방이나 색소의 산화를 방지해주는 산화방지제, 미생물의 발육을 억제하는 보존제 등이 있다.

2) 세절, 유화, 케이싱

(1) 세절(chopping)

고기를 만육기(meat chopper)로 가늘게 갈아서(만육) 혼합 공정을 용이하게 하는 공정이다. 세절 시 온도가 상승하면 보수력이 저하되므로 온도가 높아지지 않도록 주의하여야 한다.

(2) 유화(emulsification)

유화는 소시지 품질에 가장 큰 영향을 주는 작업으로 단백질과 지방, 물을 유화하는 데 목적이 있다. 세절한 만육은 사일런트커터(silent cutter)로 더욱 곱게 세절하여 충분한 결착력을 갖게 한 후 부재료(향신료, 조미료, 증량제, 결착제 등)와 혼합한다. 사일런트커터로 세절할 때 원료육의 10~25%를 넣고 온도를 13℃ 이하로 유지하여 유화가 잘 진행되도록 한다.

(3) 케이싱(casing)

케이싱은 다진 고기를 넣는 포장재이다. 케이싱은 내용물을 충전할 때 파손되지 않아야 하며 충전 시 압력에 견딜 수 있어야 한다. 천연케이싱은 돼지와 양의 내장을 사용한 것으로 통기성이 있어 훈연이 가능하며 신축성이 있고 소화가 가능하므로 그대로 먹을 수 있는 장점이 있으나 저장성이 낮다. 인조케이싱은 셀룰로오스, 재생 콜라겐, 플라스틱 필름 등으로 만든다.

3) 훈연(smoking)

훈연은 육제품의 가열, 건조, 염장과 함께 가장 오래된 식품저장 방법 중 하나로 연기 성분을 침투시켜 다음의 효과가 있는 공정이다.

① 보존성의 향상
② 육질의 안정과 육색의 고정 및 표면에 훈연색을 부여한다.
③ 독특한 연기냄새(훈연취)를 주고 맛을 향상시킨다.
④ 지방질의 산화를 방지한다.
⑤ 미생물의 침입을 방지하고 증식을 억제한다.

염지한 고기나 세절육을 케이싱에 충전한 후 훈연하게 되는데 이때 발생하는 연기 성분은 유기산, 페놀류(phenols), 알코올류, 알데히드, 포름알데히드의 축합물질 등으로 고기 내부로 침투하고 흡착된다. 이들 물질은 또한 표면에 엷은 막으로 도포되어 독특한 향미와 다갈색의 훈연색을 주며 미생물의 침입을 막아준다.

훈연 목재로는 오크(떡갈나무), 참나무, 너도밤나무, 소나무 등이 있다. 발연방법은 톱밥 또는 대팻밥을 불꽃이 피지 않은 상태에서 서서히 태우는데 훈연 온도는 훈연육의 색과 풍미에 영향을 준다.

훈연방법은 다음과 같다.

- 냉훈법: 16~24℃의 온도에서 3~4주간 훈연(수분 함량 40% 이하)함. 저장성이 좋음.
- 온훈법: 50~90℃에서 짧은 경우 2~6시간, 긴 경우 3~4일 훈연하며 수분이 많은 훈연조미제품 제조에 사용됨. 저장성이 좋음.
- 열훈법: 90℃ 이상에서 2~4시간 훈연함. 육질이 변함, 보존성이 대단히 낮음. 진공저장과 저온저장이 필요함.

4) 가열

육가공의 가열은 미생물을 살균하고 효소를 불활성화하여 저장기간을 연장하며 향미와 텍스처 특성을 향상시키고 육색을 안정화하는 효과가 있다. 육가공에서 사용하는 가열방법은 다음과 같다.

(1) 건열조리(dry cooking)

건조 상태에서 높은 온도로 가열하는 방법으로 오븐(oven)에서 가열하는 오븐로스구이(oven roasting), 기름에서의 튀김, 프라이팬을 사용한 조리 등이 이에 해당한다.

(2) 습열조리(moist cooking)

뜨거운 액체나 증기에 고기를 넣어 익히는 방법으로 결합조직단백질 중 불용성인 콜라겐을 수용성인 젤라틴으로 변화시키는 데 효과적이다.

(3) 저온살균(pasteurization)

저온살균은 60~80℃에서 포자를 생성하지 않는 미생물 일부, 특히 병원성 미생물을 살균하여 저장기간을 연장하는 가열방법으로 냉장저장이 필요하다.

(4) 고온살균(sterilization)

고온살균은 포자를 포함한 모든 미생물을 살균하는 방법으로 115~121℃에서 가열하면 상온에서 장기간 저장이 가능하다.

1-3 가공제품과 제조방법

식육가공품이라 함은 식육(소, 돼지, 양, 토끼, 닭, 칠면조, 오리 등의 고기와 식용 가능한 장기류 및 부산물)을 주원료로 하여 가공한 제품이다. 육가공제품의 종류는 다음과 같다.

- 햄류: 본인햄, 본리스햄, 로인햄, 숄더햄, 프레스햄, 혼합햄

- 소시지류: 더메스틱소시지, 드라이소시지, 혼합소시지
- 축육 통조림: 쇠고기 통조림, 닭고기 통조림, 쇠고기 장조림 통조림
- 기타 가공품: 건조육, 포장육, 분쇄가공품, 양념육, 갈비가공품

이들 가공품 중 햄류, 소시지류, 축육 통조림, 건조육은 다음에 자세히 설명하고 있기에 기타 가공품을 식품공전에 실린 내용을 참고하여 요약하면 다음과 같다.

- 포장육: 식육을 절단하여 용기에 담아 포장하고 냉장 또는 냉동하여 소비자에게 직접 판매하는 것
- 분쇄가공품: 식육(장기류 제외)을 세절 또는 분쇄한 것 또는 여기에 결착제, 조미료, 향신료 등을 첨가하고 성형하거나 절단한 것을 냉장 또는 냉동하거나 훈연, 가열처리, 튀김한 것이다. 제품에는 햄버거 패티류, 미트볼류, 가스류 등이 있다(수분 75% 이하, 조지방 30% 이하).
- 양념육: 식육에 식염, 조미료, 향신료 등으로 양념하고 냉장 또는 동결한 것(뼈 붙어 있는 것도 포함)
- 갈비가공품: 식육의 갈비부위(뼈 붙어 있는 것에 한함)를 정형하여 향신료 및 조미료 등으로 양념하고 훈연하거나 열처리 한 것(수분 72% 이하)

1) 햄

(1) 햄의 종류

햄을 처음 가공하였던 구미 지역에서 햄(ham)은 돼지의 뒷다리고기를 염지하고 훈연하거나 건조한 육가공제품을 의미한다. 그러나 우리나라에서는 돼지고기를 부위에 따라 정형하고 염지한 후 훈연, 건조 또는 열처리한 것과 식육에 다른 식품이나 식품첨가물을 첨가하고 훈연이나 열처리한 육제품을 말한다. 한국 산업규격(KS)은 햄을 4종류로 분류하여 정의하고 있다(**표 8-1**).

표 8-1 햄의 종류

종류	특징
본인햄 (레귤러햄)	단순히 햄이라고 함 뒷다릿살을 뼈가 있는 채로 정형한 것 조미료, 향신료 등으로 염지한 후 훈연한 것
본리스햄	돈육의 햄 부위에서 뼈를 제거하고 정형한 것 조미료, 향신료 등으로 염지한 후 훈연하거나, 훈연하지 않고 수증기로 찌거나 뜨거운 물로 가열한 것
로인햄	돈육의 등심부위를 정형하여 조미료, 향신료 등으로 염지한 후, 훈연하거나 훈연하지 않고 찐 것
숄더햄	돈육의 어깨부위를 정형하여 조미료, 향신료 등으로 염지한 후, 훈연하거나 훈연하지 않고 찐 것

(2) 제조방법

우리나라에서 분류한 햄 종류 중 돼지 뒷다리를 사용하여 만든 본인햄과 본리스햄을 예로 들어 햄 제조방법을 설명하면 다음과 같다.

① 본인햄(bone in ham)

레귤러햄(regular ham)이라고도 하며 돼지 뒷다리를 사용하여 뼈가 있는 채로 가공한 것이다. 제조공정은 **그림 8-6**과 같다.

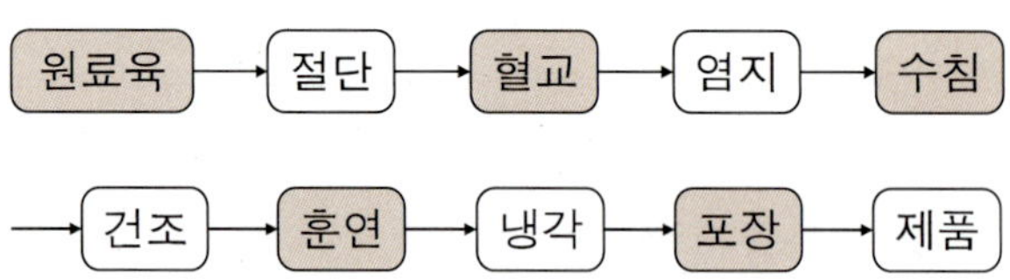

그림 8-6 본인햄의 제조공정

공정 중 피빼기(혈교)는 변패의 원인이 되는 잔존 혈액을 제거하는 공정으로 소금, 질산염, 아질산염의 혼합염을 원료육 표면에 잘 비벼준 후 바닥에 구멍이 있는 염지통에 넣고 혈액을 배출시킨다. 피빼기가 끝나면 염지액에 침지하는데

2~4℃에서 약 20일 담근다. 수침 공정은 10℃ 정도의 흐르는 물에 담가 과잉의 소금을 탈염하는 공정이다. 수침이 끝나면 물기를 빼고 마른 천으로 잘 닦아 성형하고 다리 쪽 끝부분을 매달고 30℃에서 약 24시간 건조한 다음 50~60℃에서 1~2일간 훈연한다. 훈연이 끝나면 냉각하고 진공 포장한다.

② 본리스햄(boneless ham)

돼지 뒷다리에서 뼈를 빼고 원통으로 말아 만든 제품으로 보통 뜨거운 물에서 가열하여 익힌 것이다. 보일드롤드햄(boiled rolled ham)이라고도 하는 햄으로 원료육은 피빼기, 염지, 수침을 본인햄과 같은 방법으로 한 다음 뼈를 제거(발골)하고 정형을 한다(**그림 8-7**). 정형이 끝나면 햄의 모양을 만들기 위해 틀에 넣어 압축하거나 면포로 싸서 양끝을 단단히 묶은 후 원통형이 되도록 나선형으로 감는다. 본리스햄은 훈연시간을 짧게 하므로 본인햄보다 저장성이 낮다.

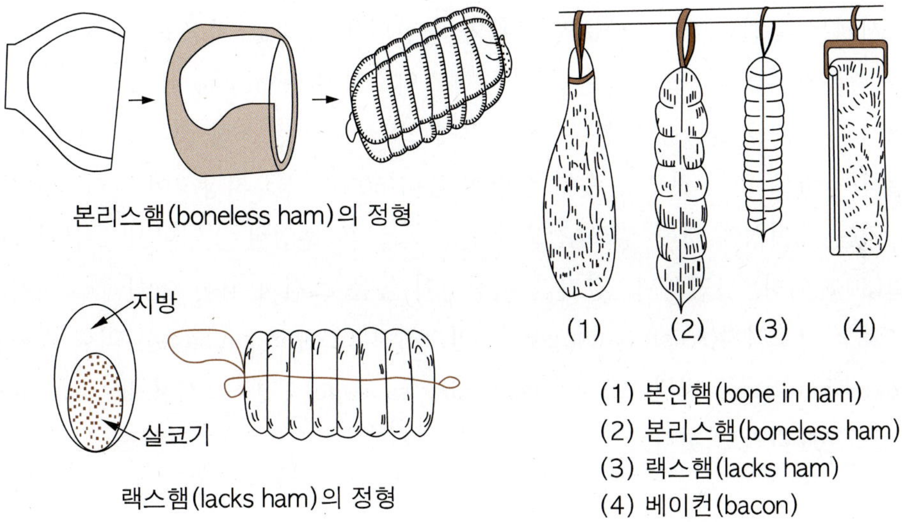

그림 8-7 햄과 베이컨의 정형 및 종류

제조공정은 원료육을 본인햄과 같이 절단-혈교-염지-수침한 후 발골, 정형한다. 그 다음 40~50℃에서 5~6시간 건조하고 50~60℃에서 5~10시간 훈연한다. 훈연이 끝나면 제품의 중심온도가 65℃에서 30분 이상 지속되도록 70~75℃

물속에서 가열한다. 가열처리는 병원균을 완전히 살균하고, 단백질을 응고시켜 결착성을 안정화하기 위함이다. 가열처리가 끝나면 냉각 후 진공 포장한다.

2) 소시지

소시지(sausage)는 원래 서양에서 상등육을 얻을 수 없는 빈곤계층을 위하여 값싼 고기의 부산물들을 이용하여 만든 가공품으로 암퇘지(saw)고기에 향신료를 뜻하는 세이지(sage)를 넣어서 만들었다는 의미에서 유래되었다고 한다. 소시지의 주원료는 돼지고기와 쇠고기, 양고기, 토끼고기 등을 사용하고 햄, 베이컨 등을 만들 때 얻어지는 잔육과 내장, 심장, 혈액 등 부산물을 부원료로 이용할 수 있어 경제적인 육가공제품이다.

(1) 소시지의 종류

소시지는 주원료 및 부재료의 종류와 혼합비율 그리고 가공방법과 저장성에 따라 종류가 다르다. 소시지는 크게 더메스틱소시지(domestic sausage)와 드라이소시지(dry sausage)로 분류한다. 더메스틱소시지는 훈연 후 건조하지 않고 가열하여 바로 먹는 것으로 수분 함량이 높아(50% 이상) 저장성이 낮다. 드라이소시지는 케이싱에 다져 넣고 건조하거나 건조 후 훈연한 것이어서 수분함량이 낮고(30% 이하) 단단하며, 장기간 저장성이 높은 소시지이다. 이외에 소시지의 종류를 신선소시지(fresh sausage), 훈연소시지(smoked sausage), 익힌 소시지(cooked sausage), 반건조소시지(semi-dry sausage), 건조소시지(dry sausage) 등으로 분류하기도 한다.

① 더메스틱소시지(domestic sausage)

일반적으로 수분 함량이 50% 이상이며, 부드럽고 맛이 좋은 소시지로 값이 저렴하다.

• 신선소시지(fresh sausage)

갈은 고기에 조미료와 향신료를 혼합하여 천연 케이싱에 충전한 것으로 저장성이 낮으며 먹기 전에 찌든지 프라이 또는 구워서 섭취한다. 종류로는 pork sausage와 breakfast sausage가 있다.

• 훈제소시지(smoked sausage)

갈은 고기를 공기가 통할 수 있는 통기성 케이싱에 충전한 다음 건조, 훈연, 가열처리한 것으로 2~3주의 보존성을 갖는다. 종류로는 비엔나 소시지(vienna sausage), 프랑크푸르트 소시지(frankfurt sausage) 등이 있다.

• 조리소시지(익힌 소시지, cooked sausage)

식육의 생산 시에 나오는 간, 혈액, 혀, 머릿고기 등을 처리하여 통기성 또는 비통기성 케이싱에 충전하고 열탕 가열하여 살균한 것이다. 종류로는 liver sausage, tongue sausage, blood sausage 등이 있다.

② 건조소시지(dry sausage)

드라이소시지라고도 하는 제품으로 돼지고기와 쇠고기 생육을 주원료로 하여 발효, 숙성한 소시지이다. 통기성이 있는 케이싱에 주원료와 부재료를 혼합해서 넣고 저온에서 장기간 건조한 후 숙성 또는 저온훈연(냉훈법)하여 수분이 30% 이하가 되도록 만든 단단한 소시지이다.

• 비훈제 건조소시지(unsmoked dry sausage)

잘게 썬 세절육을 천연케이싱인 콜라겐 케이싱에 충전하여 장기간 건조, 숙성한 것이다. 종류로는 salami sausage, soft dry sausage, hard dry sausage 등이 있다.

• 훈제 건조소시지(smoked dry sausage)

세절육에 부재료를 혼합하고 천연케이싱에 충전한 후 저온 훈연과 저온 건조하고 숙성한 것이다. 종류로는 summer sausage, farmer sausage 등이 있다.

• 익힌 건조소시지(cooked dry sausage)

익힌 세절육을 유산균 발효시켜 pH를 낮춘 다음 케이싱에 충전하여 가열하고 건조, 숙성한 것이다. 수분 함량은 50% 내외이며 반건조소시지(semi-dry sausage)라고도 한다. 저온 훈연하는 경우도 있다.

(2) 제조방법

더메스틱소시지와 드라이(건조)소시지의 제조방법은 기본적으로 큰 차이가 없으나 드라이소시지는 장기간 저장이 가능하도록 충전 후 건조하거나 충전과 훈연한 다음 건조하는 점이 다르다. 소시지의 제조 방법을 더메스틱소시지 중 훈제소시지를 예로 하여 설명하면 다음과 같다(**그림 8-8**).

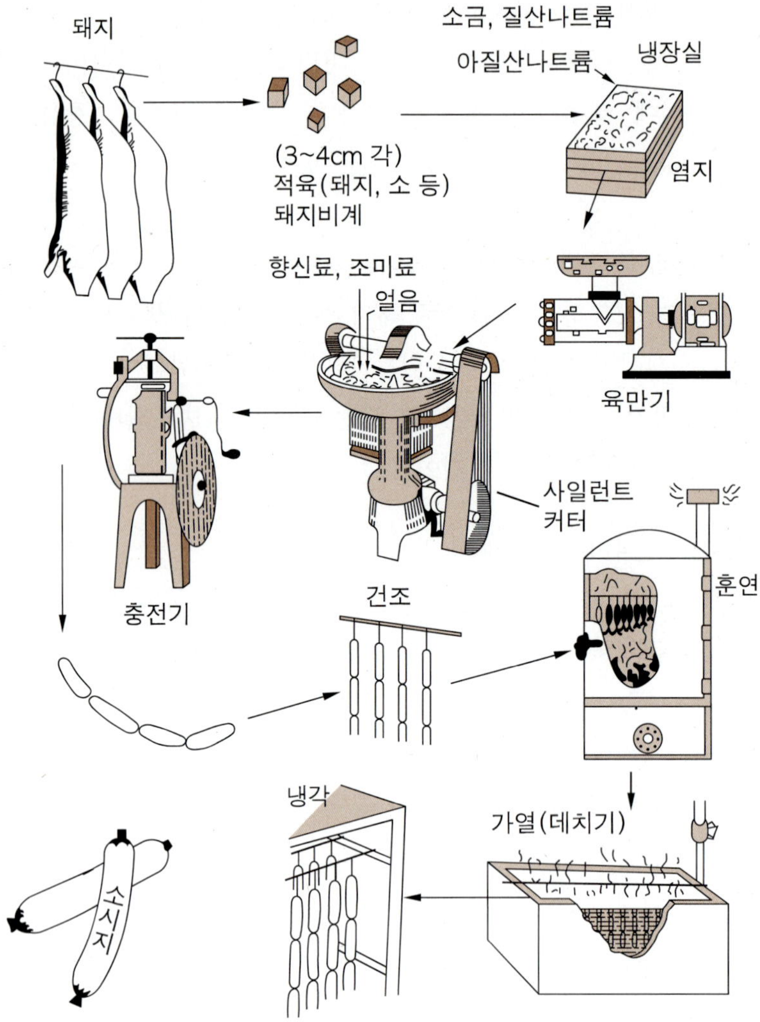

그림 8-8 도메스틱 훈제소시지의 제조공정

① 원료육의 처리

햄이나 베이컨의 가공을 위한 부위를 빼고 남은 잔육과 돼지고기가 주원료이지만 쇠고기, 송아지고기, 양고기 등도 이용하며 어육을 혼합하는 경우도 있다. 소시지는 원료육을 갈아서 사용하므로 결착력이 중요하다. 결착력은 지방함량이 적고 신선한 적색육이 좋다.

② 염지

처리가 끝난 원료육은 건염법으로 염지를 한다. 잘게 절단한 원료육에 염지제를 잘 혼합하고 비닐로 꼭 덮어서 2~3℃의 냉장실에서 2~5일간 염지한다.

③ 고기갈이와 세절

염지한 고기와 생육, 지방덩어리는 육만기(meat chopper, meat grinder)로 갈거나 잘게 세절한다. 육만기로 세절할 때 고기의 온도가 상승하면 보수력과 결착력이 떨어지므로 세절하기 전에 고기를 냉각한다.

④ 혼화 및 혼합

세절육을 silent cutter에 넣어 더 세절하고 점착성을 충분히 생성시키면서 조미료를 혼합하여 지방질과 물을 유화하는 것을 혼화라 한다. 원료육 외에 다른 원료를 첨가할 경우 혼합기를 사용하여 5~10분간 혼합한다.

⑤ 충전

고기갈이나 세절, 조미료 첨가, 유화를 마친 조미 혼합육은 충전기로 케이싱(casing)에 채워 넣는다. 케이싱 재료는 돼지의 소장, 대장 등 천연물질, 젤라틴을 이용한 가공천연물질, 셀로판이나 염화비닐 등 인공케이싱 재료가 있다.

⑥ 훈연 및 가열

훈연은 소시지 종류와 크기에 따라 다르나 충전한 다음 연기물질이 침투하기 쉽도록 건조한 다음 50~60℃에서 4~5시간 훈연한다.

⑦ 가열 및 냉각

가열처리는 70℃ 정도의 뜨거운 물에 0.5~2시간 담가 가열하는데 가열 목적은 소시지에 적당한 탄력성과 응고성을 주며 오염된 미생물 특히 병원성 미생물을 살균하여 저장성을 향상하기 위함이다. 소시지의 중심온도가 65℃에서 30분간 유지되도록 한다. 가열이 끝나면 냉수에 담그거나 빠르게 냉각하여 제품으로 만든다.

3) 베이컨

(1) 베이컨의 종류

베이컨(bacon)은 돼지의 삼겹살 또는 특정 부위를 정형하여 염지한 후 훈연하거나 열처리한 것으로 한국산업규격(KS)에는 수분 50% 이하, 조지방 45% 이하로 규정하고 있다. 베이컨은 원료육의 부위에 따라 삼겹살인 복부육을 가공한 베이컨류, 복부육이 붙어 있는 등심육을 가공한 로인(loin) 베이컨, 어깨 부위육을 가공한 숄더(shoulder) 베이컨으로 나뉜다.

(2) 제조방법

국내에서 생산되는 베이컨은 주로 지방이 많은 복부육인 삼겹살을 원료로 하여 가공한 것이다. 베이컨은 고온가열살균을 하지 않은 제품이므로 냉장 저장한다. 베이컨의 일반적인 제조공정은 **그림 8-9**와 같다.

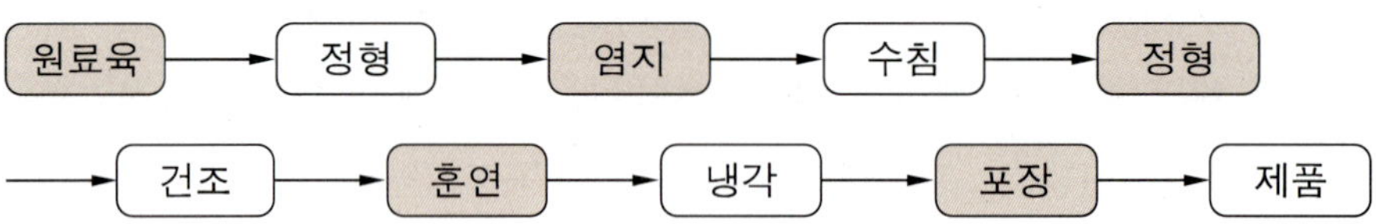

그림 8-9 베이컨의 제조공정

① 원료육의 선정

원료육은 돼지 도체 중 복부 부위를 선택하여 지방층이 많은 껍질을 벗기고 갈비뼈를 제거한 후 장방형 모양으로 부드럽게 잘 다듬는다.

② 염지

염지는 주로 건염법을 이용한다. 염지제(소금, 질산염, 아질산염, 설탕, 향신료의 혼합물)를 베이컨(복부육) 표면에 바르고 마사지하면서 문지른다. 염지제로 문질러 마사지한 고기는 포개어 염지통에 쌓는다.

③ 수침과 정형

염지한 고기는 5℃ 정도의 냉수에 1~2시간 수침(soaking)하여 과잉의 염분을 제거한다. 수침이 끝난 베이컨육은 깨끗한 헝겊 등으로 닦아주어 고기 표면의 수분을 제거하고 적당한 크기로 잘라 정형한다.

④ 냉각, 포장

수침과 정형을 마친 원료육은 베이컨 핀으로 꿰어 훈연실에 넣는다(**그림 8-10**). 베이컨의 훈연은 주로 냉훈법(16~24℃에서 3~4주간)을 사용한다. 그 이유는 원료육의 지방 함량이 높고 돼지지방의 융점이 35~40℃이므로 융점보다 낮게 유지해야만 지방이 융해되어 나오는 것을 방지할 수 있기 때문이다. 훈연이 끝난 베이컨은 2~3℃의 냉장실에서 12시간 정도 냉장한 다음 slicer로 두께 2~3mm로 잘라 일정 중량씩 진공포장한다.

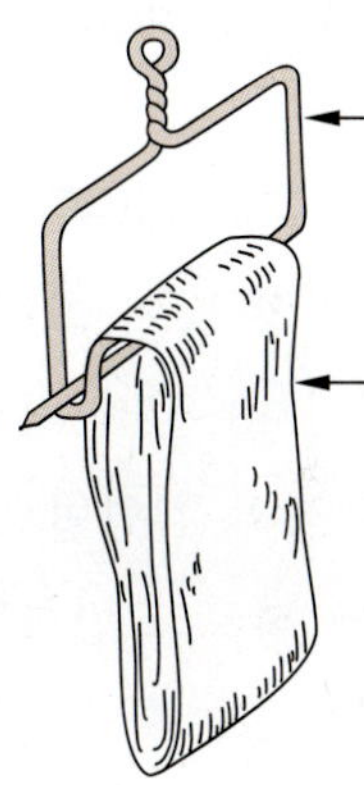

그림 8-10 베이컨

4) 축육 통조림

(1) 통조림제품 종류

① 쇠고기 통조림(canned boiled beef)

연령 4살 미만의 쇠고기를 정선, 절단, 염지하고 2% 식염이 함유된 열탕에 넣어 50분간 자숙한 다음 이것을 5~8mm 두께로 절단한다. 이것을 통조림관에 살재임 하고 자숙할 때 얻어진 액즙으로 만든 조미액을 넣고 탈기, 밀봉, 살균하여 제조한다.

② 닭고기 통조림(canned boiled chicken)

완전히 방혈한 닭고기를 4% 식염수에 넣고 116℃에서 10분간 가압 자숙한 다음 적당한 크기로 절단한다. 이것을 통조림관에 살재임 하고 자숙액으로 만든 조미액을 70℃로 가열해 주입한 다음 탈균, 밀봉, 살균하여 제조한다.

③ 쇠고기 장조림 통조림

우둔육 또는 사태육을 3~5cm의 입방체로 절단하여 1kg당 1L의 물을 넣어 서서히 끓인다. 물이 1/2 정도로 줄어들면 간장을 넣어 약한 불로 끓이면서 양념을 넣는다. 간장액이 1/2로 줄어줄면 고기를 가늘게 썰거나 찢어서 통조림관에 살재임 한 후 간장조림액을 주입액으로 넣고 탈기, 밀봉, 살균하여 제조한다.

④ 콘드 비프 통조림(corned beef)

세계적으로 가장 많이 소비되고 있는 제품으로 노령화된 젖소나 일반소의 고기에서 지방질이 10~15% 정도 남도록 지방을 제거한 뒤, 두께 5cm, 길이 10cm 정도의 크기로 잘라 건염법으로 5~6℃에서 3일간 염지한다. 염지 후 식염이 첨가된 끓는 물에 넣고 교반하면서 60분간 자숙한다. 통조림관에 살재임 한 다음 자숙액으로 만든 조미액을 넣고 탈기, 밀봉, 살균하여 제조한다.

⑤ 햄, 소시지류 통조림

비엔나소시지(vienna sausage) 통조림은 원료로 돼지고기만 사용하거나 돼지고기에 쇠고기, 양고기 등을 배합한 것을 돼지 창자에 다져넣어 만든 소시지를 캔에 넣고 조미액을 주입한 후 탈기, 밀봉, 살균하여 만든다.

(2) 제조방법

장기간 저장이 가능한 육제품으로 쇠고기, 닭고기, 돼지고기를 원료로 하여 일반 통조림 제조방법으로 제조한다(**그림 8-11**). 통조림 제조에서 탈기, 밀봉, 살균을 주요 3대 공정이라 하며 주요공정은 앞에서 설명한 통조림의 제조방법(chapter 4, 5-2, 2)을 참고한다.

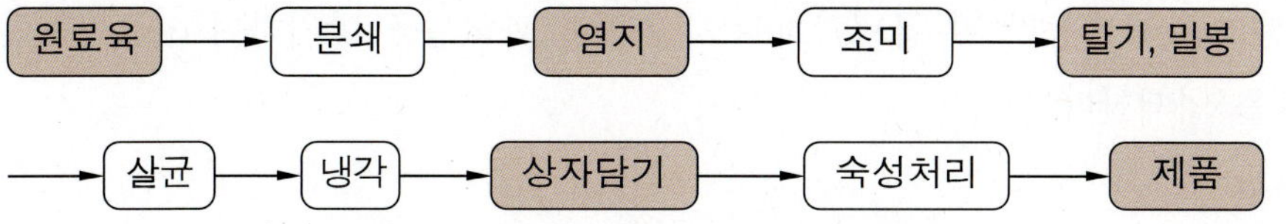

그림 8-11 축육 통조림의 제조공정

① 원료육의 처리, 염지, 충전

원료육은 생육과 햄, 소시지 등이 사용된다. 생육은 도살 후 10℃ 이하로 급속히 냉각하고, 1~3℃에서 냉장한 뒤 -25~30℃로 급속 동결한 냉동육을 사용한다. 해동은 5~6℃의 저온실에서 24시간 정도 해동하며 인대와 건을 제거한다. 생육을 원료로 할 경우 2~4℃에서 염지한 뒤 마쇄하고 조미료와 향신료를 첨가하여 조미하며 캔에 충전한다.

② 탈기

탈기에 앞서서 가권체를 하여 탈기함을 통과할 때 관의 뚜껑이 열리지 않고 응축수가 캔(can) 내부로 떨어지는 것을 방지한다. 탈기(exhausting)는 캔과 식품 내부의 공기를 제거하는 것으로 탈기에 의하여 캔 내면의 부식을 억제하고 호기성 세균 및 곰팡이류의 발육이 저지되며 산화에 의한 내용물의 맛, 색, 영양가의 저하를 방지한다.

③ 밀봉

통조림의 밀봉은 외부의 세균침입을 막고, 캔 내의 진공도를 유지하고 식품을 안전하게 보존하기 위하여 하게 된다. 보통 주석관을 이용할 때는 2중 밀봉을 한다.

④ 살균 및 냉각

살균은 100℃ 이상(일반적으로 121℃에서 30분)에서 고온살균하여 증식할 수 있는 모든 미생물을 살균하는 상업적 살균을 한다. 가열살균의 온도와 가열시간은 오염된 균의 종류, 균수, 용기의 크기 등에 따라서 달라진다. 가열살균을 마친 통조림은 가능한 한 급냉각하여 내용물이 과열됨을 방지하며 고온균 포자의 생육을 억제한다.

5) 건조육

우리나라에서 생산되는 건조육(dried meat)은 육포(sliced dried meat)라 하여 쇠고기를 주원료로 제조한다. 육포는 양념의 종류, 염지방법, 건조방법 및 모양에 따라 여러 종류가 있다. 건조육을 만드는 목적은 수분활성도를 낮춰서 미생물의 증식을 억제하여 저장성을 높이기 위함이다. 식육을 원료로 한 건조 가공품(육포)은 제조비용이 적게 들 뿐만 아니라 기호성과 저장성이 좋아 간식 식품으로 넓게 활용되고 있다.

건조육의 일반적인 제조공정은 **그림 8-12**와 같다.

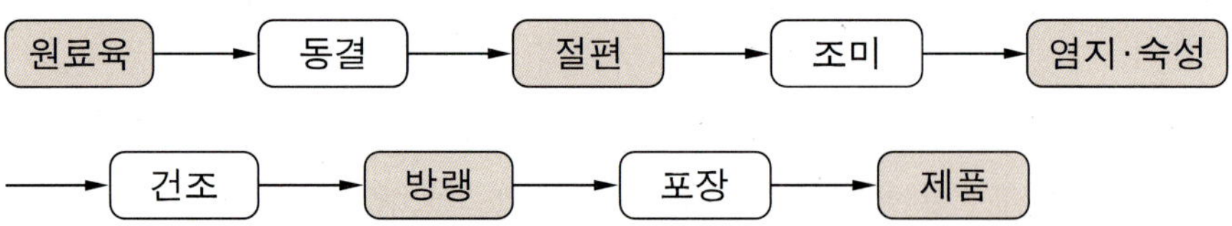

그림 8-12 건조육의 제조공정

① 원료육의 선정과 처리

원료육으로는 쇠고기를 주로 사용하나 양고기나 돼지고기도 이용되고 있다. 원료육은 지방과 힘줄을 제거한 것으로 담적색이고 탄력이 있으며 수분 함량이 적은 것이 좋다.

② 동결 및 절편

원료육을 -20℃에서 6~7시간 동안 동결하여 일정한 크기로 절편하고 지방과 힘줄을 다시 제거한다.

③ 조미 및 숙성

절편한 고기에 염지제와 향신료를 혼합한 것을 건염법으로 뿌려주면서 염지통에 넣고 냉장온도에서 24~36시간 또는 실온에서는 12시간 염지, 숙성한다.

④ 건조와 포장

염지된 육편을 건조채반에 펴서 수평상태로 놓거나 걸이에 꿰어 열풍건조실에서 건조한 다음 포장한다. 건조는 3단계로 실시하는 것이 좋은데, 1단계는 70℃에서 60분간, 2단계는 55℃에서 180분간, 3단계는 45℃에서 30~40분간 실시한다. 수분 함량은 55% 이하로 조절하는데 일반적으로 20~30% 정도로 한다.

02 유가공

포유동물(哺乳動物)의 젖(유)은 어미 동물이 새끼에게 영양성분을 주기 위하여 분비하는 불투명한 유백색 액체로서 지질, 단백질, 탄수화물, 무기물, 비타민 등 영양소가 골고루 함유되어 있는 용액이다. 우리가 식품으로 섭취할 수 있는 젖류는 우유, 양젖, 말젖 등 다양하지만 이 중 소의 젖인 우유를 가장 많이 섭취하고 가공제품으로 제조하고 있어 우유에 관하여 설명하면 다음과 같다.

2-1 성분과 조성

우유의 성분은 소의 품종, 연령, 영양상태, 계절, 착유시간에 따라 다르지만 일반적으로 수분 87~88%, 당질 약 5.0%, 단백질 약 3.5%, 지방질 약 3.5%, 무기질이 0.7%이고 그밖에 소량의 비타민과 색소, 유기산이 함유되어 있다(**그림 8-13**).

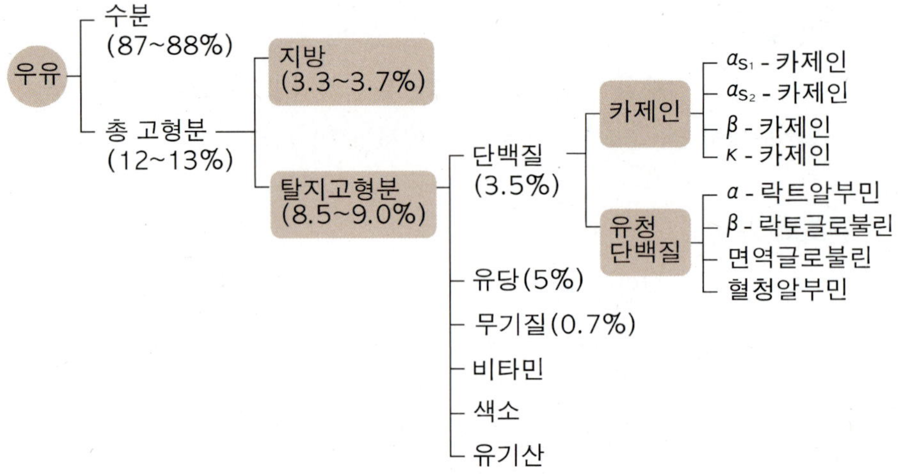

그림 8-13 우유의 성분조성

1) 단백질

우유 단백질은 pH 4.6에서 응고되는 흰색의 침전물인 카제인(casein)과 침전되지 않는 유청 단백질(whey protein)로 분류된다. 우유 단백질에는 필수아미노산인 라이신(lysine)과 메티오닌(methionine)이 많아 곡류를 주식으로 하는 사람들에게는 영양적 가치가 높은 단백질이다.

(1) 카제인(casein)

우유 단백질의 약 80% 정도를 차지하는 단백질로, 4종류의 카제인 단백질이 있다. 카제인은 등전점인 pH 4.6에서 응고되어 침전되며, 송아지의 위벽에서 얻어지는 레닛(rennet)에 의해 커드 형태의 응고물이 생성된다. 카제인은 가열하여도 잘 응고되지 않으나 100℃에서 약 12시간 가열하면 응고된다.

(2) 유청 단백질(훼이, whey)

우유 단백질의 20% 정도로 β-락토글로불린(lactoglobulin)이 제일 많고(9.8%), 나머지는 α-락트알부민(lactalbumin), 면역글로불린(immunoglobulin), 훼이알부민(whey albumin) 등이 있다. β-락토글로불린은 살균 등의 가열에 의해 κ-카제인과 복합체를 형성하며, 가열하면 가열취(cooked flavor)의 원인이 된다.

2) 탄수화물

우유의 당은 대부분 유당(lactose)으로 약 5% 정도 함유되어 있다. 유당은 단맛이 설탕의 1/5 정도로 감미도가 낮으나 에너지원으로 중요할 뿐만 아니라 장의 유익한 세균인 유산균의 번식을 돕는 효과가 있다. 그 외에 갈락토오스와 포도당도 소량 함유되어 있다.

3) 지방

우유 중 함량은 3.3~3.7%로 중성지방이 전체 지방의 약 98%이고 저급지방산(탄소 수 4~12)이 다른 식품에 비해 많다. 우유의 지방은 물에 지방구의 형태로 분산된 채 유화되어 있다. 분산된 작은 지방구(0.1~10μm)들은 빛을 산란시켜 우유를 불투명한 유백색으로 보이게 한다.

4) 비타민과 무기질

우유에는 비타민 A, B_1, B_2, B_6, C, D, 나이아신 등 거의 모든 비타민을 함유하고 있고 칼슘과 마그네슘, 인 등 무기질이 비교적 많아 이들 무기질의 우수한 공급원이다.

5) 효소

우유에는 영양성분은 아니지만 알칼리 포스파테이스(alkaline phosphatase),

라이페이스(liypase) 등 많은 효소가 함유되어 있다. 알칼리 포스파테이스는 다른 효소들보다 열저항성이 높아 불활성화가 잘 되지 않으므로 살균을 위한 가열처리의 지표로 사용되고 있다. 라이페이스는 유지방을 가수분해하므로 불활성화되어야 하는 효소이다.

2-2 가공제품과 제조방법

우유는 살균과 건조, 분리, 발효, 농축 등 가공방법에 의해 다양한 제품들이 제조된다. 가공방법에 따라 제조되는 유제품을 정리한 것은 **그림 8-14**와 같다.

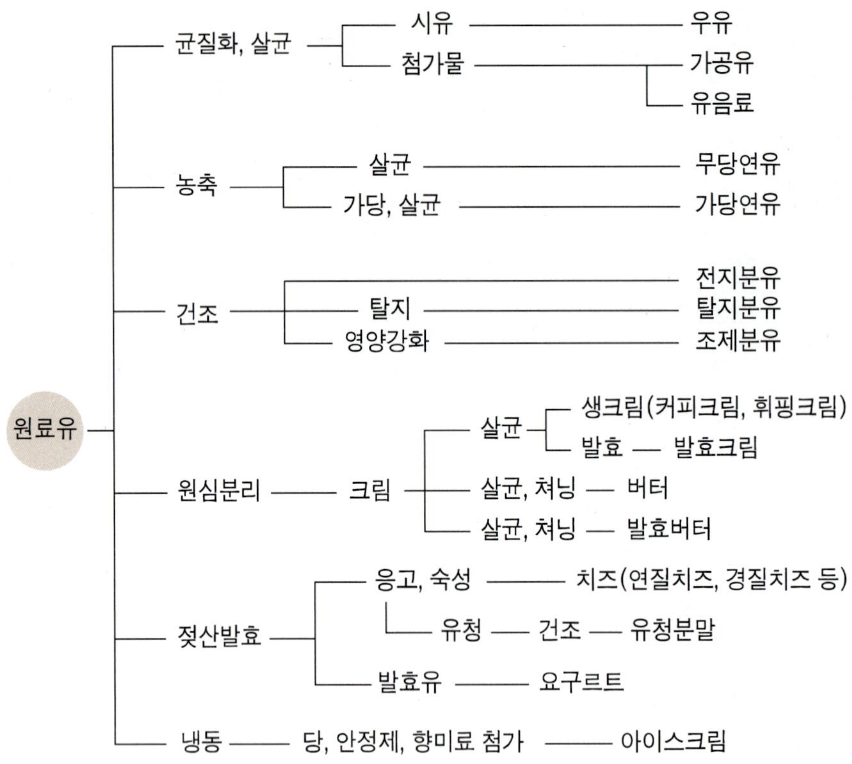

그림 8-14 가공방법에 따른 유제품의 종류

1) 시유

시유(市乳, market milk, city milk)는 우유를 살균하여 소비자가 위생상 안전하게 마실 수 있도록 작은 용기에 포장한 것으로 매일 배달한다는 뜻에서 시유라고 불린다. 시유에는 소비자의 기호에 맞도록 맛을 다양하게 하고 살균정도를 다르게 한 여러 종류의 제품이 생산되고 있다.

시유는 살균방법에 따라 살균우유(저온살균시유, pasteurized milk)와 멸균우유(멸균시유, sterilized milk)로 나누고 첨가되는 원료에 따라 가공유, 유음료, 강화우유가 있다. 가공방법에 따라서는 환원우유와 유당분해우유가 있고 성분조성에 따라서는 무지방유와 저지방유 등으로 분류된다.

(1) 시유의 종류

① 우유

우유(milk)는 원유에 다른 유제품이나 영양소를 첨가하지 않고 균질화, 살균 또는 멸균, 냉각 과정을 거쳐 생산되는 대표적인 시유이다. 한국산업규격에 의하면 살균시유는 대장균군은 음성이어야 하고 세균/mL는 3만 이하이며, 멸균시유는 대장균군뿐만 아니라 세균수/ml도 음성이어야 한다고 규정하고 있다.

- 살균시유: 음용을 목적으로 원유를 살균 처리한 것
- 멸균시유: 음용을 목적으로 원유의 멸균처리 및 무균포장 하여 장기간 저장할 수 있도록 포장한 것

② 가공유

가공유(processed milk)는 원유 또는 유가공품을 주원료로 하여 다른 식품(과일, 과즙, 커피, 초콜릿 등)이나 첨가물(과일향료, 인공향미료 등)을 첨가하고 균질화 또는 멸균한 시유이다. 가공유의 종류는 다음과 같다.

- 전지가공유: 원유에 다른 식품(과일, 과즙, 커피, 초콜릿 등)이나 첨가물(인공과일향료, 인공향미료 등)을 첨가하여 제조한 우유
- 저지방우유: 원유에서 유지방분을 제거하여 유지방이 1~2%인 우유

- 강화우유: 우유에 비타민이나 무기질 등의 영양소를 강화한 우유
  - 고칼슘 우유: 칼슘을 일반우유의 2배 이상으로 강화한 우유
  - DHA 우유: 불포화지방산인 DHA(docosahexaenoic acid)를 강화한 우유
- 농후우유: 원유의 지방 함량이 3.5% 이상, 무지 고형분이 8.5% 이상 되도록 조절하여 유성분 함량을 증가시킨 우유(thick milk)
- 환원우유: 재생우유라고도 하는 우유로 탈지분유에 유지방(크림)과 물을 가하거나 전지분유에 물을 가하여 우유의 성분조성과 같게 만든 우유

③ 유음료

무지 고형분이 4% 이상으로 우유나 탈지유에 커피, 초콜릿, 과즙, 설탕, 안정제 등을 가하여 맛을 좋게 한 것으로 착색이 되어 있고 우유성분은 보통 우유의 반 정도이다. 커피우유, 초코우유, 과즙우유 등이 있다.

(2) 제조방법

시유는 살균시유, 멸균시유, 가공시유로 나누어지며 시유의 일반적 제조공정은 **그림 8-15**와 같다.

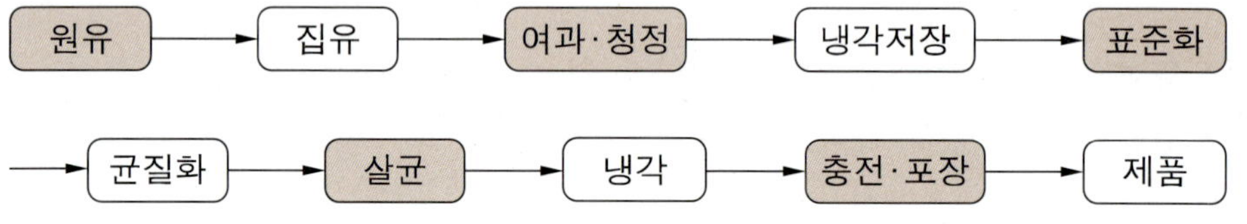

그림 8-15 시유의 제조공정

① 집유 및 수유검사

집유란 낙농장에서 생산하여 냉각원유조(5℃ 이하)에 보관한 우유를 수집하는 과정이다. 집유된 우유는 신선도와 유제품 원료로서 적합성을 판정한다.

② 여과 및 청정

우유에 혼입되어 있는 먼지나 티끌, 우유응고물 등을 제거하는 것을 여과

(filteration) 또는 청정(clarification)이라 한다. 이물질은 여과기 또는 원심청정기를 이용하여 제거한다. 여과기는 작업 도중 막힐 우려가 있어 연속 작업에는 적합하지 않고 세균이나 백혈구가 제거되지 않는 반면 원심청정기는 연속 작업이 가능하며 세균과 백혈구도 제거가능하다.

③ 냉각저장 및 표준화

여과 및 청정을 마친 우유는 4℃로 냉각하여 저유탱크에 저장한다. 표준화란 시유의 성분규격에 맞도록 유지방, 무지고형성분 및 강화성분 함량을 조절하는 과정이다. 주로 탈지우유나 유지방(크림)을 사용하여 조절하며 필요한 경우 비타민 A나 D를 강화한다.

④ 균질화

우유의 지방은 직경이 0.1~10μm인 구형으로 우유에 분산되어 있다. 이러한 우유를 일정 시간 방치하면 우유 표면으로 떠올라 서로 모여 크림층을 형성하면서 지방의 분리현상이 일어난다. 균질화(homogenization)는 지방구(fat globule)의 크기를 줄이는 공정으로 그 크기가 2μm 이하이다. 그 결과 유화안정성이 증가되며 지방의 분리현상이 방지된다. 균질화 방법은 고속교반기(high speed agitator)를 사용하는 방법과 고압균질기(high pressure homogenizer)를 사용하는 방법이 있다. 고속교반기는 10,000rpm 정도의 교반속도에 의해 발생한 강력한 전단작용으로 지방구의 크기를 줄여주는 기계이고, 고압균질기는 140~210kg/cm^{2}의 높은 압력에서 우유를 노즐(작은 구멍)에 통과시켜 지방구를 미세하게 하는 방법이다.

⑤ 살균

살균(pasteurization)은 우유에 존재하는 각종 미생물 특히, 병원성 미생물을 사멸하고 효소를 불활성화하는 열처리 공정으로 가열살균 방법은 다음과 같다.

- 저온장시간살균법(LTLT): 63~65℃에서 30분 가열
- 고온순간살균법(HTST): 72~75℃에서 15~20초 가열
- 초고온살균법(UHT): 135~150℃에서 0.5~5초 가열

⑥ 냉각, 충전, 포장

살균처리 후 즉시 7~10℃ 이하로 냉각한 뒤 무균 포장용기(유리병, 플라스틱 용기, 테트라팩 등)에 충전하는 무균포장을 한다.

2) 농축유제품

농축유(concentrated milk)제품은 원유 또는 저지방우유를 그대로 수분을 증발시켜 농축한 무당연유나 당류(설탕, 포도당, 과당)를 첨가하여 농축한 가당연유가 대표적이다. 식품공전에는 농축유를 ① 원유를 그대로 농축한 농축우유(무당연유) ② 원유의 유지방분을 0.5% 이하로 조절한 탈지유를 농축한 탈지농축우유(탈지연유) ③ 원유에 당류를 가하여 농축한 가당연유(가당농축우유) ④ 탈지유에 당류를 가하여 농축한 가당탈지연유(가당탈지농축우유)로 나누고 있다.

(1) 가당연유(sweetened condensed milk)

원료유에 16~18%의 설탕을 첨가하고 원액의 1/2.5~1/3까지 농축한 것으로 농축 후 설탕농도가 62.5~64.5%가 되도록 하여 실온에서도 장기간 저장할 수 있는 제품이다. 가당연유의 높은 보존성은 당 첨가에 의한 높은 삼투압과 농축에 의한 수분활성도의 감소이다. 가당연유는 제과용이나 아이스크림 제조용 원료로 사용된다.

제조공정은 **그림 8-16**과 같다. 여과 및 청정한 원료유에 설탕을 첨가하고 80℃ 내외에서 5~10분간 처리하여 예열한다. 예열은 다음과 같은 중요한 효과가 있다.

① 미생물을 살균하고 효소를 불활성화함.
② 농축과정에서 수분 증발을 빠르게 함.
③ 우유 단백질을 변성하여 열안정성과 점도를 높임.
④ 첨가한 당을 완전히 용해함.

당의 첨가는 예열 전에 첨가하는 방법과 농축 후에 첨가하는 방법이 있다. 예열을 마치면 여과한 뒤 진공농축 하고 냉각한다. 농축하는 동안 과포화 상태의 유당이 결정화되는데 냉각 후에 유당핵을 첨가하여 유당의 결정을 10μm 이하의 미세결정이 되게 조절하면서 모래알 같은 촉감이 느껴지지 않도록 하고 있다. 냉각된 농축액(28~30℃)은 무균포장용기에 넣어 무균포장 하여 제품으로 만든다.

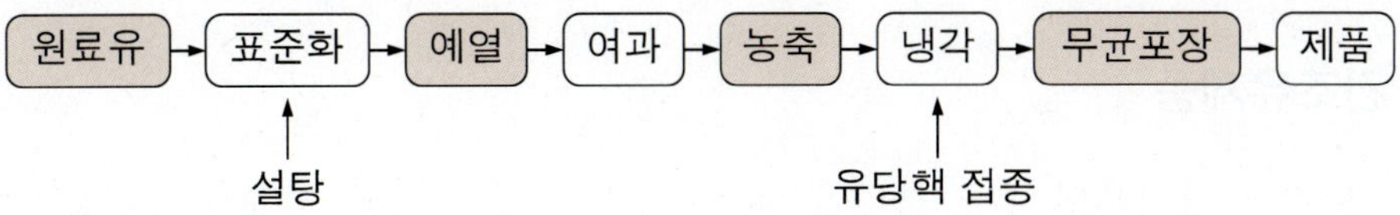

그림 8-16 가당연유의 제조공정

(2) 무당연유(condensed milk)

설탕을 첨가하지 않은 우유를 1/2.5로 농축하여 멸균한 것으로 주로 커피크림 대용으로 쓰이며, 유아용과 제과용으로도 이용된다. 제조공정은 대체로 가당연유와 비슷하나 설탕을 첨가하지 않기 때문에 설탕의 삼투압에 의한 방부력이 없으므로 가열 멸균하여 포장한다. 무당연유의 일반적인 제조과정은 **그림 8-17**와 같다.

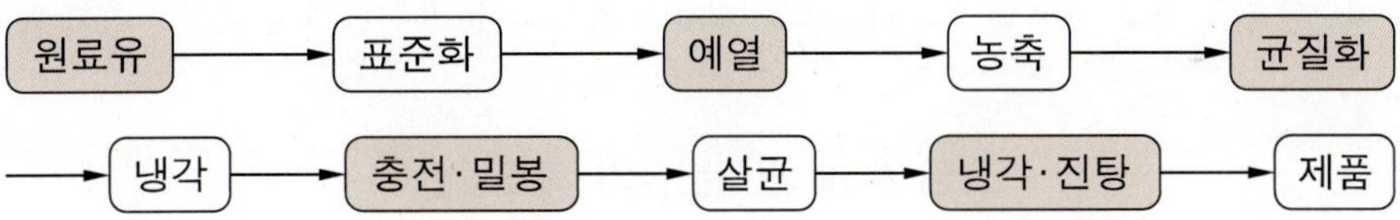

그림 8-17 무당연유의 제조공정

원료유를 표준규격에 맞도록 표준화하고, 예열은 당 첨가에 의한 보존성 향상 효과가 없기 때문에 가당연유의 예열보다 높은 93~98℃에서 5~15분간 가열하여 미생물의 살균과 효소의 불활성을 더 많이 해준다. 농축은 진공농축을 하며 농축 후에는 균질화 공정이 냉각 전에 첨가된다. 그 이유는 가당연유의 경우 높은 농도의 설탕액이 지방의 분리를 막아줄 수 있으나 무당연유는 그러한 효과가 없으므로 균질화가 필요하다.

균질화된 농축유는 냉각한 다음 용기에 넣어 밀봉하고 고온에서 살균한다. 살균방법은 배치식(정치식)인 경우 115~117℃에서 15~20분간 가열하고 빨리 냉각한다. 살균과정 중 생길 수 있는 커드를 크림 상태로 하기 위하여 진탕한 뒤 제품으로 만든다.

3) 건조유제품

우유 또는 탈지유의 수분 함량을 5% 이하가 되게 건조한 분말상 유제품이 분유(milk powder)이다. 분유의 종류에는 원유를 건조한 전지분유(whole milk powder, 또는 full-fat dry milk)와 탈지유를 건조한 탈지분유(skim milk powder, 또는 non-fat dry milk)로 크게 나눈다. 그 외에 모유와 비슷한 조성으로 영양성분을 조정한 조제분유(infant formula milk powder)와 설탕을 첨가한 가당분유(sweetened milk powder) 등이 있다.

(1) 전지분유

분유 중 전지분유의 제조공정은 **그림 8-18**과 같다.

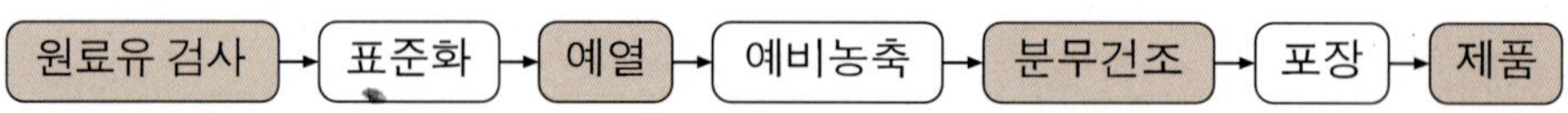

그림 8-18 전지분유의 제조공정

원료유는 시유나 연유의 경우와 같이 신선한 우유를 사용하여 품질규격에 맞게 표준화한 다음 예열을 한다. 분유 제조 시의 예열은 분유의 품질 변화를 일으키는 lipase, peroxidase 등 효소를 불활성화하고, 미생물(특히 병원성 미생물)을 살균하며 단백질의 열변성을 최소화하여 분유의 용해성을 향상하는 가열처리 과정이다. 가열방법은 고온순간살균법(HTST)이나 초고온살균법(UHT)을 사용하고 있다.

예열이 끝난 우유는 즉시 진공농축기에서 약 1/4 부피로 예비 농축한 다음 분무 건조한다. 예비농축은 분무건조 할 때 건조시간을 단축하고 분유입자의 분산성을 향상하기 위함이다. 분무건조는 농축유를 50℃ 정도로 가열한 다음 150~250℃의 분무건조기 안으로 분무해(chapter 3, 1-2, (5) 참조) 건조한다. 분무건조분말은 냉각하고 20~30 mesh의 체를 통과시켜 포장한다. 전지분유는 공기의 접촉으로 지방질의 산화가 쉽게 일어날 수 있기 때문에 질소가스 충전포장을 한다.

(2) 탈지분유

탈지분유는 원료유로부터 지방을 원심분리법으로 분리한 탈지유를 건조한 것으로 제조과정은 전지분유 제조방법과 같다.

(3) 조제분유

조제분유는 전지분유와 같은 방법(탈지하지 않고)으로 분무 건조하고 입자 선별(20~30 mesh)을 한 다음 유아 건강 유지에 필요한 당류와 수용성 비타민(B_1, B_2, B_{12}, C 등), 무기질 등을 첨가한 제품이다. 포장은 전지분유와 같이 질소가스 충전포장을 한다.

4) 크림

크림(cream)이란 생우유 표면에 떠오르는 진한 백색 또는 연황색의 지방질액이다. 우유에는 지방분이 3~4% 정도 함유되어 있으며 균질화하지 않은 우유를 그대로 방치하면 비중이 가벼운 지방분이 점차 위로 뜨게 되는데 이 크림층을 원심분리법으로 분리하여 크림을 제조하고 있다.

크림은 우유에서 분리한 순수한 유지방을 살균한 생크림과 생크림을 원료로 하여 다른 재료를 배합한 크림제품 그리고 크림을 발효한 발효크림(sour cream)으로 분류된다. 또한 용도에 따라 커피용, 휘핑용, 식품원료용 크림 등이 있다.

(1) 생크림의 제조방법

생크림의 제조는 원료유에서 크림의 분리-살균-냉각 공정을 거쳐 제조한다.

① 크림의 분리

우유로부터 크림을 분리하는 방법은 원심분리 방법과 장시간 정치하고 유지방을 자연적으로 뜨게 하여 크림층을 분리하는 정치식 방법이 있다. 공업적으로는 원심분리 방법을 사용한다.

② 살균

분리된 크림은 저온장시간살균법(LTLT), 고온순간살균법(HTST), 초고온살균법(UHT)으로 살균한다. 살균된 제품은 충전, 포장한다.

(2) 크림제품

① 커피크림(coffee cream)

유지방이 18~20% 정도 함유된 크림으로 라이트크림 또는 테이블크림이라고도 한다. 커피의 풍미를 온화하게 하고 색을 희게 하기 위해 첨가한다. 또한 유지방 함량이 10~12%인 크림은 하프 앤드 하프(half and half) 크림이라고 한다.

② 휘핑크림(whipping cream)

유지방이 30~50%인 크림으로 유지방이 30~36%인 휘핑크림과 36% 이상인 헤비(heavy) 휘핑크림이 있다. 주로 케이크나 디저트용으로 이용된다.

③ 발효크림(cultured cream, sour cream)

유지방 18% 이상의 크림을 74~82℃에서 30분 동안 살균하고 젖산균으로 발효하여 응고한 다음 균질화한 제품이다. 과일, 치즈, 향신료 등을 넣어 풍미를 좋게 하기도 한다.

④ 플라스틱 크림(plastic cream)

크림을 더 원심분리하여 유지방 함량을 80% 이상으로 높인 제품으로 실온에서 고체 상태이다. 주로 아이스크림과 버터의 원료로 사용한다.

5) 버터

우유에서 분리한 크림을 천천히 교반시키는 쳐닝(교동, churning)을 하면 유지방구가 파괴되고, 지방만이 유출되어 뭉치면서 좁쌀 크기의 작은 입자(버터과립, butter grain)를 형성한다. 이것을 모아 짓이겨서 남아 있는 물이 지방에 분산되도록 유화한 것을 버터(butter)라고 하며, 유지방이 80% 이상이고 수분이 18% 이하이어서 상온에서 고체상이다.

(1) 버터의 종류

버터의 종류는 소금 첨가 여부에 따라서 가염버터와 무염버터로 나뉘며, 발효 여부에 따라서 발효버터와 비발효버터인 단맛버터(sweet butter)로 나뉜다. 우리나라에서는 소비자들의 기호성 때문에 주로 단맛버터가 제조되고 있다. 버터에 소금을 첨가한 가염버터는 주로 가정용으로, 무염버터는 과자, 아이스크림, 환원우유 제조용 원료로 사용되고 있다.

(2) 제조방법

버터의 일반적인 제조공정은 그림 8-19와 같다.

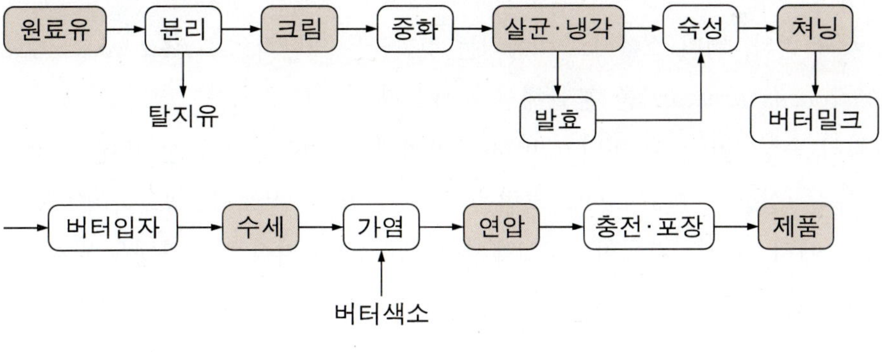

그림 8-19 버터의 제조공정

① 크림의 분리 및 중화

원료유를 원심분리 하여 크림의 지방 함량이 30~40%가 되도록 한다. 신선한 크림의 산도는 0.10~0.14%인데 크림의 산도가 이보다 높을 경우 지방 손실이 크고 버터의 풍미와 보존성도 떨어지므로 크림의 산도를 0.10~0.14가 되게 중탄산나트륨용액으로 중화한다.

② 살균 및 냉각

크림의 살균은 크림 중의 부패성 및 병원성 미생물 살균과 지방분해 효소를 불활성화하여 버터의 보존성을 향상시켜 준다. 또한 발효과정이 이어질 경우 젖산균의 발육을 저해하는 물질을 파괴하는 효과가 있고 버터제품의 퍼짐성(spreadability)이 향상되는 효과가 있다. 살균은 저온장시간살균법(LTLT)과 고온순간살균법(HTST) 또는 초고온살균법(UHT)이 사용된다. 살균 후에는 22℃ 이하로 냉각한다.

③ 발효 및 숙성

발효버터 제조에서 발효는 순수 배양한 젖산균인 버터 스타터(starter)를 크림에 넣고 산도가 0.3%가 될 때까지 20~22℃에서 4~6시간 발효한다. 발효에 의하여 생성된 젖산은 크림의 점도를 낮추고 방향성 물질을 생성시켜 버터 특유의 향미를 갖게 한다. 버터 스타터로 이용되는 젖산균은 일반적으로 *Lactococcus lactis*와 *Lactoccus cremoris*를 혼합해서 사용한다.

크림의 숙성(aging)은 비발효 버터(단맛버터)의 경우는 살균한 후에, 발효버터의 경우는 살균과 발효 후에 크림을 비교적 낮은 온도로 냉각하여(여름철에 12~14℃에서 7시간, 겨울철에 8℃에서 2시간 정도) 저장하는 과정을 말한다. 이 과정에서 유지방은 결정화되어 쳐닝작업이 쉬워지고 연성 조직이 버터가 된다.

④ 쳐닝(churning)

교동이라고도 하는 크림의 쳐닝은 일정한 속도로 크림을 천천히 저어주어 크림 중의 지방구에 기계적 충격을 주는 작업이다. 쳐닝 중 지방구는 뭉쳐져서 좁쌀알 크기의 작은 버터과립(butter granule)이 되면서 버터밀크(butter milk)와 잘 분리된다. 쳐닝 방법은 크림을 쳐닝기(교동기)에 넣고 여름철에는 8~10℃, 겨울철에는 12~14℃에서 25~35rpm의 속도로 회전시키면서 50~60분간 버터입자가 생성될 때까지 계속한다.

⑤ 버터밀크의 제거 및 수세

버터밀크의 제거는 버터입자의 크기가 좁쌀 크기 정도 되었을 때 쳐닝을 마치고 약 5분 지나면 버터과립이 떠오르게 되는데 하층부위의 버터밀크를 쳐닝기 밑에서 제거하는 공정이다. 수세는 분리한 버터입자를 물로 씻어 버터입자에 부착해 있는 버터밀크를 제거하는 작업으로 버터의 경도를 증가시키고 향미와 보존성을 향상시킨다. 사용하는 물의 온도는 버터과립이 녹지 않도록 쳐닝 온도보다 약간(1~2℃) 낮게 한다.

⑥ 가염(salting)

가염은 가염버터를 제조할 때만 적용되는 공정으로 버터의 풍미를 좋게 하고 미생물의 증식을 억제하여 보존성을 향상한다. 식염의 첨가량은 1.0~2.5% 정도이다.

⑦ 연압

연압(working)은 수세 후 뭉쳐있는 버터과립을 모아서 롤(roll) 등으로 짓이겨 유화하는 작업을 말한다. 연압의 목적은 버터에 알맞은 점조성을 부여하고, 첨가된 식염의 용해를 촉진하여 균일하게 분포되도록 하며, 버터입자 중의 수분을 분산하고 조절하는 것이다. 연압은 14~18℃에서 60~80분간 하며, 버터입자가 잘 밀착되어 조직으로부터 수분이 유리되지 않을 때까지 한다.

⑧ 포장

연압 과정을 마친 버터는 용도에 따라 은박지나 적당한 용기에 포장하며 포장할 때의 버터 온도는 10℃ 전후가 적당하다.

6) 치즈

치즈(cheese)는 살균한 우유, 탈지유, 크림, 버터밀크 또는 이들의 혼합물에 젖산균 스타터를 첨가하여 젖산 발효시키고, 레닛(rennet)과 같은 응유효소(우유응고효소, milk-clotting enzyme)를 가하여 응고한 다음 유청(훼이, whey)을 제거하고 나서 생긴 응고물을 숙성한 유제품이다.

치즈의 종류는 자연치즈(natural cheese)와 가공치즈(processed cheese)로 크게 나뉜다. 자연치즈는 살균한 우유 또는 유가공품(탈지유, 크림, 버터밀크 등)에 젖산균, 응유효소, 유기산 등을 가하여 카제인을 응고한 후 유청을 제거한 것으로, 신선한 상태 그대로 식용하는 생치즈(fresh cheese)와 장기간의 숙성을 시킨 숙성치즈(ripened cheese)로 나누어진다. 가공치즈는 자연치즈를 주원료로 하여 다른 식품 또는 식품첨가물을 첨가하고 유화시켜 제조한 치즈로 주원료인 자연치즈의 배합기준은 50% 이상이다.

표 8-2 경도에 따른 자연치즈의 종류

치즈 종류	수분 함량	치즈 제품
연질치즈 (soft cheese)	55~80%	· 비숙성 - cottage, mozzarella, york, cream 등 · 젖산균에 의한 숙성 - belpaese, colwich, lactic 등 · 흰곰팡이에 의한 숙성 - camembert, bire, neufchatel 등 · 유청치즈 - ricotta, mysost, primost 등
반경질치즈 (semi-hard cheese)	45~55%	· 젖산균에 의한 숙성 - brick, münster, limburger 등 · 푸른곰팡이에 의한 숙성 - roquefort, gorgonzola, blue 등
경질치즈 (hard cheese)	34~54%	· 젖산균에 의한 숙성 - cheddar, gouda, edam 등 · 프로피온산균에 의한 숙성(공기 구멍이 있음) - emmental, gruyere, asiago 등
초경질치즈 (very hard cheese)	13~34%	· 세균에 의한 숙성 - parmesan, romano, sapsago 등

(1) 치즈의 종류

치즈는 유제품 중에서 그 종류가 가장 많아 약 800여 종에 달한다. 치즈를 분류하는 기준은 응유방법(효소응고법, 산응고법, 가열응고법), 원료유의 종류(우유, 산양유), 원료의 지방 함량(전지유, 탈지유, 크림), 숙성방법(비숙성, 세균숙성, 곰팡이 숙성 등), 치즈의 경도(연질, 경질) 등이 있다. 치즈는 일반적으로 경도에 의해 분류하고 있으며 그 종류는 다음과 같다(**표 8-2**).

(2) 자연치즈의 제조방법

자연치즈는 크게 원료유의 처리, 응고와 발효, 커드의 처리, 숙성 등 4단계에 의해 제조된다. 각 공정의 조건은 최종제품의 품질을 좌우하며 치즈의 종류에 따라 제조방법도 다양하다. 자연치즈의 일반적인 제조공정은 **그림 8-20**과 같다.

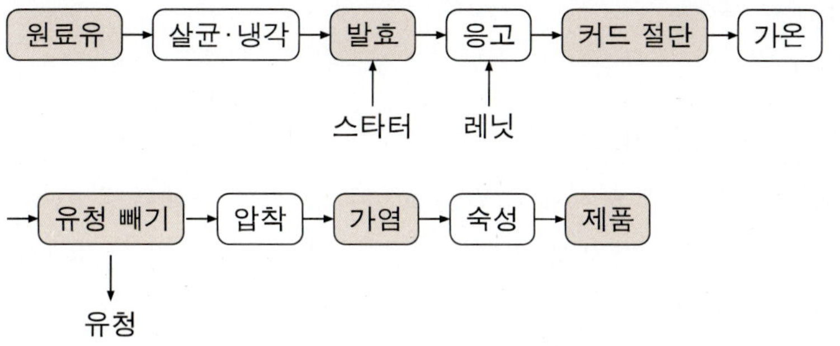

그림 8-20 자연치즈의 일반적인 제조공정

① 원료유의 처리

원료유는 규격에 맞게 표준화한 다음 여과하고, 살균하여 냉각한다. 살균은 고온순간살균법(HTST)을 주로 사용한다.

② 발효 및 응고

살균한 원료유는 30~32℃로 냉각하여 치즈배트(치즈통, cheese vat)에 넣고 젖산균 스타터를 접종한 후 우유를 발효한다. 적당량의 산이 생성되면 레닛을 가하여 우유를 응고시키면 커드가 형성된다. 젖산균 스타터를 첨가하여 우유를 발효하는 것은 불필요한 잡균의 번식을 억제하고 레닛에 의한 우유의 응고를 촉진하기 위함이다. 스타터로 사용되는 젖산균은 주로 *Lactococcus lactis, Lactoccus cremoris*를 혼합 배양하여 사용한다. 젖산발효는 산도가 0.18~0.22%가 될 때 마치고 레닛을 첨가한다. 레닛의 첨가 온도는 22~35℃이고 첨가 후 빠르게 저어 준 다음 정치시켜 응고되기를 기다린다. 이 과정을 세팅(setting)이라고 한다.

③ 커드의 절단, 가온, 유청 빼기

커드가 적당하게 굳으면 철선칼로 만든 커드 절단기로 절단하여 커드 내부의 유청(whey)을 배출한다. 절단된 커드는 그대로 두면 밑으로 가라앉아 커드입자들이 다시 엉기게 되므로 커드레이크(curd rake) 또는 교반기(agitator)로 저으면서 가온하여 균일하게 수축되도록 한다. 가온 온도는 치즈의 종류에 따라서 다른데, 연질치즈는 31℃ 전후이고, 경질치즈는 38℃이다. 커드가 알맞게 수축되고 유청의 산도가 적당하게 상승하면 유청을 빼낸다.

④ 압착

유청을 빼내고 나면 커드를 치즈틀에 넣고 압착기로 압착(moulding pressing)하여 남은 유청을 빼냄과 동시에 치밀한 조직과 일정한 형태를 갖도록 한다. 연질치즈의 경우는 가압을 하지 않고 치즈틀을 반전시키면서 치즈 자체의 무게로 커드의 밀착과 유청 배출을 촉진한다.

⑤ 가염

가염(salting)은 치즈의 풍미를 좋게 하고 과도한 젖산발효와 잡균에 의한 이상발효를 방지하는 효과가 있다. 가염방법은 압착이 끝난 치즈를 20%의 식염수가 담긴 틀에 담그는 습염법과 식염을 커드에 직접 뿌리거나 치즈 표면에 문질러서 가염하는 건염법 등이 있다. 이러한 과정을 거친 치즈를 생치즈(fresh cheese) 또는 그린치즈(green cheese)라고 한다.

⑥ 치즈의 숙성

연질치즈를 제외한 대부분의 치즈는 일정한 기간 동안 치즈 숙성실(cheese ripening room)에서 숙성한다. 생치즈는 조직이 단단하고 풍미가 없으나, 일정기간 동안 숙성하면 특유의 풍미와 부드러운 조직을 갖게 된다. 숙성 중 수분 증발을 막고 치즈 표면에 곰팡이 오염을 방지하기 위하여 표면을 파라핀 또는 왁스로 입히거나 플라스틱 필름으로 포장한다. 숙성 온도는 5~25℃ 범위로 치즈 종류에 따라 다르다.

(3) 가공치즈의 제조방법

가공치즈(processed cheese)는 숙성도가 다르거나 종류가 다른 자연치즈들을 혼합하고 분쇄한 다음 가열하여 용융(녹임)하며, 유화제를 첨가한 후 유화한 것을 충전, 포장한 치즈이다. 우리나라 치즈 소비량의 대부분을 차지하고 있다. 자연치즈를 주원료로 하여(50% 이상 배합) 과일, 야채, 고기, 향료 등을 넣어서 가공하기도 한다. 수분 함량에 따라 경성(50% 이하), 반경성(54% 이하), 연성(66% 이하) 치즈가 있다. 가공치즈의 일반적인 제조공정은 **그림 8-21**과 같다.

원료치즈의 선택 → 전처리와 배합 → 절단 및 분쇄 → 용융 → 유화 → 충전·포장 → 제품

그림 8-21 가공치즈의 제조공정

원료치즈는 위생적이고 가스 팽창 등의 결함이 없으며 풍미가 좋은 양질의 치즈를 사용한다. 일반적으로 숙성이 진행된 치즈는 풍미가 강하고 유화가 잘 되지 않는다. 반면에 비숙성 치즈는 조직이 부드럽지만 풍미가 없다. 따라서 이들 치즈의 특성을 살려 숙성 정도에 따라 배합하여 혼합하고 적당한 크기로 절단한다. 그 다음 유화솥에 넣고 녹인 뒤 유화제를 첨가하여 60~70℃에서 교반하면서 유화를 한다. 유화솥을 감압하여 탈기와 탈취를 하고 유동성이 있을 때 신속하게 포장한다.

7) 아이스크림

아이스크림(ice cream)은 냉동유제품으로 우유 또는 유제품에 지방, 무지 고형분, 감미료, 유화제, 안정제, 향료, 색소 등과 다른 식품을 넣고 교반하여 얼린 제품이다. 아이스크림은 농후한 풍미, 혀에 닿는 차가운 감촉, 청량감 등의 관능적 특성을 갖고 있는 기호식품일 뿐만 아니라 유제품을 주원료로 하기 때문에 영

양가가 높은 유가공 제품이다.

(1) 아이스크림의 종류

식품공전에는 아이스크림을 다섯 가지 유형으로 나누어 규격을 정하고 있다.

① 아이스크림: 유지방 6% 이상, 유고형분 16% 이상
② 아이스밀크: 유지방 2% 이상, 유고형분 7% 이상
③ 셔벗: 무지유고형분 2% 이상
④ 저지방 아이스크림: 조지방 2% 이하, 무지유고형분 10% 이상
⑤ 비유지방 아이스크림: 조지방 5% 이상, 무지유고형분 5% 이상

표 8-3 아이스크림의 종류

아이스크림	특징
보통 아이스크림 (plain ice cream)	향미 성분을 첨가(바닐라, 커피, 캐러멜, 꿀 아이스크림 등)
연질 아이스크림 (soft ice cream)	경화시키지 않은 연질 상태
초콜릿 아이스크림 (chocolate ice cream)	초콜릿이나 코코아 함유
과일 아이스크림 (fruit ice cream)	여러 종류의 과일조각과 과일즙, 색소 첨가
견과 아이스크림 (nuts ice cream)	호두, 아몬드 등을 첨가
사탕, 과자 아이스크림 (confection ice cream)	과자나 사탕의 조각을 첨가
냉동 커스터드 (frozen custard)	달걀노른자 첨가
팬시 아이스크림 (fancy ice cream)	색깔이나 무늬 첨가
아이스밀크 (ice milk)	지방분이 낮은 것으로 유지방 2% 이상, 유고형분 7% 이상 함유
셔벗 (sherbet)	아이스밀크보다 유제품을 적게 사용한 제품으로 무지유고형분 2% 이상 함유

아이스크림의 종류는 경화시켜 판매하는 하드(hard) 아이스크림과 냉동상태인 소프트(또는 연질, soft) 아이스크림으로 크게 분류하고, 첨가하는 부재료와 향료에 따라 여러 종류의 아이스크림이 있다(**표 8-3**).

(2) 재료

아이스크림의 재료는 유제품 그룹과 비유제품 그룹으로 나뉜다. 유제품 그룹은 유지방과 무지유고형분이 있으며, 비유제품 그룹은 감미료, 안정제, 유화제, 달걀, 착색제, 향료 및 물이 포함된다. 각 재료가 아이스크림의 특징에 부여하는 효과는 다음과 같다.

① 유지방

유지방은 조직을 유연하게 하고 맛을 부드럽게 하며, 높은 영양가를 제공한다. 일반적으로 10% 전후의 함량이 바람직하며 함량이 높아질수록 청량감을 잃고 조직이 부드럽게 된다. 유지방은 크림을 주로 사용하며 전지연유, 전지분유, 버터기름 등도 사용한다.

② 무지고형분

아이스크림의 조직 특성을 향상시키며 작은 기포를 형성하고 유지하는 데 중요한 역할을 한다. 무지고형분으로는 탈지분유를 사용한다.

③ 감미료

단맛과 점성을 주고 조직을 부드럽게 하여 준다. 감미료는 13~17% 첨가되는데 설탕이 주로 사용되며, 전화당, 포도당, 과당이 사용되기도 한다.

④ 안정제(stabilizer)

물과 결합하여 겔을 형성하고 아이스크림의 빙결정 형성을 억제한다. 또한 부드러운 조직의 유지와 제품이 녹는 것을 지연하며, 각 성분을 균일하게 분산시키는 기능을 갖고 있다. 안정제로는 알긴산나트륨(sodium alginate), 젤라틴(gelatin), 펙틴(pectin), 잔탄검(xanthan gum) 등을 사용한다.

⑤ 유화제(emulsifier)

물과 지방이 유화되도록 하고 아이스크림 믹스의 거품성을 개선해 주며, 조직을 더욱 부드럽게 해주는 기능이 있다. 유화제로는 monoglyceride와 polyethylene 유도체 등이 사용된다.

⑥ 향미료(풍미료, flavoring agent)

천연향미료와 합성향미료(synthetic flavoring)가 첨가되는데 천연향료는 과일류, 초콜릿, 코코아, 커피 등을 사용하고, 합성향신료는 주로 방향족 화합물 등을 사용한다.

⑦ 착색료(coloring agent)

아이스크림의 색을 좋게 하는 첨가물이다. 천연착색료와 합성착색료가 사용되는데 천연착색료는 안토시아닌계 색소, 카로티노이드계 색소 등이 있으며, 합성착색료는 식용색소가 사용된다.

⑧ 난 및 난제품

아이스크림에 0.5% 정도 첨가되는 달걀 제품은 냉동난황이나 난황분이 주로 사용된다. 난황 고형분은 거품의 생성속도를 빠르게 해주며 조직을 단단하게 해준다. 또한 아이스크림이 녹을 때 좋은 모양으로 녹게 해준다.

(3) 아이스크림의 제조방법

아이스크림의 일반적인 제조공정은 **그림 8-22**와 같다.

① 표준화와 혼합

아이스크림 제조에 사용되는 원료는 엄격히 품질검사를 하고 각종 원료를 표준화한다. 원료 중 액체 원료를 먼저 혼합탱크에 넣어 교반하면서 가열하고, 분유, 건조란, 코코아, 설탕 및 안정제 등의 원료를 혼합한다. 버터, 냉동크림 및 기타 냉동제품은 작게 잘라 녹인다. 색소나 향미료 등은 아이스크림 믹스(ice cream mix)를 동결하기 직전에 첨가하는 것이 일반적이다.

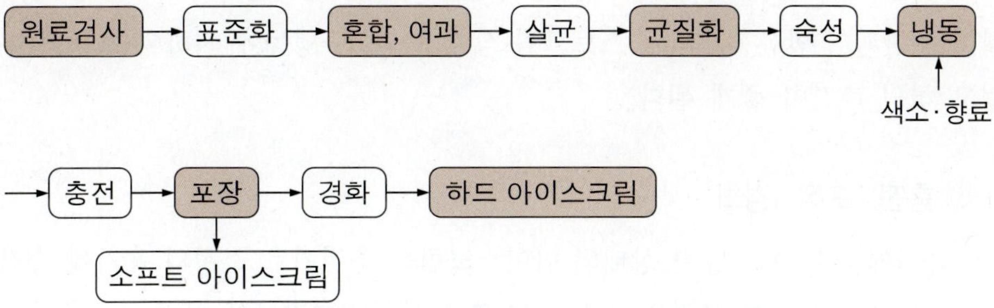

그림 8-22 아이스크림의 제조공정

② 살균

살균은 미생물의 살균과 효소의 불활성화를 위함이다. 소량 제조할 때는 저온장시간살균법(LTLT)으로 배치식(정치식) 살균을 하고, 대량생산 시에는 고온순간살균법이나 초고온 살균법으로 연속식 살균을 한다.

③ 균질화

살균을 마친 아이스크림 믹스는 균질화(homogenization)하여 지방구의 크기를 2μm 이하로 미세화하고 크림층의 형성을 방지하며 균일한 유화상태를 유지하게 한다.

④ 숙성

살균과 균질화를 마친 아이스크림 믹스(ice cream mix)를 냉각하여 0~5℃에 일시적으로 보존하는 공정을 숙성(aging)이라고 한다. 숙성 중 지방의 고체화, 안정제의 젤화, 믹스의 점성 증가 등이 일어나 믹스를 안정화하고, 조직을 부드럽게 하며, 적당한 보형성(保形性)과 거품을 갖게 된다. 일반적으로 숙성은 3~24시간 한다.

⑤ 냉동

냉동(freezing)은 아이스크림 제조공정 중에서 가장 중요한 공정이다. 냉동방법은 아이스크림 믹스(믹스라고도 함)를 냉동기에 넣고 급속히 냉동하면서 강하게 교반한다. 교반에 의해 믹스 중에 미세한 기포와 얼음입자 및 지방 등이 균일하게 분산되어 반유동체의 소프트크림 상태가 되고, 냉동에 의하여 조직이 부드럽고 혀의 촉감이 좋게 된다.

⑥ 충전, 포장, 경화

냉동기에서 나온 반동결 상태의 아이스크림을 충전기로 소정의 용기에 충전하고 포장한다. 이렇게 포장된 제품은 소프트 아이스크림이라 한다.

경화(hardening)는 동결 후 용기에 충전된 반유동체의 아이스크림을 -20~-30℃에서 급속냉동하는 공정으로 소프트 아이스크림이 하드 아이스크림으로 전환된다. 경화를 할 때 수분의 냉동률은 90% 정도가 적당하며, 동결시간은 가능한 짧을수록 좋다.

8) 발효유

발효유(fermented milk)란 일반적으로 우유, 산양유 및 마유 등과 같은 포유동물의 젖을 원료로 젖산균이나 효모 또는 이들을 혼합한 혼합균주를 종균으로 하여 발효한 제품으로, 여기에 향미료와 과즙 등을 첨가해 다양한 제품을 만든다. 불가리아 지방과 코카서스 지방에 장수자가 많은 것은 발효유를 일상적으로 마시면서 장내 이상발효와 위장질환을 방지하기 때문이라는 불로장수설을 메치니코프(E. Metchnikoff)가 1905년에 제창하면서, 발효유에 대한 소비가 세계적으로 급속히 증가하게 되었다. 밝혀진 발효유의 기능성은 다음과 같다.

① 장내 유해균(대장균, 장구균, 클로스트리듐균)의 생육 억제
② 설사 및 변비 예방
③ 콜레스테롤의 저하작용
④ 일부 항암효과

표 8-4 발효유제품 종류 및 특징

종류			특징
젖산 발효유	젖산균음료		· 무지유고형분으로서 3.0% 이하 · 젖산균수 10^6 / mL 이상
	액상발효유		· 무지유고형분으로서 3.0% 이상 · 젖산균 수 10^7/ mL 이상
	농후 발효유	호상 요구르트	· 무지유고형분으로서 8.0% 이상 · 젖산균 수 10^8 / mL 이상 · 과육이나 과일잼을 첨가하여 떠먹을 수 있게 만든 것
		액상 요구르트	· 호상 요구르트와 유사한 성분 · 배양 후 커드를 완전히 분쇄하여 점도를 낮추고 과즙, 향료, 감미료 등을 첨가하여 균질화하고 마실 수 있게 만든 요구르트
	버터발효유		· 버터밀크 또는 탈지유(무지유고형분으로서) 3.0% 이상, 유지방 1.5% 이하, 젖산균 수 10^7 / mL 이상 · 버터 제조 시의 부사물인 버터밀크를 젖산균으로 발효해 응고된 커드를 분쇄하여 액상화한 것 · 각종 요리에 사용
	냉동 요구르트		· 요구르트를 -15~-20℃에서 동결 · 과즙, 향료, 안정제 혼합
젖산-알코올 발효유	쿠미스		· 마유를 젖산균과 효모를 이용하여 발효한 것 · 젖산 0.6~1.0%, 알코올 0.7~2.5%, 탄산가스 함유
	케피어		· 염소, 양, 소의 젖을 젖산균과 효모를 이용하여 발효한 것 · 젖산 0.9~1.1%, 알코올 0.5~1.0%, 탄산가스 함유, 독특한 맛

(1) 발효유의 종류

발효유는 형태, 원료, 고형분의 함량, 미생물의 종류, 생산지역 등에 따라 매우 다양한 제품이 있다. 발효유를 분류하면 순수하게 젖산균에 의해서만 발효가 일어나는 젖산발효유와 젖산균과 효모가 함께 작용해서 젖산과 알코올이 생성되는 젖산-알코올 발효유로 크게 분류되며 물리적 성상에 따라서 액상 요구르트(liquid yoghurt)와 호상 요구르트(viscous yoghurt)로 나누어진다. 젖산발효유는 다시 젖산균음료, 액상발효유, 농후발효유, 발효버터유, 냉동 요구르트가 있다. 젖산-알코올 발효유는 동유럽 지역에서 고전적인 형태로 제조되고 있는 것으로 쿠미스와 케피어가 있다(**표 8-4**).

이러한 분류방법 외에 과일의 첨가 여부에 따라서 일반 요구르트(plain yoghurt), 과일 요구르트(fruit yoghurt), 풍미 요구르트(flavor yoghurt)로 나누며 가공방법에 따라서는 살균 요구르트(pasteurized yoghurt), 냉동 요구르트(frozen yoghurt), 농축 요구르트(concentrated yoghurt)가 있다. 젖산발효유는 유지방 함량에 따라서 고지방 요구르트(유지방 3.0% 이상), 저지방 요구르트(유지방 1.5% 이상), 탈지 요구르트로 나누어진다.

(2) 발효유의 제조방법

발효유의 기본적 제조공정은 **그림 8-23**과 같다. 호상 요구르트와 액상 요구르트의 제조방법 차이는 기본적 제조공정의 마지막 단계인 발효와 냉각 후 다음 처리 방법에 따라 이들 제품이 달라진다.

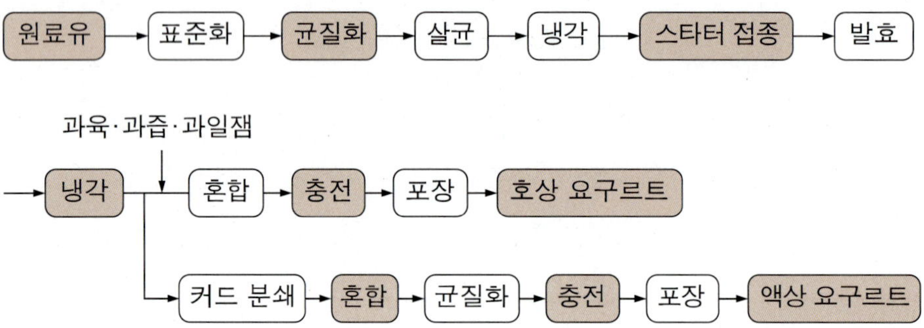

그림 8-23 호상 요구르트와 액상 요구르트의 제조공정제품

① 표준화와 균질화

발효유의 제품함량 기준에 따라 지방함량 0.5~3.5, 무지고형분 함량 8.5~12.5%가 되도록 규격에 맞도록 표준화하고 50~60℃의 온도에서 균질화 한다.

• 원료유: 원료유로는 원유와 탈지유가 사용되며 유고형분을 강화하기 위하여

유제품(탈지분유, 혼합탈지분유, 유청분말 등)을 첨가한다. 액상 요구르트의 경우는 탈지유에 탈지분유나 혼합탈지분유 등을 첨가하고, 호상 요구르트의 경우는 원유에 탈지분유나 혼합탈지분유 등을 첨가한다.

- 감미료와 과즙: 감미료로는 과당, 설탕, 포도당 및 올리고당을 사용하며, 일부 제품에는 인공감미료인 아스파탐을 사용하기도 한다. 요구르트의 맛을 향상시키기 위하여 과즙이나 과일잼을 혼합하는데 과일로는 딸기, 사과, 복숭아, 포도 등이 있다. 액상 요구르트의 경우에는 과즙의 형태로, 호상 요구르트는 잼의 형태로 첨가한다.
- 안정제 및 기능성 첨가물: 호상 요구르트에는 천연안정제로서 펙틴, 젤라틴 및 전분 등이 함유된 복합안정제를 사용하고 있으며, 액상 요구르트에는 안정제를 첨가하지 않는다. 일부 제품에 대해서는 올리고당, 칼슘, 철, 비타민, 타우린, DHA 등 기능성 물질을 첨가하고 있다.

② 살균

표준화 및 균질화한 원료유는 살균을 하는데, 일반적으로 80~90℃에서 20~30분간 실시한다. 가열처리의 효과는 살균뿐만 아니라 호상 요구르트의 경우 유청분리가 잘 일어나지 않으며 유리 아미노산의 증가로 젖산균의 증식이 촉진된다.

③ 스타터의 접종 및 발효

발효유의 제조에 사용되는 스타터의 젖산균은 액상 요구르트의 경우 *Lactobacillus casei, L. acidophilus, L. bulgaricus* 등의 단일균주가 사용되어 왔으나, 최근에는 *Bifidobacterium spp.*가 혼합된 혼합균주의 사용이 늘고 있다. 호상 요구르트나 드링크 요구르트의 경우에는 *Lactobacillus spp.*와 *Bifidobacterium spp.*를 포함한 3~4종의 젖산균이 혼합 배양되어 상품화되고 있다. 혼합 배양은 단독 배양보다 배양 시간이 단축되며, 유익한 대사산물이 생성되는 등 장점이 있어 최근에는 혼합 배양이 점차로 증가하는 추세이다.

살균한 원료유는 배양온도인 40~43℃로 냉각하여 원료유의 약 2%의 벌크 스타터를 접종하고 2~3시간 동안 배양하면 pH가 4.9~5.0이 되면서 커드의 굳기가 알맞게 된다. 이때 즉시 냉각하여 산의 생성을 정지시키고 유청의 분리가 일어나지 않도록 하고 냉장실에 보관한다.

④ 냉각, 포장 및 보관

냉각 저장한 발효유는 저장탱크에 보관하면서 포장한다. 최종산도는 0.9% 정도가 되도록 한다. 액상요구르트는 포장 전에 커드를 분쇄하고 필요할 경우 과즙을 첨가하고 포장한다. 호상 요구르트를 포장할 때에는 발효된 요구르트와 함께 과일잼이나 과즙을 혼합하여 포장하고, 포장 후에는 신속하게 냉장고에 옮겨 냉각 후(5℃) 보관한다.

03 난가공

알(egg)은 새, 물고기, 곤충, 파충류 등의 암컷이 생산하는 것으로 부화하면 새끼가 될 수 있도록 필요한 영양성분을 갖고 있다. 식품에서 식용으로 이용하는 알은 가금류의 알인 계란, 메추리알, 오리알, 칠면조알, 타조알 등이 있지만 우리나라에서는 계란과 메추리알을 주로 섭취하며, 가공을 위한 알은 계란을 사용하고 있다.

3-1 계란의 구조와 성분

1) 구조

계란(달걀, egg)은 타원형인데 크게 난각(알껍질), 난백(흰자), 난황(노른자)으로 나눈다. 좀 더 자세한 계란의 구조는 **그림 8-24**에서 보는 바와 같다.

오래된 알은 칼라자(알끈), 난각막(알껍질막), 난황막(노른자막) 등이 없어지고 난백(흰자), 난황(노른자), 칼라자(알끈)가 서로 섞여 버린다.

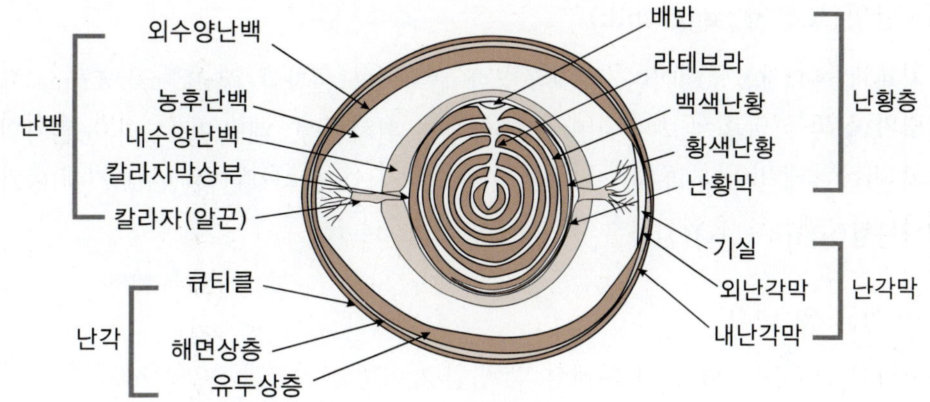

그림 8-24 계란의 내부 구조

(1) 난각(알껍질, egg shell)

전체 무게의 약 10%로 난각막과 밀착되어 있으며, 1cm^2 당 30~100여 개의 미세한 구멍이 있는 다공질상으로 되어 있다.

(2) 난각막(알껍질막, egg shell membrane)

외난각막과 내난각막의 2층으로 구성되어 있다. 외난각막은 난각에 밀착되어 있고 내난각막은 난백을 둘러싸고 있으며 반투막의 성질을 갖는다. 산란 후 외부의 공기에 의하여 냉각되면 내난각막이 수축하여 외난각막과 내난각막이 서로 떨어져서 공간을 만드는데 이것을 기실(氣室, air cell)이라고 한다. 기실은 저장 기간이 길어질수록 넓어진다.

(3) 난백(흰자, egg white)

전체 무게의 약 60%를 차지하고, 외수양난백(outer thin layer egg white), 농후난백(dense layer egg white), 내수양난백(inner thin layer egg white)과 알끈(chalazae)으로 구성되어 있다. 난백은 공기와 접촉하면 굳어지는 성질이 있고 기포성이 크기 때문에 제과, 제빵에서 기포제로 사용된다. 알끈은 난황막에 연결되어 있으며 난황의 위치를 고정시켜 준다.

(4) 난황(노른자, egg yolk)

전체 무게의 약 30%이며, 무색투명한 난황막(노른자막, yolk membrane)에 싸여 구형에 가까운 모양으로 알의 중앙부에 위치한다. 배반으로부터 노른자의 중심부로 라테브라(latebra)가 있으며 이를 중심으로 황색난황(yellow yolk)과 백색난황(white yolk)이 층을 이루고 있다.

2) 성분과 조성

계란은 단일 식품으로는 가장 뛰어난 영양성분을 가진 것으로 알려져 있다. 특히 단백질은 필수아미노산이 골고루 함유되어 있어 거의 이상적인 단백질이며 탄수화물과 비타민 C를 제외하고는 지방질과 비타민, 무기질 등 다른 성분들도 풍부하다. 계란의 성분조성은 품종, 연령, 개체, 영양상태 및 저장기간 등에 따라서 달라지지만 일반적으로 성분조성은 **표 8-5**와 같다.

표 8-5 계란의 성분조성(%)

성분 \ 부분	전란	난백	난황	난각
전란에 대한 비율	100	58	31	11
수분	74.9	87.8	51.4	-
단백질	12.5	9.8	15.3	-
지방	10.7	0.1	29.8	-
탄수화물	0.9	1.8	1.8	-
회분	1.0	0.7	1.7	96.0
탄산칼슘				94.0
탄산마그네슘				1.0
인산칼슘				1.0
유기질				4.0

계란 내용물은 전체적으로 약 75%가 수분이며 난백이 난황보다 수분 함량이 더 높다. 저장하는 동안 수분이 증발하고 기실이 커져서 비중이 차차 낮아진다. 신선한 계란의 비중은 약 1.094 정도인데 100일 정도 지나면 1.003 정도로 낮아

진다.

계란 단백질의 대부분은 수용성 형태로 난백단백질과 같이 홀로 존재하거나 난황단백질과 같이 지방 또는 인 등과 결합한 상태로 존재한다. 지방은 중성지방, 인지질, 스테롤, 단백지질, 당지질 등이며 99%가 노른자에 들어 있다. 탄수화물은 극히 소량 함유되어 있다는 점이 다른 식품과 다르고 무기성분의 대부분은 알껍질에 함유되어 있다.

비타민은 A, B_1, B_2, D, E가 많이 함유되어 있는데 주로 노른자에 많이 들어있고 흰자에는 B_2만이 비교적 많이 함유되어 있으며, 비타민 C는 거의 없다.

(1) 난각

난각은 탄산칼슘, 탄산마그네슘 및 인산칼슘과 같은 칼슘염으로 된 무기질과 약간의 유기질 그리고 수분으로 구성되어 있다.

(2) 난백

난백(흰자)의 고형분 중 80% 이상이 단백질이다. 난백의 주요 단백질로는 ov-albumin, conalbumin, ovomucoid, lysozyme, ovoglobulin, ovomucin 등이 있다. Ovalbumin은 난백의 주단백질(대략 54%)로 열에 쉽게 응고되는 인단백질의 일종이다. Conalbumin은 철(Fe^{2+} 또는 Fe^{3+})과 결합한 단백질로 난백 고형분의 약 13% 정도를 차지하며 ovomucoid는 난백 고형분의 약 11%를 차지하는 당단백질로 열에 대한 응고성이 없다. Lysozyme은 난백 고형분의 약 3.5%를 차지하는 globulin으로 특정한 세균의 세포벽을 분해하여 용균작용을 나타낸다. Ovoglobulin은 우수한 기포성을 갖고 있는 단백질이고 ovomucin은 점성단백질이다. 난백 중의 지질 함량은 0.05% 정도로 극소량이고 무기성분은 황과 인 등이 들어 있다.

(3) 난황

난황(노른자)에는 고형분이 약 50%로 비교적 많은 편이다. 이 중 난황단백질은 고형분의 약 30%이며 지방과 결합한 지방단백질(lipoprotein)이 주요 단백질이다. 난황 고형분의 60% 정도 차지하는 지방은 대부분 단백질과 결합되어 있으며, 중성지방, 인지질, 스테롤 등이 주종을 이룬다. 노른자 중에는 지용성 비타민과 함께 수용성 비타민도 많이 들어 있으나 비타민 C는 들어 있지 않다.

3) 이화학적 성질

계란의 주요 이화학적 성질은 난백의 기포성, 난황의 유화력 그리고 단백질의 응고 특성으로 이들 성질은 난가공제품의 중요한 특성이 된다.

(1) 비중 및 동결점

신선한 계란의 비중은 1.094이지만 저장 100일 정도 후에는 1.003 정도로 감소한다. 동결점은 난황이 -0.56~-0.60℃, 난백은 -0.42~-0.46℃인데 이들을 교반하면서 냉각하면 동결점이 -3.2℃ 이하로 낮아진다.

(2) 난백의 기포성

흰자를 교반하면 거품이 생긴다. 계란을 교반하여 거품을 내면 용적이 약 10배 이상 부풀고, 30℃에서 기포력과 안정성이 가장 높다.

(3) 노른자의 유화력

노른자에 존재하는 지질단백질과 레시틴(lecithin), 세팔린(cephalin) 등의 인지질은 좋은 유화제여서 버터, 마요네즈의 제조에 이용된다. 지질단백질은 난황단백질의 약 21%를 차지하고 레시틴은 난황지방질의 약 75%를 차지한다.

(4) 열에 의한 응고

흰자는 58℃에서 응고하기 시작하여 62~65℃에서 유동성을 상실하며 70℃에서 응고하고 80℃ 이상에서는 완전히 응고된다. 계란을 62~68℃에 두면 반숙으로 반유동체가 된다.

3-2 가공제품과 제조방법

1) 위생란과 1차 가공품

계란은 대부분 위생 처리한 위생란(식란)으로 소비되지만 1차 가공품으로 액상란, 동결란, 건조란 등으로 가공하며 다시 2차 가공품인 계란음료, 마요네즈 등으로 가공한다.

(1) 위생란

양계장으로부터 수집되어 온 신선란은 먼저 오염란과 기형란을 골라내고 온수와 소독수를 사용하는 자동세척기로 세척한 다음 고속 송풍기로 급속 건조한다. 건조한 계란은 투광 검란을 통하여 이상란, 혈란, 변질란 등을 가려내어 제거한 다음 무게에 따라 선별한다(선란). 최종 선별한 계란은 위생란(식란)으로 포장하여 판매할 때까지 냉장한다.

(2) 액란(liquid egg)

달걀껍질을 제거한 계란액으로 전란액, 난백액, 난황액이 있다. 전란액은 제과, 제빵의 원료 및 단체급식의 조리용으로 사용된다. 난백액은 제과용, 수산연제품 및 소시지용 또는 음료용으로 사용된다. 난황액은 대부분이 마요네즈 제조에 사용되며 일부는 제과, 제면 또는 이유식용으로 사용된다.

액란의 제조는 계란을 세척하고 소독한 다음 깨뜨려 껍질을 제거(할란)하여, 난액을 모아 여과한 후 난액 중에 있는 껍질조각, 알끈(칼라자), 난황막을 제거하며 균질화한다. 액란은 전란액, 난황액, 난백액으로 분류하고 살균 또는 냉동처리와 가당 또는 가염 여부에 따라 다시 나눈다.

살균은 난성분이 응고되지 않은 조건에서 대장균, 부패균, 병원균 등을 사멸시키는 저온 살균을 한다. 한국산업규격에 의하면 액란은 '일반세균은 1000 이하/g, 대장균은 10 이하/g, 살모넬라(*Salmonella*)균은 음성이어야 한다'라고 규정하고 있다. 살균한 난액은 5℃ 이하로 신속히 냉각하여 저장하거나 냉동한다. 냉동하지 않은 액란은 변질이 빠르게 진행되므로 냉장 후 20시간 이내에 사용하여야 한다.

가공 처리에 의한 액란의 종류는 다음과 같다.

① 전란액, 난황액, 난백액: 난액 전부나 난황, 난백을 분리한 것을 균질화하고 살균하거나 살균하지 않고 5℃ 이하로 냉각한 것
② 냉동 전란액, 냉동 난황액, 냉동 난백액: 살균한 액란을 -20℃ 이하에서 동결한 것
③ 가염 전란액, 가염 난황액, 가염 난백액: 살균한 액란을 가염처리 하여 냉각이나 동결한 것
④ 가당 전란액, 가당 난황액, 가당 난백액: 살균한 액란을 가당하여 냉각이나 냉동한 것

(3) 냉동액란(frozen liquid egg)

냉동액란은 저온 살균한 액란을 급속냉동한 것이다. 전란액, 난백액, 난황액의 동결점은 -0.5℃ 정도이며, 가당난황(당 첨가량, 액란의 10~100%)과 가염난황(식염량, 약 13%)은 -17℃ 정도이다. 특히 난황과 전란의 액상란은 부패하기 쉬우므로 용기에 충전한 후 -35~-45℃에서 급속냉동한다. 난황은 그대로 냉동하면 점도가 많이 증가되어 젤(gel)화가 일어나므로 글리세린, 식염, 설탕 등을 5~10% 정도 첨가하여 동결한다. 동결란은 보통 -18℃에서 저장하여 사용하기 전에 해동해서 사용하여야 한다.

(4) 농축액란(concentrated liquid egg)

살균한 액란을 한외여과 등의 방법으로 농축한 것으로 수분활성도가 낮아 저장성이 높다. 제품으로는 가당 또는 가염 농축전란액과 가당 또는 가염 농축난백액 등이 있다. 이들 제품은 장기간 냉동저장을 위한 제품으로 설탕이나 식염을 첨가하여 동결점을 낮추고, 냉동저장 시 일어나는 점도의 상승 및 기포력의 저하 등 액란의 변성을 방지한 난제품이다.

(5) 건조란

건조란은 난액을 건조한 것으로 저장성이 높으나 색, 맛, 용해성, 응고성, 기포성 등이 저하되고, 갈변현상이 있으며, 지방의 산패로 불쾌취가 있는 것이 단점이다.

건조란의 종류는 건조전란(전란분), 건조난백(난백분), 건조난황(난황분)이 있다. 그 외에 당을 제거한 건조탈당전란, 당과 소금, 시럽 등을 첨가하여 건조한 건조조제전란(조제전란분) 등이 있다. 당의 제거는 저장 중 갈변 방지의 효과가 있어 효모발효법과 glucose oxidase와 같은 효소로 당을 분해시켜 제거한다. 건조 방법으로는 주로 분무건조(spray drying)하지만 드럼건조(drum drying)한 경우도 있다. 최종 제품의 수분 함량은 5% 이하이고 물을 가해 용해했을 때 맛과 냄새, 용해도, 영양가치가 신선란과 거의 같아야 한다.

전란분의 기포력(거품 형성 등)은 신선한 난액을 건조하는 것보다 냉동한 냉동액란을 분무 건조한 것이 좋다. 건조된 제품은 진공포장하거나 캔에 넣어 질소 충전하여 밀봉한다. 이렇게 제조된 전란분과 난백분은 상온에서 1년 이상, 난황분은 6개월 이상 안전하게 냉장보관이 가능하며 주로 아이스크림, 쿠키, 케이크 등에 사용된다.

2) 2차 가공품

(1) 계란음료

계란액에 오렌지 등의 과즙, 우유, 향료, 설탕, 유기산, 양주 등을 가하여 농축음료를 만들어 마실 때 희석하는 것으로 조화된 신맛, 단맛을 가지며 향기가 좋고 영양가가 풍부한 음료이다. 계란음료의 일반적인 제조방법은 **그림 8-25**와 같다.

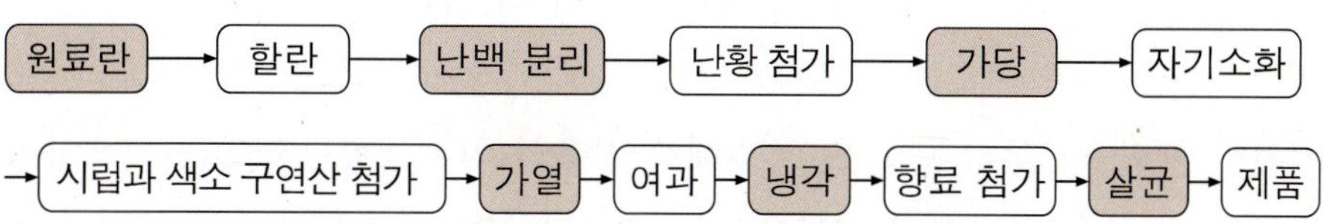

그림 8-25 계란음료의 일반적인 제조공정

신선란을 할란하여 난백과 난황을 분리한 다음 계란 100개의 난백에 계란 20개의 난황 비율로 혼합한다. 난황을 혼합하는 이유는 난황 중에 단백질 분해효소인 protease가 포함되어 있기 때문에 이 효소에 의한 자기소화(autolysis)를 유도하기 위함이다. 혼합한 난액에 같은 양의 설탕(100%)을 가하고 50℃에서 12시간 정도 서서히 교반하면 난단백질의 일부가 분해되어 가열해도 응고가 되지 않는다. 자기소화 후 30% 설탕시럽을 첨가하여 다시 혼합하고 20% 구연산액을 소량씩 첨가하면서 신맛이 적당할 때까지 혼합한다. 난액은 85℃로 가열하고 등황색 색소의 수용액을 첨가하여 색 조절을 한 다음 여과한다. 여과된 액은 20℃ 이하로 냉각하며 레몬, 오렌지, 바나나 등 과즙과 양주 등을 적당량 첨가하여 병에 포장을 하고 80℃의 열탕에서 30분간 살균한 다음 냉각한다.

(2) 마요네즈(mayonnaise)

마요네즈는 난황의 유화성을 이용하여 식물성 식용유에 식초, 소금, 설탕 등을 혼합하여 만든 에멀션(emulsion)제품이다. 주원료인 식물유는 정제된 면실유, 대두유, 옥수수유 등으로 그 함량은 65~75% 이상이고 난황의 함량은 10~15% 정도이다. 마요네즈는 식용유의 입자가 미세할수록 점도가 높고 안정성이 크다. 마요네즈의 일반적인 제조공정은 **그림 8-26**과 같다.

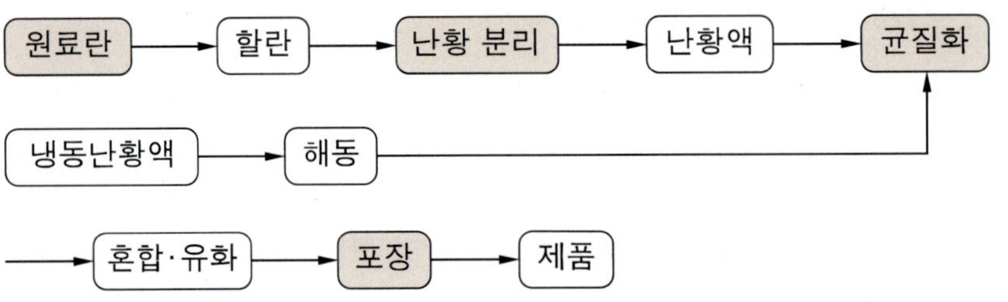

그림 8-26 마요네즈의 제조공정

신선한 계란으로부터 난황을 분리해서 사용하거나 냉동난황액을 사용하여 균질화한다. 식물유는 정제된 식물유를 사용하고 식초는 포도 또는 레몬으로 만든 것을 사용한다. 조미료는 소금, 설탕, MSG 등을 사용하며 향신료는 백후추, 겨자, 파프리카, 생강 등 정제된 미세분말 제품을 사용한다. 이들을 첨가하여 혼합하고 유화한 다음 포장한다.

CHAPTER 9

수산식품의 가공

01 개요

삼면이 바다인 우리나라는 수산물의 생산량이 많고 종류가 다양하며 수산물을 이용한 가공 및 저장기술과 조리방법이 오래전부터 발달되어 왔다. 그리하여 수산물은 식량자원에서 차지하는 비중이 크며, 국민의 건강 유지에도 큰 역할을 하고 있다. 수산물 중 어류와 패류는 단백질과 지방질의 중요한 공급원이며, 해조류는 무기질과 식이섬유의 중요한 공급원이다.

그러나 수산식품은 어획 또는 채집 후 변질과 부패가 다른 식품보다 빨리 일어나 저장에 큰 어려움을 주고 있다. 전반적으로 수산물의 변질속도는 축산물의 변질속도보다 빠른데 그 이유는 다음과 같다.

① 어패류는 육조직이 약하고 사후 변화에 관여하는 효소의 활성이 강하여 육질의 변화가 빨리 일어난다.
② 어패류는 내장과 아가미 등이 있는 상태로 유통되는 경우가 많아 자기소화에 의한 변패가 쉽게 일어난다.
③ 어패류는 어획 시 상처를 입기 쉽고 그 상처 부위에 미생물의 오염과 번식이 쉽게 일어난다.

수산물은 변패 문제뿐만 아니라 계획 생산에도 큰 어려움이 있다. 그 이유는 농산물도 수산물과 같이 자연조건에 의해 영향을 크게 받으나 관리와 기술에 의해 어느 정도 계획 생산이 가능한 반면 수산물은 해조류와 일부 담수어 외에는 양식이 어렵고 대부분 자연발생적인 바다의 상황, 기상, 어획시기, 어장 등에 따라 어획량에 큰 차이가 있기 때문이다.

1-1 수산물의 분류와 이용

1) 수산물의 분류

식품으로 이용되는 수산물은 인체에 해가 없으며 영양적으로나 상품으로서 부가가치가 있는 수산동식물을 말한다. 대상이 되는 주요 수산자원은 어류, 연체류, 갑각류, 극피류, 해조류 등으로 천연수산물 및 양식수산물을 모두 포함한다. 수산물의 분류는 **그림 9-1**과 같다.

- 수산물
  - 수산동물
    - 어류
      - 담수어 - 잉어, 메기, 미꾸라지, 뱀장어 등
      - 해수어 - 명태, 갈치, 고등어, 참치, 조기 등
    - 연체류
      - 두족류 - 오징어, 낙지, 꼴뚜기 등
      - 복족류 - 소라, 전복, 우렁이 등
      - 이매패류- 대합, 모시조개, 굴 등
    - 갑각류 - 게, 가재, 새우 등
    - 극피류 - 해삼, 성게
    - 기타 - 고래 등 포유류
  - 수산식물
    - 해조류
      - 홍조류 - 김, 우뭇가사리 등
      - 녹조류 - 파래 등
      - 갈조류 - 다시마, 미역, 톳

그림 9-1 수산물의 분류

연체류에서 조개류(패류, shell fish)라 하여 별도로 분류하는 경우도 있는데, 두족류를 제외한 대부분의 연체동물을 말하는 것으로 딱딱한 패각(조가비) 안에 연한 속살을 갖고 있다.

2) 수산물의 이용

수산물은 어획시기와 어장이 한정되어 있고 부패되기 쉬우며, 어획량의 변동이 심하므로 수산물의 원활한 수급을 위하여 적절한 저장방법으로 저장하여야 하고 가공해야 한다. 수산물의 저장과 가공방법에 따른 제품의 종류는 **그림 9-2**와 같다.

- 수산물
  - 저장
    - 저온저장: 냉장, 냉동 - 냉동품
    - 가열: 저온살균, 고온살균 - 통조림제품
    - 건조: 천일건조, 인공건조 - 건조품
    - 염장 - 염장품
    - 훈연 - 훈연품
  - 가공
    - 건조품 - 소건품, 자건품, 염건품, 동건품, 조미건품, 배건품
    - 훈연품 - 오징어훈제품, 연어훈제품
    - 염장품 - 염장품, 젓갈
    - 연제품 - 냉동연육, 어묵, 어육소시지
    - 조미가공품 - 조미자숙품, 조미구이품, 발효조미품
    - 해조가공품 - 미역제품, 김제품, 다시마제품
    - 냉동품 - 냉동어류, 냉동패류, 냉동갑각류, 조리냉동품
    - 통조림 제품
    - 추출제품 - 다랑어액젓, 굴액젓
    - 유지제품 - 어유, 간유
    - 식품소재 제품 - 요오드, 염화칼슘, 마니톨, 한천, 카라기난, 알긴산, 어류단백농축물

그림 9-2 수산물의 저장과 가공방법에 따른 제품의 종류

1-2 성분과 사후변화

1) 어패류의 성분

어류와 패류의 생체 중량에 대한 육부(肉部) 무게의 비율과 일반성분의 조성은 어패류의 종류에 따라 큰 차이가 있을 뿐만 아니라 계절, 어장, 암수, 나이, 영양 상태 등에 따라 많은 차이가 있다.

어패육의 일반성분 조성은 일반적으로 수분 70~85%, 단백질 15~25%, 지질 1~10%, 탄수화물 0.5~1.5%, 회분 1~2%이다(**표 9-2**). 수분은 어류에서 일반적으로 적색육 어류(방어, 고등어, 꽁치 등)보다 백색육 어류(대구, 가자미 등)에 더 많고, 패류나 새우, 오징어와 같은 무척추 동물과 해삼, 해파리(90% 이상)에 수분 함량이 높다. 지질은 어종뿐만 아니라 계절에 따라서도 많은 차이가 있는

반면 단백질은 계절에 영향을 크게 받지 않는다. 탄수화물 함량은 1% 이하로 대단히 적으나 패류는 glycogen을 많이 함유한 것이 있어 5% 정도 되는 것도 있다. 어류의 일반성분은 어체 부위에 따라 차이가 있어 단백질은 등 부위에, 지질은 머리와 배 부위에 많다.

표 9-1 어패류의 육량(%)

어종	육량	어종	육량	어종	육량
가다랑어	70	가자미	46	숭어	27
갯장어	68	임연수어	45	오징어	70
연어	60	조기	42	전복	50
고등어	50	농어	42	보리새우	44
곰치	50	명태	40	백합	25~40
갈치	50	대구	31	굴	24
청어	48	돔	30	바지락	13~20

표 9-2 어패류의 일반성분 조성(%)

어종	수분	단백질	지질	탄수화물	회분
가다랑어	70	25.4	3.0	0.3	1.3
참다랑어(붉은살)	73.2	24.3	1.0	0.3	1.2
고등어	76.0	18.0	4.0	0.3	1.7
꽁치	70.0	20.0	8.4	0.3	1.3
정어리	75.0	17.5	6.0	0.3	1.2
연어	72.2	20.0	6.0	0.3	1.5
돔	77.8	18.0	2.5	0.3	1.4
대구	81.0	16.6	0.6	0.1	1.7
뱀장어	60.7	20.0	18.0	0.3	1.0
백합	84.8	10.0	1.2	2.5	1.5
굴	79.6	10.0	3.6	5.1	1.7
전복	73.4	23.4	0.4	0.8	2.0
오징어	80.3	17.0	1.0	0.5	1.2
문어	82.9	14.6	0.6	0.3	1.6
보리새우	80.0	16.0	1.1	1.5	1.4
왕게	76.0	20.0	0.5	1.5	2.0
해삼	91.0	2.5	0.1	1.5	4.3

(박영호 등, 1995)

(1) 단백질

어패류의 근육단백질은 용매에 대한 용해성 차이로 근형질(근장) 단백질, 근원섬유 단백질, 근기질(결합조직) 단백질 등 3종류로 나누어진다(**표 9-3**). 이들 세 단백질은 용해성에 따라 수용성 단백질, 염용성 단백질, 불용성 단백질이라고 하기도 한다. 이들 단백질이 조성 비율은 어패류의 종류에 따라 큰 차이가 있다. 어육단백질의 조성 비율을 포유동물과 비교하면(포유동물의 근형 단백질 30~35%, 근원섬유 단백질 약 50%, 근기질 단백질 15~20%) 근기질 단백질이 적고 근원섬유 단백질이 많다. 식품가공에서 이용하는 단백질은 근형질 단백질(근장 단백질, sarcoplasmic protein)과 근원섬유 단백질(myofibrillar protein)이다.

표 9-3 근육단백질의 분류

분류	용해도	소재	단백질의 예
근형질 단백질 (sarcoplasmic protein) 20~50%	수용성	근세포 간 또는 근원섬유 간	해당계 효소 myoglobin creatine kinase
근원섬유 단백질 (myofibrillar protein) 50~70%	염용성	근원섬유	myosin actin tropomyosin
근기질 단백질 (stroma protein)	불용성	근격막, 혈관, 근세포막 등의 결합조직	collagen elastin elastoidin

근원섬유 단백질 중 근육의 수축과 이완에 관여하는 마이오신(myosin)과 액틴(actin)은 각각 굵은 섬유(thick filament)와 가는 섬유(thin filament)를 구성하는 주요 단백질이다. 근섬유 단백질에 차지하는 비율은 myosin이 55~60%, actin은 약 20%이다.

근기단백질 또는 결합조직 단백질 중 젤 특성을 갖는 단백질은 콜라겐(collagen)이 있다. 이 단백질은 동물의 결합조직, 뼈, 연골, 혈관 등의 결합조직을 구성하는 섬유상 구조 단백질로 대단히 강한 인장 강도를 가지며, 물과 함께 끓이면 젤라틴(gelatin)이 되어 소화되기 쉽게 된다. 젤라틴은 온수에 녹였다가 냉각하면 젤(gel)화 되는 성질이 있어 젤리나 과자의 응고제로 사용된다.

(2) 지질

어류의 지방질 함량은 어체가 커질수록, 즉 성장할수록 그리고 자연어보다는 양식어가 일반적으로 더 높다. 어류의 지방질은 다른 동물의 지방질과 비교할 때 불포화지방산의 비율이 높은 것이 특징이다. 동물의 종류에 따라 차이가 많지만 일반적으로 어류의 포화지방산과 불포화지방산의 비율은 20 : 80으로 불포화지방산의 비율이 육상동물의 불포화지방산의 비율(약 40 : 60)보다 훨씬 높기 때문에 저장 중 쉽게 산화되어 변질되기 쉽다. 그 결과 이취(나쁜 냄새)가 발생하고 기름의 갈변화가 일어난다.

또한 어류 지방질의 지방산 조성은 고도 불포화지방산(highly unsaturated fatty acid)이 높은 것이 특징이어서 EPA(eicosapentaenoic acid, $C_{20:5}$)와 DHA (docosahexaenoic acid, $C_{22:6}$)의 조성비가 높은 반면 linoleic acid($C_{18:2}$), linolenic($C_{18:3}$), arachidonic acid($C_{20:4}$) 등은 비교적 낮다(1~5%). 그러나 이러한 지방산의 조성은 어류의 종류, 산란기와 비산란기, 담수어와 해수어에 따라 큰 차이가 있다. EPA와 DHA는 해수어에 EPA가 9.8%, DHA가 8.5% 함유되어 있어, 담수어의 EPA 5.8%, DHA 3.9%보다 더 높다.

탄소 수가 20개이고 이중결합이 5개인 EPA와 탄소수가 22개이고 이중결합이 6개인 DHA는 오메가-3 지방산으로 불리고 있으며 혈액 중 중성지방과 콜레스테롤 함량을 감소시켜 동맥경화성 질환이나 혈전성(血栓性)질환 등 심혈관계(心血管系) 질환의 예방 및 치료에 효과가 있음이 밝혀져 있다.

(3) 무기질과 비타민

어패류의 무기질과 비타민 함량은 축산식품과 비슷하지만 어패류는 종류가 훨씬 더 많고 구성조직이 달라 종류와 부위별로 많은 차이가 있다. 예를 들면 vit E의 경우 뱀장어와 보리새우는 100g당 함량이 각각 3.2mg, 2.0mg인 데 비하여 고등어와 정어리는 각각 0.9mg, 0.6mg이다.

Vit D는 그 차이가 더 커서 고등어의 간유에는 1,400~5,400IU/g, 대구의 간유에는 85~500IU/g이어서 그 차이가 10배 이상이다.

어류의 무기질은 어류의 뼈, 비늘, 이빨에, 패류는 패각에, 새우나 게는 패각에 많이 함유되어 있고, 가식부인 어육에는 그 함량이 건물량기준으로 2~5%로 비교적 낮다. 다만 전체를 먹는 경우 마른 멸치는 14% 내외의 무기질을 갖고 있다. 이러한 어패류의 무기질 함량은 건물량기준으로 10~35% 정도 범위를 갖고 있는 해조류와는 좋은 비교가 된다.

2) 해조류의 성분

우리나라는 난류와 한류가 교류하는 곳이어서 해조의 종류가 다양하고 자원도 풍부하다. 그리하여 세계적으로 해조 이용국으로 알려져 있고 이용하는 방법도 다양하게 발달되어 있다. 해조류에는 영양성분 외에도 여러 종류의 생리활성 물질이 함유되어 있어 기능성식품으로도 주목받고 있다. 식용 해조류는 약 60~70종으로 바다채소(sea vegetable)라는 별명을 갖고 있다.

표 9-4 해조류의 일반성분(g/100g, 건조조체)

해조류	단백질	지질	당질	섬유	무기질
녹조류					
파래류	19.5	0.3	58.1	6.8	15.2
참홑파래	20.0	1.2	57.2	6.7	14.9
갈조류					
톳	12.3	1.5	54.4	10.6	21.2
다시마	9.1	1.3	63.6	3.6	21.7
미역	19.8	2.1	39.6	4.2	34.4
홍조류					
참김류	43.6	2.1	44.4	2.0	7.8
꼬시래기	13.0	1.0	60.0	2.0	24.0
우뭇가사리류	16.9	0.6	59.9	10.0	12.5

(박영호 등, 1995)

해조류의 일반성분은 수분 함량은 65~90%로 그 범위가 넓으며 평균 80% 내외이다. 해조류의 주요성분은 건물량 기준으로 당질이 40~60%로 가장 많고 단백질이 10~20%, 무기질이 15~35%이며, 지방질(1~2%)은 대단히 적다.

그러나 이들 성분조성은 해조류의 종류와 계절에 따라 큰 차이가 있다. 일반적으로 홍조류는 단백질 함량이 높고 지방질 함량이 낮은 반면 갈조류와 녹조류는 그 반대의 경향이다.

(1) 무기질과 비타민

해조류에 무기질 함량이 많은 것(건물량기준으로 15~35%)은 다른 식품 재료와 비교할 때 특이한 영양적 특성이다. 무기질 함량이 많은 이유는 해조류가 자라면서 해수에 있는 무기물을 흡수하여 축적하기 때문이다. 주요 무기물인 Ca, Na, Mg, K, Fe, Zn, I 등을 비롯하여 미량원소인 Mn, Cu, Mo, Se, Cr 등 영양상 중요한 무기물을 거의 전부 함유하고 있다. **표 9-5**와 같이 톳이나 미역은 Ca 함량이 많고 톳, 파래, 김은 Fe이 많으며, 갑상선 호르몬 티록신의 구성 성분인 I는 다시마, 미역, 톳에 많이 함유되어 있다. 해조류는 채소류와 같이 각종 비타민이 함유되어 있지만 채소류에 거의 없는 B_{12}가 함유되어 있는 것이 채소류와 다르다.

표 9-5 해조류의 무기질 함량(mg/100g, 건물당)

해조류	Ca	P	Na	K	Mg	Fe	Cu	Zn	Mn	Co	Ni	Se	I
파래	907	779	130	2,268		13.0		2.0	2.4	0.018			
다시마	789	222	3,111	6,778	8	4.3	0.2	1.3	0.4			0.4	193
톳	1,620	116	1,620	5,093	654	63.7	2.1	2.6	1.9	0.11	2.8	1.1	40
미역	1,103	460	7,011	6,322	1,172	8.0	0.5	3.1	0.8	0.2			35
참김	440	650	570	2,400	480	11.0	1.5	10.0	2.0			0.08	6

(박영호 등, 1995)

(2) 다당류

당질 함량은 건조 중량의 40~60% 범위로 해조류의 주성분이 된다. 이 중 일부 다당류는 육상식물에 없는 특이한 구조를 가진 점질 다당류(mucilaginous polysaccharide)가 있다. 그 중 중요한 다당류로는 갈조류에 있는 알긴산(alginic acid)과 fucoidan, 홍조류에 있는 한천과 카라기난(carrageenan)이 있다. 녹조류는 일반적으로 glucose로 결합한 저장 다당류들이 존재한다. 이들 중 가공식품에 많이 이용되는 다당류는 알긴산과 한천, 카라기난이다. 알긴산은 mannuronic acid와 glucuronic acid가 1,4-glycoside 결합으로 연결된 복합다당류로(**그림 9-3**) 소화 효소로는 분해되지 않아 영양적 가치는 없지만 물에 녹였을 때 높은 점도의 용액이 되어 증점제나 안정제로 아이스크림, 국수, 과자, 냉동식품에 사용된다.

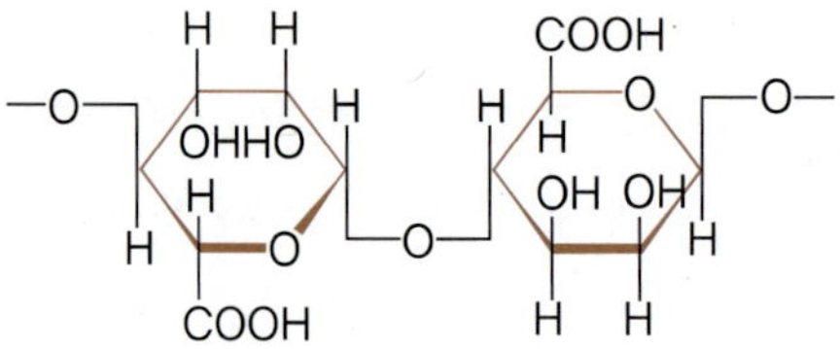

그림 9-3 Alginic acid

한천(agar 또는 agar-agar)은 우뭇가사리와 같은 홍조류를 끓인 다음 식혔을 때 굳어지는 끈끈한 물질로 우무 또는 우무묵이라고도 한다. 한천은 galactose와 anhydrogalactose가 glycoside 결합을 하고 있으며 강한 젤 형성능력을 가진다. 우뭇가사리에는 25~30%(건량 기준)가 함유되어 있다.

카라기난은 홍조류를 뜨거운 물 또는 뜨거운 알칼리성 수용액으로 추출하여 얻은 다당류로 주성분은 한천과 같지만 황산기 함량이 많은 것이 한천과 다르다. 카라기난은 한천과 달리 응고력이 약한 반면 점성이 강하여, 증점제, 증점안정제, 유화제, 젤 형성제로 식품공업에서 사용된다.

(3) 생리활성물질

해조류에는 여러 종류의 생리활성물질을 함유하고 있는데 그 중 중요한 것은 위궤양에 효과가 있는(항궤양성) 성분인 porphyosin은 참김에, vercoyosin은 꼬시래기에 함유되어 있다. 다시마류에는 아미노산의 일종인 laminine이 존재하는데 이 물질은 고혈압의 예방 및 치료에 효과가 있는 것으로 알려져 있다.

3) 어패류의 사후변화

어획 후 일어나는 어패류의 생물학적 변화와 물리적 변화를 어패류의 사후변화(postmortem changes)라 하며 그 과정은 축산물의 경우보다 더 복잡하다. 그 과정을 나누어 보면 다음과 같다.

① 사후 초기의 해당작용과 pH의 감소
② 근육의 사후경직
③ 해경(解硬)과 함께 자기소화와 근육의 연화현상
④ 미생물 번식에 의한 변질 및 부패

(1) 사후 초기의 생화학적 변화

어획 후 어육 중에 있는 glycogen은 해당 작용에 의해 젖산(lactic acid)으로 분해된다. 어패류가 살아 있을 때에는 산소 공급이 충분한 상태의 호기적 대사 작용에 의해 젖산은 pyruvic acid로, 더 나아가 탄산가스와 물로 분해된다. 그러나 사후에는 산소 공급이 없어 호기적 신진대사가 중단되고 조직에는 젖산이 축적되게 된다. 이 과정에서 어육은 pH가 감소하고 경직된다.

일반적으로 어육의 pH는 생존 시 pH 7.2~7.4로 높지만 사후 pH가 감소하여 적색어육류는 5.6~6.0 범위로, 백색어육류는 6.0~6.4로 최저 pH에 도달하게 된다. 참고로 축육의 최저 pH는 5.4~5.5이다. 이러한 차이는 사후 생성된 젖산 함량에 따라 다르다.

(2) 사후경직

동물이 죽으면 근육이 수축하여 경화되고 신전성(extensibility)과 탄력성(elasticity)을 잃게 되면서 근육의 투명도는 감소하여 흐려지게 된다. 이러한 현상을 사후경직(rigor mortis 또는 postmortem rigidity)이라 하며 사후경직에 도달하는 시간은 동물의 종류, 영양상태, 저장온도 등에 많은 영향을 받는다. 일반적으로 축산동물에서 소는 24시간, 돼지는 12시간, 닭은 2시간 정도이며, 어류에서는 정어리가 8시간, 참돔은 16시간, 잉어는 32시간이다.

어육의 사후경직은 축육의 사후경직과 유사한 과정을 거쳐 근원섬유의 길이가 짧아지면서 근육이 수축되게 된다. 사후경직이 일어나면 어육의 보수성이 감소하게 되는데 이는 근원섬유 단백질의 변성에 의한 것으로 어육의 젖산 함량 증가에 따른 pH의 감소와 관계가 있다. 일반적으로 고등어, 다랑어와 같이 활동성 어류는 가자미나 넙치 등 비활동성 어류에 비해 경직이 빨리 일어나고 어체가 작은 것이 큰 것보다 빨리 일어난다. 사후의 저장온도는 경직 속도에 영향을 주는데 저온 저장 시 0℃보다 10℃에서 저장하는 것이 경직을 지연시키는 데 효과가 있는 것으로 알려져 있다.

(3) 사후경직 해제와 자기소화

사후경직이 완전경직에 도달한 다음 시간이 지나면서 경직현상이 풀리고 부드러운 상태로 돌아가게 되는데 현상을 사후경직의 해제(또는 해경, resolution of rigor mortis)라고 한다. 이러한 현상의 이유는 아직 충분히 밝혀지지 않았으나 단백질 분해효소 등 여러 효소가 관여한 자기소화가 원인일 것이라고 믿고 있다.

(4) 미생물과 효소에 의한 변질 및 부패

어패류는 사후 미생물에 대한 저항능력이 상실되면서 미생물이 빠르게 증식하게 된다. 어육의 부패는 주로 조직과 내장에 존재하는 효소에 의한 자기소화(autolysis)와 미생물(특히 세균)에 의하여 단백질과 지질, 그 밖의 성분이 분해되어 불쾌한 냄새와 맛을 발생시킨다. 특히 어육에 존재하는 TMAO(trimethylamine oxide)는 TMA(trimethylamine)로 환원되어 심한 생선 썩은 냄새가 난다.

02 가공제품과 제조방법

수산물의 가공제품은 **그림 9-2**에 보는 바와 같이 가공방법과 원료에 따라 다양한 가공제품들이 만들어진다. 이들 가공방법은 건조, 냉동, 훈연, 염장, 젤화, 발효, 가열 등으로 이들 방법을 설명하면 다음과 같다.

2-1 건조제품

수산식품의 건조방법의 원리는 일반식품의 건조원리와 같다. 일반적으로 수산식품의 건조는 경제적 방법인 천일건조와 열풍건조 방법들이 주로 사용되고 있으며 냉동건조(동결건조)와 분무건조 방법도 제품에 따라 일부 사용되고 있다. 건조제품의 종류는 다음과 같이 나누어진다.

① 소건품(素乾品, 날마른치): 어패류와 해조류(어패조류) 원료를 그대로 또는 간단한 전처리를 하여 건조한 것
② 자건품(煮乾品, 찐마른치): 어패류의 원료를 삶은 뒤 건조한 것
③ 조미건품(調味乾品, 맛낸마른치): 어패류 원료를 조미하여 건조한 것
④ 염건품(鹽乾品, 간마른치): 어패조류 원료를 염장한 뒤 건조한 것
⑤ 동건품(凍乾品, 언마른치): 어패류 원료를 동결과 해동을 반복하면서 건조한 것
⑥ 배건품(焙乾品, 군마른치): 어패류를 불에 쬐어 말린 것
⑦ 자배건품(煮焙乾品): 어육을 삶은 후 불에 쬐어 말린 것

1) 소건품(plain dried products)

원료(어패류와 해조류)를 그대로 또는 간단한 전처리를 한 뒤 건조한 것이다. 원료를 해수나 묽은 염수(2~3% 소금물)로 세척한 뒤 담수로 마지막 세척을 하여 표면에 있는 염분을 씻어내고 천일 건조한 제품이다. 마지막 세척을 담수로

한 제품은 광택이 좋고 짠맛이 적다. 우리나라의 대표적 소건품은 마른 오징어와 명태이며 그 외에 마른 대구와 꽁치, 마른 미역과 김 등이 있다.

(1) 마른오징어(dried squid)

한국사람들이 가장 선호하는 대표적인 두족류 건제품 중 하나로 마른오징어와 조미오징어, 반건조오징어가 있다. 마른오징어의 제조방법은 다음과 같다.

생오징어의 분수공에 칼끝을 넣어 몸체의 중앙선을 따라 직선으로 개복한다. 이때 먹통이 터지지 않게 조심히 다루면서 내장을 제거한다. 다음으로 머리 부분의 중앙을 절개하면서 눈과 입을 제거한다. 이와 같은 전처리를 한 오징어는 깨끗한 바닷물이나 2~3%의 소금물로 잘 세척하고 민물로 헹궈서 소금기를 뺀다. 소금이 남아 있으면 건조가 늦어지고 건조 흡습이 빨리되어 품질이 나빠지기 때문이다.

세척한 오징어를 건조대에 걸어 놓아 천일건조 한다. 건조가 반 정도 되면 오징어를 평평하고 반듯하게 되게끔 정형하여 다시 건조장에서 건조하여 제품을 완성하는데, 기후가 좋은 가을철에는 3~4일 걸린다. 건조가 끝나면 약 20% 내외의 수분을 함유하게 된다.

(2) 마른대구(dired cod)

마른대구는 대구의 내장 등을 제거하고 깨끗한 물로 세척한 뒤 안쪽이 햇볕을 받도록 널어서 건조한다. 머리 부분을 절단하고 건조한 제품도 있다.

2) 자건품(boiled and dired products)

어패류를 어획 직후 가능한 한 빨리 끓는 물에 삶은(자숙) 다음 건조한 제품이다. 자건품에 이용되는 어패류는 멸치와 새우가 대부분이고 해삼, 전복, 가다랑어, 상어지느러미 등의 자건품도 있다. 이들 어패류는 다른 것들보다 자기소화(자기분해, autolysis) 속도가 빨라 부패하기 쉬우므로 가열처리를 하고 건조해야 한다. 자숙의 효과는 다음과 같다.

- 효소를 불활성화한다.
- 오염된 미생물을 살균한다.
- 단백질을 응고시킨다.
- 건조를 용이하게 하고 변질을 억제한다.

(1) 마른멸치(boiled-dried anchovy)

멸치는 우리나라의 전 해안에서, 특히 남해안에서 대량으로 어획되고 있다. 멸치는 크기에 따라 대멸(7.5cm 이상), 중멸(4.5~7.5cm), 소멸(3.0~4.5cm), 자멸(1.5~3.0cm), 세멸(1.5cm 이하) 등으로 나누고 있다. 멸치는 주로 마른멸치와 멸치젓으로 가공되고 있으며 마른멸치의 대부분은 자건법으로 생산되고 있다.

마른멸치의 제조는 신선한 멸치를 깨끗한 바닷물 또는 2~3%의 소금물(염수)로 잘 세척한 다음 5~10%의 끓는 식염수에 넣고 멸치가 떠오를 때까지 10~15분간 삶은 다음 널대에 널어 천연건조 한다. 건조할 때 하루에 한 번 정도 뒤집어 주면서 3~4일 건조하면 수분 함량이 약 20% 정도 된다. 최근에는 열풍건조를 하는 경우도 있다.

(2) 마른새우(boiled-dried shrimp)

새우는 크기와 형태에 따라 대하, 중하, 소하 등으로 나누고 있다. 대하나 중하의 경우는 주로 조리용으로 사용되고 있으며 소하는 마른새우나 새우젓으로 가공하고 있다. 마른새우의 제조는 마른멸치의 경우와 같이 세척하고 삶은 다음 천일건조 한다.

(3) 마른전복(boiled-dried abalone)

마른전복은 명포와 회포 두 가지가 있다. 명포는 보통 대형전복을 건조한 선황색의 고급품이고, 회포는 소형이고 홍색이 있는 검은색의 제품이다. 명포 제조를 위한 전복은 크고 신선한 말전복이 가장 좋다. 제조방법은 탈각하여 내장을 완전히 제거한 다음 육중량의 6~10% 소금을 첨가하고 1~2일 염지한 후 깨끗이 세척하고 95℃ 정도에서 1~3시간 자숙한다. 건조는 1시간 정도 그늘에서 말린(음건) 다음 70℃ 정도에서 불에 쬐어 말리는 배건을 한다. 음건과 배건을 5~6일간 반복한 뒤 2~4주 일건하여 제품을 만든다.

3) 염건품

어패류의 염건품(salted and dried products)은 신선한 어패류를 전처리한 다음 소금에 절였다가(염지) 건조한 제품이다. 대표적인 것으로는 정어리, 꽁치, 대구, 고등어 등이 있다. 염건품에는 적당히 짠맛을 준 제품과 소금의 농도를 높여 삼투압에 의한 탈수와 방부효과를 이용한 제품이 있다.

(1) 염건조기(굴비, salted-dried corvenia)

전라남도 영광의 특산물로 신선한 조기를 전처리한 다음 건염법(마른간법)이나 염수법(물간법)으로 염장 처리하여 건조한 것이다. 재료의 20% 되는 소금을 뿌려 약 1주일 정도 탱크에 담아 염장하거나 포화 식염수에 10일 정도 염장한 후 건조한다. 아가미와 복부가 잘 건조되게 4~5일 정도 말린다.

(2) 염건대구(salted-dried cod)

신선한 대구의 아가미, 내장 등을 제거한 뒤 염장하여 건조한 제품이다. 개복이 끝난 대구는 깨끗한 물이나 바닷물로 세척하여 혈액과 불순물로 제거하고 염장한다.

염장은 주로 건염법을 사용하는데 대구 무게의 40~50% 되는 소금을 대구 사이에 넣고 5~6일간 염장한다. 염장 처리가 끝난 대구는 묽은 소금물이나 깨끗한 바닷물로 세척한 뒤에 자연건조 한다. 염수법으로 하는 경우에는 약 20% 내외의 소금물에 2일간 염장하고 다시 새 소금물에 염장하여 육질이 단단해지면 바닥에 재어 누름돌을 얹은 다음 5~6일간 방치했다가 자연건조 한다.

4) 동건품(凍乾品, 언마른치)

동건품(frozen and dried products)은 겨울에 어패류를 얼림과 녹임(해동)을 반복하면서 제조한 제품이다. 한천과 황태가 대표적 제품이다. 명태(Alaska pollack)는 단백질 함량이 비교적 많으나(약 20%) 지방질 함량이 다른 생선보다 매우 적어(0.7%) 비린내가 적고 맛이 개운하다. 신선한 명태는 생태, 말린 것은 북어, 얼린 것은 동태, 동건한 것은 황태(frozen and dried Alaska pollack)라고 한다.

황태의 제조방법은 생태를 개복하여 내장을 제거한 후 깨끗한 물로 잘 세척하고, 2~5마리씩 줄에 꿰어 건조대(덕)에 넌다. 건조하는 동안 명태는 -15~-20℃ 정도의 추운 겨울밤 사이 얼리고, 낮에는 수분 일부가 녹아 유출되고 증발하면서 서서히 건조가 진행된다. 이 과정을 약 30~50일간 반복하면 명태 수분의 대부분(약 80%)이 건조되는데 이것을 비닐이나 부직포로 3~4일간 덮어둔다. 일기가 좋은 날 덮개를 열고 며칠간 널어 수분 함량이 10%가 될 때까지 더 건조한 후 정형하여 포장한다. 이상적인 덕장(건조장)의 조건은 바람이 잘 통하는 산간의 중간 높이 고지대로 햇빛이 잘 드는 남향이 좋다.

2-2 훈제품

수산훈제품(smoked products)은 어패류를 염지하여 적당한 짠맛을 갖게 한 다음 훈연실에서 훈연(smoking)과 건조를 하면서 독특한 풍미와 보존성을 갖게 한 제품이다. 훈연에 사용되는 방법은 냉훈법, 온훈법, 열훈법 등 여러 방법이 있지만(chapter 8, 1-2 참조) 어패류의 훈제품 제조를 위해서는 냉훈법과 온훈법을 많이 사용한다.

훈연제품의 일반적 제조과정은 **그림 9-4**와 같이 원료는 신선한 것을 주로 사용하나 염장어나 냉동품을 사용하기도 한다. 염장어를 사용할 경우에는 소금을 제거하는 탈염과정이 필요하고, 냉동품을 사용할 경우에는 해동과정이 필요하다. 훈연제품의 원료는 청어, 대구, 방어, 연어, 오징어, 고등어, 정어리, 꽁치 등이 있다.

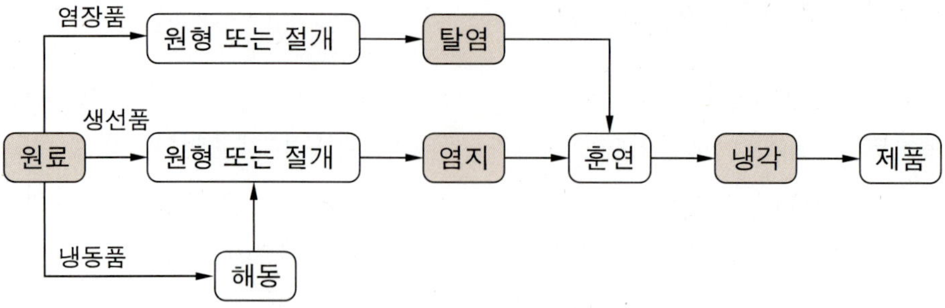

그림 9-4 수산훈제품의 제조공정

1) 훈연방법

(1) 냉훈법(cold smoking)

훈연실 온도를 단백질이 응고되지 않을 정도의 비교적 저온(10~30℃)으로 하여 장시간(1~3주일간) 훈연하는 방법으로, 외기 온도가 낮아야 하므로 여름에는 제조하기 어렵다. 제품의 수분 함량은 40% 정도로 1개월 이상 유통기간이 가능하지만 맛은 온훈품보다 떨어진다. 연어, 송어, 청어, 방어 등이 냉훈법으로 많이 가공된다.

(2) 온훈법(hot smoking)

훈연실 온도를 50~80℃(90℃ 이상도 있음)로 하여 단시간(3~8시간) 훈연하는 방법으로, 훈연 후의 수분 함량이 비교적 높다(50~65%). 상온에서 유통기한이 4~5일 정도로 저장성이 낮으므로 냉장저장을 하고 있다. 온훈법은 독특한 풍미를 부여하는 것이 주목적인 방법으로 냉훈법보다 맛이 훨씬 좋다. 연어, 송어, 청어, 뱀장어, 문어 등이 가공되고 있다.

(3) 액훈법(liquid smoking)

냉훈법이나 온훈법은 훈연시간이 오래 걸리고 훈연실이 있어야 하는 경제적인 면과 연기 배출에 의한 환경오염 문제가 있다. 이러한 문제를 개선한 방법이 훈연액(liquid smoke, smoke condensate)을 사용하는 액훈법이다. 액훈법은 공기가 차단된 조건에서 목재를 가열분해하는 건류(乾溜, dry distillation)에 의해 얻은 건류 목초액(pyroligneous liquid, wood vineger)이나 숯을 만들 때 숯가마에서 나오는 연기를 냉각 응축해 정제한 숯가마 목초액을 사용하여 수산물을 훈연하는 방법이다.

액훈법은 2~3배로 묽게 한 목초액(木醋液)에 어패류를 10~20시간 침지한 후 건조하든지 또는 훈건한다. 목초액은 산도가 높아(5~20%) 신맛이 너무 강하고, 강한 단백질 응고력을 갖고 있으므로 희석하여 사용하고 있다.

2) 훈연제품

(1) 훈제연어(smoked salmon)

훈제연어는 round, headless, 러시아식 훈제 등 냉훈법으로 제조한 여러 가지 제품이 있다. Round 훈제연어는 백(白)연어의 비늘을 제거하고 가슴으로부터 항문까지 쪼갠 뒤 내장을 제거하면 포화소금물에 염지하여 적당한 짠맛을 갖게 한 다음 냉훈한 것이다. Headless 훈제연어는 머리와 내장을 제거한 후 round와 같은 방식으로 제조한 것이다. 러시아식 훈제연어는 홍(紅)연어를 원료로 하여 머리를 제거하고 옆으로 잘라 배 부분을 제거한 후 염지한 제품이다.

(2) 훈제오징어(smoked squid)

오징어의 머리, 내장, 발 등을 제거하고 몸통을 세척한 다음 50~55℃의 온수에 20~30분간 담가 연해진 표피를 서로 문질러 없앤다. 그 다음 수세하고 80℃의 열탕에서 2~3분간 데친 후 소금과 설탕, 글루타민산 소다 등의 조미 분말을 오징어에 뿌리고 하룻밤을 재워둔 다음 훈연한다. 훈연방법은 냉훈법과 온훈법을 함께 사용한다. 처음 1~2시간은 20℃에서 훈연한 후 서서히 온도를 높여 마지막 2~3시간은 60~70℃에서 훈연을 마치도록 한다. 훈연시간은 총 7~9시간이며 훈연을 마친 오징어는 가늘게 절단하여 포장한다.

2-3 염장품

1) 소금의 방부효과

소금은 짠맛을 주는 것과 동시에 식품의 저장성 향상을 위해 사용하고 있다. 소금의 방부효과는 다음과 같다.

① 수분활성도의 감소
② 높은 삼투압에 의한 미생물의 원형질 분리(plasmolysis)
③ 탄산가스의 용해도 증가로 용해된 산소의 양 감소
④ 단백질 분해 효소의 작용 억제

이러한 소금의 방부효과 중 소금용액의 높은 삼투압과 낮은 수분활성도가 가장 큰 효과를 준다. 소금용액의 농도별 삼투압을 설탕용액의 삼투압과 비교한 것은 **표 9-6**과 같다. 소금은 설탕보다 훨씬 낮은 농도에서 높은 삼투압을 가질 수 있음을 알 수 있다.

표 9-6 소금과 설탕용액(25℃)의 수분활성도 및 삼투압 비교

소금(%)	설탕(%)	수분활성도	삼투압(기압)
0	0	1.000	0
0.87	8.51	0.995	6.29
1.72	15.5	0.990	12.7
3.43	26.1	0.980	25.3
6.55	39.6	0.960	51.8
11.90	54.3	0.920	108.2
19.10	67.2	0.850	219.5

(박영호 등, 1995)

2) 염장방법

수산물에 사용하는 염장법(salting method)에는 소금물에 식품 원료를 침지하는 물간법(염수법)과 원료에 직접 소금을 뿌리는 마른간법(건염법)을 많이 사용하고 염장 속도를 빠르게 한 염수주사법이 있다. 일반적으로 소형어는 물간법으로, 대형어는 마른간법과 염수주사법으로 염장한다.

염장어류는 연어, 송어, 정어리, 고등어, 청어 등의 염장품이 있고, 염장어란에는 송어알, 청어알, 명태알, 철갑상어알(캐비아, caviar) 등의 제품이 있다. 염장해조류는 생미역, 데친 미역, 다시마 제품이 있다.

(1) 마른간법(건염법, dry salting)

원료에 소금을 직접 뿌리는 염장법으로서 뿌린 소금은 식품 표면의 수분과 내부에서 탈수된 수분에 녹아 포화식염수로 변한다. 그 결과 식품을 포화식염수에 침지시키는 효과를 갖게 된다. 이렇게 되면 식품 내부와 외부 간의 삼투압 차이가 커져서 소금 성분은 식품 내부로 침투되고 식품 중에 있는 수분은 탈수된다. 소금 사용량은 일반적으로 식품 무게의 10~35%를 사용한다. 어체를 마른간법으로 염장할 때에는 어체 표면에 소금을 뿌려준다.

▶ 장점

- 특별한 설비가 필요하지 않다.
- 사용한 소금량에 비해 탈수량이 많다.
- 소금의 삼투가 빠르므로 염장 초기의 부패가 적다.
- 염장이 잘못되는 경우에 피해를 부분적으로 줄일 수 있다.

▶ 단점

- 소금의 침투가 균일하지 않아 제품의 품질이 일정하지 않다.
- 과도한 탈수로 외관이 불량하고 수율이 낮다.
- 염장 중 공기의 접촉으로 산화가 일어나기 쉽다.

(2) 물간법(염수법, 염지법, brine salting)

높은 농도의 소금물(15~35%)에 식품을 담가 염장하는 방법으로 염장 중 소금 성분은 식품 내부로 침투되고 수분이 탈수되어 식품 표면 근처의 용액을 묽게 만들기 때문에 수시로 교반해 주어야 한다.

▶ 장점

- 소금의 침투가 균일하여 염장제품의 품질이 균일하다.
- 공기의 접촉이 거의 없어 지방질의 산화가 적다.
- 과도한 탈수가 일어나지 않으므로 외관, 수율, 풍미 등이 좋다.

▶ 단점

- 염장장치가 필요하다.
- 마른간법에 비해 소금 사용량이 많다.
- 염장 중 소금을 더 첨가하여 농도를 조절해야 한다.
- 자주 교반하여 주어야 하며 염장초기에 부패 가능성이 있다.

(3) 염수주사법(brine injection method)

염장 속도를 빠르게 하고 풍미를 좋게 하기 위한 목적으로 처리하는 방법으로 대형 염수주사기로 대형어에 적당한 농도의 소금물을 주사한 후에 일반 염장법으로 염장 처리하는 것이다. 이렇게 하면 염장 기간을 1/3 정도 줄일 수 있고 소금을 식품 내부까지 빠르게 침투시키므로 초기의 부패를 억제할 수 있다.

2-4 젓갈류

젓갈(jeotgal, salted-fermented fish products)은 어패류의 내장 또는 근육에 소금(10~30%)을 첨가하여 절임하면서 원료에 있는 효소와 호염성 미생물에 의해 발효된 염장발효 수산식품이다. 젓갈은 높은 농도의 소금에 의해 부패 미생물의 번식이 억제되어 저장성이 높으며 비린내가 적고 특유의 맛과 조직특성을 갖고 있다. 발효 중 단백질과 지방질, 탄수화물이 분해되어 peptides, 아미노산, 유기염기, 젓산, 유기산이 생성되면서 감칠맛이 있고 소화흡수율도 좋은 식품이다.

1) 젓갈의 종류와 제조방법

우리나라 염장발효 수산식품은 크게 젓갈류와 식해류, 액젓류로 구분하고 있다. 젓갈류는 식염농도가 20% 내외인 고염젓갈과 10% 내외의 저염젓갈로 나누고 있다(**표 9-7**).

표 9-7 염장발효 수산식품의 종류

분류	재료	종류
젓갈류	어류	멸치젓, 갈치젓, 전어젓, 밴댕이젓
	패류	조개젓, 어리굴젓, 대합젓, 전복젓, 소라젓, 오분자기젓
	갑각류	새우젓, 토하젓
	연체류	오징어젓, 꼴두기젓, 낙지젓, 해삼젓
	게류	방게젓, 게장
	생선부산물	명란젓, 창란젓, 갈치속젓, 해삼창자젓, 성게젓, 멍게젓
식해류	어류	명태식해, 가자미식해
액젓류	어류	멸치액젓, 까나리액젓

젓갈은 대부분 원료 무게에 대해 20% 이상의 식염을 사용하고 있지만 굴젓이나 알젓 일부는 10% 정도의 식염을 사용한 것도 있다. 식해류(sikhae, fermented fishes with grains)는 10% 정도의 식염을 함유한 생선과 밥을 버무려 젖산 발효한 것이다. 식해류의 일반적인 제조방법은 생선의 내장을 제거하고 10% 정도의 소금물에 하룻밤 절인 다음 조밥과 고춧가루, 마늘과 혼합하여 실온에서 2~3주 발효한다. 액젓(Aekjeot, fish sauce)은 2~4개월 발효한 일반 젓갈류보다 더 오래 발효하여 육질이 충분히 가수분해되었을 때 여과한 것을 말한다. 액젓 제조를 위한 발효는 6~24개월간 장기간 숙성하며 맛과 향이 뛰어나 김치 담금에 넣거나 요리에 이용된다. 젓갈류의 일반적 제조공정은 **그림 9-5**와 같다.

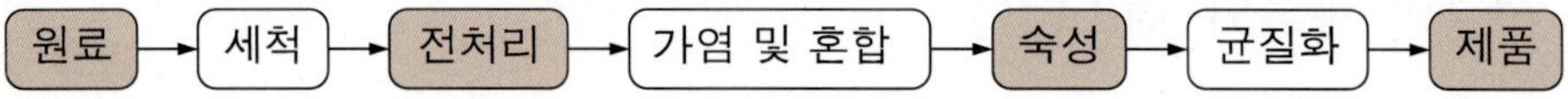

그림 9-5 젓갈류의 제조공정

원료는 소형어류, 패류, 연체류, 게류, 어류의 내장 및 어란 등으로 선도가 좋은 것을 사용한다. 세척은 물로 씻어 이물질을 제거하고 표면에 있는 물기를 제거한다. 전처리는 원료에 따라 다음과 같은 처리를 한다.

- 소형어류: 전어체 상태로 사용한다.
- 패류: 박신 후 가식 육질부 분리한다.
- 새우류: 살아 있는 전어체 사용한다.
- 게류: 방게류는 전어체를, 대형게는 분할한다.
- 어란: 신선한 어란을 정선한다.
- 어류내장: 가식부위만 선별, 내용물은 제거한다.

소금의 첨가량은 제품의 종류와 계절, 발효온도에 따라 다르다. 일반적으로 어류젓은 원료의 20~30%, 새우젓은 30~40%, 어란젓은 10~20%, 패류젓은 20~25%이고 게젓은 소금 대신 간장을 사용한다. 숙성(발효)시간은 발효온도에 따라 다르나 2~4개월간 발효한 다음 용기(철제용기, PVC용기, 유리병 등)에 넣어 포장한다.

2) 젓갈류 제품

젓갈류는 원료와 제조방법에 따라 여러 종류의 젓갈이 있다(**표 9-7**). 그중 중요한 몇 가지 제품을 설명하면 다음과 같다.

(1) 멸치젓(myeolchijeot, salted-fermented anchovy)

멸치젓은 남해안 지방에서 많이 담근다. 새우젓과 함께 우리나라에서 가장 많이 담그는 2대 젓갈 중 하나로 봄에 담근 것을 춘젓, 가을에 담근 것을 추젓이라 한다.

선도가 좋은 생멸치를 물로 씻고 물기를 뺀 후, 절임통에 소금과 멸치를 번갈아 넣어 절인다. 소금량은 멸치 무게의 20~25% 정도이다. 담근 후 수일간은 하루 한 번 정도 잘 섞어 주어 소금이 고르게 침투하도록 한 후 밀봉하여 2~3개월 숙성한다. 숙성이 잘되면 멸치가 잠길 정도의 액체가 생기면서 멸치 표면이 희고 약간 갈색 빛을 띄게 되며 육질이 붉은 갈색으로 변한다. 표면의 기름기는 걷어내야 한다. 멸치가 삭으면 맑은 웃물이 고이는데 이것을 생젓국이라 하여 조미료로 사용한다.

(2) 새우젓(saeujeot, salted-fermented shrimp)

새우젓은 서해안에서 어획되는 젓새우를 원료로 한다. 젓새우는 크기가 작고 붉은색을 띤 새우이다. 새우젓은 담그는 시기에 따라 동백젓, 오젓, 육젓, 추젓 등으로 구분된다. 그중 6월에 담근 육젓은 가장 살이 오를 때의 새우로 담근 것이어서 감칠맛과 달콤한 맛이 제일 좋다.

새우는 껍질이 있어 소금이 육질에 배어드는 것이 느리고 내장에 강력한 효소가 있어 부패되기 쉽다. 그러므로 우선 선도가 좋은 새우와 소금을 층층이 놓고 윗부분에 소금을 다시 뿌린다. 첨가하는 소금의 양은 다른 젓갈보다 많아 여름에는 35~40%, 가을에는 30% 정도이며 숙성기간은 음지에서 약 3개월 동안 발효한다. 토하젓은 오염되지 않은 논이나 하천에서 자라는 민물새우(또랑새우)로 담근 것이다.

(3) 명란젓(salted-fermented alaska pollack roe)

명란젓은 명태의 알을 소금에 절인 것으로 흔히 젓갈로 분류하고 있으나 젓갈이라기보다는 염장품에 가까운 염장 명태알이다. 명란젓의 제조를 위하여는 선도가 좋은 명태알을 사용하는 것이 특히 중요하다. 선도가 떨어지면 담즙에 의해서 알의 일부가 녹색으로 변색되고 내장 등이 섞여 자기소화로 난막이 찢어지기 쉬운 상태가 된다. 명태알의 색은 백색-등적색인데 이러한 색은 xanthophyll계의 붉은 색소인 astaxanthin에 의한다.

명란젓의 제조과정은 명태의 알을 난막이 찢어지지 않도록 조심스럽게 들어내어 대바구니에 담고 3~4%의 묽은 소금물로 혈액과 오물을 잘 씻어낸 다음 명태 알의 15~20% 되게 소금을 뿌려 절인다. 염지를 7~8일간 한 다음 소금물로 다시 씻어내고 물기를 제거한 뒤 고춧가루, 마늘, 생강, 참깨, 설탕 등 조미료와 향신료를 혼합하여 제품으로 만든다.

(4) 오징어젓(salted-fermented squid)

오징어젓은 주로 피둥어, 꼴뚜기 또는 오징어를 갈라서 내장과 머리, 다리, 껍질을 제거하고 0.3~0.5cm 정도의 두께로 자른다. 소금은 오징어 무게의 20~30%를 가하고 고춧가루, 마늘, 생강, 물엿 등의 양념을 혼합해 15℃ 정도에서 2개월 정도 숙성한다. 출하 직전에 20~30%의 쌀누룩을 녹여 첨가하고 2~3일간 더 숙성하면 육질이 연화되어 풍미가 좋아진다. 오징어 껍질을 탈피하여 사용하기도 하고, 탈피하지 않은 그대로 하기도 하며 먹물주머니를 넣어서 담그기도 한다.

2-5 연제품

수산연제품은 어육에 소량의 소금을 가하여 마쇄한 뒤 얻은 연육(fish meat paste)을 가열해 젤화(gelatin)한 제품이다. 연제품은 냉동연육, 어묵, 어육소시지가 있으며, 원료로 사용하는 어류는 광범위하지만 명태를 주로 많이 사용하고 조기나 노가리, 쥐치, 전갱이 등도 사용한다. 연제품의 장점은 다음과 같다.

① 어종이나 크기에 관계없이 원료의 사용범위가 넓다.
② 신선도가 높지 않은 원료 사용이 가능하다.
③ 맛의 조절이 자유롭다.
④ 텍스처 등 물리적 성질이 어육과 다르다.
⑤ 그대로 또는 조리하여 섭취할 수 있다.

1) 젤형성 원리와 조건

(1) 젤형성 원리

어육을 그대로 또는 갈아서 가열하면 어육은 응고될 뿐 젤화가 이루어지지 않지만 어육에 2~3%의 소금을 첨가하여 마쇄하고 가열하면 탄력이 있으면서 어느 정도 단단한 젤(gel)이 형성된다. 연제품은 어육의 이러한 특성을 이용한 제품이다.

젤의 형성 기작은 어육에 함유되어 있는 고분자 단백질이 가교결합 등으로 서로 연결되어 3차원의 망상구조(그물구조)를 형성하고 수분이 그 구조 안에 포함되면서 이루어진다. 연제품의 주성분인 단백질은 소금에 의해 용해되고 가열에 의해 망상구조를 이루게 된다. 젤화된 어육단백질은 냉각하거나 가열하여도 그대로 젤 상태를 유지하는 특성을 가지고 있다. 이러한 특성은 가열하면 액상인 졸(sol)로 되고 냉각하면 젤(gel)화되는 한천이나 젤라틴용액과는 다르다.

어육단백질은 수용성 마이오젠(myogen), 염용성 마이오신(myosin)과 액틴(actin), 그리고 불용성 콜라겐(collagen)과 엘라스틴(elastin)으로 구성되어 있는데, 이 중 근원섬유 단백질인 마이오신과 액틴이 단백질 젤형성에 관여한다. 마이오신은 가늘고 긴 섬유상의 거대분자로서 액틴과 결합하여 actomyosin으로 변하면서 탄력을 갖게 된다.

어육에 2~3%의 소금을 첨가하여 갈면 점성이 높고 보수성이 강한 고기풀(연육)이 형성되는데 그 이유는 소금물에 의해 염용성 actomyosin이 다량으로 용출되기 때문이다. 고기풀은 가열하거나 실온에서 장시간 방치해두면 점착성이 감소하면서 탄력을 지닌 젤로 변한다. 이렇게 젤로 변하는 현상을 엉킴형성(setting)이라고 한다. 젤형성이 일어나는 이유는 actomyosin 분자가 서로 엉키고 가교결합이 이루어지면서 3차원의 망상구조(그물구조)를 형성하여 물분자는 그물구조 안에 갇히게 되기 때문이다.

그러나 고기풀을 저온에서 서서히 가열하거나 신선도가 낮은 원료를 가열하면 탄력성이 있는 고기풀이 되지 않고 파괴되기 쉬운 약한 젤이 형성된다. 이런 현상을 되풀림(returning)이라 하는데 이 현상은 단백질이 그물구조를 형성하는 것이 아니라 응고가 일어나기 때문이며 압착하면 쉽게 붕괴한다.

(2) 젤형성 조건

연제품의 젤형성 조건은 다음과 같다.

① 가열조건

연제품 제조 시의 가열온도는 탄력성에 많은 영향을 준다. 일반적으로 온도가 높고 가열 속도가 빠를수록 탄력성은 증가한다. 가열할 때 60℃ 부근을 통과하는 시간은 짧을수록 탄력성이 강해지며 70℃ 내외에서 젤이 형성된다. 60℃ 내외에서 오래 있으면 탄력성이 약해지고 두부와 같은 젤을 얻게 되는데 그 이유는 60℃ 내외에서 되풀림(returning)이 이루어지기 때문이다.

② 소금의 첨가농도

소금 첨가농도는 2% 정도일 때부터 탄력이 형성되고 3~10%의 범위 안에서 강한 탄력성을 갖게 된다. 일반적으로 2~5% 범위에서는 소금 농도가 높을수록 탄력성은 증가하지만 짠맛 때문에 보통 2~3%로 소금 농도를 조절한다.

③ pH

고기풀의 pH는 연제품의 탄력성에 영향을 준다. 고기풀의 pH가 6.0 이하이면 고기풀의 끈기가 감소하며 가열해도 탄력성이 약해진다. 반면 pH가 6.0 이상에서는 탄력성이 증가하여 pH가 6~7에서 최고치를 보이다가 그 이상에서는 오히려 탄력성이 감소한다. 그러므로 고기갈이를 할 때 어육의 pH를 6.5~7.0으로 조절하면 마이오신과 액틴 등 근원섬유 단백질의 용출을 증가시킬 뿐 아니라 연제품의 탄력을 높이는 데 효과가 있다.

④ 엉킴의 응용

고기풀을 상온에서 방치하면 젤이 형성되지 않지만 가열하면 아주 강한 탄력을 지닌 젤로 된다. 엉킴 형성은 방치온도가 높을수록 빨리 일어나므로 저온에서 장시간(하룻밤) 방치하는 것보다 30~40℃에서 수십 분 방치하는 방법을 일반적으로 많이 이용하고 있다.

⑤ 탄력보강제와 증량제의 첨가

연제품을 제조할 때 탄력성 향상을 위한 탄력보강제와 제품의 증량을 위한 부재료를 첨가하고 있다. 사용하는 부재료는 전분, 단백질, 유지, 산화제, 아미노산, 중합인산염 등이 있다. 이 중 전분은 탄력성 향상과 증량제로 가장 많이 사용하고 있으며 전분은 감자, 밀전분으로 첨가량은 5~20% 정도이다. 단백질은 주로 탈지대두분으로서 탄력보강제와 증량제로 첨가하지만 탄력성 향상효과는 전분보다 적어 주로 증량제로 사용되고 있다. 유지는 어육소시지를 만들 때 맛과 텍스처 특성의 향상을 위하여 소량(약 5%) 첨가한다.

Sodium pyrophosphate hexametaphophate 등의 중합인산염 첨가(0.2~0.3%)는 탄력성을 향상시키고 단백질의 용해성을 크게 향상시키는 효과가 있다. 산화제인 브롬산칼륨($KBrO_3$), 아스코르브산(ascorbic acid) 등은 탄력증강제로 사용된다. 아미노산 중 lysine이나 arginine 등을 약간 첨가(0.2~0.5%)하면 탄력성이 증가되지만 가열 과정 중 마이야르 반응으로 갈색화되는 단점이 있다.

2) 냉동연육(냉동고기풀, frozen fish meat paste, frozen surimi)

냉동연육은 동결 내성이 약한 북태평양의 명태자원을 이용하기 위하여 1960년에 일본에서 개발한 제품이다. 이 제품은 수세한 연육에 당류 등 단백질 변성 방지제를 넣어 동결 내성을 갖게 한 다음 고기갈이를 하여 냉동한 것이다. 냉동연육은 연제품의 원료로 많이 사용되고 있다. 종류에는 소금을 첨가하지 않은 무염연육(무염고기풀)과 소금을 2.5% 정도 첨가한 가염연육(가염고기풀)이 있다. 명태나 정어리와 같이 젤화하기 쉬운 어종은 무염연육이 안정성이 크지만 고등어나 상어 등과 같이 젤화하기 어려운 어종은 반대로 가염연육이 안정하다. 냉동연육의 제조공정은 **그림 9-6**과 같다.

명태를 이용한 냉동연육이 주종을 이루지만 정어리, 갈치, 조기, 상어 등도 이용한다. 원료어는 세척한 다음 채육기를 사용해 어육을 분리하고 냉수(10℃)로 다시 세척하여 혈액과 표피, 지방, 수용성 단백질, 협잡물 등을 제거한다. 세척을 마친 어육은 압력을 주거나 원심분리기를 사용하여 표면수 등 어육에 있는 물을 제거한다(물빼기 또는 탈수).

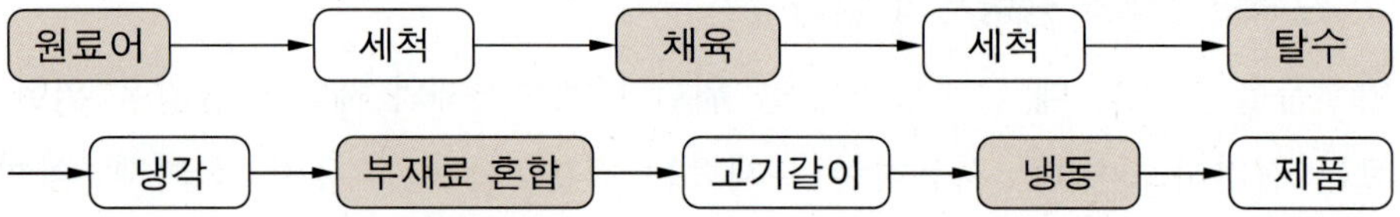

그림 9-6 냉동연육 제조공정

탈수한 어육은 어느 정도 빠르게 냉각한 다음 당류, 중합인산염, sorbitol 등을 혼합하여 고기갈이를 한다. 고기갈이는 냉각식 믹서나 silent cutter를 사용한다. 이후 polyethylene에 10kg 단위로 충전하여 얇게(4.5~5.0cm 두께) 성형한 다음 −35℃에서 접촉한 냉동(contact freezing)하거나 −30℃ 이하의 송풍냉동(air blast freezing)을 한다.

3) 어묵(eomuk, cooked fish meat paste)

어육에 소금을 넣고 고기갈이(으깸)하여 고기풀(연육)을 만들어 성형하고 가열해서 젤화한 제품이다. 어묵류는 배합하는 부재료와 형태에 따라 여러 가지 어묵이 제조된다. 형태별로는 찐 어묵, 구운 어묵, 튀김 어묵, 게맛살 어묵 등이 있다.

(1) 일반적 제조공정

어묵의 일반적 제조공정은 **그림 9-7**과 같이 ① 채육, ② 수세, ③ 고기갈이, ④ 성형, ⑤ 가열, ⑥ 마무리의 6개 공정을 거쳐 제조한다. 채육은 어체를 처리하여 살뜨기(채육)하는 공정이고, 고기갈이는 식염과 조미료 등 부원료를 첨가해 어육을 갈아서 고기풀을 만드는 공정이다. 가열은 일정한 모양으로 성형한 연육을 가열하여 젤화하는 과정이다.

① 어체 처리 및 채육(살뜨기)

원료어에서 머리 부위, 내장을 제거하는 어체 처리를 한 다음 소형어는 그대로, 대형어는 2~3개로 절단하여 세척한 다음 채육기로 살뜨기(채육)한다.

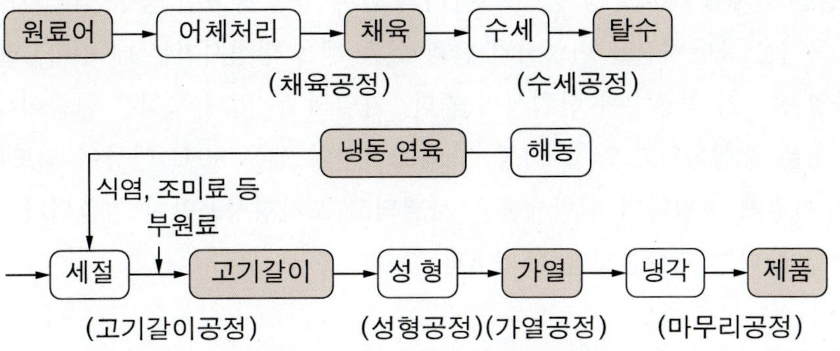

그림 9-7 어묵의 일반적 제조공정

② 수세와 탈수

채육한 어육은 물에 담가 천천히 교반하면서 수세한다. 이 과정에서 어육에 혼입된 이물질과 혈액, 색소, 지방, 어피, 수용성 단백질 등이 제거된다. 수세를 한 다음 소량일 때는 마대에 넣어 짜고, 많은 양일 때에는 압착기나 원심분리기를 사용하여 탈수한다.

③ 세절과 고기갈이

수세를 마친 어육은 육세절기를 사용하여 고기를 으깬(세절) 다음 고기갈이를 한다. 세절한 또는 으깬 어육은 silent cutter에 넣어 고기갈이를 한다. 세절이나 고기갈이 할 때는 가능한 한 낮은 온도에서 처리하도록 하여 어육단백질의 변성을 방지한다. 고기갈이를 하기 전에 식염과 조미료 등 부원료를 세절한 어육과 혼합한다. 냉동연육(냉동고기풀)은 해동한 다음 세절하고 고기갈이를 한다.

④ 성형

고기갈이를 마친 고기풀은 적당한 모양으로 성형한다. 판붙이 어묵은 판에 올리며 부들어묵은 꼬치에 붙이고, 어육소시지는 케이싱(casing)에 채운다. 성형할 때에는 공기가 들어가지 않도록 주의하고 가능한 한 신속히 처리한다.

⑤ 가열

가열은 연제품 제조공정 중 고기갈이와 함께 가장 중요한 공정이다. 가열의 첫 번째 목적은 육단백질을 변성시켜 탄력 있는 젤을 형성시키는 데 있다. 일반적으로 가열 온도가 높을수록 탄력성이 좋다. 가열의 두 번째 목적은 살균이다. 연제품의 경우 중심온도가 75℃ 이상, 어육소시지와 햄은 80℃ 이상이 되도록 하고 있다. 이렇게 가열하면 일반세균은 사멸되고 포자형성균만이 검출된다. 연제품의 종류에 따른 가열온도는 **표 9-8**과 같다.

표 9-8 연제품의 종류와 가열방법

가열방법	가열온도	제품
찌는 것	80~100℃	판붙이어묵
삶는 것	80~95℃	마어묵 어육소시지
굽는 것	100~180℃	부들어묵
튀기는 것	170~200℃	튀김어묵

어묵의 제품으로는 찐 어묵(판붙이어묵), 구운 어묵(부들어묵), 튀긴 어묵(튀김어묵), 삶은 어묵(어육소시지)이 있으며 그중 몇 가지를 설명하면 다음과 같다.

⑥ 냉각

가열을 마치면 가능한 한 빨리 냉각한다. 어육소시지와 같은 제품은 냉수에 담가 냉각하지만 일반 연제품은 송풍냉각 한다. 냉각을 마치면 2~4℃에서 저장한다.

(2) 어묵제품

① 판붙이어묵(kamaboko)

적은 판자에 고기풀을 반원통형으로 붙여 가열하여 만든 것이다. 가열방법으로는 굽는 방법도 있지만 수증기로 찌는 제품이 일반적이어서 찐 어묵이 된다. 가열온도는 전분을 함유하지 않은 어묵의 경우 80~90℃로 중심온도가 75℃ 이상이고, 전분을 함유한 제품은 90~98℃로 중심온도는 80~90℃이다.

② 부들어묵(chikuwa)

꼬챙이에 고기풀을 발라 붙여 구운 대표적 구운 어묵으로 그 모양이 부들의 과수(果穗)와 비슷하다고 하여 부들어묵이라 한다. 성형은 부들어묵 자동성형기로 하고 이 성형기에 연결된 배소로(焙燒爐)에서 가열한다. **그림 9-8**에서처럼 부들(蒲) 모양으로 고기풀을 성형한 철제 막대기를 스크루 컨베이어(screw conveyer)로 화로 위를 회전시키면서 이동하여 보통 4~5분 만에 구워지게 하고 있다.

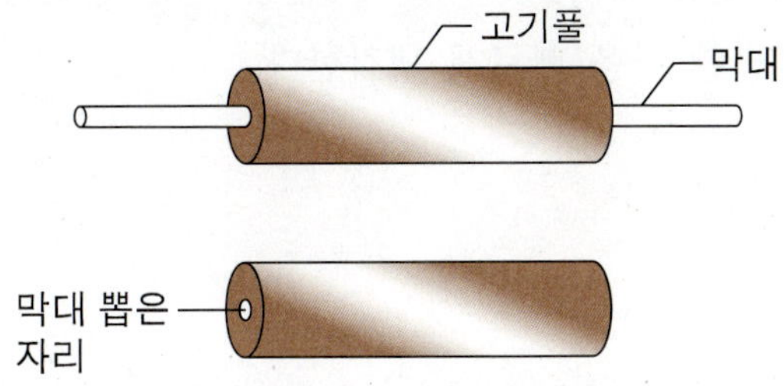

그림 9-8 부들어묵

③ 튀김어묵(fried fish meat paste)

튀김어묵은 고기풀을 기름에 튀긴 것으로 급속한 가열로 탄력이 강하다. 튀김어묵에는 당근, 우엉, 양파, 다시마 등을 세절하여 첨가하기도 하며 참깨, 고추, 생강 등의 향신료를 첨가하기도 한다. 일반적으로 탄력이 약한 원료를 사용하므로 전분의 사용량을 보통 원료육의 15% 정도로 많이 첨가한다. 성형은 표면이 타지 않도록 하면서 막대기 모양이나 얇은 판자 모양으로 한다. 튀김은 170~180℃로 가열한 콩기름이나 채종유에 성형한 고기풀을 넣어 튀긴다.

④ 어육소시지(fish sausage)

어육소시지의 제조공정은 어묵의 경우와 큰 차이가 없으나(**그림 9-7**), 어육에 유지와 향신료 등을 첨가하여 축육 소시지와 유사한 맛을 갖게 한 것과 열수축성 포장재료에 충전 밀봉하고 고압살균 하였기에 상온에서도 저장성이 높은 것이 다르다.

원료는 주로 명태 냉동연육(냉동고기풀)을 사용하며 그 밖에 백색육어류(명태, 조기, 노가리 등), 적색육어류(다랭이, 전갱이 등), 상어류와 고래를 사용하기도 한다. 원료어는 채육하여 수세한 다음 탈수하고 고기갈이 하며, 냉동연육은 해동시켜 고기갈이를 직접 한다. 고기갈이 하기 전에 전분, 지방, 소금 등 부원료와 향신료, 중합인산염(0.1~0.3%)을 첨가하여 혼합한다.

고기갈이 한 연육은 열수축성이 좋고 기체 투과성이 없는 플라스틱 필름의 케이싱에 충전하며 양쪽 끝을 알루미늄 철사줄로 묶어 밀봉한다. 충전을 마치면 120℃의 레토르트의 열탕 안에 넣고 10~35분간 가압 살균하거나 90℃ 이상의 열탕에서 50분간 살균한 다음 빠르게 냉각한다.

2-6 조미가공품

수산물의 조미가공품은 어패류나 해조류를 조미하고 자숙, 건조, 굽기 및 발효 등을 하여 독특한 맛과 저장성을 높인 제품이다. 조미가공품의 높은 저장성은 ① 자숙과 굽기(배소) 등 열처리(100~120℃)에 의한 살균, ② 낮은 수분 함량에 의한 수분활성도의 감소, ③ 소금과 당류의 첨가로 삼투압이 높아지기 때문이다. 조미가공품의 수분 함량은 30~50%이고 소금은 10~15%, 당은 20~30%이며 수분활성도(A_w)는 0.65~0.85로 상당히 낮다. 최근 저염제품을 소비자들이 선호하면서 소금에 의한 방부효과가 낮아져 방부제인 소르브산(sorbic acid)과 소르브산칼륨(potassium sorbate)이 첨가되고 있다.

1) 조미자숙품(seasoned-boiled products)

조미조림품이라고도 하는 것으로 소형어류, 패류, 새우류, 다시마 등을 간장과 설탕을 주로 한 조미액에 장시간 자숙(끓임)하여 맛과 보존성을 높인 제품이다.

조미자숙품은 특별한 설비가 필요 없고 원료를 그대로 이용할 수 있으며, 제품의 휴대가 간편한 장점을 갖고 있다. 원료의 형태에 따라 여러 제품이 있지만 대표적 조미자숙품으로는 오징어, 쥐치어, 패류, 다시마 등의 조미자숙품이 있다.

(1) 오징어 조미자숙품

맛오징어라고도 하는 세절조미조림오징어는 마른오징어 몸통육에 물을 조금 넣고(5% 정도) 찐 후 가늘게 찢어서 농도가 높은 진한 조미액(물엿, 설탕, 소금, 한천 등)에서 졸인 제품이다.

압연조미조림오징어는 마른오징어 몸통을 찌든지 구운 후에 신전기에 넣고 늘린 다음 조미액에 넣어 조미액이 없어질 때까지 15~20분 정도 졸인 제품이다.

(2) 새우 조미자숙품

소형 새우의 자건품을 주로 사용하지만 생원료를 사용하는 경우도 있다. 새우의 모양과 색을 좋게 하기 위하여 새우를 40℃의 온탕에서 3~4분간 수세한 뒤 건져 물빼기 하는 방법과 묽은 초산액(1.5%)에 30분간 침지한 후 건져서 물빼는 방법이 있다. 수세한 새우는 조미액(물엿, 설탕, 소금, 한천 등)에 넣고 졸여(10~15분간) 제품으로 만든다.

(3) 패류 조미자숙품

패류는 바지락, 백합 등을 많이 사용한다. 이들 원료는 흐르는 물에 담가 모래를 토하도록 한 후 수증기로 찌든지, 끓는 물에 넣어 채육한다. 채육한 것은 진한 조미액(간장, 설탕, 물엿 등)에 넣고 40분 정도 삶는다.

(4) 다시마 조미자숙품

건조다시마를 실 모양이나 토막형으로 자른 뒤 물속에 넣어 협잡물을 제거하고 물기를 뺀 다음 간장액에 하룻밤 담가 조직을 부드럽게 한 후 조미액(간장, 설탕, MSG, caramel, 한천 등)에 넣어 삶는다.

2) 조미구이품(seasoned roasted product)

조미구이 제품은 조미액을 발라 구운 제품으로 뱀장어, 방어 등을 구운 제품이 있다.

(1) 뱀장어 조미구이품

뱀장어(eel)를 흐르는 물속에 1~2일 가두어 흙, 모래나 사료를 토해내도록 한 뒤 등뼈, 머리, 내장을 제거한다. 그 다음 2~3등분 잘라서 숯불이나 적외선, 프로판가스로 1차로 구운 다음 조미액(간장, 설탕, 미림, MSG 등)을 바르면서(2~3회) 5~10분 더 굽는다.

(2) 방어 조미구이품

일정한 크기로 자른 방어(yellowtail)육에 조미액을 발라서 구운 제품이다. 구울 때 조미액을 2~3회 발라준다.

3) 발효조미품(fermented-seasoned product)

어패류를 염장하여 탈수하고 밥, 쌀겨, 술지게미, 식초, 된장 등 부재료와 함께 절여서 자기소화하면서 숙성한 제품이다. 이 제품은 염장공정과 발효공정으로 제조되는데 염장에 의해 저장성이 생기고 발효에 의해 독특한 풍미가 생긴다.

염장은 어체 중량 30~50% 정도의 많은 양의 소금을 넣고 절이는데 염장 후의 어육은 탈수율이 약 30%가 되고 소금농도는 15% 정도 된다. 발효공정에서는 어육의 자기소화와 부재료의 발효로 유기산이 생성되어 pH가 낮아지며(발효 13주 후 pH 3.2~4.2) 향미물질이 생성된다. 생성된 향미물질은 유리 아미노산, 유기산, 알코올류, 에스테르 화합물 등이다. 저장성은 높은 소금농도와 함께 낮은 pH로 더욱 향상된다.

(1) 식초절임품

식초와 소금을 사용하여 어패류를 절인 제품으로 원료에는 고등어, 정어리, 청어, 은어, 소형돔 등을 사용한다. 절임액에는 식초와 소금 외에 생강, 당근, 유자 등을 첨가하는 경우도 있다. 고등어 절임을 예로 하면 머리와 내장을 제거하고 수세한 뒤 소금(어육 무게의 10%)을 뿌려 하룻밤 절이며 잔뼈와 껍질을 제거하여 조미식초액(양조식초, MSG, 설탕 등)에 20시간 정도 담근다. 식초 절임이 끝나면 가볍게 눌러주어 탈수한 후 포장한다.

(2) 쌀겨절임품

어패류의 육을 염장한 후 고지(koji) 및 쌀겨와 함께 절인 제품으로, 고지균에 의해 발효된 생성물과 쌀겨의 성분으로 독특한 맛을 가진 제품이다. 원료에는 정어리, 청어, 고등어, 복어 등이 있다. 정어리 쌀겨절임품의 경우 먼저 머리와 내장을 제거하고 세척한 다음 물빼기를 하고 어체 무게의 35% 되는 소금을 뿌려 7~10일 염장한다. 그 다음 세척하여 협잡물을 제거하고 물기를 뺀다. 이것을 쌀겨에 겹겹이 깔고 고지와 고춧가루 뿌리기를 하면서 1일간 절인 다음 조미액을 넣고 6개월~1년간 숙성한다.

2-7 해조류가공품

우리나라 연안에서 생육하고 있는 해조류의 종류는 약 618종이며 이 중 60~70종이 식용, 호료, 해조공업원료(한천, 알긴산, mannitol, carrageenan 등), 약용, 사료, 비료 등으로 이용하고 있어 일본과 함께 세계적인 해조류 이용국이다.

식용과 식품원료를 위한 해조류의 이용은 **표 9-9**와 같으며, 이 중 식용을 위한 주요 제품을 설명하면 다음과 같다.

표 9-9 식용과 식품원료의 해조류 이용

이용	해조류 종류
식용	건제품 - 마른 김, 마른 미역, 마른 청각, 마른 다시마, 자건톳, 자건미역 등 염장품 - 간미역, 간다시마, 간미끈가지 등 조미품 - 조미김, 조미조림김, 조미조림다시마, 절임미역 등
식품원료용 공업제품	한천, 알긴산, 카라기난, 마니톨, 요오드 등

1) 김(laver)

우리나라에서 생산되는 김은 거의 대부분이 양식산이며(99%), 11월부터 다음 해 3월까지가 채취의 최적기이다. 김의 일반성분은 마른 김의 경우 수분함량이 약 11~12%, 단백질이 약 38%, 지질이 약 2%, 탄수화물 중 당질이 약 38%, 섬유소가 약 2%이다. 회분은 약 8%로 무기물 중 칼슘(0.35%)과 철이 비교적 많이 함유되어 있다.

(1) 마른 김(dried laver)

마른 김의 제조는 채취한 원료를 해수에 잘 씻어 진흙, 모래, 다른 해초를 제거한 다음 탈수기나 압착기로 탈수한다. 그 다음 초퍼(chopper)로 세절하고 다시 세척하여 맑은 물에 풀어서 잘 교반한다. 풀어진 세절 원조는 발장 위에 올려놓은 초제틀 안에 일정량 떠 부어 고르게 퍼지도록 한 다음 초제틀을 들어내고 김이 부착된 발장을 탈수하고 햇볕에 건조하여 마른 김을 제조한다. 발장(28×28cm)은 김을 떠서 말리는 작은 자리로 갈대나 플라스틱으로 만든 것이다.

(2) 조미김(seasoned dried laver)

조미김의 제조는 마른 김을 가열하여 평평하게 편 다음 조미액을 바르고 굽는다. 조미액은 참기름이나 정제식용유, 맛소금, 간장, 설탕, 향신료 등을 적절히 배합하여 만든다. 구울 때에는 100~200℃의 가열판을 사용해 5~30초간 굽고,

구운 김은 적절한 크기로 절단하여 포장한다.

(3) 조미조림김(seasoned lavers paste)

생김이나 마른 김을 원료로 세절하여 조미액에 넣고 졸인 다음 병포장을 한다. 조미액은 소비자의 기호에 적합하도록 간장, 설탕, 캐러멜, MSG 등을 혼합한다.

2) 미역(sea mustard)

미역은 황갈색-흑갈색의 1년생 해조류로 2~3월이 미역 채취의 최성기이며 김과 같이 미역은 대부분 양식산이다(98%). 미역의 일반성분은 말린 미역의 경우 수분 함량이 약 16%, 단백질이 20%, 지질이 3%, 탄수화물 중 당질이 34%, 섬유소가 2.4%이며, 회분이 24% 정도로 무기물이 많은 것이 특징이다. 무기물 중에는 칼슘과 철, 그리고 갑상선 호르몬 합성에 필요한 요오드의 함량이 높다. 또한 당질 중 장의 건강에 유익한 알긴산(alginic acid)이 많다. 그러므로 산후 산모에게 미역국을 섭취하게 하는 것은 영양학적으로 매우 유익한 것이다.

(1) 마른 미역(dried sea mustard)

마른 미역은 건조 전 처리에 따라 소건(素乾)미역, 자건(煮乾)미역, 회건(灰乾)미역이 있다. 소건미역은 채취한 미역을 해수나 맑은 물에 잘 씻은 다음 자갈 위나 줄에 걸어 말린 것이다. 수분이 16~18%가 될 때까지 말리고 좋지 않은 미역과 붉은 미역을 제거한 다음 정형하고 묶는다.

자건미역은 생미역을 끓는 물에 넣어 색이 녹색으로 변할 때 건져 올려 냉수에 식힌 다음 줄기를 제거하고 햇볕에 말린 것이다. 회건미역은 생미역에 나무나 풀을 태워 얻은 재를 묻혀(약 25% 정도) 2~3일 말리고 해수와 맑은 물로 잘 씻어 재를 없앤 다음 줄기와 협잡물, 좋지 않은 미역을 제거하고 음지에서 말려 제품으로 한 것이다. 이렇게 건조한 회건미역은 chlorophyl 분해가 억제되어 진한 녹색을 띠고 조직이 좋아 상품가치가 높다.

(2) 간미역(salted sea mustard)

생미역을 잘 씻고 물기를 뺀 다음 염장탱크에 미역 중량의 50% 이상 되는 소금과 혼합하여 1시간 정도 두었다가 마대에 넣고 누름돌을 얹어 하룻밤 탈수한다. 탈수 후 조체를 잘라 줄기를 제거하고 선별한 뒤 미역 중량의 10~20%의 소금과 혼합하여 포장한 것이다.

(3) 데친 간미역(blanched and salted sea mustard)

생미역을 해수로 잘 씻은 다음 85~100℃의 바닷물 또는 4~5% 식염수에 30~60초간 데쳐서 미역줄기가 녹색으로 변할 때 건져내어 찬물에 빨리 냉각하고 물기를 뺀다. 그 다음 미역 중량 40~50%의 소금과 혼합하여 24시간 염장하고 48시간 정도 누름돌로 눌러 탈수한다. 이어 미역줄기를 제거하고 소금을 5~10% 첨가하여 포장한 다음 냉장저장을 한다.

미역 가공 중 제거된 줄기는 조미절임에 이용되기도 하고 알긴산(alginic acid) 제조를 위한 원료로도 사용된다.

3) 다시마(sea tangle, kelp)

다시마는 2~3년생 갈조류로 7~9월에 주로 채취하며 길이가 2~4m 되는 해조류의 일종이다. 말린 다시마의 일반성분은 수분이 약 12%, 단백질이 약 7%, 지질이 1.0%, 탄수화물 중 당질이 41%이고 섬유소가 4%이며 회분이 34%로 미역보다 당질과 회분 함량이 높다. 단백질은 미역보다는 함량이 훨씬 적으나 단백질의 아미노산 중 글루탐산(glutamic acid)이 주성분이어서 감칠맛을 준다. 무기물 중 칼슘과 철이 많다. 미역과 같이 요오드도 풍부한데 갑상선 호르몬 합성에 필수적이다. 또한 다시마의 당질에는 장의 건강에 유익한 복합다당류인 알긴산이 약 20% 함유되어 있다.

(1) 마른 다시마(dried sea tangle)

생다시마를 건조장에 널어놓아 2~7일 건조한 뒤 엽체의 폭, 길이, 두께에 따라 선별하고 절단하여 묶는다.

(2) 조미조림다시마(seasoned sea tangle)

마른 다시마를 네모꼴이나 채썰기 형태로 가늘게 절단한 것을 온수에 넣어 부풀게 한 다음 조미액(간장, 설탕, 미림 등)에 넣어 졸인 제품이다.

2-8 냉동품

수산물의 냉동제품은 크게 냉동처리, 냉동저장, 해동의 세 과정을 거쳐 가공이나 조리에 이용된다. 수산식품의 냉동은 다음의 장점을 갖고 있다.

① 어획 또는 채집 후 즉시 냉동하여 변질을 최대한 억제한다.
② 품질이 균일하고 위생적 처리로 상품가치를 높인다.
③ 비가식부위의 제거 및 냉동으로 가공과 조리시간의 단축한다.
④ 수산물의 수급을 조절할 수 있어 가격을 안정화할 수 있다.

1) 수산물의 냉동 및 해동

(1) 냉동

수산물의 냉동공정은 원료의 선별부터 냉동팬(freezing pan)에 담는 팬담기(panning)까지의 전처리공정과 냉동 후 냉동품을 냉동팬으로부터 꺼내어 포장하는 후처리공정으로 나누어진다.

전처리공정은 팬담기(panning)와 냉동으로 나눌 수 있다. 어류의 경우 선도와 크기별로 선별한 다음 해수나 맑은 물로 세척하고 절단(**그림 9-9**)하여 다시 수세한다. 절단한 것은 크기에 따라 선별하고 일정량씩 냉동팬에 담는다. 냉동은 일반적으로 대형원료는 개체별로 냉동하는 개체냉동(single freezing)을 하고, 소형원료는 여러 개를 모아 하는 케이크냉동(cake freezing 또는 block freezing)을 한다.

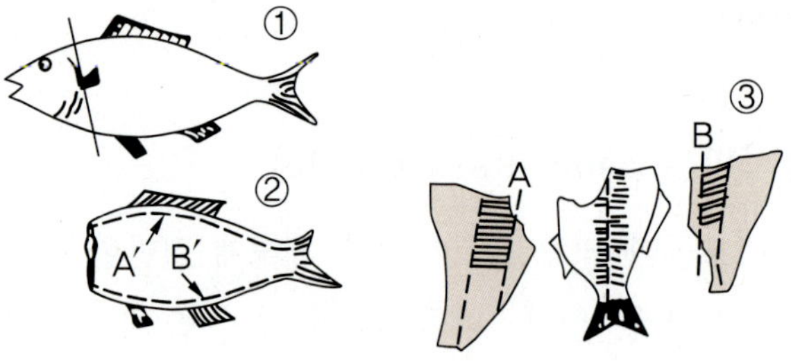

그림 9-9 어체의 세편뜨기

후처리공정은 팬분리 작업과 글레이징(빙의처리, glazing)이 있다. 냉동팬에 담아 일정한 형태로 냉동한 어패류를 케이크(cake)라 하는데 케이크를 냉동 팬에서 들어내는 작업을 팬 분리작업(depanning)이라 한다. 이를 위해 팬에 물을 뿌리거나 흐르는 물에 잠시(30~60초) 담갔다가 건져 올려 뒤집어서 빼낸다.

냉동팬에서 빼낸 냉동품은 냉수에 수초간 담갔다가 건져 올리든지 표면에 냉수(1~3℃)를 분무하면 냉동식품 표면에 2~7mm 두께의 얇은 얼음층이 생기는데 이것을 빙의(氷衣, 얼음막, ice glaze)라 하며, 빙의를 입히는 작업을 글레이징(glazing)이라고 한다. 글레이징의 효과는 동결식품을 공기와 차단시켜 건조나 산화에 의한 표면의 변질을 방지하여 준다.

(2) 냉동저장

냉동한 어패류는 −18℃ 이하에서 냉동저장 한다. 냉동저장 시의 상대습도는 일반적으로 높은 습도(75~85%)를 유지하도록 한다. 너무 습도가 낮으면 건조할 가능성이 있기 때문이다. 높은 습도에서 미생물 증식이 있을 수 있지만 냉동온도이기 때문에 증식 가능성은 매우 낮다. 일반적으로 냉동 어패류의 냉동온도에 따른 저장기간은 **표 9-10**과 같다.

표 9-10 동결어류의 냉동저장 가능 기간과 온도와의 관계

저장기간	저장온도(℃)	
	지질이 많은 어류	지질이 적은 어류
3개월 이내	-10℃	-5℃
3~6개월	-10~-15℃	-5~-10℃
6~9개월	-15~-25℃	-10~-15℃
9~12개월	-20~-25℃	-15~-20℃
12개월 이상	-25℃ 이하	-20℃ 이하

(3) 해동

냉동어패류는 냉동상태로 가열 조리할 수 있는 일부 조리용 냉동식품 외에는 해동(thawing, defrosting) 한다. 일반적으로 냉동어패류에 사용되는 해동방법은 다음과 같다.

① 공기해동(air thawing)
② 송풍해동(air blast thawing)
③ 물해동(water thawing)
④ 수증기해동(steam thawing)
⑤ 접촉해동(contact thawing)

공기해동은 별다른 설비가 필요 없으나 해동시간이 길며, 해동 중 변질될 가능성이 있다. 송풍해동은 15~20℃의 다습공기를 2~6m/초의 속도로 순환하기 때문에 해동시간이 짧으나 표면의 건조현상이 일어날 수 있다. 물해동은 10~15℃의 물속에 넣고 해동하여 해동시간이 크게 단축되는 장점이 있으나 수용성물질의 용출이 있을 수 있으므로 포장상태에서 해동한다.

수증기해동 방법은 다습공기 대신 수증기를 사용하는 방법으로 해동이 균일하고 해동속도가 빠른 장점이 있으나 수증기 온도를 감압하에서 15℃로 유지해야 하기 때문에 설치비용이 많이 든다. 접촉해동은 20℃ 정도의 가열 금속판 사이에 냉동식품을 넣고 해동하는 방법이어서 해동시간이 짧다. 그러나 냉동식품은 두께가 얇고 양면이 평평한 블록 형태일 때 적당하다.

2) 냉동제품

수산물의 냉동품은 어류와 패류, 갑각류 등 그 종류가 많고 제품 형태도 다양하다. 그 중 몇 가지를 설명하면 다음과 같다.

(1) 냉동다랑어류

다랑어류 중 참다랑어는 어획한 즉시 꼬리 부분을 절단하고 양 옆구리 부분의 혈관을 절단하여 피뽑기를 한 다음 10kg 이상과 이하의 것을 분류하여 아가미와 내장을 제거하고 냉동한다. 냉동온도는 −50~−60℃ 범위에서 송풍냉동법으로 36시간 이상 냉동한다. 냉동제품의 저장은 해동 후 사용목적에 따라 다르다. 생식용 원료는 조직과 육색이 중요한 품질이므로 −40℃ 이하에서, 가공이나 자숙용은 −20℃ 이하에서 저장한다.

(2) 냉동명태

명태는 냉동저장 하면 육질이 스폰지화하고 근섬유가 경화하기 쉬운데 사후경직 전의 것은 이러한 문제가 적다. 그러나 사후경직 중이거나 경직 후의 것은 접촉식 냉동이나 송풍식 냉동을 하여 2시간 내에 중심온도가 −15℃로 내려가도록 하고 −40℃에서 저장한다.

(3) 조리냉동품

식품을 조리하여 냉동한 식품을 조리냉동(동결)식품(precooked frozen food)이라고 하며 형태와 맛이 다양하다. 조리어패류의 냉동에는 송풍냉동, 접촉냉동, 송풍식 컨베이어(air blast conveyer) 냉동을 하고 있다. 동결온도는 냉동방법과 식품에 따라 다르나 일반적으로 −45℃ 이하이며, 10~30분 만에 중심온도가 −18℃에 도달하도록 한다. 냉동저장은 −35℃ 이하로 하고 있다.

식품가공저장학

CHAPTER

부 록

1. 단위명과 단위

Quantity	단위명	단위
질량(무게)	Kilogram	kg
길이	Metre	m
시간	Second	s
온도	Kelvin	K
힘	Newton(N)	$kg{\cdot}m{\cdot}s^{-2}$
압력	Pascal(Pa)	$N{\cdot}m^{-2}$
에너지	Joule(J)	$N{\cdot}m$
넓이		m^2
부피		m^3
밀도		$kg{\cdot}m^{-3}$
비중		none
속도		$m{\cdot}s^{-1}$
가속도		$m{\cdot}s^{-2}$

2. 단위 앞에 사용하는 제곱단위

접두어	기호	제곱인자	접두어	기호	제곱인자
atto	a	10^{-18}	decca	da	10^1
femto	f	10^{-15}	hecto	h	10^2
pico	p	10^{-12}	kilo	k	10^3
nano	n	10^{-9}	mega	M	10^6
micro	μ	10^{-6}	giga	G	10^9
milli	m	10^{-3}	tera	T	10^{12}
centi	c	10^{-2}	peta	P	10^{15}
deci	d	10^{-1}	exa	E	10^{18}

3. 단위환산표

	단위	환산계수 — 단위
길이	1cm	0.3937 in
	1cm	0.0328 ft

	단위	환산계수 — 단위
길이	1m	3.28034 feet
	1m	39.3701 inch
	1ft(feet)	0.3048 m
	1in(inch)	2.54 cm
	1자	30.30303 cm
무게 (질량)	1kg	2.20462 lb
	1lb(pound)	0.45359 kg
	1t(metric ton)	2.2046×10^3 lb
	1t(long ton)	2.240×10^3 lb
	1t(short ton)	2.000 lb
	1돈	3.75 g
	1관	3.75 kg
넓이	$1m^2$	$10.7639\ ft^2$
	$1ft^2$	$0.0929\ m^2$
	1acre	$4.0469\times10^3\ m^2$
	1평	$3.3058\ m^2$
부피	$1cm^3$	$3.5315\times10^{-5}\ ft^3$
	$1m^3$	264.17 gal(u.s.)
	$1ft^3$	28.317 l(liter)
	$1in^3$	$16.387\ cm^3$
시간	1시간	60.0 분 3600.0 초
밀도	$1kg/m^3$	$0.06243\ lb/ft^3$
	$1g/cm^3$	$1.000\ kg/m^3$
	$1g/cm^3$	$62.428\ lb/ft^3$
힘	1N(newton)	1.0×10^5 d(dyne)
	1N	$0.2248\ lb_f$
	$1kg_f$	9.80665 N
	$1lb_f$	4.44822 N

	단위	환산계수 — 단위
압력	1atm	1.01325×10^{3} Pa(pascal)=N/m^{2}
	1atm	1.013327 kg$_{f}$/cm^{2}
	1atm	760.00 mmHG
	1atm	14.696 lb$_{f}$/in^{2}(psi)
	1bar	1.0×10^{5} Pa
점도	1cP(centipoise)	1.0×10^{-3} kg/m·s(=Pa·s)
	1cP	0.01 g/cm·s
	1cP	1.7197×10^{-4} lb/ft·s
에너지, 일, 열	1cal	4.1868 J(joule)
	1Btu	1.0551×10^{3} J
	1Btu	251.996 cal
	1J	0.10197 kg$_{f}$·m
동력	1HP(horse power)	550.0 lb$_{f}$·ft/s
	1HP	76.040 kg$_{f}$·m/s
온도	1℃	$\frac{9}{5}$°F

4. 물의 증기압과 밀도

＊ 물의 증기압

온도		증기압		온도		증기압	
K	℃	kPa	mmHg	K	℃	kPa	mmHg
273.15	0	0.611	4.58	323.15	50	12.333	92.51
283.15	10	1.228	9.21	333.15	60	19.92	149.4
293.15	20	2.338	17.54	343.15	70	31.16	233.7
298.15	25	3.168	23.76	353.15	80	47.34	355.1
303.15	30	4.242	31.82	363.15	90	70.10	525.8
313.15	40	7.375	55.32	373.15	100	101.325	760.0

* 물의 밀도

온도	밀도		온도	밀도	
℃	g/cm³	kg/m³	℃	g/cm³	kg/m³
0	0.99987	999.87	50	0.98807	988.07
4	1.00000	1000.00	60	0.98324	983.24
10	0.99973	999.73	70	0.97781	977.81
20	0.99823	998.23	80	0.97183	971.83
25	0.99708	997.08	90	0.96534	965.34
30	0.99568	995.68	100	0.95838	958.38
40	0.99225	992.25			

5. 얼음의 비열, 밀도, 열전도도

온도 (℃)	비열 (kJ/kgK)	밀도 (kg/m³)	열전도도 (W/mK)
0	2.050	916.2	2.22
−7	2.022	917.8	2.27
−12	1.989	919.4	2.32
−18	1.955	919.4	2.37
−23	1.922	919.4	2.41
−45.5	1.783	922.6	2.72
−73	1.587	924.3	3.08
−101	1.382	925.8	3.50

6. 포화 수증기의 온도와 압력

온도 (℃)	압력		온도 (℃)	압력	
	(lb_f/in^{-2})	(kPa×100)		(lbf/in^{-2})	(kPa×100)
100.0	0	1.0	121.0	15	103.4
101.9	1	6.9	122.0	16	110.3
103.6	2	13.8	123.0	17	117.2
105.3	3	20.7	124.1	18	124.1

온도 (℃)	압력		온도 (℃)	압력	
	(lbf/in^{-2})	(kPa×100)		(lbf/in^{-2})	(kPa×100)
106.9	4	27.6	125.0	19	131.0
108.4	5	34.5	126.0	20	137.9
109.8	6	41.4	126.9	21	144.8
111.3	7	48.3	127.9	22	151.7
112.6	8	55.2	128.7	23	158.6
113.9	9	62.1	129.6	24	165.5
115.2	10	68.9	130.4	25	172.4
116.4	11	75.8	131.2	26	179.3
117.6	12	82.7	132.1	27	186.2
118.8	13	89.6	133.0	28	193.1
119.9	14	96.5	133.6	29	199.9

7. WHO/FAO/IAEA, ICGFI, Codex의 식품 방사선 조사 국제적 합의규격

식품군	방사선 조사 목적	기술적 선량 범위(kGy)	
		최소	최대
Class 1: 구근류, 근채류, 괴경식물	저장 중 발아 억제	0.1	0.2
Class 2: 생과일 및 신선야채류	a) 숙도 지연 b) 해충 구제 c) 저장성 연장 d) 검역 관리	0.3 0.3 1.0 0.15	1.0 1.0 2.5 1.0
Class 3: 곡류 및 그 분말류, 견과류, 유지종자, 두류, 건조과일	a) 해충 구제 b) 미생물 감균 c) 발아 억제(밤)	0.3 1.5 0.1	1.0 5.0 2.0
Class 4: 어류, 해산물, 개구리 다리, 민물 및 육생 무척추동물(신선 및 냉동)	a) 병원성 미생물 감균 b) 저장성 연장 c) 기생충 감염 관리	1.0 1.0 0.1	7.0 3.0 2.0

식품군	방사선 조사 목적	기술적 선량 범위(kGy)	
		최소	최대
Class 5: 가금육과 적색육 및 그 육제품 (신선 및 냉동)	a) 병원성 미생물 감균 b) 저장성 연장 c) 기생충 감염 관리	1.0 1.0 0.5	7.0 3.0 2.0
Class 6: 건조채소류, 향신료, 양념류, 동물사료, 건약재 또는 약용차	a) 병원성 미생물 감균 b) 해충 구제	2.0 0.3	10.0 1.0
Class 7: 동물 기관의 건조식품	a) 해충 구제 b) 곰팡이 억제 c) 병원성 미생물의 감소	0.3 1.0 2.0	1.0 3.0 7.0
Class 8: 전통식품과 기타 식품- 건강식품, 환자식용 전통식품, 아라비아검 및 기타 증량제, 군식량, 꿀, 우주식량, 특수 향신료, 액상란(卵)	a) 미생물 감균 b) 멸균 c) 검역 관리		

참고문헌 Reference

강호윤. 두부제조의 이론과 실제. 고려서적(1992)

김우정. 콩우유 가공방법 개선에 관하여, 식품공업. 75, 38(1984)

김우정. 콩 건강과 이용. 효일(2006)

김동연, 양희천, 김우정, 이영춘, 김성곤. 농산가공학. 영지문화사(2001)

김병묵. 식품저장학. 진로연구사(1999)

김덕웅, 김두진, 김명숙, 배국용, 윤교희, 이재우, 최부돌. 식품가공저장학. 광문각(2001)

남궁석, 심우만, 이지호, 장형수, 전호남, 정낙현, 조효현, 차보숙. 식품가공저장학. 선진문화사(2002)

노봉수, 김석신, 장판식, 이현규, 김태집. 식품저장학. 수학사(2008)

농촌자원개발연구소. 식품성분표 Ⅰ, Ⅱ, 제7개정판. 농촌진흥청(2006)

박영호, 장동석, 김선봉. 수산가공이용학. 형설출판사(1995)

박헌국, 안장우, 윤재영, 조효현, 주나영. 식품가공저장학. 진로연구사(2004)

송재철, 박현정, 신완철. 최신식품학. 교문사(2002)

식품의약품안전청. 식품공전. 문영사(2000)

신성균, 이석원, 이수정, 주난영, 최남순. 식품가공저장학. 파워북(2008)

장학길. 식품가공저장학. 라이프사이언스(2006)

한국식품과학회. 식품과학용어사전. 광일문화사(2006)

한국원자력연구소. 식품의 방사선 조사기준, 공정개정 및 신규허가 신청서(2000)

한명규. 식품가공저장학. 형설출판사(2003)

Alvarez JS, Thorne S. The effect of temperature on the deterioration of stored agricuetural produce, In: Thorne S(ed) Developments in

Food Preservation, Vol. 1. Applied Science, London(1981)

Atkinson FE, Strachan CC. Can. Dept. Agr. Exptl. Farms Service. Dominion Exptl. Sta. Progr. Repts(1951)

Belitz, HD and Grosch, W. Food Chemistry. Springer-Verlag. New York, USA(1987)

Blakistone BA. Introduction, In: Blakistone BA(ed) Principles and Applications of Modified Atmosphere Packaging of Foods, 2nd edn. Blakie Academic and Professional, London(1998)

Brennan JG, Butters JR, Cowell ND, Lilley AEV. Food Engineering Operations, 3rd edn. Elsevier Applied Science, London(1990)

Brenndorfer B, Kennedy L, Oswin-Bateman Co, Trim D,S. Solar driers, Commonwealth Science Council, Commouwealth Secratariat, London(1985)

Brody AL. Controlled atmosphere packaging for chilled goods, In: A. Turner(ed) Food Technology International Europe. Sterling Publications International, London(1990)

Cardello AV. Perception of food quality, In: Taub IA and Singh RP(ed.) Food Storage Stability. CRC Pres, Boca Raton, FL(1998)

Clarke RJ. Instant coffee technology, In: Turner A(ed) Food Technology International Europe. Sterling Publications International, London(1990)

Coultate TP. Food, the Chemistry of its Components. Royal Society of Chemistry. London(1984)

Desrosier NW. The Technology of Food Preservation, 4th ed. AVI, Westport, USA(1977)

Esselen WB, Andelson AA. Food Res. 21, 322(1956)

Fellows P. Properties of food and processing theory, In Food Processing Technology, 2nd edition. CRC Pres, Boca Raton, NY(2000)

Fellows P. Food Processing Technology. Ellis Horwood Ltd., Chichester,

England(1988)

Fellows P. Food Processing Technology, 2nd ed. CRC Press, NY, USA(2000)

Fennema OR edited, Food Chemistry, 2nd ed. Marcel Dekker, New York, USA(1985)

Hardenburg RE and Lutz JM. ASHRAE Guid and Data Book–Application 1971. American Society of Heating, Refrigerating and Air-conditioning Engineers, New York(1971)

Harper JM. High–temperature short–time extrusion cooking, In: Turner A(ed) Food Technology International Europe. Sterling Publications International, London(1990)

Heldman DR, Hartel RW. Principles of Food Processing. Chapman and Hall, New York(1997)

Heldman DR, Hartel RW. Principles of Food Processing. Chapman and Hall, New York(1991)

Jay JM. Mordern Food Microbiology, 2nd edn. Van Nostrand, New York(1978)

Jul M. The Quality of Frogen Foods. Academic Press, London(1984)

Karel M. Water activity and food preservation, In: Fennema OR(ed.) Principles of Food Science. Marcel Dekker, New York(1975)

Karel M, Fennema OR and Lund DB Physical Principles of Food Preservation. Marcel Dekker, New York, USA(1975)

Kyzlink V. Principles of Food Preservation. Elsevier, New York, USA(1990)

Lund DB. Heat processing, In: Karel M, Fennema OR, Lund DB(eds). Principles of Food Science, Part 2. Marcel Dekker, New York(1975)

Ockerman HW. Source Book for Food Scientists. AVI, Westport, Connecticut, USA(1978)

Pantastico EB. Postharvest physiology, In: Handling and utieigation of Tropical and Subtropical Fruits and Vegitables. AVI, Westport, conn. (1975)

Peterson MS and Johnson A.H. Encyclopedia of Food Science. AVI, West port, Connecticut, USA(1978)

Ryall AL, Pentzer WT. Handling, Transportation and Storage and Fruits and Vegitables, Vol.2, 2nd edn. AVI, Westport, Connecticut(1982)

Smith AK. edited, Soybeans: Chemistry and Technology. AVI, Westport, Connecticut, USA(1978)

Soya & Oilseed Bluebook, 2004. Soyatech. Pub.(2004)

Taira H, Sukurai Y. Studies on amino acid contents of processed soybean, Part 8. Jpn. J. Nutr. Food 18, 359(1966)

Thijssen HAC. Freege concentration, In: Spicer A(ed) Advances in Preconcentration and Dehydration. Applied Science, London(1974)

Thorne S. Developments in Food Preservation, Applied Science. Englewood, NJ,USA(1981)

Toledo RT. Fundamentals of Food Process Engineering, 2nd ed., AVI, New York, USA(1991)

Troller JA, Christian JHB. Water activity and Food. Academic Press, London(1978)

von Elbe JN, Maing IY, Amundson CH. Colour stability of betanin. J. Food Sci. 39, pp 334~337(1974)

Woodams EE, Nowrey JE. Literature values of thermal conductivity of goods. Food Technol. 22(4), pp150~158(1968)

찾아보기 Index

ㄴ

ㄷ

ㄹ

ㅁ

ㅂ

ㅅ

ㅇ

ㅈ

ㅊ

ㅋ

ㅌ

ㅍ

ㅎ

A

B

C

D

E

F

G

H

I

J

K

L

M

N

O

P

R

S

T

■ 저자약력

김우정

서울대학교 농화학과 졸업
미국 Univ. of Georgia, 식품공학 석사
미국 Univ. of Georgia, 식품공학 박사
미국 Cornell Univ. 식품공학과 연구원
한국인삼연초연구원, 연구부장
세종대학교 식품공학과 교수

차보숙

명지대학교 가정학과 졸업
세종대학교 식품공학과 석사
세종대학교 식품공학과 박사
수원여자대학 식품영양과 교수

이수용

서울대학교 식품공학과 졸업
서울대학교 식품공학과 석사
미국 Purdue Univ. 식품공학과 박사
미국 농무성 연구원
세종대학교 식품공학과 부교수

식품가공저장학

2011년 3월 2일 초판 인쇄
2011년 3월 7일 초판 발행

지 은 이 • 김우정·차보숙·이수용
발 행 인 • 김홍용
펴 낸 곳 • 도서출판 효일
디 자 인 • 에스디엠
주 소 • 서울시 동대문구 용두동 102-201
전 화 • 02) 928-6644
팩 스 • 02) 927-7703
홈페이지 • www.hyoilbooks.com
이 메 일 • hyoilbooks@hyoilbooks.com
등 록 • 1987년 11월 18일 제 6-0045 호

값 24,000 원

ISBN 978-89-8489-305-4